엄마, 나는 자라고 있어요

: 임신·출산 가이드북

OEI, IK GROEI! HET ZWANGERSCHAPSHANDBOEK
by Xaviera Plooij

The Wonder Weeks

세상 소중한 너를 기다리는 280일의 여정

엄마, 나는 자라고 있어요
: 임신·출산 가이드북

자비에라 프로에이 지음 | 유정현 감수 | 유영미 옮김

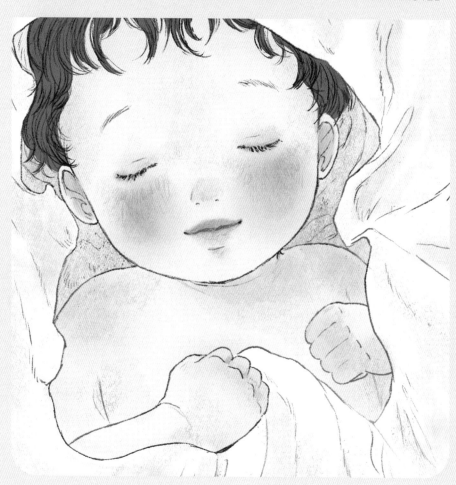

B 북폴리오

앞으로 멋진 9개월이 펼쳐질 겁니다. 당신은 임신했으니까요! 아, 이런 순간에는 상투적인 말을 억누르기가 쉽지 않네요. 하지만 사실인걸요. 당신의 배 속에는 기적처럼 선물받은 신비한 새 생명이 자라고 있습니다!

다가올 9개월의 시간은 당신의 인생 중 가장 아름답고 특별한 기억으로 남게 될 거예요. 물론 때로는 조마조마하고, 불안하고, 스트레스를 받는 일도 많겠지요. 몸이 변하고 생활이 변하면서 생전 느껴보지 못한 감정들이 밀려들 겁니다. 우리는 바로 이런 상황에 놓인 임산부를 위해 이 책을 준비했답니다. 이 책이 나오기까지 수많은 의사와 연구자, 경험이 풍부한 조산사들이 힘을 보태주었습니다.

이 책은 예비 부모를 위해 임신과 출산에서 일어나는 모든 과정과 준비 사항, 응급 대처법을 폭넓게 다루고 있습니다. 출산 경험이 없는 사람이라면 첫 장부터 마지막까지 한 번에 죽 읽어내려가도 좋고, 지금 당장 궁금한 부분부터 골라서 읽어도 좋습니다. 워낙 방대한 정보를 다루고 있기 때문에 자신의 생활방식이나 습관, 증상에 맞는 내용을 우선적으로 읽고 정보를 얻으면 된다는 걸 명심하세요.

첫 번째 장에서는 책 전체를 조망할 수 있게 주수마다 태아와 임산부의 변화 과정을 가장 큰 특징에 따라 정리했습니다. 임신기간 동안 매주 당신의 배 속에서 무슨 일이 일어나는지를 알 수 있을 거예요. 아기의 몸속에서 장기들이 생겨나고, 임신 단계에 따라 전형적인 태동을 보이며, 아기의 외모가 변화합니다. 이 모든 것들을 폴린 제이의 예쁜 일러스트 덕택에 눈으로 생생하게 볼 수 있을 겁니다.

이 책은 수많은 도움으로 탄생할 수 있었습니다. 우선 임신·출산 전문가들의 지식이 가득 담겨 있습니다. 편집자 안네 마리 보스캠프는 전문가들을 일일이 인터뷰했을 뿐 아니라, 점심을 같이 할 때면 세계에서 제일 맛있는 수프를 끓여줬습니다. 또 친구이자 사교계의 여왕인 파비에느와 팔로워들 덕분에 예비 부모들과 보다 쉽고 즐겁게 소통할 수 있었고요.

그리고 가족들도 큰 힘이 됐습니다. 사라, 네가 예쁜 그림을 곁들여 만들어준 스케줄 표가 아니었다면 나는 분명 원고 중간에 해이해졌을 거야. 빅토리아, 본문 내용을 교정해줘서 정말 큰 도움이 됐어. 토마스, 지금은 다 커서 회사를 이끌고 있지만 영원한 나의 첫 아기란다. 아버지, 나처럼 자신의 아버지를 자랑스러워하는 딸은 세상에 또 없을 거예요. 아버지의 연구가 수만 부모들의 삶을 더 편안하고 용이하게 해줬어요. 아빠는 정말 최고예요. 그리고 임산부 전문 트레이너 라우헨스, 임신기간에 불어난 살을 빼고 예전 몸으로 돌아갈 수 있게 도와줘서 고마워요.

부디 이 책이 당신의 임신기간 내내 함께하며 도움이 될 수 있기를 바랍니다. 이 세상에서 가장 사랑스러운 아이가 당신과 만나기를 기다리고 있어요. 건강한 출산을 기원합니다.

사랑을 가득 담아
자비에라

차례

PART 3 출산 D-Day, 아이와 만날 준비를 해요
: 기본 준비물부터 출산 과정 미리보기

PART 4 초보 임산부를 위한 응급상황 대처법
: "나 지금 괜찮은 걸까?"

PART

1

※

임신에서 출산까지
40주 캘린더

: 한눈에 보는 주별 태아의 발달 과정

엄마와 아기가 함께하는 280일의 여정

드디어 기다리던 임신 소식을 듣게 된 당신! 하지만 아기를 품에 안기까지 다시 9개월을 기다려야 한다. 그동안 배 속에서는 어떤 일이 일어날까? 당신의 궁금증과 함께 커지고 있을 두려움을 없애주기 위해 태아의 발달 과정을 정확한 그림과 친절한 설명을 통해 보여주고자 한다.

당신 몸속에서 펼쳐지는 놀라운 세계로 떠나보자. 그러면 매주 태아의 어떤 기관이 형성되는지, 배 속에서 아기가 무엇을 하고 있는지 확인해볼 수 있다.

이 책이 들려주는 이야기는 때로는 학문적이고, 때로는 낭만적일 것이다. 정자와 난자가 만나 수정하는 순간부터 임신 4주 차에 임신테스트가 양성으로 나오는 것까지 이미 지나간 기간에 대한 내용도 읽어보면 분명 흥미로울 거다. 당신의 배속에서 일어나는 모든 일은 가히 최고의 기적이다. 여성의 자궁 안에서는 9개월 사이에 새 생명이 탄생한다. 당신의 몸은 새 생명을 키우기에 꼭 맞도록 만들어져 있지만, 그렇다고 배 속에서 생명을 키우는 일이 결코 쉽기만 한 것은 아니다. 그러므로 이 기간에 자신의 몸을 세심하게 살펴야 한다.

배 속의 아기는 같은 시기에 같은 순서로 발달한다. 한 아기에게 기관지가 생겨나면 같은 개월의 다른 아기에게도 생겨난다. 생명에 필요한 모든 부위가 생겨나면서 배아가 아기로 자란다. 드문 예외 상황만 제외하면 모든 아기가 똑같은 시기에 똑같은 신체 발달을 경험한다.

그러나 여성의 몸은 그렇지 않다. 내부 구조가 비슷하기는 하지만, 개인에 따라 차이가 있다. 몸의 치수가 다르고, 장기의 크기가 다르며, 자궁과 방광의 크기도 각각 다르다. 그 때문에 임신에 대한 신체적 반응도 사람에 따라 크게 차이가 난다. 많은 임산부들이 임신한 지 3개월 정도 경과해 임신 12주 내지 13주가 되면 소변보는 횟수가 증가하는데, 이것은 매우 정상적인 일이다. 반대로 소변보는 횟수가 증가하지 않는 여성들도 많은데, 그 역시 정상이다. 몸은 제각기 다르다.

2부와 3부는 본론으로 들어가서 임신을 준비하는 방법, 임신한 후 유의해야 할 건강 관리와 검사들, 부부 관계, 임산부로 건강하고 현명하게 생활하는 법 등 임신부터 출산까지의 모든 과정을 상세하게 다뤘다. 마지막 4부는 임신 중 자연스럽게 겪게 되는 다양한 증상들에 당황하지 않고 대처할 수 있는 응급처치 매뉴얼을 실용적으로 담았다.

임신기간은 수많은 준비의 연속이다. 만들어둬야 하는 서류도 있고, 조산사를 찾는 등 늦지 않게 해결해야 할 일들도 있다. 수중분만을 계획하고 있다면 일찌감치 신청해야 할 것이다. 자신과 잘 맞는 둘라Doula(임신과 출산 과정에 함께하며 조언을 해주는 도우미)를 구하는 데도 꽤 시간이 걸릴 것이다. 하지만 이 9개월간의 여정은 강제적으로 무언가를 해야 하는 기간이 아니라 인생에서 가장 아름다운 시기로 봐야 한다.

이 책은 임산부를 위해 만들었지만 배우자가 함께 읽기를 적극 권한다. 배우자 역시 여성의 몸에서 어떤 변화가 일어나는지를 알면 임신, 출산 과정에서 아내를 진심으로 이해할 수 있고 실질적으로 도움을 줄 수도 있다. 물론 임산부들은 전체 발달 과정을 좇아가기가 훨씬 쉽다. 임신은 아름다운 개인적 경험이기에, 이 책에서는 독자를 '당신'이라고 부를 것이다. 어느 누구도 아닌 바로 당신의 이야기이기 때문이다.

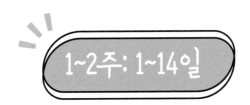

1~2주: 1~14일

- 배란(지난 생리 첫날로부터 약 2주 후) 직후에 정자와 난자가 만나 수정이 이뤄진다.
- 임신 주수는 마지막 생리 시작일부터 계산한다. 따라서 첫 2주를 무료로 얻는 것이다.
- 난자는 배란된 지 48시간 이내에만 수정이 가능하다. 즉 48시간 이내에 정자를 만나야 수정될 수 있다.
- 2억 개의 정자 중 단 한 개가 여행에서 살아남아 난자와 결합한다.
- 두 개 또는 그 이상의 난자가 배란되어, 두 개 또는 그 이상의 정자들과 수정할 수도 있는데 그렇게 되면 이란성 쌍둥이 또는 다란성 쌍둥이가 잉태된다.
- 여성의 질은 정자들이 살아남기 힘든 환경이다. 정자가 산성인 환경에서 질 벽을 거슬러 여행을 하는 데는 만만치 않은 방해가 있을 뿐 아니라, 모든 정자가 난자와 수정할 능력이 있는 것도 아니다.
- 아들일까? 딸일까? 태아의 성별은 정자가 결정한다.

생애 최고의 선물인 첫 임신 2주에 다다른 것을 환영한다! 엄밀히 말하면 임신한 상태가 아닌데도 이 2주는 임신기간에 포함된다. 사실 임신은 정자가 난자에 들어가는 순간, 즉 정자의 머리가 난자 속으로 들어가 남성의 유전물질과 여성의 유전물질이 합쳐지는 '수정'의 순간에 시작된다. 이런 순간은 월경 주기의 중간 정도에, 즉 28일 주기로 월경을 한다면 약 2주 차 마지막 또는 3주 차 시작 정도에 일어난다. 하지만 임신 주수는 수정된 순간부터 따지지 않고 마지막 월경 첫날부터 헤아린다. 따라서 임신기간이 40주라고 할 때 이는 당신이 40주를 임신해 있다는 뜻이 아니다. 실제로 임신 상태로 보내는 것은 38주이고, 첫 2주는 거저 얻는 것이다.

이런 '선물'은 초음파검사가 존재하지 않아서 정확한 출산예정일을 계산할 수 없던 시대의 유물이다. 당시에는 마지막 월경에서부터 따질 수밖에 없었다. 현재는 의학 기술의 발달로 신뢰할 수 있는 검사들이 많아졌지만, 구식인 것 같아도 여전히 마지막 월경 시작일부터 헤아린다. 그래서 오늘날에도 첫 2주를 선물로 받고 있는 것이다.

정자의 여행: 정말로 힘든 싸움

'아주 특별한 정자'의 도움을 얻어 태아로 발달하는 '아주 특별한 난자'는 난소에서 성숙한 뒤 그곳으로부터 튀어나와 나팔관(난관)에 이른다. 그리고 나팔관에서 난자와 정자가 서로 결합한다. 아주 단순하게 들리지만 이런 행운의 순간에 새로운 생명이 탄생한다. 이런 새로운 생명의 절반은 남성의 정자에서 시작된다. 어떤 사람들은 임신과 출산 과정에서 남성이 하는 역할에 대해 이런 우스갯소리를 한다.

"몇 분 재미 본 것 말고 남자가 한 게 뭐 있어?"

음, 틀린 얘기는 아니다. 하지만 정액으로 배출되는 정자들은 진정한 전사들이다. 이런 무수한 전사들 중 단 하나만이 살아남으니까. 정액으로 2~3억 개의 정자들이 배출되는데, 건강한 정자는 머리와 꼬리로 이뤄진다. 남성의 온 유전물질은 머리에 들어 있고, 꼬리는 머리를 제일 먼저 난세포로 들여보내는 목적에만 기여한다.

또한 꼬리는 엄청나게 빠르게 운동하면서 정자로 하여금 앞으로 헤엄쳐 나가게 한다. 머리 위쪽에는 효소들이 있고, 그 위로 이런 중요한 효소를 보호하는 막이 있다. 효소들은 결승점에 이르기 전의 직선코스, 즉 난자로 뚫고 들어가는 데 결정적인 역할을 하고, 효소를 감싼 보호층은 정자의 머리가 난자로 여행을 할 때 효소를 잃어버리지 않도록 해준다.

모든 정자는 남성의 유전물질을 지니며, 여기서 유전자 하나가 아기가 아들이 될지 딸이 될지를 결정한다. 즉 남자는 X 염색체나 Y 염색체를 줄 수 있다. 한편 여성의 유전물질을 가진 난자는 모두 X 염색체를 지닌다. 그리하여 정자와 난자가 서로 만나면 XX, 또는 XY의 결합이 탄생한다. XX는 딸의 유전적 코드이고, XY는 아들의 유전적 코드다. 마지막에 경주에서 이긴 정자가 태아가 아들이 될지 딸이 될지를 결정하는 것이다.

여기에는 정말로 '경주'라는 말이 어울린다. 모든 정자 중 마지막에 단 하나만이 난자 안으로 들어갈 수 있기 때문이다. 다른 모든 정자는 죽는다. 대부분이 난자 근처에도 가보지 못하고 질에서 이미 경주를 포기한다.

정자 중 약 20퍼센트는 기형이거나(꼬리가 두세 개거나 머리가 두 개 달려 있기도 한다), 충분히 강하지 못해서, 또는 박테리아 공격을 받거나 질 속의 강산성 환경을 견뎌내지 못해서 죽게 된다. 25퍼센트의 정자들은 사정이 이뤄진 직후에 죽고, 나머지 정자들이 정액 속에서 일단 살아남는다.

사정 후 첫 몇 분간 정액은 약간 걸쭉한 상태다. 이렇듯 걸쭉한 상태에서는 정자들이 잘 움직이지 못해서 무리 속에 촘촘히 붙어 있게 된다. 약 20분 정도가 지나면 정액은 다시 묽어져서 잘 흐를 수 있게 되며 살아 있는 정자들은 믿을 수 없으리만치 활동성이 좋아진다. 꼬리가 머리를 밀어서 정자들이 질 위로 거슬러 올라가는데, 질 속에서도 살아남고자 애써야 한다.

질은 원래부터 약간 아래쪽으로 기울어져 있어서 이를 통해서도 많은 정자들이 죽는다. 남은 정자들은 이제 엄청나게 빠른 속도로 나팔관에 있는 난자에게로 헤엄쳐가야 한다. 난자가 무한정 살아 있을 수 있는 것이 아니기 때문이다. 배란된 지 24시간 안에 수정이 되지 않으면 난자는 사멸하기에 정자들이 긴 여행을 한 보람이 없어진다.

남은 정자들은 여전히 전력을 다해 난자에게로 헤엄쳐간다. 오디오로 들어보

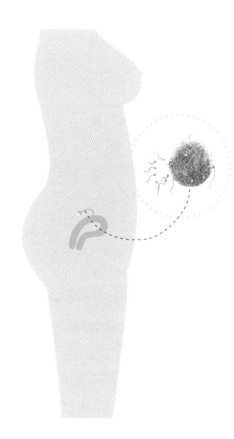

면 이런 과정이 정말로 장난이 아니라는 것을 알 수 있다. 정자들의 투쟁 과정에서 나는 소리는 장이 꾸르륵거리는 소리와 이명을 합쳐 놓은 것처럼 들린다. 힘들게 이뤄낸 이 모든 단계들 뒤에 정자들은 다음 도전에 맞서야 한다. 질은 낯선 생물체로부터 신체를 보호하기 위해 정자를 공격하기 때문이다. 이렇게 해서 다시 많은 정자들이 죽어나간다.

그런 다음에도 아직 문제가 남는다. 정자들은 크고 둥근 세포를 찾도록 프로그래밍되어 있어 많은 정자들이 처음 만나는 둥근 세포로 파고들기 때문이다. 그러나 이런 세포는 일반 세포인 경우가 많고 당연히 수정이 이뤄질 수 없어, 다시금 수많은 정자들이 사멸한다.

그렇게 하여 몇억 개의 정자 중에서 단 몇십만 개가 자궁구에 도착한다. 정자들은 이 부분을 통과하여 자궁으로 올라가 나팔관으로 들어가서 난자를 찾아야 한다. 여성의 몸은 산성을 띤 환경과 공격하는 세포들로 정자들을 파괴하려 하는 대신, 처음으로(무의식적으로) 정자들을 돕는다. 즉 배란기 동안에는 무엇보다 자궁에 정자들이 헤엄치기에 좋은 환경이 조성되는 것이다.

그밖에도 배란기 전후에는 기다란 단백질 실들이 만들어지는데, 이들이 통로를 만들어 정자를 난자에게로 안내한다. 단백질 실을 찾지 못하는 정자들은 난자에게 가는 여행에서 살아남지 못하고 사멸한다. 정자들이 실을 발견하면, 이제 생존 확률은 정자들의 위치에 달려 있다. 실타래가 아주 얇은 탓에 흐느적거리게 되어,

바깥쪽 정자들은 불리해진다. 그들은 산성을 띤 환경 때문에 괴롭지만, 경호원들처럼 안쪽 정자들을 보호해주는 역할을 한다.

자궁 위쪽에 도달한 정자들은 이제 왼쪽 나팔관으로 갈지 오른쪽 나팔관으로 갈지를 결정해야 한다. 이 둘 중 한쪽에만 성숙한 난자가 있다. 정자의 절반은 틀린 선택으로 그 모든 수고를 거치고도 잘못된 난관에 도착하여 죽어버린다. 올바른 난관을 선택했다고 해도 모든 정자가 난자에게까지 이르지는 못한다. 나팔관 안에서 많은 정자가 포기하기 때문이다. 어떤 정자들은 무수한 섬모들의 운동 방향을 거슬러 나팔관 속의 난자로 나아간다. 자, 이제 난자에 이르는 길고 위험한 여행의 마지막 단계. 정자 머리에 있는 효소 위의 보호층이 열리고 드디어 효소들이 목표에 도달한다.

이제 2~3억 개 중 마지막까지 살아남은 약 50마리의 정자가 거의 동시에 난자 속으로 들어가려고 애쓴다. 정자들은 머리에 있는 효소를 매개로 난자의 두 보호층을 뚫고 들어가려 한다. 이를 통해 난자는 회전하게 되며 보호층을 통과하는 첫 정자는 안쪽으로 확 당겨진다. 정자의 머리가 안쪽으로 들어가자마자 엄청나게 빠른 생화학 반응이 일어나고, 난자는 다른 정자에 대해 문을 닫아버린다. 머리를 들이민 정자의 꼬리마저도 밖에 남아 머리에서 떨어져 나간다. 바야흐로 남성의 유전물질이 여성의 유전물질에 도달하고, 승리한 정자가 난자와 결합해 여성의 몸 안에서 새로운 생명이 자라게 되는 것이다.

이 격렬한 투쟁에서 승리한 정자에게 갈채를 보내자! 그리고 한 달에 한 개씩 배출되어, 배란된 시점에서 24시간이 지나기까지 수정되지 않으면 죽어버리는 용감한 난자들도 잊지 말자. 배란이 되고 시간이 흐를수록 정자들은 난자 안으로 침투하기가 점점 어려워진다.

0에서 2주까지는 의학적으로 볼 때 임신이 아니기 때문에 몸에서 배란 전후에 늘 나타나는 변화 외에는 별다른 증상을 느끼지 못한다. 어떤 여성들은 분비물을 통해 배란을 감지하고, 어떤 여성들은 아무것도 느끼지 못한다. 당신의 몸은 임신기에 아기에게 필요한 영양을 공급하기 위해 엽산과 비타민 D를 더 많이 필요로 한다. 영양제를 아직 복용하지 않고 있다면 오늘부터 바로 먹기 시작할 것!

자연 임신이 되지 않을 때

때로는 임신이 마음처럼 쉽게 이뤄지지 않는다. 배란이 되지 않기도 하고, 난자까지의 기나긴 여행을 견뎌내기에 정자의 질이 떨어지기도 한다.

호르몬 자극

여성이 배란이 되지 않거나, 아주 드물게만 배란이 되는 경우 알약과 주사를 결합한 형태의 호르몬을 통해 배란을 자극할 수 있다. 이때 의사는 과잉 자극, 즉 너무 많은 난자가 성숙되는 일이 없도록 주의해야 한다. 건강에 해로울 수 있기 때문이다. 호르몬 자극을 시작한 뒤 3개월 내에 임신할 확률은 50퍼센트 정도다.

인공수정

남성의 정자가 이상적으로 발달하지 않는 경우에는 인공수정, 즉 자궁내정자주입술(IUI)을 고려할 수 있다. 인공수정에서는 활동성 높은 최상의 정자들을 선별하여(정자의 품질을 개선하는 과정이다.) 얇은 관을 통해 정자를 직접 자궁으로 들여보낸다. 난자까지 도달하는 길이 대폭 줄어드는 것이다. 물론 이 일은 이상적인 시점, 즉 난자가 성숙해서 수정되기를 기다리는 시점에 행해져야 한다. 그래서 배란 시점을 정확히 예측할 수 있도록 월경 주기를 조절하기도 한다. 성공할 확률을 높이는 것이다.

시험관 아기 시술

여성의 몸 안에서 정자와 난자가 만나 수정이 이뤄져야 하는데, 자연적으로 이뤄지지 않을 경우 시험관 아기 시술, 즉 체외수정(IVF)을 시도할 수 있다. 호르몬 치료를 통해 난포를 성숙시킨 뒤, 초음파기기를 이용해 난포를 확인하고서 바늘로 찔러 난포액을 흡입한다. 그러고는 시험관에서 정자와 난자를 만나게 한 후 온도를 높여준다. 이제 간절한 기다림이 시작된다. 며칠 뒤 하나 또는 여러 개의 배아가 탄생하면 하나의 배아(때로는 여러 개)를 자궁 속에 착상시킨다. 이 방법을 세 번 시도했을 때 임신이 될 확률은 50퍼센트 정도다.

세포질 내 정자 주입술

정자가 자력으로 난자와 수정할 수 없을 때, 세포질 내 정자 주입술(ICSI)은 임신을 가능케 하는 또 하나의 방법이다. 여기서도 우선 호르몬 자극을 시행하고 난포를 흡입한 뒤, 선별된 정자를 난자의 세포질에 주입한다. 시험관에서 수정에 성공하면 며칠 뒤 배아를 자궁에 착상시킨다. ICSI의 성공전망은 불임의 원인에 따라 상당히 차이가 난다. IVF와 ICSI 모두 좋은 상태의 배아를 냉동해놓고 첫 번째에 임신이 되지 않으면 배아들을 녹여서 다시 시도할 수 있다.

난자 기증

여성이 적절한 난자를 가지고 있지 않아 임신하지 못하는 경우, 자궁이 임신을 유지할 수 있는 상태라면 난자 기증을 고려할 수 있다. 성공 확률은 IVF와 비슷하다.

정자 기증

한국에서는 기혼자에 한해 난임 치료의 일부로 정자를 기증받을 수 있지만, 비혼모도 가능하게 해야 한다는 목소리가 점점 높아지고 있다.

냉동 정자 또는 냉동 난자

특정 질병은 치료 과정에서 정자나 난자에 부정적인 영향을 미칠 수 있기 때문에 정자나 난자를 미리 냉동해놓는 방법을 택하기도 한다.

쌍둥이의 탄생

난자 하나가 아니라 여러 개가 성숙하여 동시에 배출되는 경우도 있다. 두 개 이상의 난자가 각각 하나의 정자와 수정되면 쌍둥이나 다둥이를 임신하게 된다. 난자가 두 개인 경우를 이란성 쌍둥이라고 한다. '이란성'은 단어 그대로 두 개의 난자와 두 개의 정자에서 탄생한 쌍둥이, '삼란성' 쌍둥이는 난자 셋, 정자 셋에서 탄생한 쌍둥이다. 하지만 난자 두 개로부터 세 쌍둥이를 임신할 수도 있다. 난자 하나가 수정 뒤 둘로 나뉘고, 하나는 나뉘지 않는 경우다. 여러 개의 난자를 동시에 배출할 확률은 유전에 따라 다르다.

흔히 쌍둥이가 한 세대를 건너서 유전된다고 아는 사람이 많은데, 꼭 사실이라고 할 순 없다. 일란성 쌍둥이의 경우는 상황이 다르다. 난자 하나만 성숙해서 하나의 정자와 수정이 된다. 하지만 세포 분열 과정에서 특별한 일이 일어난다. 세포가 나뉘어서 두 개의 '수정란(접합자)'이라는 세포 덩어리가 만들어지는 것이다. 그리하여 태아 둘이 발달하면서 외모가 거의 동일한 쌍둥이가 태어난다. 같은 난자와 정자로부터 탄생했기 때문이다. 일란성 쌍둥이의 탄생은 순전히 우연이며, 다란성 쌍둥이의 경우처럼 유전은 아니다.

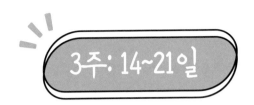

3주: 14~21일

◆ 나팔관을 통해 자궁으로 여행하는 도중에 수정된 난자는 여러 개의 세포로 분열된다. 그러나 세포의 크기는 성장하지 않는다. 크기가 커진다면 세포 덩어리 또는 수정란이 배란된 난자를 자궁 쪽으로 내려보내는 관, 즉 난관을 통과할 수 없을 것이다.

◆ 세포 덩어리에 형태가 생기고, 세포들이 구조를 띠게 되며, 아랫부분에 액체로 채워진 빈공간이 생긴다. 이를 '배반포Blastocyst'라고 부른다.

◆ 배반포가 '껍질(공식 명칭은 투명대 – 옮긴이)'을 잃으면, 부화한 배반포가 되어 자궁내막에 달라붙을 준비를 마친다.

◆ 배반포가 자궁내막을 먹으면 그곳에 작은 상처가 생긴다. 그래야 한다. 약간의 출혈이 있을 수 있는데 이를 '착상혈'이라고 부른다.

◆ 3주 만에 이미 아기의 신경계 기초가 만들어진다.

◆ 착상이 성공적으로 마무리되자마자 세포들이 성장을 시작한다.

상실배로부터 배반포까지

수정이 이뤄진 순간부터 이 세포를 '수정란(접합자)'이라 부른다. 태아로 발달할 가장 첫 단계의 세포를 부르는 이름이다. 아직 아무것도 보이지 않고 임신테스트기에도 나타나지 않지만, 여성의 배 속에서는 굉장히 많은 일이 일어나고 있다. 난자와 정자가 합쳐지고, 곧 세포 분열이 시작된다. 수정란은 우선 2개의 세포로 갈라지고, 2개에서 4개로, 4개에서 다시 8개로, 8개에서 16개로 불어난다.

이런 빠른 분열과정(유사분열)에서 수정란은 크기가 커지지는 않은 채 분열만

0 1 2 3 4 5 6 7 8 9 10 11 12 13 14 15 16 17 18 19 20 21

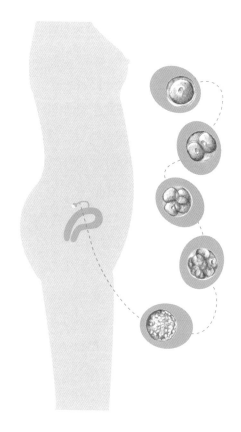

한다. 수정란은 작은 상태를 유지해야 한다. 난관을 통해 자궁으로 나와야 하기 때문이다. 각각의 세포들이 커져서 배반포도 커지면, 난관을 통해 빠져나오지 못한다. 이제 최소 16개의 세포로 이뤄진 동그스름한 것이 생겨난다. 16개 이상인 경우도 종종 있다. 이 동그스름한 것을 '상실배morula'라고 부른다. 뽕나무 열매(오디)를 의미하는 라틴어 'morus'에서 유래한 명칭이다. 이름만 보아도 세포들로 이뤄진 그 동그란 것이 오디를 닮았다는 걸 짐작할 수 있을 것이다.

하루 이틀 뒤에는(수정이 이뤄진 지 4~5일 뒤에는) 세포들이 계속 분열될 뿐 아니라, 사이 공간도 생겨난다. 구조가 만들어지는 것이다. 그 세포 덩어리를 '배반포'라고 부른다. 분열하는 세포는 수백만 개의 섬모와 연동(밀어내기) 운동의 도움으로 난관을 통해 자궁 방향으로 여행하며, 이 주의 마지막에는 배반포가 자궁에 도착한다.

배반포는 이제 자궁내벽에 달라붙어야 한다. 이를 위해서는 껍질을 벗어야 한다. 껍질을 벗은 배반포를 '부화된 배반포'라 부른다. 이 과정은 퍽 매력적이다. 세포 덩어리가 스스로를 보호하는 껍질을 박차고 나와 자유로운 성장을 시작하는 것이다. 그 모든 일이 아주 짧은 시간에 이뤄진다. 인터넷을 찾아보면 부화하는 배반포의 동영상이 있다. 한번 봐도 좋을 것이다!

우리는 시종 일관 세포 덩어리에 대해 이야기를 하며, 수정란에서 배반포에 이르기까지 어려운 이름을 배웠다. 여기서 잠깐 확인하자면, 이것이 바로 당신의 아

21 22 23 24 25 26 27 28 29 30 31 32 33 34 35 36 37 38 39 40 41 42

기다. 당신이 알지 못하는 상태에서 배 속에서는 수정 과정이 아주 빠르게 진행된다. 그리고 이 주의 마지막 즈음에 아기 신경계의 기초가 만들어진다.

부화된 배반포는 자궁에 도착하자마자 자궁내막에 꽉 달라붙는다. 이 일은 3주의 마지막이나 4주 초반에 일어난다. 배반포는 그동안에 54개의 세포를 갖게 되며, 자궁에 달라붙게 될 자리에 일종의 매듭이 생겨난다. 자궁에 착상하는 것은 정자가 난자로 들어갈 때와 비슷하다. 배반포가 자궁내막으로 들어간다는 점이 다를 뿐이다. 착상이 완료되면 세포들이 드디어 자라기 시작한다. 마침내 '작은 인간'으로 발달할 수 있는 장소에 도착했기 때문이다.

물론 모든 착상이 성공리에 이뤄지지는 않는다. 유전자 결함, 비정상 자궁내막, 자궁의 이상 등의 이유로 50퍼센트 정도만 착상이 성공하는 것으로 추측된다. 그래서 착상은 임신에서 중요한 사건이다.

시험관 아기 시술이나 세포질 내 정자주입술을 통한 임신의 경우에는 하나 또는 여러 개의 건강해 보이는 배반포나 부화된 배반포를 자궁에 이식해준다. 이 배반포 역시 자연적으로 발생한 배반포와 똑같은 방식으로 착상을 해야 하지만 인공수정의 경우 착상이 실패할 위험이 높다. 그래서 자궁내막을 살짝 긁어 상처를 내어 착상 성공률을 높이는 연구가 진행되고 있다. 이 방법을 '자궁내막자극술endometrial scratching'이라고 한다. 이런 연구가 마무리되고 의학적 표준으로 적용될 때까지는 자궁에 이식된 배반포가 스스로 자궁벽을 파고들어 착상해야 한다.

3주에 일어나는 당신의 신체 변화

착상을 할 때 수정란이 자궁벽을 먹어 작은 상처가 나는 바람에 소량의 출혈, 즉 착상혈이 있을 수 있다. 피는 연분홍색이나 붉은색, 갈색을 띤다. 이때 가벼운 복통을 느끼는 여성들도 있다.

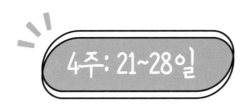

◆ 착상이 성공적으로 이뤄졌다면 이 주의 마지막에 태아는 공식적으로 '배아'가 된다.

◆ 이 주에는 태반도 만들어지기 시작한다.

◆ 수정란이 자궁에 착상하면 모체는 '임신 호르몬'으로 불리는 'hCG 호르몬(인간 융모성 성선자극호르몬)'을 분비한다. 이 호르몬은 태아를 보호해주는 역할을 하는 한편, 임신 초기의 전형적인 입덧 증세를 유발한다.

◆ 배반포는 세 개의 층(엽)으로 구성된다. 신경계, 감각기관, 머리칼, 피부로 발달하는 외배엽ectoderm, 근육, 혈관, 신장, 성기, 뼈를 만드는 중배엽mesoderm, 호흡기관과 소화기관으로 발달하는 내배엽entoderm이다. 즉 내배엽은 모두 내부 장기가 되지만 소변을 보기 위한 기관만은 예외로 중배엽에서 생겨난다.

모든 것의 기초가 되는 세 개의 엽

착상이 성공적으로 이뤄지면 임신의 가장 커다란 장애물 중 하나를 넘은 셈이다. 부화되어 자궁벽에 안전하게 착상을 한 배반포는 새로운 의학적 이름을 얻는다. C자 모양의 '배아'가 되는 것이다. 이제 돌기 모양의 융모들이 태반을 형성하고, 이 시기에 태반은 비로소 발달하기 시작한다.

25일 즈음에 특별한 일이 일어난다. 이제 배반포는 3개의 층, 즉 3개의 엽으로 구성된다. 이 세 층은 차츰 특정한 신체 부위와 기관으로 발달해 가게 되는데, 외배엽은 장차 신경계, 감각기관, 머리칼, 피부가 된다. 중배엽은 근육, 혈관, 신장, 성기, 뼈가 되며 내배엽은 호흡기관과 소화기관, 즉 모든 내부 장기로 발달한다. 이제부터 분열하는 모든 세포는 특정 과제를 부여받는다. 그리고 세포들 모두 이미 약간 이동을 하는 걸 볼 수 있다. '뼈세포'의 과제를 담당하게 된 세포는 분열 뒤 자동적으로 바깥쪽으로 이동하며, '장세포'의 역할을 담당하게 된 세포는 안쪽으로 이동한다.

4주에 일어나는 당신의 신체 변화

자라나는 태반과 뇌의 조종을 받아 신체는 난세포가 착상하고 나서부터 hCG 호르몬을 분비한다. 이 호르몬은 매달 일어나던 난자성숙, 배란, 월경을 멎게 만들 며 배아의 성장을 자극한다. 여분의 hCG 호르몬은 방광을 통해 배설된다. 임신테 스트는 이렇게 배설된 소변 속 hCG 호르몬의 유무를 측정하는 것이다.

hCG 호르몬이 분비되면 여성 스스로가 신체 변화를 알아차리게 된다. 신체가 평소와 '다르다'는 것을 느끼게 되는 것이다. 처음에 나타나는 가장 흔한 입덧 증 상은 그 유명한 구역과 구토감이다. 가슴 부위에 통증이나 타는 듯한 느낌 또는 가려움이 느껴지기도 한다. 아무런 증상을 느끼지 못하는 여성들도 많다. 그런 경 우는 5주까지 기다렸다 임신 테스트를 해야만 임신을 확인할 수 있을 것이다.

첫 3개월간 대부분의 임산부는 신체적으로 불편함을 느낀다. 사람에 따라 불편 한 증상과 정도가 다르다. 한 가지는 확실한 사실은 이런 증상들은 임신 호르몬인 hCG가 일으키는 증상들이라는 것이다. hCG 호르몬은 9주에서 11주 사이에 최 고조에 이르고, 15주부터는 대부분의 불편한 증상이 사라진다.

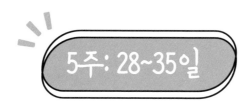

5주: 28~35일

- 배아는 꼬리를 가진 투명하고 흰 올챙이와 비슷해진다.
- 갈비뼈의 기초와 신경관이 생겨난다.
- 심장이 생겨난다.
- 최초의 혈액순환부터 근육, 연골, 폐, 내장, 뼈 및 피하 결합조직의 바탕이 시작된다.
- 배아는 여전히 난황낭으로부터 영양을 공급받지만, 이 주에 만들어지는 탯줄이 곧 그 역할을 넘겨받는다.
- 아기의 키: 3밀리미터.

외적인 변화

배아는 이제 3밀리미터 크기이며, 꼬리 달린 올챙이와 닮았다. 아직 피가 통하지 않고 색소도 만들어지지 않았다. 그래서 우리와는 아주 다르게 투명한 흰색의 신체를 가지고 있다.

내적인 변화

작은 몸 안에 신경관으로 발달할 홈이 길이 방향으로 만들어지기 시작한다. 이것은 외배엽으로부터 생겨나며, 이후 차츰 빌달할 뇌, 척추, 신경, 피부의 기초를 이룬다. 이런 홈에서 이미 미세하게 뒤집혀진 부분이 눈에 띄는데, 이것은 나중에 갈비뼈가 된다. 가운데 부분인 중배엽도 계속 발달한다. 여기서 심장과 각 심방의

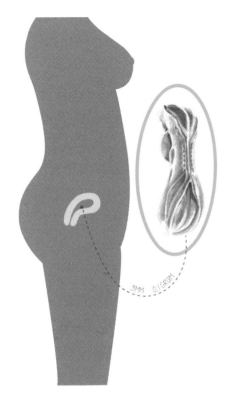

3MM 0.1GRAM

기초가 만들어진다. 최초의 혈액순환도 시작된다.

중배엽과 분열하는 세포는 서서히 근육, 연골, 뼈, 신장, 요도, 결합조직을 형성하기 시작한다. 이런 과정은 한 주로 마무리되는 것이 아니라 오래 계속된다. 시작이 반이란 말이 있듯 내배엽도 마찬가지다. 내배엽도 이제 부지런히 분열해서 더 많은 세포들이 만들어지고 성장한다. 이런 세포들로부터 소화관과 폐가 생성된다.

안쪽 엽과 바깥 쪽 엽 사이에 빈 공간이 생기고, 이곳이 액체와 난황낭으로 채워진다. 난황낭은 배아에 영양분을 공급한다. 동시에 배 속에는 아주 새로운 것이 만들어진다. 바로 탯줄이다. 탯줄은 나중에 태아에

영양분과 산소를 공급하는 일을 넘겨받는다. 이 시기의 정말 놀라운 일은 수정이 된 지 3주도 되지 않아 두 개의 반쪽짜리 세포(정자와 난자)로부터 두뇌에서 성기까지 차츰 완전한 신체를 이룰 모든 기초를 지닌 어엿한 작은 인간이 생겨난다는 것이다.

5주에 일어나는 당신의 신체 변화

이미 몸의 변화를 느끼고 있는가? 무언가를 감지할 수 있는가? 아니라고? 모든 질문과 의심은 이번 주 말이면 풀린다. 생리 예정일 이후부터 임신테스트를 할 수 있다. 아홉 달 후면 엄마가 된다고 기뻐하는 동안 당신의 배 속에서는 아이가 자

랄 모든 준비가 갖춰진다.

테스트 결과는 양성인가? 그렇다면 사랑하는 사람들은 물론 산부인과와 단골 병원에 임신 사실을 알려라. 병원에서는 차트에 임신 사실을 기록할 것이고 약 처방을 할 때 이 사실을 고려할 것이다. 그동안 임신하기 위해 몸 고생, 마음 고생했을 당신에게 축하의 박수를 보낸다!

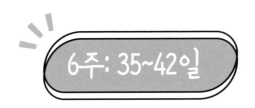

6주: 35~42일

- ◆ 아기의 심장이 뛰기 시작한다!
- ◆ 점점 더 많은 혈관과 복잡한 정맥망이 생겨난다.
- ◆ 소화관의 기초가 놓인다.
- ◆ 팔다리의 기초가 생기고 얼마 안 있어 두 팔과 두 다리로 발달해나간다.
- ◆ 아기의 키: 약 5밀리미터.

내적인 변화

지난주의 마지막 또는 이번 주의 시작쯤 특별한 일이 일어난다. 바로 아기의 심장이 뛰기 시작하는 것이다. 한번 뛴 심장은 일생동안 박동하게 될 것이다. 심박동수는 처음에는 1분당 약 65~80회 정도이고 매일 약간씩 더 빨라진다.

지금까지 심장은 중배엽이 분화된 뒤 만들어진 세포 무리일 따름이었다. 그런데 이제 이 세포 중 하나가 강하게 수축하고 분화된 뒤, '심장세포'의 과제를 부여받은 주변의 모든 세포들이 이런 수축운동을 넘겨받는다. 이것은 어마어마하게 중요하고 로맨틱한 전환점이 아닐 수 없다. 심장이 스스로 뛴다는 것은 생물학적 의미 외에도 감정적, 상징적 의미를 갖는 사건이기 때문이다!

심장과 혈관 사이의 연결은 점점 넓어지고 발달한다. 하지만 모든 혈관과 모든 연결은 아주 복잡하여 단시일에 완성되지 못하고, 여러 달에 걸쳐 생성된다. 아기는 앞으로 기타 신체 부위들도 속속 만들어나갈 것이고, 이런 기관들도 혈관을 통해 영양 공급을 받아야 하는 것이다. 이를 온 집안을 통과하는 전선에 비유할 수

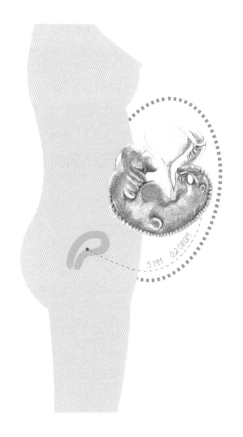

5 MM   0.2 GROM

있다. 물론 인간의 혈관은 그보다 백배는 더 복잡하고 생명 유지에 필수적이지만 말이다. 이 모든 일이 수정된 뒤 몇 주 사이에 일어난다.

배아에 깊숙이 일종의 관이 생겨난다. 이것은 소화관의 기초이며, 이로부터 폐도 발달한다. 관에서 나중에 폐엽이 될 두 개의 작은 볼록한 부분도 이미 분간할 수 있게 된다. 작은 새우를 닮은 태아의 몸에서 이제 네 개의 작은 '동강이'가 보이기 시작한다. 두 팔, 두 다리로 발달하게 될 것들이다. 심장은 아직 배아 바깥쪽에 놓여 있다. 말하자면 '팽출(부풀어 나오는 것)'되어 있는 것이다.

이번 주는 또 하나의 구간 목표에 도달한다. 태아가 처음으로 탯줄을 통해 영양분과 산소를 공급받게 되는 것이다. 이미 복잡했던 혈액공급과 혈관 시스템은 한층 더 복잡해진다. 엄마와 아기가 혈관을 통해 서로 연결되기 때문이다. 아기의 심장이 뛰고, 아기에게 영양을 공급해주는 연결선이 엄마와 이어진다. 임신기간 동안 이보다 더 로맨틱한 일이 있을까?

6주에 일어나는 당신의 신체 변화

임신기간 동안 가슴이 변화한다. 모든 임산부에게 공통된 현상이다. 평소 배란 전후로 가슴 통증이나 변화를 느껴왔던 여성들은 잘 모르고 지내왔던 여성들에 비해 임신기에도 변화를 더 강하게 경험하는 일이 많다. 임신 경험이 있는 임산부의 경우에는 첫 임신 때보다 변화가 적다. 대부분의 여성들은 임신 5주 차부터 가슴이 부풀어 오르고 땡땡해지며 찌릿찌릿하고 유두 주변의 색이 짙어진다.

어떤 여성들은 수정이 되자마자 메스꺼움을 느끼기도 하지만, 대부분은 약 6주부터 입덧이 나타난다. 임신하면 왜 이런 증상이 나타나는지, 어떻게 대처하면 되는지에 대해서는 뒤에서 자세히 설명할 것이다. 평상시보다 입 속에 침이 더 많이 고이는가? 아주 정상적인 일이다. 평소보다 냄새에 더 민감해지는가? 그 역시 이 시기에 곧잘 나타나는 증상이다.

7주

- ◆ 얼굴의 형태가 생긴다. 위턱과 아래턱, 광대뼈의 기초가 놓인다.
- ◆ 청각기관의 기초가 생겨난다.
- ◆ 윗입술과 혀가 생겨난다.
- ◆ 심장은 (빠른 템포의) 펌프질을 통해 혈액을 전신에 순환시킨다.
- ◆ 계속해서 골격이 생겨난다.
- ◆ 신경과 신경세포가 점점 더 분화된다.
- ◆ 아기는 팔과 손을 갖게 된다. 다리에는 발이 생기고, 어깨와 무릎도 생겨난다.
- ◆ 아기는 이제 수정 시보다 10만 배는 더 크다.
- ◆ 테스토스테론이 분비되기 시작한다. 이를 통해 곧 아기의 성별을 분간할 수 있다!
- ◆ 아기의 키: 1센티미터.

외적인 변화

5주 전에 난자와 정자가 합쳐진 이래, 이 시기가 되면 당신의 배 속에 작은 인간이 자라고 있음을 뚜렷이 분간할 수 있다. 이번 주에 윗입술과 혀가 생겨난다. 지난주에 이미 기초가 놓인 얼굴 부위들도 계속 발달하여 순식간에 귀와 눈을 분간할 수 있게 된다. 얼굴 형태도 점점 두드러진다. 위턱, 아래턱, 광대뼈가 형성되기 때문이다.

이런 발달은 이번 주에 시작되어 마무리되려면 여러 주, 또는 여러 달이 소요된다. 세포분열을 할 때마다 얼굴은 점점 더 모습을 갖춰간다. 귀는 점점 더 우리의

21 22 23 24 25 26 27 28 29 30 31 32 33 34 35 36 37 38 39 40 41 42

1부 임신에서 출산까지 40주 캘린더

33

귀를 닮아가며, 안쪽에서는 이미 청각기관도 생겨난다. 하지만 태아는 아직 듣지는 못한다. 소리를 들으려면 13주가 더 걸린다. 목덜미도 생기지만 아직 보이지는 않는다.

내적인 변화

작은 심장은 그동안에 네 개의 심방을 가지게 됐고, 이미 혈액을 펌프질하며 일분에 약 100~169회를 박동한다. 이것은 성인의 심박동수의 거의 두 배에 해당한다. 이 시기 즈음에 모든 기관은 아주 빠르게 발달한다. 두뇌도 아주 놀라운 속도로 성장하여, 1분당 100개의 새로운 뇌세포가 생겨난다!

무엇보다 중요한 부분은 뇌하수체의 발달이다. 뇌하수체는 이름에서 유추할 수 있는 것처럼 뇌의 아래쪽에 놓여 있으며, '호르몬 오케스트라의 지휘자'라고 할 수 있다. 이 기관이 호르몬 대사를 대부분 조절하기 때문이다. 뇌하수체는 성인의 경우에도 콩알만 하다. 그러므로 배아의 경우 뇌하수체가 얼마나 작을지 상상이 가지 않을 것이다. 그럼에도 생명에 중요한 역할을 한다!

두 개의 작은 신장도 생겨난다. 신장은 약간 기능도 한다. 나중에 신장은 소변을 만들어내고 노폐물을 배설하는 데 필수불가결한 역할을 하게 될 것이다. 이처럼 짧은 시간 내에 모든 중요한 구성 요소들을 갖춘 작은 인간이 탄생하게 되는 것이다.

임신기간은 크게 전반기와 후반기로 나눌 수 있다. 전반기는 모든 것이 생겨나 기능을 시작하는 시기이며, 후반기는 탯줄로부터 주어지는 영양과 산소 공급 없이 모체 밖에서도 생존할 수 있는 상태가 되기까지 아기가 계속 성숙하는 시기이다. 이런 목표에 도달하고, 가능한 한 빠르게 완전한 작은 인간이 되기까지 신경계가 분화되고 뼈세포가 만들어지는 등 부지런히 작업이 진행된다.

아기의 몸

신체가 점점 형태를 갖춰간다. 지난주에 '이제 팔다리가 빠르게 발달한다'고 고지한 바 있다. 신체는 지난주 이래로 길이가 두 배가 됐을 뿐 아니라, 동강이 모양의 팔다리의 기초가 단순한 팔, 다리로 성장했다. 나아가 팔에는 이미 손가락이 있는 작은 손이 생기고, 다리에는 발가락이 있는 발이 생겨난다. 어깨 관절과 무릎 관절도 이미 만들어진다. 물론 그것들은 완전히 발달하지는 않아서 아직 알아볼 수 없지만, 기본적으로 모든 부분이 이미 존재한다.

아기는 아직 '꼬리'를 가지고 있기에 아직 공식적으로는 배아라고 부른다. 배아는 빠른 속도로 계속 발달하여 수정 당시의 10만 배로 불어났다. 심지어 아주 강해서 이번 주에는 처음으로 스스로 움직일 수도 있다! 유감스럽게도 당신은 그것을 느끼지는 못한다. 배 속에 아직 자리가 많기 때문이다. 아기의 피부(인간의 가장 큰 기관)는 여전히 투명하다.

7주까지는 나중에 생식기로 발달하게 될 부분이 남아건 여아건 동일해 보인다. 이는 남자와 여자의 생식기관이 같은 영역의 세포로부터 형성된다는 것을 의미한다. 같은 조직으로부터 고환과 난소가 생기고, 페니스와 클리토리스가 생기는 것

주수	평균 심박동수(분당)	전체 박동수
4	113	1,139,040
5	131	2,459,520
6	150	3,971,520
7	170	5,685,120
8	169	7,388,965

배아기에 심장은 약 740만 번 뛴다.

이다. 남아가 될 배아가 테스토스테론을 만들어내지 않으면 모든 배아는 여성생식기를 발달시키게 될 것이다. 테스토스테론 분비를 통해 비로소 남아는 전형적인 남성 생식기를 갖게 되는데, 테스토스테론 분비는 바로 이번 주부터 시작된다.

배 속의 아기를 보통 태아라고 부르지만, 공식적인 용어로는 배 속의 아기를 부르는 이름이 주수에 따라 수정란, 배아, 태아 순으로 옮겨간다. 40주간의 임신을 조망하면서 우리는 아직 태어나지 않은 아기를 왜 시기마다 다르게 부르는지, 각 시기의 특징은 무엇인지를 살펴보게 될 것이다. 하지만 아이를 갖는 것은 의학적 또는 생물학적 과정일 뿐 아니라, 감정적 사건이기도 하다. 그래서 예를 들면 "태아(Fetus)에게 솜털이 난다"는 표현과 "아기에게 솜털이 난다"는 표현은 어감이 약간 다르다. 이런 이유에서 이 책에서 때로는 의학적 용어를, 때로는 '아기'라고 표현했다.

7주에 일어나는 당신의 신체 변화

가슴이 엄청나게 빠른 속도로 부풀어 오른다. 사춘기 때보다 더 빠르게 자라날 것이다. 하지만 걱정하지 마라. 임신기간 내내 이런 속도로 계속 커지지는 않는다. 최대로 부풀어 오르는 시기는 이미 지나갔다. 분만을 몇 주 앞둔 시점이 되어서야 가슴이 다시 조금 커지는 것을 느낄 것이다. 그리고 출산 뒤 젖먹일 시점이 되면 가슴은 어마어마하게 커진다. 하지만 걱정하지 마라. 이것은 단지 일시적일 뿐이다. 가슴에 대해서는 뒤에서 자세히 설명할 것이다.

이미 배가 뽈록 나왔다고? 하지만 아직은 태아 때문이 아니라 가스가 차서 복부가 팽만해 있기 때문이다. 복부팽만은 이 시기 아주 평범한 현상이다. 임산부의 30퍼센트 정도가 이 시기 즈음 복부팽만이 느껴진다고 말한다. 이것은 임신 호르몬 hCG로 인한 것이다.

8주

- ◆ 아기는 이제 어엿한 인간의 얼굴을 지니게 된다. 코, 입술, 눈이 있고, 눈썹이 날 자리도 마련된다.
- ◆ 눈은 (아직) 시종일관 뜬 상태다. 하지만 아직 눈으로 뭔가를 볼 수는 없다.
- ◆ 뇌는 이제 두 부분으로 이뤄진다.
- ◆ 점점 더 많은 기관이 형성되고, 단순하게 기능하기 시작한다.
- ◆ 드디어 탯줄을 통해 산소를 공급받는다.
- ◆ 뼈가 서서히 단단해진다.
- ◆ 아기의 키: 2센티미터.

> **조산사 카롤리네 푸터만의 조언**
> 때로 임산부들은 이 책이나 인터넷, 또는 출산도우미센터의 포스터에서 알려주는 아기 크기와 초음파검사에서 말해준 크기가 다르다고 말합니다. 맞는 말이에요! 첫 번째 초음파검사에서는 보통 엉덩이에서 정수리까지의 길이를 측정하지요. (종종 접은 상태의) 다리는 포함하지 않은 거예요. 하지만 책이나 인터넷에 등장하는 크기는 다리까지 포함한 거랍니다.

외적인 변화

배 속을 볼 수 있다면, 당신은 아기가 점점 더 어엿한 사람이 되어가는 걸 볼 수

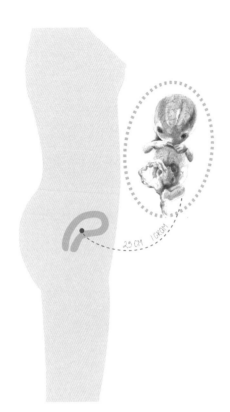

있을 것이다. 작은 얼굴에는 이제 입술, 코, 눈이 있다. 눈은 아직 시종일관 뜬 상태다. 눈을 감으려면 눈꺼풀이 필요한데, 눈꺼풀은 지금 막 만들어지는 중이라 눈의 일부만 덮고 있을 뿐 아직 눈을 완전히 덮지는 못한다. 하지만 눈이 뜨여 있어도 아기는 아직 아무것도 볼 수 없다. 곧 홍채가 있게 될 부분이 서서히 색깔을 띠게 된다. 그밖에 지금까지는 코 부분이 뚫린 상태였는데, 서서히 코끝을 가진 진짜 코가 만들어진다.

내적인 변화

아기의 뇌는 이제 성인처럼 두 부분으로 구성된다. 두 반구에서 세포 분열이 일어나 계속 분화가 이뤄진다. 이런 발달은 생명에 아주 중요하다. 뇌 속에서 만들어지는 시냅스는 서로 직접적으로 연결이 되어 신경관을 이룬다. 이런 과정은 어느 정도 일생 동안 진행된다. 하지만 엄마 배 속에 있을 때처럼 많은 연결이 이뤄지는 시기는 다시 없다. 태어난 뒤만 따지자면 태어난 첫 해만큼 많은 연결이 만들어지는 시기는 다시 없다. 이번 주에는 뇌에서 냄새를 지각하는 부분도 만들어진다. 후각이 형성된다고 말할 수 있다. 그밖에도 미각 작업도 이뤄져서, 혀에 돌기들이 생겨난다.

다른 기관들도 급속도로 발달한다. 아기의 심박동은 성인보다 두 배는 더 빨리 뛴다. 골수가 이 일을 넘겨받을 때까지 간은 잠정적으로 적혈구를 생산하는 임무를 맡는다. 맹장과 췌장도 만들어진다. 췌장은 나중에 인슐린 호르몬을 분비할 준비를 갖추게 되며, 목으로부터 폐까지 이어지는 '관'도 발달한다. 폐에는 수많은 '가지'들이 나타난다. 폐의 전체 표면에 확산되는 산소를 폐로 들이마시고, 노폐물을 배출할 수 있게 될 것이다.

아기는 이제 탯줄을 통해 산소와 영양분을 얻는다. 그동안에 장과 탯줄 사이에 연결선이 생겨난 상태다. 장의 특정 부분이 길어져 혈관을 통해 탯줄과 연결된 것이다. 그 부분의 장은 약 4주간 그 상태로 있다가, 12주 즈음에 아기의 배 속으로 들어간다. 물론 탯줄과의 연결은 그대로 유지된다.

아기의 몸

아직 약간 투명한 피부를 통해 혈관들을 볼 수 있다. 아기는 더 이상 파충류나 새우와 비슷하지 않고, 진짜 골격을 가진 작은 인간의 모습을 띤다. 이번 주에 골격은 계속 발달하고, 골화 과정도 시작된다. 골화가 진행되면 뼈는 더 딱딱해지고, 유연성이 줄어든다. 이런 과정은 태어나서도 아직 마무리되지 않고, 일생동안 진행된다. 나이가 들면서 우리의 뼈는 점점 더 딱딱해지고, 잘 구부러지지 않는다(휘어지지 않는다). 그래서 어린 아이들의 뼈는 그리 쉽게 부러지지 않지만, 나이든 사람들의 경우는 더 쉽게 골절이 된다. 골화가 진행되지 않는 뼈들도 있다. 그런 뼈는 연골로 이뤄져, 계속 유연하게 남아 있어야 하기 때문이다.

뼈가 자라면서 이번 주의 마지막쯤엔 꼬리가 없어진다. 꼬리가 있던 자리에 꼬리뼈가 자리 잡는다. 이제 팔다리에는 손과 손가락, 발과 발가락이 또렷이 보인다. 하지만 발목, 허리, 무릎은 아직 분간이 되지 않는다.

8주에 일어나는 당신의 신체 변화

아기를 돌보기 위해 당신의 몸은 임신기간 동안 더 많은 혈액을 만들어낸다. 그리하여 혈액 속의 적혈구 수치가 떨어진다. 혈액 생산이 늘면서 빈혈이 생길 수도 있다. 경우에 따라서는 적혈구 수치가 낮지 않은데도 어지러움을 느낄 수 있다. 임신 중에 나타나는 이런 불편은 대부분 적혈구 수치가 낮아서가 아니라 혈압이 낮아서 발생한다. 미심쩍은 경우 산부인과 의사에게 요청하여 적혈구 수치와 혈압을 재어보라. 임신 중에는 철분과 식이섬유를 충분히 섭취해야 한다. 필요해지고 나서 먹는 것보다는 예방 차원에서 먹는 것이 더 좋다.

임신 첫날부터 피곤함을 느낀다면, 당신은 아주 행복한 축에 속하는 것이다. 진정한 기쁨이 되는 일을 몸소 경험하고 있는 것이니 말이다. 어쨌든 극도의 피로감이 몰려오는 건 아주 당연한 일이다. 피곤이 갑자기 엄습할 때가 많을 것이고, 잠의 요정도 아무 때나 불쑥불쑥 찾아올 것이다.

9주

- 아기의 귀에 어엿한 귓불이 생겨난다.

- 입이 때로 열렸다 닫혔다 한다.

- 눈은 감은 상태이며, 27주에나 다시 뜨게 될 것이다.

- 치아가 돋아날 자리에서 20개의 세포가 나중에 이가 될 준비를 한다.

- 이제부터는 팔다리를 펼 수 있다.

- 팔다리가 꽤 길어져서 아기는 팔을 가슴 앞에 포개고 다리를 오그릴 수 있다. 태아의 전형적인 자세다!

- 아기의 키: 3센티미터.

외적인 변화

아기의 몸속에서는 한창 뼈들이 단단해지고 자란다. 그 결과는 얼굴 윤곽으로도 나타난다. 얼굴의 비례와 형태는 이제 진짜 아기를 방불케 한다. 귀에는 이미 어엿한 귓불이 생겨난다. 정말 빠른 발달 아닌가? 입은 겉보기에 진짜 입처럼 보일 뿐 아니라, 실제로 벌렸다 다물었다 한다. 몇 주 있으면 첫 번째 머리카락이 자라날 장소에는 모낭이 생겨난다. 아기는 벌써 헤어스타일링을 할 준비를 하는 것이다! 눈은 감겨 있다. 눈꺼풀은 완성되어 눈을 덮을 수 있으며, 이 상태로 27주까지 유지된다.

내적인 변화

아기에게 꼬리가 없어졌으므로, 공식적인 이름을 바꾸어줄 때가 됐다. 아기는 더 이상 배아가 아니라, '태아fetus'다. 두세 주 전에야 비로소 위턱뼈가 생겨났고, 20개의 치아가 놓일 자리를 알아볼 수 있다. 그러나 이런 세포들로부터 당장에 유치가 자라나오지는 않는다. 유치는 생후 6개월에야 비로소 돋아나기 시작한다. 대부분은 아래쪽 앞니가 가장 처음 나온다. 하지만 규칙에는 예외가 있는 법, 어떤 아기들은 배 속에서 이가 난 상태로 태어나기도 한다. 역사가 사실이라면, 나폴레옹은 이가 난 상태로 세상에 나온 아기 중 가장 유명한 인물이다.

이번 주에 혈관과 신경계도 계속 발달한다. 뼈가 단단해지는 골화 작업도 한창이다. 무릎이 생겨나고, 힘줄(근육을 뼈에 부착시키는 역할을 담당하는 강한 결합 조직)이 근육과 뼈를 이어준다. 힘줄이 생겼다는 것은 아기가 팔다리를 구부렸다 폈다 할 수 있게 됐다는 의미다. 우리는 아무 생각 없이 매일같이 그렇게 움직인다. 하지만 당신의 아기가 처음으로 팔다리를 움직일 수 있게 된 것은 작은 분기점이 아닐 수 없다.

아기의 몸

팔, 손, 손가락, 다리, 발, 발가락이 더 이상 뭉뚱그려 있지 않고 하나하나 완성된다. 손가락으로 간혹 주먹을 쥐기도 한다. 의외로 팔다리는 아직 신체로부터 독립적으로 움직이지는 않는다. 이것은 몇 주 지나야 가능하다. 이제부터 아기는 때로 마치 화들짝 놀란 듯 위로 튀어오르는 움직임을 보인다. 이것은 자극에 대한 일종의 반사로, 무섭다는 표시는 아니다. 그밖에 아기는 발차기를 시작한다. 하지만 당신은 아직 이것을 느끼지 못한다.

배아였을 때는 팔다리를 그냥 앞쪽으로 하고 있었는데, 태아가 되자마자 훨씬 더 인간다운 모습이 됐다는 점을 눈치 챘는가? 아기는 팔을 흉곽 앞에서 교차시키고, 다리를 구부린 상태로 발을 맞댈 수 있게 됐다. 배아기에는 팔다리가 상대적으로 훨씬 짧았고 팔꿈치와 무릎이 아직 충분히 발달되지 않아 구부릴 수 없었기 때문이다. 이제는 그 모든 것이 가능하다. 팔다리가 더 길어지고 관절이 발달한 덕분에 아기는 종종 팔을 가슴 윗부분에 올려놓고, 다리를 구부린 상태로 발이 서로 마주보도록 하는 귀여운 자세를 취한다. 다리는 팔보다 더 느리게 자란다.

9주에 일어나는 당신의 신체 변화

이제부터 태반에서 호르몬이 분비된다. 당신의 몸은 수정 이후부터 임신 호르몬, 즉 hCG 호르몬을 듬뿍 분비해왔다. 아기에게도 꼭 필요했던 일이다. hCG 호르몬이 없으면 새 생명이 탄생할 수 없기 때문이다. 이 호르몬은 생명에 중요한 신체 부위의 성장을 촉진하고, 모체로부터 배아를 보호해주는 역할을 한다.

hCG 호르몬이 없으면 신체는 침입자를 떨쳐버리려고 할 것이다. 신체에는 자기 것이 아닌 것은 물리쳐 버려야 한다는 메커니즘이 내재되어 있기 때문이다. 메스꺼움과 같은 전형적인 입덧 증상도 hCG에서 비롯된다. 9~11주에 hCG 분비는 최고조에 달하며 11주부터는 분비가 줄어든다. 그때가 되면 태아가 이것을 그리 많이 필요로 하지 않게 되기 때문이다.

당신의 몸을 내려다보면 변화가 눈에 띌 것이다. 우선 가슴이 크고 둥글고 풍만해져 수유를 준비하고 있음을 보여준다. 하지만 가슴이 그다지 커지지 않는 임산부도 있다. 그런 축에 든다 해도 걱정하지 말 것! 가슴이 크다고 나중에 더 모유가 더 잘나온다거나, 질적으로 더 좋은 것은 아니기 때문이다. 가슴 크기와 유산의 위험성 역시 별개의 문제다.

획기적인 순간

아기는 이제 공식적으로 태아다. 이것은 기본이 되는 모든 신체 부위와 구조, 연결들이 자리를 잡았다는 뜻이다. 정말 작은 인간이 당신의 배 속에서 자라고 있는 것이다. 아직 온전한 기능을 하지는 못해도, 어른 몸에 있는 것들의 90퍼센트 이상이 아기에게도 있다. 당신의 배 속에는 생명에 중요한 신체 부위를 모두 가진 작은 인간이 있다. 하지만 이 작은 인간은 너무 작고 약해서 자궁 밖에서는 살지 못한다.

이제부터 아기는 새로운 신체 부위를 만들어내는 것보다 더 크고 강해지는 것에 집중한다. 물론 계속해서 눈썹이 자란다든지, 아기가 '탯줄을 가지고 논다든지' 하는 등의 새로운 멋진 일이 일어난다. 이미 모든 것이 존재하므로 이제는 무럭무럭 자라기만 하면 된다. 당신은 앞으로 30주만 기다리면 된다. 아기는 9주 만에 두 개의 반쪽짜리 세포로부터 약 4,000개의 서로 다른 (해부학적) 구조를 가진 10억여 개의 세포로 변신했다!

10주

- 이번 주에 아기는 진짜 손톱과 발톱이 생긴다. 손발톱은 처음에는 부드러운 피부 수준이긴 하다(처음에는 아주 부드러운 피부 수준이긴 하지만, 이번 주에 아기에겐 진짜 손톱과 발톱이 생긴다).
- 장은 처음으로 '연동운동', 즉 수축하면서 아래쪽으로 향하는 운동을 한다.
- 중요한 정화시설인 '신장'이 콩팥 단위^{Nephron}의 형태로 만들어진다.
- 신장이 소변을 생성하여 양수로 흘려보낸다.
- 횡격막(가슴과 배를 나누는 막)이 완성된다.
- 뇌는 무거워서, 태아 전체 체중의 40퍼센트를 차지한다.
- 정말로 성장에 박차가 가해져, 아기는 이제 일주일에 최대 2센티미터까지 자란다.
- 왼손잡이인지 오른손잡이인지의 징후를 처음으로 감지할 수 있다.
- 피부가 점점 불투명해진다.
- 아기의 키와 몸무게: 4.5센티미터, 1.5그램.

외적인 변화

이제 아기는 커다란 과제를 가지고 있다. 바로 커지고 강해지는 일 말이다. 중요한 기관들은 이미 구비됐기 때문이다. 이번 주에는 작은 손가락과 발가락에 나중에 손톱과 발톱이 될 작은 피부가 만들어진다. 태어난 직후까지도 손발톱은 아직 부드러운 피부다. 손가락에 대해 또 한 가지 특별히 말할 것이 있는데, 이 작디작은 손가락 끝에 독특한 무늬가 나타난다. 바로 지문이 생겨나는 것이다. 정말 신기하지 않은가? 또한 눈 바로 위에는 눈썹이 생기려는 조짐이 보인다.

내적인 변화

이번 주에 아기의 장에서는 중요한 일이 일어난다. 장은 처음으로 우리가 '연동운동'이라 부르는 것을 시작한다. 장은 이 운동을 평생 하게 될 것이다. 이것은 장이 수축과 이완을 반복하면서 생겨나는 운동이다. 장의 구조와 연동운동이 합쳐져 노폐물(대변)을 바깥쪽, 즉 항문 쪽으로 밀어내는 역할을 한다. 이런 내용을 읽는 것이 유쾌하지는 않겠지만, 이 과정은 생명 유지에 아주 중요하다. 아기의 배에서는 아직 대변이 만들어지지 않는다. 나중에 대변이 만들어져도 양수로 배설하지는 않을 것이다. 양수로 배설하면 위험하기 때문이다.

이번 주에 신장 기능도 더 좋아진다. 물론 여기서 신장이라 함은 신장 속의 콩팥단위(네프론)를 뜻한다. 콩팥단위들은 대규모 정화시설 같은 것으로서 혈액 속에서 노폐물을 걸러주고, 신체가 아직 필요로 하는 중요한 물질들은 재활용한다. 이번 주부터 신장은 약간의 소변을 생산해서 양수로 흘려보낸다.

간(인체의 해독 공장)은 B-림프구와 적혈구를 만든다. B-림프구는 면역계와 항체에 중요한 역할을 한다. 적혈구는 신체에 산소를 공급하고 이산화탄소를 수송한다. 간단히 말해, 이번 주부터 아기는 앞으로 살면서 관계해야 하는 온갖 침입자(박테리아, 바이러스 등)에 대항할 수 있다. 그밖에 자신의 몸에 산소를 공급할 수 있

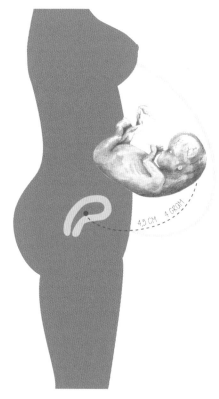

4.5 CM 4 GRAM

게 된다.

복부도 계속 발달한다. 이번 주에는 복강과 흉강을 분리해주는 횡격막의 형성이 마무리된다. 횡격막 덕분에 아기는 연습 삼아 몇몇 호흡운동을 할 수 있다. 그렇다고 아기가 정말로 공기를 들이쉬는 것은 아니다. 아기는 양수 속에 있어서 그렇게 하다간 공기 대신 물을 들이마실 것이기 때문이다.

그리고 남아는 고환을 갖게 된다! 아기의 뇌도 계속 발달한다. 뇌는 상당히 무거워져서, 아기의 전체 몸무게의 40퍼센트를 이룬다. 시상하부도 생겨난다. 시상하부는 일종의 중앙 조정실 격으로, 무엇보다 호흡, 심박동, 혈압, 체온을 조절한다. 이것은 이어지는 주에 아기가 발달시킬 능력과 기능이다. 인체란 그 얼마나 정교한가!

아기의 몸

연구에 따르면 10주 된 태아를 보면 왼손잡이인지 오른손잡이인지를 알 수 있다. 태아의 4분의 3이 주로 오른팔을 사용한다(오른손잡이). 나머지 25퍼센트는 왼손잡이이거나 양손잡이다. 이번 주에 신체 부위들은 급속도로 빠르게 성장한다. 아기가 한 주에 2센티미터까지 크는 진정한 성장 스퍼트가 시작된다! 아기가 빠르게 크고 강해지는 데 초점이 맞추어진다. 크고 강해진다는 것은 생존확률이 높아짐을 의미한다. 결국 모든 생물학적 과정은 생존이라는 목표를 지향한다.

지금까지 아기의 몸은 투명했지만, 슬슬 변한다. 피부의 가장 바깥층인 표피는 이제 두 층으로 구성되고, 그에 따라 투명도가 줄어든다. 하지만 두개골 뼈는 아직 골화되지 않아서 하얀색을 띠지 않기에 밖에서도 뇌가 들여다보인다.

10주에 일어나는 당신의 신체 변화

그동안 당신의 신체는 배아를 돌보기 위해 엽산을 특히나 많이 필요로 했다. 이제부터는 엽산을 복용할 필요가 없다. 그리고 이번 주에 속쓰림 현상이 나타날 수도 있다. 소화 방식이 달라지기 때문이다. 전신이 이제 평소보다 미네랄에서 단백질까지 음식에 함유된 영양분을 더 강하게 흡수한다. 아기에게 필요한 영양분을 공급하기 위해서다. 속쓰림에 대처하는 방법에 대해서는 4부에서 자세한 정보를 얻을 수 있다.

알아두기

10주~12주 사이에 초음파검사를 통해 아기가 언제 세상에 나올지를 계산할 수 있다! 병원마다 다르지만 보통 이 시기에 산부인과에서 산모수첩을 발급해줄 것이다. 임신기간에 대한 기록을 남기고 싶은지 꼭 생각해 볼 것. 매주 사진을 찍어 남긴다면 복부의 변화, 아이가 커가는 숭고한 순간들을 기록할 수 있을 것이다.

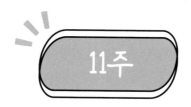

11주

- ◆ 아기의 눈은 감겨 있지만, 안구는 이미 움직인다.
- ◆ 여아인 경우는 자궁과 난소의 기초도 만들어진다.
- ◆ 아기는 탯줄에 의한 자극 등 몸에 주어지는 자극에 반응한다.
- ◆ 지금까지 배에 자리가 없어 몸 밖에 위치했던 장의 일부가 다시 복강 내로 들어온다. 이제 자리가 충분하기 때문이다.
- ◆ 남아와 여아의 생식기의 차이가 밖에서도 보인다.
- ◆ 이번 주부터 아기는 손으로 뭔가를 (무의식적으로) 쥘 수 있다.
- ◆ 삼킴 운동을 할 수 있다.
- ◆ 아기의 키: 6센티미터.

외적인 변화

아기의 작은 얼굴을 볼 수 있다면, 어엿한 작은 사람의 모습을 분간할 수 있을 것이다. 감긴 눈이 움직이기 시작한다. 연구에 따르면 안구는 자극이나 터치가 있을 때 아래쪽으로 구른다. 안구운동이 시작되는 것이다! 그밖에 아기의 몸에 솜털이 나기 시작한다. 지난주에 시작된 성장 스퍼트가 이번 주에도 계속된다. 아울러 속도는 더 빨라진다. 다음 주가 되면 아기의 몸무게는 무려 70퍼센트가 늘어난다!

내적인 변화

이번 주부터 아기의 여러 부분에서 일종의 감정이 발달한다. 신경 발단 부분이 뇌와 소통한다. 수용체세포는 신체에서 뇌에 신호를 보내는 부분들이다. 이 덕분에 당신 몸에 뭔가가 스치면 뇌가 그것을 지각하고, 예를 들면 발을 뒤로 빼라는 등 행동 명령을 피드백할 수 있다.

초음파를 통해 아기를 관찰하면 이제 이런 반사를 볼 수 있다. 태아의 발이 (탯줄에) 스치면, 태아는 다리를 냉큼 움츠리고 발가락을 만다. 아기가 태어나면 이런 모습을 늘 관찰할 수 있을 것이다. 엄마가 아기 발가락 아래를 손으로 만지면, 아기는 발가락으로 엄마의 손을 잡으려는 듯한 움직임을 취할 것이다. 물론 정말로 잡지는 못하지만 쥐기 반사를 볼 수 있다.

지난주에 이어 이번 주부터는 소장도 운동을 한다. 여아의 배 속에는 자궁의 기초가 생겨난다. 난소도 일부 생겨난다. 그밖에 난소에는 이미 생식세포가 만들어진다. 이들 세포들은 세포핵 분열을 통해 계속 증식해 몇 주 지나면 어엿한 난자가 될 것이다! 장의 일부는 몇 주간 일시적으로 몸 밖에 자리 잡고 있었는데, 이제 그 시기는 지나갔다. 간이 몸에 비해 아직 크지 않기에, 탯줄과 연결된 채 밖에 놓여 있던 장의 부분이 다시 배로 들어갈 자리가 생긴다. 아기의 배는 전보다 더 불투명해진다(투명도가 줄어든다).

아기의 몸

아기의 손은 완전히 발달하여 뭔가를 잡을 수 있을 것처럼 보인다. 아기는 이번 주부터 때로 (무의식적으로) 자신의 신체 일부분이나 탯줄을 만진다. 이런 움직임과 능력을 통해 아기는 점점 더 어른을 닮아간다. 작고, 정교하고, 완전하다. 신체의 나머지 부분도 아기의 움직임이 점점 더 자유로워진다는 것을 보여준다. 아기는 때로 고개를 들었다 숙였다 하며, 혀와 턱을 뻗기도 하고 움직이기도 한다. 이제 삼킴 운동도 한다.

11주에 일어나는 당신의 신체 변화

9주에서 지금까지 당신의 신체는 임신기간에 나오는 hCG 호르몬을 다량 분비했다. 이제 이 호르몬의 분비는 절정을 이룬다고 할 수 있다. 이제부터는 이 호르몬의 생산이 줄어든다는 걸 당신은 몸으로 느끼게 될 것이다. hCG 호르몬이 원인이었던 입덧 증상이 곧 경감되는 것이다!

많은 여성들은 이제 변비로 고생하게 된다. 대부분의 경우 변비는 소화와 장이 프로게스테론 호르몬에 반응하는 것에서 비롯한다. 프로게스테론은 자꾸 졸리게 만드는 요인으로 여겨진다. 변비와 변비를 유발하는 다른 원인, 그리고 대처법에 대해서는 이 책 523쪽에서 정보를 얻을 수 있다.

배를 보고 임산부라는 것을 알아보기까지는 아직 시간이 좀 걸린다. 하지만 배를 만져보면 이미 자궁이 커졌음을 느낄 수 있을 것이다. 등을 바닥에 대고 똑바로 누워 열 손가락으로 조심스레 두덩뼈(치골) 윗부분을 눌러보라. 고무공처럼 단단한 가장자리가 느껴지지 않는가? 이게 바로 당신의 자궁이다! 얼마 안 있어 배는 볼록하게 나오게 된다. 자궁 가장자리가 치골 안쪽에서 튀어나오면, 더 이상 배가 불러오고 있음을 숨길 수 없을 것이다.

알아두기

보통 이번 주부터 태아가 유전적으로 이상이 있는지를 판별하는 산전 선별검사(산전 기형아 검사)를 실시할 수 있다. NIPT(비침습적 산전 기형아 검사 또는 태아 DNA 선별검사)를 하기로 했다면, 혈액을 채취하여 분석에 들어갈 것이다.

12주

◆ 동공이 발달한다.

◆ 기도에 최초로 띠 모양의 결합 조직이 생겨나며, 나중에 이로부터 성대가 발달한다.

◆ 뇌 속에서 지금까지 합쳐진 채로 발달하던 두 개의 뇌 반구가 분리된다.

◆ 생식기가 밖에서도 분간되며, 때로 '성별각도법'을 통해 (75퍼센트의 확실성으로) 딸인지 아들인지를 분별할 수 있다!

◆ 아기의 키: 6.5센티미터.

외적인 변화

많은 태아들이 벌써 엄지손가락을 빤다. 대부분은 오른쪽 엄지를 빤다. 안정감을 느끼기 위해서인지 순전한 반사인지는 아직 밝혀지지 않았다. 어쨌든 엄지손가락을 빠는 모습은 아주 귀여워서 초음파 사진으로 그 모습을 보면 누구라도 마음이 녹아내릴 것이다. 하지만 생물학은 낭만과는 거리가 멀어서, 생물학적으로는 엄지손가락을 빠는 행위는 젖을 먹기 위해 곧 필요해질 빨기 반사를 훈련하는 것으로 추정하고 있다.

그리고 아기의 얼굴 생김새가 점점 더 섬세해진다. 여전히 눈을 감고 있기는 하지만 그 안에서 동공이 발달한다.

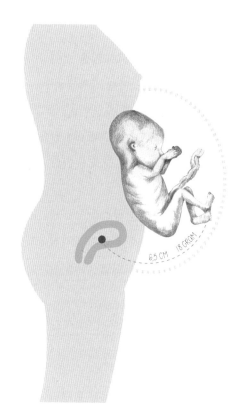

6.5 CM   18 GRAM

내적인 변화

이번 주에 처음으로 목에 특별한 일이 일어난다. 기도 안에서 인대(띠 모양의 결합조직)가 등장하고, 이로부터 성대가 발달한다. 아기는 성대를 통해 머지않아 처음으로 "엄마", "아빠"라고 말할 수 있게 될 것이다. 이 모든 것은 생물학적, 의학적 과정이지만, 때로는 낭만적인 시각으로 바라보는 것도 좋지 않을까? 곧 듣게 될 아이 목소리의 기초가 놓이는 것이다. 자궁 속을 들여다 볼 수 있다면, 아기가 아래턱을 움직이며 입을 벌리는 것도 볼 수 있을 것이다.

아기의 뇌 속에서는 뇌량(뇌들보)이 생겨나, 좌우 반구를 분리해준다. 나중에 남자들과 여자들의 능력이 달라지는 것은 종종 이런 뇌량 때문이다. 여성의 경우 뇌량이 뇌반구를 더 잘 분리해주어, 남자들보다 동시에 두 가지 일을 더 잘할 수 있다. 여자들이 멀티태스킹에 더 능하다고 하지 않는가.

아기의 몸

배 속을 들여다볼 수 있다면, 아기의 생식기를 보고 아기가 아들인지 딸인지를 알 수 있을 것이다. 아기의 성별은 수태가 됐을 때 이미 정해지지만, 이제는 겉으로도 표시가 난다.

21 22 23 24 25 26 27 28 29 30 31 32 33 34 35 36 37 38 39 40 41 42

12주에 일어나는 당신의 신체 변화

점점 더 자주 화장실에 들락거리게 되지만 막상 나오는 소변은 많지 않을 것이다. 자궁은 아직 배를 불룩하게 만들 만큼 크지 않지만, 그럼에도 이제 방광에 뚜렷한 압력을 주고 있다. 어떤 여성들은 이제 재채기나 기침만 해도 오줌이 나올 것이다. 이것은 아주 정상적인 일이니 요실금을 의심하지 않아도 된다. 자궁이 방광을 누르지 않게 되면 이런 증상은 싹 사라진다. 단 사람마다 신체 구조가 다르기 때문에 언제 완화될지는 정확히 예측할 수 없다.

그리고 나중에 자궁이 마지막 가능한 공간까지 점유해서 다시금 방광을 누르게 되면, 이 모든 증상이 다시 시작된다. 이때도 명심해야 할 것은 한시적으로 기침 같은 것을 할 때 오줌이 찔끔찔끔 나오고 요의를 자주 느끼는 것은 임신기간에 겪는 정상적인 일이라는 것이다.

알아두기

이번 주에 복벽을 통한 융모막 검사를 실시할 수 있다. 단 이런 검사는 합당한 이유가 있을 때만 시행할 수 있다.

13주

- 아기가 (무의식적으로) 얼굴을 찡그린다.
- 이번 주의 핵심적인 부분! 기관이 형성되고 발달한다.
- 입 속에 미뢰(맛을 느끼는 감각 세포가 몰려있는 세포)가 생겨난다. 심지어 우리 성인들보다 더 많이 생긴다!
- 모든 감각기관이 존재한다. 하지만 아기는 자극을 우리와는 다르게 감지한다. 모든 감각을 한꺼번에 지각하므로, 이를 '공감각'이라 부를 수 있을 것이다.
- 13~14주 동안 아기의 몸무게가 약 60퍼센트 증가한다.

외적인 변화

이번 주의 끝 무렵이 되면 입술과 코가 완전히 형성돼 어엿한 입과 코가 보인다. 근육도 이미 상당히 잘 기능해서, 아기는 무의식적으로라도 얼굴을 찌푸릴 수 있다. 연구에 따르면 이번 주부터 아기의 얼굴에 웃음도 나타난다. 하지만 이것은 우리가 짓는 그런 미소가 아니다. 어른들의 미소는 사회적 측면을 갖는다. 다른 사람에게 우리가 뭔가를 좋게 생각하거나 재미있어 한다는 것을 보여주려 하는 것이다. 하지만 아기의 얼굴에 나타나는 미소는 사회적인 행동이나 유머와는 아무 상관이 없는, 쾌감에서 연유하는 일종의 반사다. 나중에 엄마 배 속에서 나온 아기가 외부의 영향과 상관없이 그냥 웃음을 짓는 것처럼 말이다.

안 보이는 듯

내적인 변화

이제 신체의 모든 기관이 존재하지만 아기는 아직 독립적으로(즉 엄마와 신체적으로 분리되어) 살아갈 수 없는 상태다. 모든 기관이 생명 유지에 중요하므로, 이번 주부터는 기관들이 커지고 튼튼해지는 데 포커스가 맞추어진다. 지금부터는 초음파 사진으로 방광도 분간할 수 있다. 장도 더 많이 일한다. 아기가 삼킴 운동을 할 때마다 약간의 양수가 몸속으로 들어온다. 양수는 무엇보다 글루코스를 함유하고 있어서, 이제 장은 글루코스를 흡수할 수 있다. 아기가 첫 식사를 하는 셈이다!

작은 입에는 엄청나게 많은 미뢰가 생겨난다. 그리고 우리 어른보다 훨씬 더 많은 자리를 차지한다. 우리의 경우 미뢰가 혀 부분에만 국한되지만, 태아의 미뢰는 입 전체에 분포한다. 따라서 아기는 이제 맛을 느낀다! 엄마가 먹는 모든 음식은 양수 속에 약간의 맛을 남긴다. 그리하여 아기는 모태에서 이미 맛을 알아가기 시작한다. 한편으로는 맛이 아주 희석되어 있지만 (엄마의 몸에 의해 처리되고 물에 용해되어 있으므로), 한편으로 아기는 맛을 더 강하게 느낀다. 훨씬 더 민감한 미뢰를 훨씬 더 많이 가지고 있기 때문이다.

갓 태어난 신생아는 성인보다 미뢰 수가 훨씬 많다(약 4배 정도 많다). 하지만 미뢰는 더 이상 입 전체에 분포하지 않고, 혀와 입천장에만 있게 된다. 태아와 신생아가 맛을 어떻게 느낄지를 가늠하는 것은 불가능하다. 무엇보다 미각과 기타 일반적인 감각 지각에는 커다란 차이가 존재하기 때문이다.

우리 성인들은 맛을 느끼고, 냄새를 맡고, 대상을 보는 식으로 감각을 느낀다. 태아와 신생아의 경우 이런 지각들이 서로 합쳐져 있다. 그래서 대상을 눈으로 볼 뿐 아니라 냄새 맡고, 맛보고, 감촉을 느끼고 또한 듣는다. 다양한 감각기관의 인상들이 개별적으로 처리되지 않고 전체적으로 처리되기 때문이다. 양수의 맛을 보는 것도 마찬가지다. 맛이 날 뿐 아니라 들리고, 보이고, 느껴진다. 모든 감각이 함께 지각되는 것을 '공감각'이라 부른다.

엄마, 나는 자라고 있어요 : 임신·출산 가이드북

0   1   2   3   4   5   6   7   8   9   10   11   12   13   14   15   16   17   18   19   20   21

56

당신의 몸에도 다시금 몇몇 변화가 감지될 것이다. 유두 주변에 두꺼운 핏줄이 비칠 수 있고 가슴이 얼룩덜룩하게 보일 수도 있다. 그러나 이 모든 것이 정상이다. 이 증상에 관한 더 자세한 내용은 339쪽을 참조할 것. 당신의 신체는 당분간 전형적으로 입덧을 유발하는 hCG에 반응한다. 하지만 많은 여성들은 이제 입덧이 사라진다. 당신의 신체가 이 새로운 호르몬 수치에 익숙해지기 때문이다. 많은 여성들은 다시 성욕을 느끼게 된다.

알아두기

출산 후 직장에 복귀하거나 일을 해야 하는 사람이라면 앞으로 아이를 어떤 방식으로 키울지 고민하고 여러 가능성을 물색해보자. 그리고 요가처럼 임신기간 동안 체력을 잃지 않을 수 있는 건강한 습관을 계획해보길 권한다.

획기적인 순간

이번 주가 지나가면 임신의 첫 분기(3개월)가 마무리된다. 3개월 전에는 아무 일도 없었는데, 이제 당신의 삶에 완벽한 작은 인간이 들어왔다. 좋은 소식은 이제부터는 유산할 위험이 대폭 낮아진다는 것이다. 위험한 첫 분기는 지나가고 이제 두 번째 분기로 접어든다! 이번 분기에는 임신으로 인한 불편이 덜해질 것이고, 자궁은 20배나 성장할 것이며, 처음으로 태동을 느끼게 될 것이다.

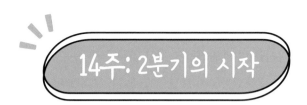

14주: 2분기의 시작

◆ 비격막(코청, 두 콧구멍 사이를 막고 있는 얇은 막)과 구개(입천장)형성이 마무리된다.

◆ 적혈구가 많이 만들어진다.

◆ 이번 주에 난황낭이 하던 모든 역할을 태반이 넘겨받는다.

◆ 아기의 키: 9센티미터.

외적인 변화

아기의 얼굴에는 아직 두 콧구멍 사이와 구강 위쪽이 뚫려있다. 하지만 이번 주에 대대적인 발달 과정을 통해 이 부분들이 닫힌다. 목도 뚜렷이 분간이 된다. 다리는 점점 신생아 다리를 닮아간다. '더 크고, 더 강해지기'라는 2분기, 3분기의 모토에 따라 더 길어지고 튼튼해지고 계속해서 발달한다.

내적인 변화

척수에는 다량의 적혈구가 생겨난다. 아기는 이번 주에 특히나 신장과 근육과 관절을 더 크고 튼튼하게 만드는 데 힘쓴다.

아기의 몸

이번 주에 태반이 난황낭의 과제를 넘겨받는다. 지금부터 모든 영양분과 산소

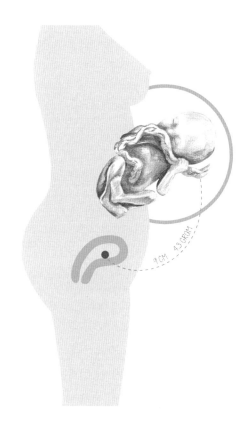

는 탯줄을 통해 공급된다. 이것은 기본적으로 새로운 일은 아니다. 이미 몇 주째 아기는 탯줄을 통해 산소와 양분을 얻고 있었다. 난황낭에서도 약간씩 얻고 있었지만 이제부터는 모든 것을 태반을 통해 얻는다. 앞으로 당신이 섭취하는 모든 성분이 아기에게 가닿는다는 것을 명심하라. 많은 연구 결과 건강한 식습관을 위한 토대가 엄마 배 속에서부터 마련된다고 말한다. 그러니 니코틴이나 독성물질, 약물과 그 부작용, 알코올 등을 조심해야 한다.

14주에 일어나는 당신의 신체 변화

임신한 여성들은 종종 이전보다 감정이 예민해진다. 당신은 이번 주에 어떤 감정들을 느꼈는지 궁금하다. 아마 당신은 호르몬 때문에 더 민감해질 것이다. 게다가 호르몬은 이제 더 많이 분비된다. 이런 새로운 감정 상태는 지속될 수도 있지만, 피곤과 불안은 확연히 감소할 것이다. 이 모든 것이 임신에 따른 부수현상이다.

알아두기

대부분의 병원에서 이번 주부터 부가적인 초음파검사를 통해 성별을 알려줄 가능성이 있다. 하지만 이른 시기이므로 개인에 따라 아직 안 보일 수도 있다.

15주

◆ 아주 작은 몸이 '배냇솜털'로 뒤덮인다.

◆ 얼굴과 뺨이 약간 통통해진다.

◆ 뇌하수체가 갑상선자극호르몬^{TSH}을 분비하기 시작한다.

◆ 폐에서 처음으로 섬모가 생겨난다.

외적인 변화

태아의 전신이 솜털로 덮인다. 배냇솜털이라 불리는 이 털은 줄무늬를 이루며 전신을 덮는다. 배냇솜털은 구조와 기능이 머리나 눈썹 부분에서 나게 될 털과는 아주 다르다. 배냇솜털은 19주까지 특별한 임무를 갖게 된다. 즉 양수의 영향으로부터 피부를 보호해주는 것이다. 머리에서도 첫 머리털이 자라기 시작한다! 얼굴과 뺨은 통통해져서, 전형적인 아기의 모습을 띠어간다. 둥글고 귀여운 뺨에 곧 환한 웃음이 스쳐갈 것이다.

내적인 변화

아기의 뇌하수체는 갑상선자극호르몬을 분비하기 시작하고, 이를 통해 갑상선은 갑상선호르몬을 생산한다. 폐에서는 섬모가 자란다. 섬모는 출생 후 바이러스 같은 특정 침입자들을 밖으로 배출하여 폐가 깨끗이 유지되도록 하는 기능을 한다.

알아두기

- 15주부터 양수 검사가 가능하다. 양수를 채취하여 태아의 유전자 이상을 진단하는 검사로, 양수천자라고도 부른다.
- 산부인과에 임신 20주에 시행하는 정밀초음파검사를 예약하자.

- 뇌 바깥층의 구조가 더 복잡해진다.
- 남아의 경우 테스토스테론의 생산이 16주에서 20주까지 최고조에 이른다.
- 많은 아기들은 한 시간에 40번 정도 입을 만진다.
- 입을 만지면 입은 반사적으로 벌어진다.
- 피부는 더 두꺼워지고, 단단해진다.
- 아기의 키: 15센티미터.

외적인 변화

배냇솜털이 본격적으로 자란다. 3주 뒤에는 피부 보호 기능을 할 수 있을 정도로 길어질 것이다.

내적인 변화

뇌는 이번 주에 계속 발달한다. 이제 대뇌피질에 엽이 생겨난다. 다르게 표현하면, 대뇌피질에 더 많은 구조가 생기는 것이다. 나중에 뇌의 이 부분은 신체로부터 정보를 수신하여 분석하고 해독하는 일을 할 것이다. Y 염색체로 말미암아 남아는 7주째부터 테스토스테론을 생산하기 시작했다. 이로써 페니스, 고환을 비롯한 생식기관들이 갖춰졌다. 테스토스테론 분비는 임신 16~20주 사이에 클라이맥스에 이른다.

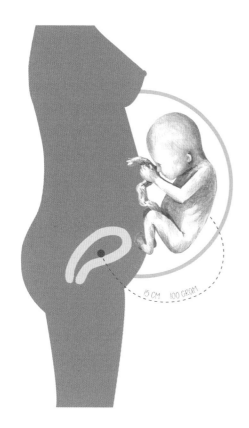

15 CM ... 100 GRAM

아기의 몸

아기의 피부는 점점 단단해진다. 지금까지는 나트륨 용액이 피부를 통과해 들어올 수 있었는데, 이젠 피부가 두꺼워져서 나트륨 용액을 피부와 분리시킬 수 있다. 나트륨 용액은 지금까지 24시간 노출되어 있는 양수로부터 부드러운 피부를 보호해주었다. 하지만 이제는 피부가 더 두꺼워졌으므로 이런 용액이 없어도 피부를 보호할 수 있다.

믿기지 않겠지만 많은 태아는 한 시간에 최대 40번까지 입을 만진다! 무엇보다 엄지손가락이 종종 입술을 스치며 입술에 압력을 행사한다. 그러면 입은 반사적으로 열린다. 이것은 새로운 일이 아니다. 여러 연구는 드물게 볼 수 있지만, 11주 된 배아도 벌써 입을 만진다는 것이 관찰된 바 있다. 이제 새로운 것은 아기가 더 규칙적으로, 더 자주, 더 정확하게 입을 만진다는 것이다. 아기가 빨리 성장하고 몸집이 커지기에 초음파 사진에 아기가 움직이지 않고 고정된 상태로 찍히는 일은 거의 없어진다.

16주에 일어나는 당신의 신체 변화

이번 주부터는 프로게스테론 호르몬이 hCG 호르몬과 교대한다. 그러나 유감스럽게도 이것은 임신으로 인한 불편이 사라질 것이라는 의미는 아니다. 프로게스테론으로 인해 당신은 심신이 더 이완되고 부드러워질 것이다. 화장실도 자주

21 22 23 24 25 26 27 28 29 30 31 32 33 34 35 36 37 38 39 40 41 42

가지 않게 될 것이다. 방광은 다시 더 많은 자리를 확보하게 된다. 자궁이 치골 위로 불룩하게 튀어나오기 때문이다.

　또한 이제는 자궁을 더 잘 느낄 수 있다. 바닥에 등을 대고 눕고, 다리를 세운 다음 아랫배를 만져보라. 만져지는 '공'이 당신의 자궁이다! 자궁은 딱딱하고 탱탱한 공처럼 느껴질 것이다. 수태된 이래 자궁이 열 배나 커졌다. 처음에 약 100그램이었던 자궁이 이제는 벌써 1킬로그램이다! 그건 그렇고… 만져 봤지만 전혀 느낌이 없다 해도 신경 쓰지 마라. 그런 사람이 당신 한 사람은 아니다. 자궁 가장자리를 분간하려면 약간의 연습이 필요하다. 이제부터 골반 부분에서 자궁 인대가 느껴지고 약간 아플 수도 있다.

17주

- ◆ 아기는 고개를 똑바로 하고 있다.
- ◆ 귀가 거의 원래의 자리에 놓인다. 이제 두개골의 모양이 변하기 때문이다.
- ◆ 골수에 줄기세포가 발달한다.
- ◆ 폐는 이제 우리가 그림에서 보는 것과 같은 모습을 띤다. 두 개의 날개에 기관지가 거꾸로 된 나무처럼 들어가 있는 모양이다.
- ◆ 손으로 입을 만지려 할 때면 아기는 손 쪽으로 얼굴을 돌린다.
- ◆ 여아는 남아보다 평균적으로 입을 더 자주 움직인다.
- ◆ 아기의 키: 18센티미터.

외적인 변화

아기는 고개를 똑바로 하고 눈을 천천히 위아래로 움직일 수 있다. 눈썹과 머리털은 계속 자란다. 두개골의 형태가 변하여, 귀가 이미 거의 두개골 양옆의 가운데쯤 위치해 원래 자기 자리를 찾게 된다. 코는 지금까지 (지방과 다른 천연 성분으로 된) '마개'에 싸여 보호되어 있었는데, 이제 '마개'가 사라지고 코가 드러난다. 물론 아직 코로 호흡을 하지는 않는다. 만약 그런다면 코에 양수가 들어와 익사해버릴 것이다.

내적인 변화

초음파를 통해 아기가 신체 부위를 점점 더 잘 조절해 능숙하게 움직이는 것을 볼 수 있을 것이다. 움직임이 갑작스럽고 반사적으로 이뤄지던 몇 주 전과 완전히 다르다. 하지만 아기의 몸집에 비해 아직 배 속에 자리가 많고 양수도 많으므로, 아기의 움직임이 느껴지지는 않을 것이다. 한국의 경우 임신 16~17주에 태아선별검사로 초음파 검사와 산모의 혈액검사를 한다. 태아 단백질 3가지(트리플 테스트) 또는 4가지(쿼드 테스트)를 산모혈액으로 검사한다.

척수에는 줄기세포가 발달한다. 이 세포는 일종의 '원세포(세포의 원시체)'로 모든 타입의 세포로 분화될 수 있다. 현재 전 세계에서 이런 세포를 암 치료 등에 투입할 수 있는 방법이 연구되고 있다. 따라서 태아는 언젠가 생명에 위험한 질병을 치료할 수도 있는 세포를 생산해내는 중이다. 폐는 우리가 여러 그림에서 보아왔던 것과 비슷한 모습을 띤다. 바로 두 폐엽에 거꾸로 된 나무 모양의 혈관이 분포된 모양이다. 가지 모양의 기관지는 거의 완성됐다. 기도와 그 주변에 필요한 근육과 신경이 존재하게 됨으로써 아기는 태어난 직후부터 호흡을 시작할 수 있다.

아기의 몸

남아와 여아의 차이는 굉장히 민감하고 논란이 분분한 주제다. 여기서 (남아와 여아가) 같지 않다고 하는 것은 '같은 가치를 지니지 않는다'는 것과 자못 혼동된다. 물론 남아와 여아는 같은 가치를 지닌다. 하지만 생물학적인 면에서는 같지 않다. 많은 행동 양식은 생물학적 과정에 의해 촉발되어 차이를 나타낸다. 태어났을 때 남자와 여자는 똑같지만 어린 시절 양육 방법으로 말미암아 인위적으로 차이가 생겨난다는 말은 맞지 않다. 그 증거가 이미 이번 주에 나타난다.

그렇다. 16주 말부터 17주 초에 여아 태아는 많은 부분에서 남아 태아와는 다른 행동을 보인다. 예를 들면 여자아기는 남자아기보다 입을 더 자주 움직인다. 주수가 더해갈수록 입 운동의 빈도는 더 차이가 난다. 손으로 입을 만질 때는 같은 반응을 보인다. 둘 다 얼굴을 손 쪽으로 돌리는 것이다. 입은 벌어지고, 삼킴 운동을 한다. 이런 운동을 통해 아기는 엄마 젖꼭지나 우유병을 빨 준비를 하는 것으로 보인다. 태어난 뒤 엄마의 젖꼭지나 고무젖꼭지를 대어주면 아기는 본능적으로 입을 벌리고 빨며 젖을 삼킨다.

뭔가로 입 주변을 건드리면 그 대상 쪽으로 고개를 돌리고 입을 벌려 그것을 감싸려 하는 것을 '설근 반사^{rooting reflex}'라고 하며, 이것은 빨기 반사와 밀접한 관계에 있다. 입술에 젖꼭지가 닿으면 젖을 빨아야 하는 것이다. 물론 아직 젖이나 우유병을 빨기까지는 시일이 한참 남아 있지만, 이번 주부터 아기는 그에 필요한 반사를 보이게 된다. 이제 아기는 점점 더 활발해지고 더 많이 움직인다. 작은 심장은 하루에 약 30리터의 피를 펌프질해 온몸에 순환시킨다! 물론 많은 양이다. 하지만 성인의 심장은 하루에 7,000리터의 피를 순환시킨다.

17주에 일어나는 당신의 신체 변화

"아기를 낳을 때마다 이가 하나씩 빠진다"는 옛말이 있다. 다행히 오늘날은 그렇게까지는 되지 않는다. 그럼에도 이 말에는 일리가 있다. 프로게스테론 호르몬의 영향으로 잇몸이 약해지고 붓고 민감해진다. 턱도 약해져서, 입안에 염증이 생기기 쉽다. 치아 관리와 잇몸 위생에 더 신경을 쓰면 이런 일을 막을 수 있을 것이다.

18주

◆ 아기의 눈이 앞쪽을 향한다.

◆ 치아의 법랑질이 만들어진다.

◆ 대부분의 신경세포들은 이미 형성됐다.

◆ 소화기관이 작동한다. 아기는 양수를 마시고 소화해 다시 양수로 내보낸다. 이것은
완전히 건강하고 정상적인 일이다.

◆ 아기의 키와 몸무게: 20센티미터, 200그램.

외적인 변화

눈에는 여러 층의 망막이 생겨난다. 지금까지 약간 바깥쪽으로 향하던 눈은 똑바로 앞쪽을 향한다. 치아싹에서는 18주에서 20주 사이에 첫 법랑질(치아의 가장 위쪽 표면을 덮어 이와 잇몸을 보호하는 물질)이 생겨난다. 처음에는 머릿속에 있었고, 이후 두개골에 바짝 붙어 있던 귀는 지난주에 거의 제자리를 찾게 되면서 서서히 바깥쪽으로 젖혀진다. 아기의 머리 길이는 이제 신체 길이의 3분의 1 정도를 이룬다. 성인은 8분의 1 정도다. 따라서 아기는 가분수라고 할 수 있을 것이다.

내적인 변화

뇌 속으로부터의 새 소식을 전한다. 이제 뇌에는 대부분의 신경세포가 형성되어 있다는 사실! 물론 신경세포는 계속 만들어지지만, 이미 대부분은 생겨났으니

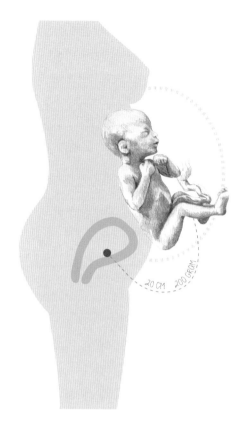

또 하나의 획기적인 순간이 아닐 수 없다!

또 다른 새 소식은 태아가 이제 생존에 필요한 각종 호르몬을 스스로 분비할 수 있다는 것이다. 스트레스 호르몬인 코르티솔도 그렇다. 연구에 따르면 통증을 경험하는 경우(예를 들면 수술 같은) 18주 태아는 호르몬 반응을 보인다고 한다. 그 반응이 이미 태어난 아기와 동일한 것인지는 아직 알려져 있지 않다. 하지만 우리는 신생아가 아픔을 느낄 때 코르티솔, 베타 엔도르핀, 노르아드레날린 같은 특정 호르몬을 분비한다는 것을 알고 있다.

태아를 대상으로 한 연구 결과를 보며 대체 이런 연구는 어떻게 진행하는지 궁금할지도 모른다. 걱정하지 말 것! 어떤 학자도 연구 결과를 얻기 위해 태아에게 통증을 느끼게 하지 않는다. 법으로 금지된 일이고, 그 누구도 그렇게 하려고 하지 않을 것이다. 하지만 때로 임산부나 아직 태어나지 않은 태아가 불가피하게 즉시 수술을 받아야 하는 경우도 발생한다. 이런 경우 태아의 반응을 볼 수 있고, 태아의 혈액을 분석하여 태아가 분비한 호르몬을 볼 수 있다.

새내기 부모들의 관심사를 한번 살펴보자. 우선 아기의 소화를 꼽을 수 있다. 태아가 삼키는 양수는 아기와 마찬가지로 동일한 경로를 거친다. 즉 위로 들어가고 밑으로 나온다. 양수는 신장을 거쳐 걸러져 소변으로 배출된다. 그렇다. 읽은 대로다. 이번 주부터 아기는 소변도 볼 수 있다! 태아는 양수에 소변을 본다. 그런 다음 다시 소변을 마신다. 이것은 더럽지도, 위험하지도 않다. 심지어 건강에 좋다. 양수 안에는 소변 외에 사멸한 피부세포들과 배냇솜털도 있어, 양수와 함께 삼켜진다. 이것들은 고체라서 아기가 소변으로 배설할 수 없기에 이들이 모여 태변이 된다. 바로 출생 후의 첫 대변이다. 그러므로 태변은 양수를 거르고 난 결과물이다.

아기의 몸

이제부터 아기는 팔다리와 머리를 잘 움직일 수 있다. 척추와 목도 구부렸다 폈다 할 수 있다.

18주에 일어나는 당신의 신체 변화

치골로부터 배꼽까지, 때로는 배꼽을 빙 둘러 약간 배꼽 위쪽까지 피부에 거뭇한 줄이 생겨난다. 이것은 아주 정상적인 증상이므로, 걱정할 필요는 없다. 이를 '흑선 Linea nigra'이라 부르는데 이런 선은 출산 후에는 자연스럽게 사라진다. 하지만 때로는 몇 개월 더 지속될 수도 있다. 대부분의 임산부들은 이번 주에 그런 선이 생겼다는 것을 확인하게 된다. 하지만 모든 임산부에게 이 선이 나타나는 것은 아니다. 갑자기 배 위에 못 보던 꽤 긴 털이 자라는데 역시 정상적인 일이다. 출산하면 이런 털도 자연스레 사라진다.

임산부들은 평균적으로 18주에서 23주 사이에 첫 태동을 느낀다. 그러나 이것은 꼭 보장된 일은 아니다. 어떤 사람들은 더 일찍 느끼고, 어떤 사람들은 더 늦게 느낀다. 둘째나 셋째 아이일 때는 더 빨리 느끼는 경우가 많다. 첫 태동은 어떤 느낌일까? 많은 사람들은 이를테면 방귀가 터지듯 뽀글거리는 느낌, 또는 물고기가 파닥거리는 느낌이라고 말한다. 뭔가가 움직이는데, 장이 움직이는 것과는 다른 느낌이다.

임산부들은 처음에는 그저 소화가 안 되는 증상인지, 아니면 태동인지 잘 분간하지 못한다. 하지만 점점 자주, 점점 더 확실하게 태동을 느끼게 되면서 어느 순간 '아, 아기가 움직이는구나!' 하고 깨닫는다. 몇 주 지나면 간혹 불룩 튀어나오는 것이 어떤 부위인지를 느끼고 또 볼 수 있다. 배 위에 우습게 볼록 나온 것은 혹시 작은 발일까? 그러나 아직 그 정도까지는 아니다. 정말 발이 볼록 튀어나오는 게 보이려면 아기는 더 크고 힘이 세져야 하며, 움직일 수 있는 공간도 더 작아져야 한다.

> **조산사 요네크 보이스텐의 조언**
> 한참 직장에서 일을 하고 있거나, 지루한 대화를 하고 있거나, 혼자 집에 있을 때 등 태동은 언제 어디서든지 느껴질 수 있어요. 아기와 분리되어 있지 않고 함께하는 느낌은 정말 형언할 수 없이 근사합니다. 태동을 느끼며 의식적으로 '아기와 당신의 순간'을 만끽해보세요.

19주

◆ 아기는 양수 속에 있는 데다, 결합조직이 부족하기 때문에 피부가 쭈글쭈글 주름져 있다.

◆ 피부에 백색의 크림 층이 생겨난다. 이것이 바로 '태지Vernix caseosa'다. 이런 기름막 은 피부를 보호해주는데, 때로는 아기가 출생한 이후에도 사타구니와 겨드랑이 아래 서 태지를 발견할 수 있다.

외적인 변화

아기의 피부는 쭈글쭈글 주름져 보인다. 한편으로는 아기가 시종일관 '물속'에 있기 때문이고, 다른 한편으로는 피부 아래에 결합조직이 부족하기 때문이다.

내적인 변화

이번 주에 여아에게는 자궁과 질의 일부가 만들어진다. 남아의 경우 생식기가 더 일찍 형성되었고, 세부적인 분간이 가능하다.

아기의 몸

배냇솜털은 아기의 피부에 형성되는 백색의 기름진 크림 층인 '태지'가 피부에 잘 붙어 다니게 하는 닻으로 기능한다. 태지는 좋은 크림에서 기대할 수 있는 모든 특성을 지니고 있어 수분을 조절하고, 염증을 억제하며, 항산화 작용과 정화 작용을 한다. 이 크림 층은 피지와 특정한 피부 세포로 이뤄져 있어 피부에 좋은 영향을 미친다. 태지는 피부를 양수에서 보호해주는 동시에 피부가 양수에 중요한 성분을 잃어버리지 않도록 보호해주는 이중의 기능을 한다.

아기는 위에서 아래까지 이런 놀라운 크림을 바른 상태가 된다. 하지만 이 크림은 배냇솜털이 많은 곳에 가장 잘 달라붙는다. 연구에 따르면 태지는 피부 보호 외에 또 하나의 중요한 기능을 한다. 즉 출산 시 마찰을 줄여주는 것이다. 그리고 지난주와는 달리 아기는 그리 빠르게 성장하지 않는다. 급성장을 하는 시기는 지나갔다. 하지만 그런 시기들은 또다시 찾아올 것이다. 지금은 폭풍 전의 고요 상황일 뿐이다.

19주에 일어나는 당신의 신체 변화

최근에 간혹 위산이 식도로 올라오는 것을 느낀 적이 있을 것이다. 불쾌한 느낌이 들긴 하지만 위험하지 않고 정상적인 일이다. 이 역시 프로게스테론 호르몬 때문이다. 당신의 내부 기관은 프로게스테론 때문에 약간 이완된다. 식도와 위의 연결부위도 마찬가지다. 이곳의 식도괄약근이 느슨해지면 위산이 쉽게 역류한다. 속쓰림에 대한 조언은 510쪽을 참조하라.

알아두기

출산에 함께해줄 파트너, 둘라^{Doula}에 대해 생각해본 적이 있는가? 그렇다면 산부인과에서 추천을 받거나 임신 관련 커뮤니티에서 경험자들의 조언을 바탕으로 나에게 맞는 사람을 물색해보면 좋을 것이다.

20주

◆ 아기의 후두가 이제 말할 때처럼 움직인다.

◆ 처음으로 밤과 낮의 리듬이 생겨난다.

◆ 여아는 약 700만 개의 난세포를 만들어냈고, 그 수는 점점 줄어든다.

◆ 남아는 일시적으로 테스토스테론을 덜 생성한다.

◆ 귀는 들을 준비를 갖췄다.

◆ 아기의 키: 23센티미터.

내적인 변화

이번 주에 음성 영역에서 특별한 일이 일어난다. 초음파검사에서 후두가 아주 독특하게 움직이는 것을 볼 수 있다. 이런 움직임은 말할 때의 후두 움직임과 비슷하다. 아기의 목에서는 아직 아무 소리도 나오지 않지만, 이미 부지런히 연습하고 있는 것이다!

인간은 생체 시계를 가지고 있다. 생체 시계라고 하면 종종 수면각성 리듬만 떠올리는데, 생체 시계는 훨씬 더 많은 영역을 포괄하며 수많은 '서캐디안리듬(24시간 주기로 반복되는 리듬)'을 조절한다. 심박동에 영향을 미치는 서캐디안리듬도 있고(낮에는 더 빠르고, 밤에는 더 느려진다), 소변 생산을 위한 서캐디안리듬도 있다(소변 생산은 낮에는 더 많고, 밤에는 더 적다). 이런 서캐디안리듬이 호흡 횟수도 조절한다.

아기는 이제 처음으로 일종의 밤낮 리듬을 따른다. 당신은 이런 생각이 들지도

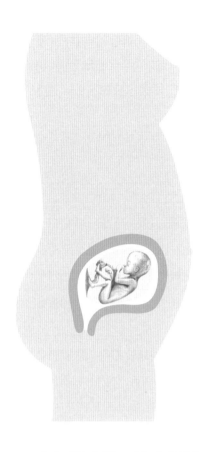

모른다. '와, 잘됐다! 아기가 태어나자마자 밤낮을 구분하고 밤엔 쌔근쌔근 잘 자겠구나.' 하지만 안타깝게도 그렇지는 않다. 아기가 지금 밤낮 리듬을 따르는 것처럼 보이는 것은 엄마의 혈액순환과 연결되어 있기 때문이다. 탯줄이 끊어지자마자 익숙한 밤낮 리듬은 끝이 난다.

여아 태아는 일생 중 최대의 난자(난세포)를 가진다. 약 700만 개다! 이제부터 그 수는 급격히 줄어들어 태어날 때가 되면 200만 개에 불과하게 된다. 그 뒤로도 빠르게 하향곡선을 그린다. 난세포 중 몇 개는 나중에 아이가 될 것이다. 그동안 우리는 생물학 수업을 통해 인체의 모든 것이 기능을 갖는다는 사실을 확실히 알고 있다. 하지만 여아 태아가 결코 아기로 발달할 기회가 없을 난자를 그렇게

많이 만들어내는 이유가 무엇인지는 여전히 커다란 수수께끼다.

남아의 경우 16주~20주 사이에 테스토스테론의 생성이 급격히 증가하는 것을 볼 수 있다. 테스토스테론 분비량은 지난 몇 주간 거의 성인 남성 수준으로 치솟았다. 이제는 다시 생산량이 약간 떨어진다. 하지만 오래 그렇게 되지는 않는다. 24주가 되면 테스토스테론 공장이 다시금 쉼 없이 돌아간다.

우리 귀의 내부에는 '달팽이관'이라는 것이 있다. 달팽이관은 진동(소음)을 전기 신호(뇌의 언어)로 옮기는 역할을 하는데, 이런 달팽이관이 이번 주에 발달한다. 달팽이관은 태어나는 시점에 완벽히 성장을 마친 유일한 신체 부위이다. 따라서 달팽이관은 이즈음 엄마 배 속에서만 자라는 것이다.

귀와 관련하여 가장 큰 획기적 사건은 이번 주부터 아기가 들을 수 있다는 것이다! 초음파에서는 아직 태아가 소리에 대해 반응하는 것을 볼 수 없다. 그런 반응은 24주에야 비로소 관찰할 수 있다. 하지만 그럼에도 자궁 속의 아기들은 지금 이미 소리를 들을 수 있다.

20주에 일어나는 당신의 신체 변화

당신이 어느 날에 처음 태동을 느낄지는 유감스럽게도 예측 불가능하다. 임신 경험이 있는 여성은 대부분 2~3주 전에 태동을 느꼈을 것이고, 어떤 여성은 약간 더 기다려야 할 것이다. 무엇보다 태반이 배의 앞쪽 벽 가까이에 위치하는 경우 태동을 느끼기가 어렵다. 하지만 많은 여성들은 이번 주에 태동을 느끼는 기쁨을 맛보게 된다.

처음에 아기의 움직임은 배 속에서 뭔가가 뽀글거리는 기묘한 감각으로 찾아온다. 많은 여성들은 이를 마치 나비가 날개를 파닥이는 느낌이라고 말한다. 처음에는 소화가 잘 안 되어 장이 움직이는 게 아닌가 하는 생각이 들지도 모른다. 아주 정상적인 일이다. 그러다 이런 느낌이 몇 번 계속되면, 이것이 아기가 움직이는 것인지 소화과정에서 연유하는 것인지를 더 잘 구분할 수 있다. 당신이나 다른 사람이 외부에서 아기를 느낄 수 있기까지는 약간 더 시간이 걸린다. 내부에서 첫 태동이 느껴진 뒤 4주 정도 지나야 외부에서도 느낄 수 있다.

이제 당신 배에서는 약간 희한한 것이 눈에 띌 것이다. 전에는 오목한 작은 구멍이었던 배꼽이 툭 튀어나와 작은 도넛처럼 보이는 것이다. 하지만 걱정할 것 없다. 출산하고 나면 배꼽은 다시 예전으로 돌아간다. 배꼽이 바깥으로 튀어나오고 커지는 것은 배가 이제 자리를 많이 차지하여 배꼽이 바깥쪽으로 '눌리기' 때문이다. 그밖에 피부가 늘어나서 모든 것이 커 보인다. 배꼽뿐 아니라 점이나 문신도 커진다.

알아두기

이번 주에는 정밀 초음파검사가 기다린다! 이 검사에서 아기가 건강하게 잘 발달하고 있는지 보게 될 것이다. 보호자가 필요하니 누구와 함께 갈 것인지 생각해 놓을 필요가 있다. 그리고 검사 이후 일정은 너무 빡빡하게 잡지 말 것!

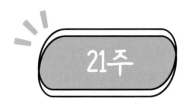

21주

◆ 이제 모근이 모두 생겨난다.

◆ 아기의 머리칼이 이미 상당히 자라난다.

◆ 아기가 엄지손가락을 빨고 있을 확률이 높다.

◆ 아기의 키와 몸무게: 25센티미터, 300그램.

외적인 변화

머리칼이 점점 더 자란다. 현미경으로 아기의 피부를 볼 수 있다면, 이제 모근이 모두 생겨났다는 걸 알게 될 것이다. 피지선도 생겨난다. 피지선은 일생 동안 지방층을 통해 피부를 보호하게 될 것이다. 아기의 머리카락을 보기 위해 더 이상 현미경은 필요 없다. 머리카락은 그 어느 때보다 더 빠르게 자라기 때문이다. 아기의 머리에는 이미 상당히 머리칼이 많이 나 있다.

17주에 언급했던 설근 반사를 기억하는가? 고개를 돌리는 반사와 뭔가가 입이나 입 주변의 피부에 닿으면 입에 넣으려 하는 것 말이다. 이런 반사는 뭔가를 입안에 대주었을 때 나타나는 빨기 반사와 밀접한 관계가 있다. 이 두 반사는 물론 아기가 출생 후에 젖을 잘 먹을 수 있도록 하려는 대자연의 계획이다. 이번 주부터 아기에게는 빨기 반사도 나타난다. 엄지손가락이나 손의 다른 부분을 입에 넣고 말 그대로 그것을 빤다. 따라서 아기는 이제 당신의 배 속에서 엄지손가락을 빨고 있을 확률이 높다.

21주에 일어나는 당신의 신체 변화

조산사나 산부인과 의사뿐 아니라 만나는 모든 사람들이 임신했으니 몸조심해야 한다고 이야기할 것이다. 책들도 모두 그렇게 권유할 것이다. 하지만 '말이야 쉽지'라는 생각이 절로 들 수밖에 없다. 직장일, 집안일, 손위 아이들…. 몸을 사리기가 어디 쉬운가? 그럼에도 정말로 해결책을 모색할 시간이 왔다. 우선순위를 분명히 하자. 그리고 급하지 않은 일은 정말로 그냥 내버려두어라. 평온하게 쉬는 것은 당신뿐 아니라 아기에게도 중요하다.

알아두기

직장인이라면 회사에 임신 사실을 알렸을 것이다. 점점 배가 불러오고 있으니 임신한 티가 한참 전부터 났을 것이다. 출산휴가에 돌입할 것을 대비해 상사가 충분한 시간과 여유를 두고 업무를 대신할 사람을 구하게 하는 것이 좋다.

22주

- ◆ 눈꺼풀에 진짜 속눈썹이 생긴다.
- ◆ 뇌반구들이 계속 발달한다.
- ◆ 중이가 완성된다.
- ◆ 지방조직이 만들어져서, 아기는 서서히 통통해진다.

외적인 변화

아기의 눈꺼풀에 속눈썹이 자란다. 짧고 섬세한 눈썹이다.

내적인 변화

중이가 완전한 모습을 갖춘다. 이것은 청력뿐 아니라 평형감각에 중요하다. 그리고 대뇌반구는 계속 비대칭적으로 발달한다. 이것은 아주 정상적이고 바람직한 일이다. 대뇌반구들은 동일하지도 대칭적이지도 않다.

남아 태아에서는 고환이 서서히 음낭 쪽으로 내려온다. 여기서는 '서서히'라는 단어에 강조점이 있다. 그도 그럴 것이 출생 시점에 고환이 아직 음낭까지 내려오지 않았다 해도 이상한 일은 아니기 때문이다. 아기가 6개월이 되면 의사가 상태를 보고, 아직도 고환이 음낭으로 내려오지 않은 경우 조치를 취하게 될 것이다.

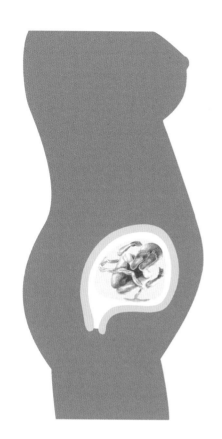

아기의 몸

지방조직도 생겨나 아기는 서서히 통통해진다. 평소 지방은 이미지가 좋지 않은 경우가 많지만, 생존에 중요한 조직이다. 지방조직에는 에너지가 비축되어 있다. 지방조직이 없다면, 인간은 조금만 에너지가 부족해져도 곧장 기력을 잃고 축 늘어질 것이다. 우리는 이런 에너지 비축원을 필요로 한다. 지방조직이 너무 많을 때라야 문제가 될 뿐이다. 이어지는 달들에 아기는 점점 더 많은 지방조직을 만듦으로써 에너지 비축원을 마련하게 될 것이다. 아기가 뚱뚱해진다고 말할 수 있을 것이다. 지방조직과 결합조직이 생기면서 아기는 전형적인 아기 모습을 갖추게 된다.

22주에 일어나는 당신의 신체 변화

배가 커질수록 피부는 더 팽팽하게 긴장된다. 피부가 가렵거나 당길 때는 순한 크림이나 멘톨 성분이 든 보습제가 도움이 될 것이다.

알아두기

한국의 경우 초음파로 임신이 확인되면 산부인과에서 임신확인서를 발급해준다. 국민건강보험공단에 제출하면 바로 임산부 바우처가 발행되며 다양한 혜택을 확인할 수 있다.

23주

- ◆ 아기의 눈이 아주 빨리 움직인다. 우리가 렘수면을 취할 때 나타나는 운동과 비슷한 현상이다.
- ◆ 지문과 족문이 생겨난다.
- ◆ 위장관이 완성된다.
- ◆ 딸꾹질을 할 수도 있다!
- ◆ 남아의 경우 테스토스테론 생산이 다시 최고조에 달해, 사춘기 때와 비슷해진다.
- ◆ 아기의 키: 28센티미터.

외적인 변화

아기의 눈을 볼 수 있다면, 때로 안구가 아주 빠르게 운동하는 것을 볼 수 있을 것이다. 수면과학에서 말하는 '렘REM' 현상이다. 렘수면은 가벼운 잠으로, 렘수면을 취하는 동안 우리는 꿈을 꾸며 아주 많은 뉴런 연결이 이뤄진다. 아기는 정확히 렘수면 시 나타나는 안구운동을 하며 아기가 렘수면을 취하고 있음을 보여준다. 그러나 태아의 렘수면이 아동이나 성인에게서 볼 수 있는 렘수면과 비슷한지는 알려져 있지 않다. 당신의 아기가 꿈을 꾸고 있다고 상상해보기를. 대체 무슨 꿈을 꿀까? 얼마나 멋진 꿈을 꿀까! 궁금해 견딜 수 없다.

손발에서 지문과 족문을 이루는 가는 선들이 보인다.

내적인 변화

위장관이 완전히 형성되어, 이제 출생 때까지 발달할 것이 별로 많이 남지 않게 되었다. 이 시스템이 완성됐다 해도 고형 음식을 소화시킬 수 있기까지는 아직 몇 달이 걸릴 것이다. 그리고 갑자기 횡격막이 수축하면서 딸꾹질을 한다. 그렇다. 태아도 딸꾹질을 한다. 게다가 상당히 자주 한다. 아기가 심하게 딸꾹질을 하는 경우 당신이 그것을 느낄 수도 있다. 태아가 딸꾹질을 하면서 위로 폴짝 '뜀뛰기'를 하기 때문이다. 딸꾹질은 20~30분간 지속될 수 있고, 하루에 여러 번 나타날 수도 있다. 아주 정상적인 일이니 전혀 걱정할 필요 없다.

남아 태아는 '미니 사춘기'를 겪는다. 몇 주간 테스토스테론 생산이 적어졌다가, 이제 다시 호르몬이 피크 상태에 도달하기 때문이다. 이것을 때 이른 사춘기에 비유할 수 있다.

아기의 몸

몸은 더 길어지고, 커지고, 강해지고, 통통해지며 뇌 속에서는 연결들이 이뤄진다. 모든 것, 정말 모든 것이 사방으로 자라고 더 커지고 힘세진다.

23주에 일어나는 당신의 신체 변화

많은 임산부들은 몸이 붓는다. 임신 중에 신체는 더 많은 물을 저장한다. 때로 그것은 발, 관절, 손 같은 데서도 표시 난다. 음순(대음순과 소음순)도 많이 부어오를 수 있는데, 이 역시 정상적인 것이다. 부종이 갑자기 생기지 않는 한 걱정할 필요는 없다.

24주

◆ 아기는 총 시간의 15퍼센트 정도를 호흡운동에 쓰며, 양수를 들이마신다.

◆ 1분간 약 44회의 들이쉬고 내쉬는 운동을 한다.

◆ 이미 한 달 전부터 귀가 들리긴 했지만, 아기는 이제야 비로소 소리에 반응을 보인다.

◆ 아기의 키: 30센티미터.

내적인 변화

당신의 배 속은 이미 상당히 분주하다! 아기는 결코 지루함을 모른다. 총 시간의 15퍼센트 정도를 아기는 호흡운동에 할애한다. 물론 들이마실 수 있는 공기는 없으므로, 아기는 양수를 들이마신다. 그리하여 아기의 폐포(허파꽈리)는 양수로 채워지고, 출생 때에 다시 그것을 밖으로 내뱉게 된다. 이런 과정은 아주 정상적이며, 나아가 건강에 좋다. 아기의 호흡운동은 아주 빠르다. 1분에 약 44회를 들이쉬고 내쉰다. 비교하자면, 성인은 분당 평균 12회 호흡을 한다.

호흡운동에 대한 연구에서 눈에 띄는 것은 태아가 각각의 순간에 배에 존재하는 이산화탄소의 양에 호흡수를 맞춘다는 것이다. 이런 조절은 성인이 이산화탄소가 과다할 때 취하는 전략과 일치한다. 즉 아기의 뇌간이 측정을 시행하고 호흡을 맞춘다는 의미이다. 하지만 이에 대해서는 아직 충분한 연구가 이뤄지지 않은 상태다.

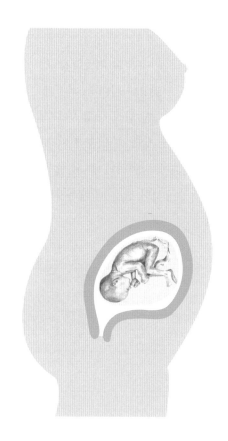

아기의 몸

아기는 이미 거의 한 달 전부터 귀가 들리는 상태였지만, 아직까지는 아기가 소리에 반응한다는 것을 느끼지 못했을 것이다. 이런 상태가 이제 변화한다! 심지어 아기가 각각의 소음에 어떤 행동을 취하는지를 초음파를 통해 볼 수 있다.

24주에 일어나는 당신의 신체 변화

다행히 아직은 시기가 일러서 자궁수축으로 인한 통증을 겪은 적은 없을 것이다. 하지만 배가 한동안 딱딱하게 뭉쳤다가 다시 풀어지는 것을 느꼈을지도 모른다. 우리는 이를 '배 뭉침'이라고 부른다. 이것은 연습 진통, 또는 가진통(일시적인 자궁 수축으로 인하여 불규칙적으로 일어나는 통증)이다. 배 뭉침은 대부분 당신이 변비나 방광염이 있는데 아기가 부쩍부쩍 성장할 때 나타난다. 스트레스를 받을 때도 배가 뭉치는 걸 느낄 수 있을 것이다. 하지만 걱정하지 말자. 배가 뭉치는 건 아기에게 전혀 해가 되지 않는다. 배 뭉침은 이번 주에 전형적으로 나타나는 증상일 뿐 아니라, 출산 때까지 곧잘 나타나는 증상이다. 하지만 너무 자주 뭉치고 통증이 느껴진다면 진찰을 받아보기를 권한다.

21 22 23 24 25 26 27 28 29 30 31 32 33 34 35 36 37 38 39 40 41 42

알아두기

모유는 인생을 시작하는 아기에게 가장 좋은 영양 공급원이다. 늘 따뜻하게 준비되어 있고, 영양 면에서도 아기의 필요에 완벽하게 들어맞으니 말이다. 하지만 때로는 모유수유하기가 쉽지 않다. 모유수유를 하고자 한다면 임신 중에 모유수유 강습을 받아놓도록. 그러면 나중에 수유할 때 준비를 잘 갖출 수 있을 것이다. 임산부뿐 아니라 배우자도 모유수유에 관심을 갖고 강습에 참여하면 좋다! 당신과 배우자 모두 모유수유에 대한 지식으로 무장하면, 수유하다 힘들 때 배우자의 도움을 받을 수 있는 등 여러모로 좋을 것이다.

25주

◆ 아기의 피부가 점점 분홍빛을 띤다.

◆ 아기는 이제 24시간 주기로 반복되는 서캐디안 수면 리듬의 첫 형태를 갖게 된다. 그
   것은 엄마에게로부터 받는 것이다.

◆ 폐, 무엇보다 폐포와 세기관지(폐의 기관지에서 갈려 나온 가느다란 공기 통로)가 계속
   발달하고 넓어진다.

외적인 변화

아기의 피부는 점점 분홍빛을 띠어간다. 때로는 붉게 보이거나 투명 피부에 분
홍 '얼룩'이 있는 모습으로 보인다. 불그레하게 보이는 것은 혈액 때문이다. 피부
가 아직 반쯤은 투명하기에 어떤 부분에는 붉은 얼룩이 보인다. 피부를 통해 혈관
이 직접 들여다보이기 때문이다. 어떤 부분은 투명한 분홍색을 띤다. 그곳의 피부
는 덜 투명한데, 붉은 빛이 분홍빛으로 약화된 것이다. 피부는 점점 두꺼워지고 불
투명해져서 점점 우리 성인의 피부와 닮아간다.

내적인 변화

아기는 이제 서캐디안 수면 리듬을 따른다. 물론 일시적인 현상이다. 탯줄을 자
르자마자 아기는 일단 이런 리듬을 잃어버린다. 지금 1일 주기의 리듬을 따르는
것은 아기가 수면 각성 리듬을 조절하는 화학물질을 탯줄을 통해 엄마로부터 공

21 22 23 24 25 26 27 28 29 30 31 32 33 34 35 36 37 38 39 40 41 42

급받고 있기 때문이다. 또한 아기는 이미 호흡 연습을 많이 하고 있지만, 태어나서 자체적으로 호흡을 하려면 아직 폐가 좀 더 성숙해야 한다. 앞으로 몇 주간 폐의 성숙과 폐포의 섬세한 발달에 초점이 맞춰진다.

26주

- ◆ 여러 주 동안 눈을 감고 있던 아기는 이번 주에 다시 눈을 뜬다.
- ◆ 아기는 놀라는 반응의 전조 증상인 모로 반사도 보여준다.
- ◆ 이번 주부터 원시적인 가스 교환이 이뤄진다. 즉 산소를 흡수하고 이산화탄소를 배출한다.
- ◆ 폐에서는 폐포가 형성될 부분이 잘 발달했다.
- ◆ 아기의 키와 몸무게: 31센티미터, 900그램.

외적인 변화

아기의 눈은 몇 주간 감겨 있었다. 이제 상황이 변한다. 이번 주쯤 아기는 완전히 만들어진 눈을 다시 뜬다. 아기의 눈이 어떤 색깔일까 궁금할지도 모른다. 눈 색깔은 유전자로 결정된다. 유럽 혈통의 모든 태아는 파란색, 아프리카나 아시아 혈통의 태아는 갈색 또는 회색이다. 태어난 지 6개월이 지나면 눈동자 색이 변하는 것을 볼 수 있을 것이다. 때로는 만 3년이 지나야 눈 색깔이 분명해진다.

내적인 변화

아기는 또 하나의 반사를 선보인다. 바로 '모로 반사'이다. 이 반사는 몇 주 전부터 나타났지만, 이제야 비로소 관찰할 수 있다. 모로 반사는 성인들에게서 나타나는 놀람 반응의 전조증상이다. 의사들은 출생 직후 아기가 모로 반사를 보이는지

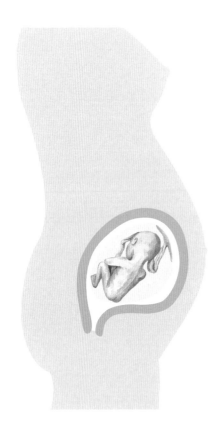

테스트한다. 이런 반사는 시끄러운 소리를 듣거나 해서 아기가 놀랄 때 나타나는 것으로 신생아뿐 아니라 태아도 이런 반사를 보인다. 이때 태아는 화들짝 놀라 양수를 많이 마시고 (우리가 놀랐을 때 숨을 헉 하고 들이쉬는 것과 같은 원리다.) 눈을 깜박이고, 어깨를 움츠린다. 팔다리를 갑작스럽게 움직이기도 한다. 무서움에 대한 아주 자연스럽고 좋은 반응이다.

26주 경에 모로 반사를 보이는 것으로 되어 있지만, 아기는 그 전에도 이미 반사신경을 가지고 있었을 수도 있다. 많은 발달은 정해진 시기에 이뤄지지만, 어떤 발달은 그렇지 않다. 모로 반사도 그것이 나타나는 시기를 특정하기가 힘들다. 여아의 경우 남아보다 모로 반사가 일찍 나타난다.

모로 반사는 아기가 이제 정말 귀로 들을 수 있고, 시끄러운 소리가 나면 놀란다는 것을 증명한다. 한편 이 시기부터 종종 또는 여러 시간 동안 시끄러운 소음에 노출되는 아기들은 성인들과 동일하게 후유증을, 즉 청력 상실을 보일 수 있다는 것이 증명됐다. 아주 중요한 사항인데도 이에 대한 경고가 이뤄지지 않고 있다는 건 정말 우려스러운 일이다!

이번 주부터 폐에서 이미 원시적인 가스 교환이 이뤄진다. 즉 산소를 들여보내고 이산화탄소를 배출하는 것이다. 폐에서는 폐포가 생겨날 부분이 잘 발달된 상태다. 폐포들은 각각의 기관지 끝에 놓여 특별히 산소를 받아들이고, 이산화탄소를 배출하는 일을 담당하게 될 것이다. 폐는 정말로 빠른 속도로 외부 세계에 나가 독립적인 호흡을 할 준비를 갖춘다. 폐의 안쪽 면은 이제 폐엽이 공기를 받아들였다가 내보내는 일을 균형 있게 감당할 수 있도록 하는 물질로 덮인다. 물론 폐는 처음으로 공기가 유입될 때에야, 즉 태어날 때에야 비로소 이런 일을 할 수 있게 될 것이다.

26주에 일어나는 당신의 신체 변화

당신의 자궁은 배 속의 자궁 인대에 매달려 있으며, 점점 무거워진다. 아기가 자라기 때문만이 아니라, 양수 무게가 늘고 자궁 자체가 커지기 때문이다. 수태 전에는 고작 100그램만 지탱하면 됐던 자궁의 인대들은 이제 상당히 무거운 자궁을 지탱해야 한다. 하지만 걱정하지 말자. 인대는 그런 일을 하려고 존재하는 것이다. 그럼에도 때로는 인대가 당기는 느낌이 나고, 종종 아프기까지 할 것이다. 그러면 쉬어주고, 이제부터는 자세에 주의해라. 인대 통증에 대처하는 팁은 527쪽을 참고할 것.

알아두기

아기가 지금 태어나도 생존 확률은 이미 70퍼센트에 이른다. 아기용품을 구입하고 아기 방을 마련했는가? 지금은 쇼핑을 다니는 데 무리가 없는 시기다. 그러므로 필요 물품을 구입하고 아기 방을 꾸미는 데 적기라고 할 수 있다. 한편으로는 시간적 여유가 있으니 이런 문제에 너무 스트레스 받지 않아도 된다.

27주

- ◆ 눈에는 원뿔세포(원추세포)와 막대세포(간상세포)들이 생겨난다.
- ◆ 출산 전 마지막으로 뇌가 바야흐로 급성장에 들어간다.
- ◆ 뇌는 아기가 얻는 에너지의 50퍼센트를 소모한다.
- ◆ 피부의 투명도가 줄어들어, 아기의 피부는 점점 우리 피부와 비슷해진다. 피하지방층
  이 생겨난다.
- ◆ 아기는 어른보다 체온이 더 높다.
- ◆ 아기의 키: 32센티미터.

외적인 변화

아기의 눈은 이제 아주 많이 발달됐고, 이번 주에 더욱 발달한다. 원뿔세포와 막대세포가 생겨나는 것이다. 이런 시세포들을 도구로 사람은 빛을 감지한다. 막대세포는 빛에 민감해 아주 약한 빛도 능숙하게 감지한다. 하지만 색깔을 인지하지 못하고, 상을 선명하게 보지 못한다. 반면 원뿔세포는 빛에는 덜 민감하지만, 색깔을 지각하고 상을 선명하게 본다. 아기는 약 1억 개의 막대세포와 700만 개의 원뿔 세포를 갖게 된다.

아기의 몸

10주가 지나면 출산이다. 그때까지 아기는 혼자서도 호흡하고 음식(모유나 우

유)을 소화할 수 있을 정도로 크고 강해질 필요가 있다. 그래서 아기는 또 한 번의 급성장을 한다. 이번에는 뇌가 임신기와 그 이후 삶의 어느 때보다도 빠르게 발달하여, 길지 않은 시간 사이에 무려 500퍼센트 성장한다! 이를 위해 아기는 엄청나게 많은 에너지를 필요로 한다. 이제 탯줄을 통해 아기에게 공급되는 에너지의 50퍼센트가 뇌로 들어간다.

아기의 피부는 더 이상 투명하지 않고, 거의 우리 성인의 피부처럼 보인다. 더이상 주름져 있지도 않다. 피하에 결합조직이 생기고 지방도 비축되기 때문이다. 비축되는 지방층은 전형적인 아기의 모습을 선사할 뿐 아니라, 자궁 밖에서 생존하는 데도 중요하다. 아기에게 에너지가 필요할 때 지방이 즉각 에너지로 전환되기 때문이다. 음식이 공급되지 않아 에너지가 부족해지면, 아기는 이런 지방층에 비축된 에너지를 활용한다.

이것은 식량이 부족한 시기에도 생명이 위험해지지 않게 만든 대자연의 트릭이다. 우리가 사는 지금 이 세계에서는 지방에 비축된 에너지를 사용할 일이 별로 없다. 하지만 이렇게 먹거리가 풍족하게 된 것은 상대적으로 최근의 일이라, 우리의 신체는 아직 이런 변화에 적응하지 못하고 계속해서 지방을 비축한다. 그리하여 우리 어른들은 이런 지방과 힘겹게 싸우는 경우도 많다. 하지만 아기의 경우는 출생을 위해 지방층을 비축하는 것이 정말로 필요하다. 이런 지방층은 또 다른 기능도 한다. 바로 아기의 체온을 일정하게 유지해주는 것이다. 하지만 이것은 태어난 뒤에 비로소 발휘되는 능력이고, 지금은 체온이 아직 태반을 통해 조절된다. 태아의 체온은 우리보다 약간 더 높아서 37.8도에서 38.8도를 오간다.

27주에 일어나는 당신의 신체 변화

급성장을 하는 것은 아기만이 아니다. 체중을 재보면 엄마도 부지런히 몸무게가 늘고 있음을 확인하게 될 것이다. 이어지는 몇 주간 임산부들은 1주에 약 400그램씩 체중이 증가한다. 이것은 아주 정상적이고 좋은 일이다. 아기를 위해 에너지를 비축할 뿐 아니라, 몸이 출산 준비에 돌입하는 것이다. 하지만 계속해서 영양에 신경을 써야 한다. 2인분의 식사를 할 필요는 없다. 규칙적으로 건강에 좋은 양질의 식사를 해주면 된다.

계획에 없이 아기가 당장 엄마 배 속에서 나온다 해도 생존 확률은 이미 90퍼센트에 육박한다. 생존 확률은 매일매일 더 높아진다. 하지만 아기는 계속해서 당신의 배 속에서 자라는 것이 가장 좋다. 또한 당신은 이제 태동을 여러 번 느낄 수 있을 것이다.

획기적인 순간

이로써 임신기간의 2분기가 끝난다. 아기는 그동안 4배로 성장했고, 생존에 중요한 모든 신체기관도 만들어졌다. 돌아오는 분기에 아기는 더 크고 더 강해질 것이다. 임산부들에게는 전반적으로 2분기가 가장 유쾌하고 좋은 시기다. 유산의 위험이 거의 없이 아기는 쑥쑥 자라고, 입덧 증상이 가라앉고, 피곤은 좀 줄어들며, 태동을 통해 배 속 아기도 더 생생하게 느껴지는 시기이기 때문이다. 한마디로 말해 행복한 순간들로 가득한 분기라 할 수 있다. 물론 그렇다고 3분기로 접어들면 이 모든 좋은 점들이 사라진다는 말은 아니다. 당연히 그렇지 않다! 더더구나 3분기 끝에는 세상의 가장 멋진 기적, 아기의 출생이 기다리고 있지 않은가.

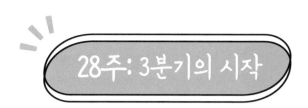

28주: 3분기의 시작

◆ 눈썹과 속눈썹이 완성된다.

◆ 아기는 이제 특정한 소리를 선호한다.

◆ 호흡 리듬이 변한다.

외적인 변화

눈썹과 속눈썹이 완성되고, 눈에서는 이미 눈물을 만들어낼 수 있다. 막대세포 덕분에 빛에도 반응할 수 있다. 자궁과 양수를 통해 제법 많은 빛이 아기의 눈에 비쳐들면, 아기는 동공을 수축시킨다. 출생 후에 보일 행동과 똑같이 말이다. 어두울 때는 더 많은 빛이 들어올 수 있도록 동공을 확장시킨다.

아기는 이미 몇 주 전부터 당신처럼 주변에서 나는 소리를 듣고 있다. 그리고 소리를 점점 더 잘 지각하는 것을 배운다. 나아가 특정한 소리를 더 선호하는 기호까지 갖추게 됐다. 태아는 높은 소리보다는 낮은 소리를 더 좋아한다. 낮은 소리가 배 속에서 더 잘 들리기 때문이다. 그밖에 클래식 음악이나 발라드 같은 리듬 있는 소리를 좋아한다. 어떤 연구자들은 클래식 음악을 많이 들으면 아기들이 더 똑똑해진다고 말하며, 무엇보다 모차르트를 추천한다. 이런 주장을 확인해주는 연구도 있고 그렇지 않은 연구도 있다. 하지만 한 가지는 확실하다. 아기는 음악을 좋아하며, 음악을 들으면 더 조용해진다는 것 말이다.

아기의 '호흡 리듬'은 이번 주에 변한다. 호흡 운동 리듬이 더 길어지고 호흡이 더 깊어진다. 물론 아기는 산소를 호흡하는 게 아니라 양수를 빨아들인다. 중요한

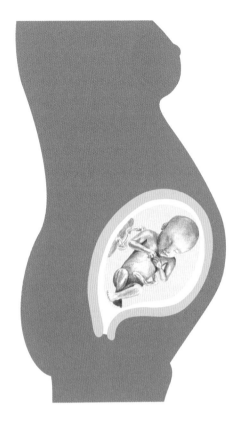

건 호흡운동을 연습하는 것이다. 곧 아기가 세상에 나오면 독립적으로 완벽하게 호흡을 할 수 있어야 하기 때문이다.

28주에 일어나는 당신의 신체 변화

당신의 배 속은 상당히 가득 찬 상태다. 장기들이 위치한 자리가 달라졌다는 것도 이미 느껴질 것이다. 이렇게 배 속이 좁아진 것에는 장점도 있다. 이제부터 당신은 밖에서, 즉 배 위에 손을 대고 아기를 느낄 수 있다. 조금 요령을 터득하면 어느 부분이 아기의 등이고, 어디가 엉덩이고, 어디가 발인지를 느낄 수도 있다. 의사에게 조언을 부탁해보자. "연습이 대가를 만든다"는 속담은 여기서도 통한다. 자주 연습하다 보면 어느 순간에 아기의 신체 부분 각각을 만져볼 수 있을 것이다.

알아두기

임신 중 비행기를 타야 하는 경우에 항공사는 '비행 적합 소견서Fit to fly'를 요구할 것이다. 건강상 비행기 여행이 가능한지를 확인하기 위해서다. 기준은 항공사마다 다르지만 임신 36주 이후에는 비행기 탑승을 불허하는 항공사가 많다. 다태아임신인 경우 34주 이후에는 비행이 허가되지 않는다.

백일해(백일기침)

백일해는 박테리아가 유발하는 감염병으로, 이 병에 걸리면 기도에 염증이 생길 수 있다. 아직 백일해에 무방비 상태인 신생아들의 경우는 이것에 감염되어 폐렴으로 발전하거나 위험한 호흡곤란이 생길 수 있고, 뇌에 산소 공급이 충분히 되지 않는 경우도 발생할 수 있다. 간혹 백일해로 사망할 확률도 있다.

최근에는 임신 3분기에 접어든 임산부들을 대상으로 백일해 예방접종을 하는 추세다. 엄마가 접종하면 탯줄을 통해 아기도 항체를 얻을 수 있다. 당신이 이 시기에 백일해 예방접종을 한다면, 아기는 출생 후 3개월에 들어섰을 때 백일해 예방접종을 하게 된다.

21 22 23 24 25 26 27 28 29 30 31 32 33 34 35 36 37 38 39 40 41 42

29주

- ◆ 돌아오는 11주간 아기의 체중은 거의 두 배가 된다.
- ◆ 아기가 있을 배 속 자리가 점점 좁아진다.
- ◆ 코가 거의 완성된다.
- ◆ 아기는 배 속에서 공중제비를 넘듯 움직이고, 발차기를 하고, 기지개를 펴며 주먹을 폈다 쥐었다 한다.
- ◆ 아기의 키: 34센티미터.

외적인 변화

아기가 지금 엄마 배 속에서 나온다면 코는 대략 제 기능을 다할 수 있는 수준일 것이다. 후각이 이번 주에 완성된다. 임신 29주에 태어나는 조산아는 곧장 냄새를 지각할 수 있다. 이 역시 대자연의 트릭이다. 아기가 출생 직후 곧장 젖 냄새와 엄마 냄새를 분별하도록 해놓은 것이다.

아기의 몸

아기는 아직 자유로이 움직이기에 충분한 공간을 가지고 있다. 심지어 공중제비를 넘는 듯한 움직임을 취할 수도 있다. 그러나 이런 상태는 오래 지속되지 않는다. 이어지는 11주 동안 아기의 체중은 두 배가 되기 때문이다!

공중제비를 넘는 것 외에도 아기가 발로 차고, 팔다리를 뻗고, 뭔가를 잡으려

하는 것처럼 움직이는 걸 느낄 것이다. 이런 아기의 움직임은 느껴질 뿐 아니라 때로는 눈으로 보이기도 한다. 배가 움직이거나, 비대칭적인 형태를 띠기 때문이다. 이런 움직임이 앞으로 몇 주간 적어지더라도 걱정할 필요는 없다. 아기의 몸집이 점점 커진 덕에 움직일 자리가 적어져서 그런 것이니 말이다.

29주에 일어나는 당신의 신체 변화

1주는 7일로 언제나 똑같지만, 지나가고 나면 짧아 보이고 막상 하루하루 살 때는 더 길게 느껴진다. 출산휴가만 기다리다 보니 그럴 수도 있다. 좀 여유 있게 출산을 준비할 수 있는 시간을 언제쯤 갖게 될까? 당신과 당신의 몸은 점점 더 안정을 필요로 한다. 이런 현상을 코쿠닝cocooning이라고 한다. 당신은 점점 자신 속으로 침잠하고, 점점 더 자신만의 세계에서 살게 될 것이다. 이런 경향이 나타나는 건 아주 정상적인 일이다. 이 같은 일련의 행동은 당신의 몸이 출산을 준비하는 자연스러운 과정이다.

알아두기

3분기에 들면 슬슬 출산 카드(자녀 출생 이후 지인들의 축하나 축하 선물에 보답하기 위해 만드는 감사 카드)를 만들거나 맞춤 제작해야 할 것이다. 물론 아기의 탄생을 다른 방법으로도 알릴 수 있다. 중요한 것은 내게 가장 좋은 형식을 선택하는 것이다.

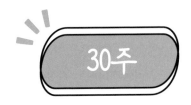

- 아기는 낮은 소리와 높은 소리를 구분할 수 있다.
- 아기는 점점 자주 양수를 마신다. 여러 가지 맛을 구분하며, (무의식적인) 얼굴 표정으로 그것에 반응을 보인다.
- 배 속에서 아기는 엄지손가락을 많이 빨고 있을 것이다.
- 아기의 키와 몸무게: 35센티미터, 1.5킬로그램.

청각의 발달

이번 주에는 아기의 청력이 점점 더 좋아져서, 높은 음과 낮은 음을 더 잘 구별할 수 있게 된다. 청력 자체만 좋아지는 게 아니라, 청각과 뇌 사이의 연결도 더 개선된다. 30주에서 36주 사이의 어느 순간에 아기는 심지어 여러 가지 소리를 분별한다. 눈은 이제 활짝 뜨이며, 아기의 머리에는 진짜 머리털이 자란다.

내적인 변화

다양한 서캐디안리듬, 즉 생체리듬이 모두 통합된다. 마지막으로 추가되는 수면 각성 리듬이 다른 리듬들과 똑같은 패턴을 따른다. 한마디로 말해 아기는 이제 정말로 체내 시계를 가지게 되는 것이다. 그러나 탯줄이 잘리자마자 엄마의 호르몬이 더 이상 아기에게 전달되지 못해 체내 시계가 늦어지고, 아기는 모든 24시간 주기의 리듬들을 스스로 발달시키고 프로그래밍 해야 한다.

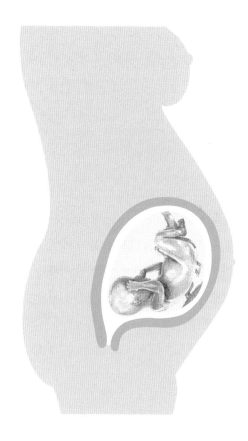

이번 주에는 양수의 구성도 변화된다. 양수가 좀 더 달아져 맛있어진다. 태아는 양수를 더 자주 먹으며 삼킴 운동을 한다. 태아는 이런 식으로 출생 직후 주어질 달콤한 모유를 미리 맛보는 유사 체험을 한다. 양수의 맛은 마시는 양뿐 아니라, 마실 때의 얼굴 표정도 좌우한다. 그렇다. 믿기지 않겠지만, 아기는 이제 양수의 맛이 마음에 드는지 안 드는지에 따라 여러 가지 표정을 지을 수 있다. 엄마가 무엇을 먹느냐에 따라 양수의 맛도 상당히 빠르게 변한다. 엄마가 점심 식사로 마늘을 먹은 경우 태아는 1시간 이내에 양수에서 마늘 맛을 감지한다! 게다가 태아는 여전히 공감각 상태로 느끼므로 뭔가를 냄새 맡는 동시에 먹고, 느끼고, 심지어 본다. 모든 지각은 태아에게는 총체적 경험이다.

아기의 몸

아기가 엄지손가락을 많이 빨아서 이미 엄지손가락이나 엄지와 집게손가락 사이 연한 부분에 물집이 생겼을 확률이 크다. 엄지손가락을 빨지 않을 때는 탯줄을 잡고 위아래로 흔든다. 이제 태아는 서커스 연습을 할 수 있는 것이다. 하지만 그러기에는 곧 배 속에 자리가 별로 남지 않게 된다.

30주에 일어나는 당신의 신체 변화

임산부는 몸무게가 몇 킬로그램 더 늘어 허리나 골반 부분에 상당한 통증을 호소한다. 산부인과 의사와 증상에 대해 상의하라. 의사는 모든 것이 정상 범주인지 판단하고 조언도 해줄 것이다.

알아두기

몇 주 전, 또는 임신 전부터 아기의 이름을 생각해보았을 것이다. 이제 슬슬 이름 후보를 압축할 때가 됐다. 당신은 산후 조리 기간 중에 친구나 친척들이 개별적으로 방문하기를 바라는가? 모두가 한 번에 함께 모이는 베이비 파티를 할 거라면 산후 조리가 끝난 다음에 하는 것이 좋다. 당신과 아기에게 큰 스트레스가 되기 때문이다. 아기는 안정을 취할수록 튼튼하게 자란다.

31주

◆ 아기의 몸에서 이미 여러 호르몬이 분비된다.

◆ 당신의 아기는 이제 주어진 시간의 40퍼센트를 호흡운동을 하며 보낸다.

◆ 아기의 키: 36센티미터.

내적인 변화

부신(콩팥 위에 있는 내분비샘)은 이제 아드레날린, 노르아드레날린, 코르티솔, 알도스테론 등 여러 호르몬을 생산한다. 그밖에 남아는 안드로겐을, 여아는 에스트로겐을 생산한다. 20주부터 분비되기 시작한 스테로이드와 호르몬의 양은 그동안 두 배가 됐고, 앞으로 다시 한번 두 배로 뛸 것이다.

지난주와 마찬가지로 이 시기에도 호흡운동 횟수가 증가한다. 당연한 일이다. 아기는 곧 스스로 호흡해야 할 테니. 2~3주 전에 당신은 이 책에서 아기가 상당히 발달했다는 내용을 읽었을 것이다. 앞으로 이어질 주에는 단 하나의 중요한 과제만이 남는다. 더 커지고, 더 튼튼해지는 것 말이다.

31주에 일어나는 당신 신체의 변화

이번 주 즈음에 당신의 호르몬은 다시금 이상한 작용을 하고, 그로 인해 때로 이상한 결과가 빚어질 것이다. 당신은 더 예민해질 것이다. 더 감정적이 될 뿐 아니라 감각적 인상에도 더 민감해져서, 전에는 맡지 못하던 냄새를 맡고, 아주 미세한 소리도 들을 것이며, 스스로 다른 사람이 된 것 같은 느낌이 들 것이다. 기준과 가치가 변할 것이다. 주변에서 일어나는 나쁜 일들을 평소보다 더 크게 받아들이게 될 것이다. 슬픈 영화를 보면 평소보다 훨씬 더 많이 우는 자신의 모습을 발견할 것이다. 이 모두가 아주 정상적인 일이니 걱정할 필요 없다.

이제부터는 더 자주 배가 이상하게 당기고 밑이 빠질 것 같은 느낌이 들지도 모른다. 이런 느낌은 해롭지 않고 오히려 유용한 것이다. 머리가 치골 안쪽에 놓이도록 아기가 골반 쪽으로 내려가게 해주기 때문이다.

알아두기

몇 주만 지나면 때가 찬다. 그때까지는 아이 방을 꾸밀 시간적 여유가 있다. 하지만 잊지 말자. 지금은 무거운 가구 같은 것을 들어 올려서는 안 된다.

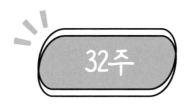

32주

- 배냇솜털이 대부분 빠져서 양수에 떠 있다.
- 발가락에는 작은 발톱이 생겨났다. 아직은 부드러운 피부와 비슷하다.
- 지난 8주간 아기의 몸무게는 두 배로 늘었다.

외적인 변화

지금까지 아기의 아주 작은 몸은 배냇솜털로 덮여 있었다. 하지만 이번 주에 대부분 빠져서 양수에 떠다니게 된다. 아기가 양수를 마시기 때문에 솜털은 이제 태변이 되어 태아의 장에 도달한다. 암녹색의 끈끈하고 고약한 냄새가 나는 최초의 변이 되는 것이다. 나중에 이것을 기저귀에서 보게 될 것이다. 배냇솜털의 일부는 아기의 피부에 남아 출산 후에도 볼 수 있다. 놀랄 필요는 없다. 이런 솜털은 곧 빠지기 때문이다. 배냇솜털은 일시적으로만 존재하는 것이고, 나중에 나게 될 체모와는 비교가 되지 않는다.

아기의 발가락에서 이제 발톱도 잘 분간할 수 있다. 발톱은 생긴 지 약간 오래됐지만, 지금까지는 거의 보이지 않았다. 이번 주에도 다시금 급성장이 시작된다. 마지막 8주간 아기의 뇌는 두 배로 무거워질 것이다. 무게 증가는 무엇보다 신경세포를 감싸는 미엘린초(수초)가 생겨나는데서 비롯된다. 미엘린초는 하얀 인지질 성분의 막으로, 절연층처럼 작용해 자극이 더 빠르게 전달되도록 해준다.

1부 임신에서 출산까지 40주 캘린더

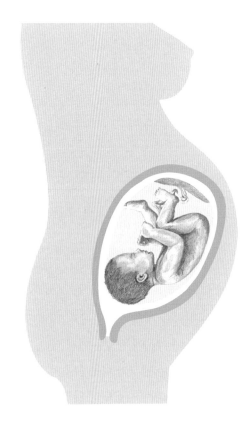

32주에 일어나는 당신 신체의 변화

당신의 가슴은 약간 더 땡땡해졌을 것이다. 벌써 젖이 약간 나올지도 모른다. 그것은 아주 정상적인 일이며, 점점 자주 그런 일이 일어날 것이다. 유방이 이제 모유 수유를 준비하기 때문이다. 때로는 오르가슴을 느낄 때 처음으로 이를 알아차릴 수도 있다. 하지만 걱정할 이유는 없다. 젖이 정말로 나올 수 있기 때문에 말해두는 것이다.

반면에 가슴이 부풀어 오르지 않고 젖이 새어나오지 않을 수도 있다. 그 역시 정상이며, 그렇다고 해서 나중에 모유수유를 하지 못한다든가 젖의 양이 적다든가 하는 것은 아니다.

이 시기에는 때로 굉장히 강렬하고 이상한 꿈을 꿀 수도 있다. 흔히 나타나는 현상 중 하나다. 아기를 어딘가에 놓아두고 온다거나, 습격을 받아 아이를 다시 당신 배 속에 집어넣으려고 하는 등의 기이한 꿈일 수도 있다. 이제 곧 책임져야 하는 작은 생명을 품에 안게 될 거라는 사실을 점점 더 의식하다 보니 그런 꿈을 꾸는 것이다.

이제부터 아기는 골반으로 내려갈 수 있다. 이런 과정은 평균적으로 32~38주 사이에 시작된다. 출산 경험이 있다면 아기가 출산하는 동안에 골반 쪽으로 이동할 수도 있다.

쌍둥이를 임신하고 있다면 이제부터 비행기를 타서는 안 된다. 비행이 아기에게 위험하기 때문이 아니라, 비행하는 동안 전문 의료진의 도움이 없이 출산을 할 위험이 크기 때문이다. 이제 배는 달덩이처럼 커졌을 것이다. 임신한 당신의 배를 석고본을 떠서 남겨두는 것은 어떨까? 당신에게도 아기에게도 놀라운 기념물이 될 것이다. 시중에서 파는 본 뜨기 세트를 구입해서 집에서 석고본을 뜰 수도 있다. 좀 더 근사하게 만들고 싶다면 전문가에게 의뢰해도 된다.

- 머리뼈를 제외한 아기의 모든 뼈는 점점 딱딱해진다.
- 아기의 키: 38.5센티미터.

내적인 변화

모든 신체 부위가 이제 있어야 할 자리에 놓여 빠르게 자란다. 뼈들은 딱딱해지고 더 튼튼해진다. 머리뼈는 제외하고 말이다. 머리뼈를 구성하는 다섯 개의 뼈는 아직 연한 상태로 남기에, 출산하는 동안 아기의 머리가 산도를 빠져나오기 쉽도록 서로 밀려 부분적으로 포개어질 수 있다. 출산 뒤에 머리뼈들이 아직 다 결합되지 않은 걸 확인할 수 있다. 때문에 아기 머리의 중간 부분에서 심장박동이 느껴지기도 한다.

걱정할 사항은 아니다. 정확히 말해 신생아의 머리뼈들이 아직 유합되지 않아 물렁하게 남아 있는 부분이 크게 두 군데 있다. 그중 뒷숫구멍(소천문)은 머리 뒷부분에 위치하며, 출생 후 8주 뒤에 닫힌다. 앞숫구멍(대천문)은 머리뼈 중앙 윗부분에 있으며, 6개월부터 시작해 18개월까지 서서히 닫힌다. 이런 숫구멍들은 닫히기 전까지 피부층만으로 외부 세계와 차단돼 있다. 말랑말랑하기 때문에 특히 신경을 써야 하는 곳으로, 꽉 누르거나 충격이 가해지지 않도록 해야 한다.

33주에 일어나는 당신 신체의 변화

당신은 스스로 점점 더 '자기 속으로 침잠한다'는 것을 느낄 것이다. 정신이 어디 다른 곳에 가 있는 것 같고 건망증도 생긴다. 온갖 것에 부딪치고, 누가 불러도 알아듣지 못한다. 이 역시 전형적인 임신 증상 중 하나다. 우선 날이 갈수록 배가 더 커지고 무거워지니, 툭하면 부딪치는 일이 늘어나는 것도 당연하다. 여기에 산만함이 더해진다. 모든 임산부가 똑같은 정도로 느끼지는 않고, 또 자신이 그런 상태가 될지 어떨지는 아무도 예측하지 못한다. 임신에 따른 반응은 개인에 따라 다르며, 이것 역시 임신을 아름다운 것으로 만드는 것 아니겠는가.

이번 주에 나타나는 또 하나의 전형적인 특징은 바로 '둥지 짓기 본능'이 나타난다는 것이다. 그리하여 당신은 갑자기 집을 쓸고 닦고 정리하고 싶은 강한 욕구를 느끼고, 자신도 채 인식하지 못한 사이에 수세미와 걸레를 들고 방 안에 서 있게 될 것이다. 그렇게 아기가 세상에 나오기 전에 '둥지'를 준비하기 위해 최선을 다하게 되는 것이다.

알아두기

아기가 벌써 나온다해도 생존확률은 95퍼센트에 이를 것이다. 생존확률은 하루하루 지날수록 더 높아진다. 하지만 예나 지금이나 분명한 것은 아기가 마음 놓고 무럭무럭 자라기 위해 엄마 배 속보다 더 좋은 곳은 없다는 사실이다. 만삭 사진을 찍으려 한다면 지금이 적기다. 당신의 배는 아주 동그랗지만, 출산 직전만큼 빵빵하지는 않은 시점이기 때문이다. 33~38주 사이에 만삭 사진을 찍으면 아주 예쁘게 나올 것이다.

34주

◆ 작은 손톱들이 손끝을 덮고 있다.

◆ 아기는 밝음과 어두움을 구별한다.

◆ 모든 것이 당신의 아기가 이미 특정한 맛을 선호한다는 사실을 뒷받침해준다.

◆ 아기의 키와 몸무게: 40센티미터, 2,400그램.

아기의 발달

이미 몇 주 전부터 생겨나기 시작한 손톱은 완전히 자라서, 처음으로 손가락 끝을 완전히 덮는다. 이제 명암을 더 정확히 구분할 줄 알게 됐고, 변화에 더 강하게 반응한다. 눈이 아주 잘 기능하는 것이다. 지난주들을 거쳐오며 이뤄낸 수많은 발달들은 감탄을 자아낼 따름이다. 하지만 기적은 갱신된다. 임신 끝 무렵에 아기는 선호하는 맛을 갖게 되어, 다른 아기들은 전혀 좋아하지 않는 맛을 좋아하기도 한다.

34주에 일어나는 당신의 신체 변화

출산휴가는 꼭 필요한 것이다. 당신은 보호받을 권리가 있다. 이 시기쯤 되면 직장일을 감당하기가 한층 힘들 것이다. 이제는 출산을 준비하며 마지막으로 필요한 일들을 점검하고 조치할 때이다. 소파에 누워 좋은 책을 읽으며, 편안히 보내라. 이런 휴식을 누릴 수 있다면, 이 기간은 멋진 시기가 될 수 있을 것이다!

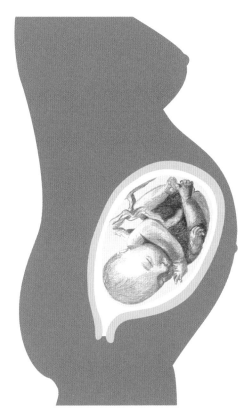

우리는 아기가 출산예정일에 나오기를 희망한다. 하지만 언제라도 병원에 입원할 수 있도록 가방을 꾸려 놓는 게 좋을 것이다. 집에서 출산하는 것을 계획하고 있더라도 가방을 싸놓는 것이 좋다. 갑자기 병원에 가야 하는 경우를 대비해 당신과 아기에게 필요한 모든 물품을 챙겨두자.

한편 아기 옷, 침구 등은 지금 빨아두는 게 좋을 것이다. 새 옷들은 운반할 때 좀벌레가 생기지 않도록 콘테이너에 살충제를 뿌리는 경우가 많기 때문이다. 그냥 일반적으로 사용하는 세제로 빨래를 해주면 된다. 유연제는 되도록 넣지 말 것. 유연제 안에는 색소와 방향물질이 들어 있어, 아기의 연약한 피부를 자극할 수 있기 때문이다. 같은 이유에서 아기 매트리스도 포장을 풀어 환기를 시켜야 한다.

35주

- ◆ 아기의 피부는 더 이상 투명하지 않고 출생 때 갖게 될 색깔을 띤다.
- ◆ 뇌 속에 매일매일 신경세포들의 새로운 연결이 생겨난다.
- ◆ 볼이 통통해진다.
- ◆ 아기의 키: 42센티미터. 이어지는 주에 평균적으로 7~8센티미터 정도 더 자라게 될 것이다.

아기의 발달

아기 피부는 이제 출생 때에 갖게 될 색깔을 띤다. 아기 피부는 혈액 순환이 잘 되어 분홍빛을 띠는 경우가 많다. 어두운 피부 톤의 아이들은 태어날 때는 피부색이 생각보다 훨씬 밝은 경우가 흔하다. 이때 손발톱 아래쪽 피부를 보면 피부색이 앞으로 얼마나 짙어질지를 분간할 수 있는 경우가 많다. 그러나 한 가지 확실한 것은 출생 후에 지니게 될 피부 톤은 배 속에서부터 이미 정해져 있다는 것이다.

뇌 속에는 점점 더 많은, 더 좋은, 더 빠른 신경의 연결들이 생겨난다. 이런 과정은 출생 뒤에도 계속될 것이다. 그리고 아기의 뺨은 통통하게 부풀어올랐다. 얼마 가지 않아 아기의 보드랍고 통통한 뺨에 뽀뽀할 수 있게 될 것이다!

35주에 일어나는 당신의 신체 변화

아기는 끊임없이 자라며, 그것은 좋은 일이다. 당신 스스로도 아기가 임신 마지막 시기에 급성장하고 있다는 사실을 느낄 수 있을 것이다. 경우에 따라 아기가 아래쪽으로 내려가, 아기 머리가 방광을 압박하면 임신 초기처럼 화장실에 더 자주 들락거리게 될 것이다. 머리가 더 아래로 내려가면 아기의 머리는 치골 아래에 확실히 놓이게 된다. 아기가 머리를 아래쪽으로 하고 내려와 있으면 출산에 이상적인 상태가 된다.

알아두기

이 시기 전후에 출산 계획서를 작성해서 산부인과에 제출해야 할 것이다. 자세한 내용은 441쪽을 참고하자.

21 22 23 24 25 26 27 28 29 30 31 32 33 34 35 36 37 38 39 40 41 42

36주

◆ 또 한 번의 급성장이 시작된다!

◆ 아기의 키: 약 46센티미터.

아기의 발달

아기는 태어날 준비가 됐다. 모든 신체 부위가 완성됐고, 이제는 성장만 계속 된다. 이어지는 주들에 아기의 몸은 점점 튼튼해지고 멋있어진다. 때로 아기는 한 주에 몇 센티미터나 자란다! 몸이 상당히 크다 보니 이제는 거의 움직이지 못한 다. 당신은 그냥 이런 기도와 명상을 반복하면 된다. "튼튼해져라. 자라라. 튼튼해 져라. 자라라." 그리하여 아기는 점점 가까워오는 탄생의 순간을 기다리는 것처럼 보인다.

36주에 일어나는 당신의 신체 변화

질 분비물? 아니면 양수? 당신은 이제 질 분비물이 더 자주 나오고, 평소보다 더 묽다는 걸 느낄 것이다. 아침에 일어나면 분비물이 다리로 약간 흘러내릴 수도 있다. 이것은 아주 정상적인 현상이다. 질 분비물인지 양수인지만 잘 살펴보면 된 다. 질 분비물은 희고 우유 같으며, 양수는 맑다. 그밖에 양수에서는 달콤한 냄새 가 난다. 정확한 차이에 대해서는 593쪽을 참조하자. 양수가 터지면 어떻게 해야 하는지 미리 알아두는 것이 좋다(453쪽 참조).

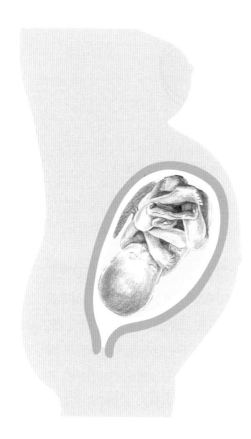

당신은 아기를 기다리는 모든 엄마, 아빠와 마찬가지로 다음 주인 37주까지 날짜를 세심히 헤아리고 있을 것이다. 하지만 주수를 지나치게 신뢰하지는 마라. 아기는 5주 더 배 속에 머무를 수도 있다. 기다리는 데 치중하지 말고 평범하게 일상을 보내는 쪽을 권한다. 그렇지 않으면 기다림이 너무 길게 느껴질 것이다.

알아두기

이제부터는 절대 비행기를 타서는 안 된다. 비행하는 동안 출산이 시작될 위험이 너무 크기 때문이다. 그리고 마지막 준비에 들어갈 시간이다. 입원할 때 가져갈 가방을 싸놓았는가? 손위 아이들이 있는 경우, 당신 부부가 병원이나 조리원에 있는 동안 누가 아이들을 돌봐줄지 미리 정해두자.

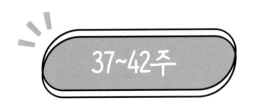

37~42주

◆ 아기는 모든 준비를 마쳤다. 이제 어느 순간이든 출산에 돌입할 수 있다.

내적인 변화

모든 것이 제자리를 찾았고, 아기는 태어나 스스로 생존할 만큼 크고 튼튼해졌다. 9개월 동안 유전물질을 지닌 두 세포가 서로 융합되어 완전한 아기로 성장했다. 내장기관, 감각기관, 뇌, 신경세포 네트워크, 기도, 소화관, 팔다리, 혈관 등 모든 것이 생겨났다. 아기의 뇌는 성인 뇌 부피의 4분의 1에 달하며, 약 1,000억 개의 뉴런이 약 20만 개의 다른 뉴런과 연결된다. 이보다 더 복잡하고 지적이며 복합적인 네트워크는 없다. 이 모든 것이 몇 달 사이에 생겨났다. 정말이지 기적이 아닐 수 없다. 곧 당신은 품 안에 아기를 안게 될 것이다.

37~42주에 일어나는 당신의 신체 변화

아기가 세상에 나와도 상관없는 시기가 됐다! 임신기간은 보통 37~42주 사이다. 배 속의 아기는 태어나도 좋을 만큼 성숙했으며, 당신은 그것을 자랑스러워해도 된다. 아기가 나오기까지 이어지는 날들은 꽤 길게 느껴질지도 모르겠다. 조산사나 산부인과 의사가 이제 정기적으로 당신을 진찰하게 된다. 며칠에 한 번 또는 일주일에 한 번 꼴로 예약을 잡게 될 것이다.

기다림, 기다림, 기다림

의학적으로 당신과 아기는 출산할 준비가 됐다. 그럼에도 좀 더 기다려야 할 수도 있다. 40주라는 숫자에 너무 연연하지 마라. 출산 예정일을 기준점 정도로 생각하라. 출산 예정일은 아이가 나올 가능성이 있는 기간 중 하루일 뿐이다. 유도분만은 대부분 모체에 있는 것이 아기에게 유익하지 않거나 다른 복합적인 문제가 있는 경우에 시행하게 된다. 당신이 더 이상 임신을 지탱할 수 없을 만큼 힘든 경우에도 유도분만을 결정할 수 있다.

아기가 출산 예정일에 나오지 않는다고 안달복달하지 말 것. 마음을 좀 내려놓고 몸을 신뢰하면서 자연스러운 과정에 맡길수록 좋다. 아기가 38주에 태어나든 42주에 태어나든 발달이 더 빨라지거나 느려지지는 않는다. 뇌세포를 예로 들어보자. 38주에 태어난다고 해서 뇌세포가 2주 더 빠르게 성숙하는 건 아니고, 42주에야 태어난다고 해서 뇌세포 성숙이 2주간 멈춰 있는 것도 아니다. 아기는 따뜻하고 안전하게 엄마 배 속에 앉아 계속 발달해간다. 물론 이걸 안다고 해서 기다림이 더 짧게 느껴지지는 않겠지만 말이다.

아기에 관한 40가지 흥미로운 사실

1   신생아의 뼈는 300개고, 성인은 206개다. 성장 과정에서 많은 뼈들이 서로 유착된다.

2   신생아의 머리는 신체 길이(신장)의 4분의 1을 차지한다. 비교하자면 어른은 6분의 1 정도다.

3   신생아의 눈은 성인의 눈보다 30퍼센트 정도 작다.

4   신생아의 폐는 출산 과정에서 다 비워지며, 그 뒤 최초의 호흡을 통해 공기로 채워진다.

5   대부분의 신생아는 고개를 왼쪽보다 오른쪽으로 돌리기를 좋아한다.

6   신생아는 우리가 아는 슬개골이 아직 없다.

7   신생아의 위 크기는 포도 한 알 정도밖에 되지 않는다.

8   신생아는 잠수할 수 있다. 즉 아기는 물속에 들어가면 자동적으로 호흡을 멈추고, 수영하듯 움직인다.

9   모든 아기의 3분의 1이 소위 '연어반(황새 물림자국, 천사의 키스 자국이라고도 한다.)'을 가지고 있다. 이런 모반은 클 수도, 작을 수도 있으며 분홍빛을 띠거나 보랏빛을 띨 수도 있다. 두꺼울 수도 얇을 수도 있다. 아주 다양한 양상으로 나타나며, 대부분은 아기가 6개월이 되기 전에 사라진다.

10 신생아는 예상과는 달리 앞을 보지 못하는 것도, 색맹인 것도 아니다. 색깔을 우리와는 다르게 지각하지만, 그렇다고 색을 보지 못하는 건 아니다.

11 아기들은 눈의 초점을 맞추는 일을 터득해나가야 하며, 그때까지는 30~40센티미터 거리에 있는 대상이나 얼굴을 가장 명확하게 본다. 이것은 대략 수유할 때 엄마의 눈과 아기의 눈 사이의 거리에 해당한다. 자연이 정말로 절묘하게 설정해놓은 것이다. 아버지는 젖을 줄 수는 없지만, 아기를 팔에 안으면 역시나 정확히 그 정도 거리가 된다. 신기한 일이다.

12 신생아는 대비되는 색상을 잘 구별한다. 그리하여 자연은 트릭을 고안했다. 엄마의 젖꼭지는 임신을 하면 색이 더 짙어져서 주변 피부와 더 대조를 이루고, 아기는 젖꼭지를 쉽게 찾을 수 있다.

13 신생아는 달콤한 냄새와 맛을 좋아한다(또 하나의 트릭: 엄마의 젖꼭지에서는 달콤한 향기가 난다. 달콤한 모유가 그곳에서 나오기 때문이다).

14 신생아는 우리와 마찬가지로 귀가 밝다. 단, 청각 신호들을 뇌에서 더 잘 해석하기까지는 약간의 시간이 걸린다.

15 후각과 미각은 태어날 때 이미 최적으로 발달해 있다. 그러나 여기서도 마찬가지로 지각들을 해석하고 분석하는 법을 뇌가 터득해야 한다. 한편 우리는 일생 동안 새로운 것을 배우며, 우리의 지각을 적응시켜 나간다.

16 아기는 '공감각자'로 태어난다. 즉 인상들을 모든 감각으로 지각한다는 의미다. 아기는 소리를 들을 뿐 아니라 보고, 느끼고, 맛보고, 냄새도 맡는다. 정신 발달의 첫 도약을 하기까지는 그 상태로 남는다.

17 아기의 배냇머리는 태어난 뒤 몇 달간 완전히 빠지고, 새로운 머리칼로 대치된다.

18 아기는 70개의 반사를 가지고 태어난다.

19 가장 민감한 촉각 수용체들은 태어날 때 입안과 입 주위에 분포되어 있다. 그래서 아기는 모든 것을 입으로 시험하고 느낀다.

20 아기는 네 달이 지나야만 비로소 짠 맛을 분별할 수 있다.

21 태어날 때 아기의 심박동 횟수는 분당 140회다. 생후 1년 동안 심박동수는 1분에 약 115회가 된다.

22 신생아와 부모가 서로의 눈을 쳐다보면 심박동수가 같아진다.

23 아기는 어른보다 미뢰(맛봉오리)가 세 배나 많다. 신생아는 약 3만 개의 미뢰를 가지고 있고, 어른은 약 1만 개밖에 되지 않는다.

24 신생아는 짧게 일종의 사춘기를 경험할 수 있다. 임신기간 동안 당신의 아기는 당신의 혈액순환을 통해 에스트로겐 호르몬을 공급받는다. 이를 통해 어떤 여자 아기들은 가벼운 형태의 생리도 하고, 가슴도 나올 수 있다(가슴은 여아와 남아 공통)! 이 두 가지는 며칠 지나면 사라진다.

25 출생할 때 치아는 모두 존재한다. 잇몸 아래 숨겨져 있을 뿐이다.

26 뇌는 출생 시 아기의 몸무게의 10퍼센트 정도를 차지한다.

27 연구 결과에 따르면 아기는 동일한 확률로 엄마 또는 아빠의 외모를 닮는다.

28 신생아의 체중은 생후 1년 사이에 세 배로 불어난다.

29 당신의 아기가 태어난 날 이 세계에서는 약 900만 명이 생일을 맞는다.

30 아기들은 출생 직후에 바로 기어다닐 수 있다. 손과 무릎으로 기어 다니는 것이 아니고 다리를 움직여 몸을 앞으로 민다. 그렇게 하여 위쪽으로 밀고 올라가는데, 아기를 엄마의 아랫배 위에 올리면 엄마 가슴께로 밀고 올라간다.

31 아기는 엄마 배 속에서 들었던 소리를 태어나자마자 분간한다.

32 신생아는 엄마의 목소리를 제일 좋아한다. 배 속에서 가장 많이 들었기 때문이다.

33 신생아는 높은 목소리와 높은 음색을 가장 좋아한다. 우리는 그것을 무의식적으로 알고 있기에, 아기에게 말을 걸 때 보통 높은 목소리를 낸다.

34 신생아들은 아직 눈물을 만들어낼 수 없어 눈물을 흘리지 않고 운다.

35 신생아는 어른보다 분당 호흡횟수가 더 많다. 태어난 직후에는 분당 40회 호흡을 한다. 성인은 12~20회 호흡한다.

36 속귀(귀 안쪽에 단단한 뼈로 둘러싸여 있는 부분)는 출생 전에 완벽하게 발달하는 유일한 신체 부위다.

37 신생아 장의 길이는 총 335센티미터이다.

38 신생아는 평균 20분에 1번 소변을 본다. 6개월이 지나면 1시간에 1번으로 횟수가 줄어든다.

39 아기는 (출생일이 아니라) 출생 예정일에서 5주가 지난 뒤 정신발달의 첫 번째 도약을 한다.

40 아기가 예정일이 지나서 나온다 해도 아기의 뇌 발달은 계속된다. 예정일보다 일찍 태어나도, 뇌세포가 더 빠르게 발달하지는 않는다.

PART
2

＊

인생의 가장 큰 선물, 임신 맞이하기

: 건강한 임신 준비부터 현명한 임산부 생활까지

01

부모가 되기 위해
준비해야 할 것들

꽤 오랜 시간 여성의 삶은 연속적인 임신으로 점철되어 있었다. 7명의 자녀를 낳는 것이 일반적인 일일 때도 있었다. 하지만 지금은 다르다. 여러 방법으로 피임을 할 수 있게 된 이래, 독일의 평균 출산율은 가임여성 한 명당 1.5명까지 떨어졌다. 여성의 사회적 역할이 변했다는 점이 출산율의 변화에 한몫했을 것이다.

예전에 비하면 오늘날은 자녀를 낳을 것인지의 결정을 더 의식적으로 한다고 볼 수 있다. 이것은 삶에 있어 편의를 가져다 준 느낌이고, 실제로 많은 경우 그렇기도 하다. 하지만 여기에도 예전과 다른 점이 있다. 점점 더 많은 사람들이 불임 문제로 어려움을 겪고 있기 때문이다. 다행히 생활 방식을 변화시켜 임신 확률을 높일 수 있다. 이제는 남성과 여성 모두 동일하게 변화가 필요하다.

자, 온몸이 근질거리는 기대감과 함께 당신은 엄마가 될 준비를 시작하려 한다. '엽산과 비타민 D는 이리 오고 피임약은 물러가라! 임신 가능 기간이 지났는데 섹스를 할까, 아니면 하지 않는 게 좋을까? 수정하기 전에는 몸을 어떻게 준비해야 할까? 그리고 또….' 이와 비슷한 1,001가지의 질문이 머리를 맴돌 것이다. 질문들은 이 시기가 얼마나 흥미로운지를 보여준다. 아기는 아직 언제 들어설지 모르지만, 당신들은 이미 특별한 시기에 들어섰다.

만약 계획에 없었던 임신을 하게 됐다면 이번 장은 고려할 필요가 없다. 비타민

D와 엽산만 챙겨 복용하면 끝이다! 흡연을 아직도 포기하지 못했다면 오늘 바로 전에 피운 담배를 끝으로 금연을 하라. 그리고 바로 전에 마신 술을 마지막으로 임신기간 동안 금주하라.

1단계: 최고의 몸 상태를 만드는 법

담배를 끊어라. 흡연 여성들이 임신할 확률은 비흡연 여성보다 50퍼센트 떨어진다. 남성의 경우에도 흡연은 생식력에 적잖은 영향을 미쳐서, 흡연 남성의 정자는 기형이 많으며, 수적으로도 적고 품질도 떨어지는 것으로 나타났다. 니코틴으로 인해 유전물질도 손상될 수 있다. 담배를 끊고 3개월이 지나야 비로소 정자가 '흡연의 영향에서 자유로운' 상태가 된다. 간접흡연도 좋지 않다. 그러므로 간접이든, 직접이든 담배연기를 흡입하지 않도록 하라.

가급적 금주하라. 임신한 순간부터 알코올은 절대 금기다. 아직 임신 전이라도 임신 계획이 있다면 알코올 소비를 줄여야 한다. 간혹 맥주나 포도주, 샴페인 한잔 정도는 허용된다(이조차 안 된다고 하는 전문가들도 있지만 말이다). 이것은 임신을 계획하는 예비 엄마 아빠 모두에게 해당된다. 여성의 경우 알코올이 혈중 에스트로겐에 영향을 미쳐 생리주기가 변할 수 있으며, 남성의 경우 알코올이 테스토스테론의 분비를 억제하고 이미 분비된 테스토스테론을 분해하여 정자 수가 감소하고 기형 정자의 비중이 증가한다.

체중에 유의하라. 이 역시 남녀 모두 동일하게 해당된다. 남성의 체중은 생식력에 별로 영향을 미치지 않는다는 속설을 믿지 마라. 건강한 체중은 체질량지수BMI는 18~25 사이이다. 자신의 BMI를 알고 싶으면, 온라인에서 BMI 계산기를 검색해 활용해볼 것. BMI는 근육량과 체지방 분포를 고려하지 않는다는 것 때문에 점점 자주 비판의 도마에 오르고 있지만, 그럼에도 좋은 지표다. 이상적인 체중에 도달하기 위해 전문적인 도움을 받아도 좋다. 이것은 이제 당신 자신만이 아니라 미래의 아기를 위한 일이다. 이 기회를 통해 운동을 더 많이 하고 건강한 식사를 하는 습관을 들일 수도 있을 것이다.

스트레스를 피해라. 이 역시 말은 쉽지만 실제로는 쉽지만은 않다. 하지만 가능한 한 스트레스를 줄이고자 노력하기를. 스트레스는 생리주기에도 영향을 미친다. 임신을 하려면 자연스러운 생리주기가 필요하다. 스트레스가 호르몬 대사에 영향을 미치므로, 남성도 마찬가지로 스트레스를 감소시키는 것이 중요하다.

충분한 운동을 하라. 운동은 임신 성공에 중요한 기여를 한다. 대략적인 원칙은 주당 150분을 여러 날에 걸쳐 운동해주면 된다는 것이다. 그렇다고 매일 2시간 반을 피트니스 스튜디오에서 운동할 필요는 없다. 하지만 1주일에 150분간은 중간 정도 내지 강도 높은 훈련을 하라. 중간 정도의 훈련이란 심박동수와 호흡횟수가 약간 증가하지만, 숨을 헐떡이지 않고 말을 할 수 있는 정도다. 반면 강도 높은 훈련은 운동을 하면서 헉헉대도록 한계까지 밀어붙이는 것이다.

쓸데없는 조언처럼 들리겠지만, 마약은 삼가라. 약물은 정자와 난자의 품질에 영향을 미친다. 환각성 균류를 포함한 소프트마약, 스마트드러그(집중력 강화약물), 중독성 마약 모두 삼가야 한다.

아나볼릭 스테로이드(단백동화 스테로이드)를 사용하지 마라. 이 역시 정자건강에 매우 부정적인 영향을 미친다. 아나볼릭 스테로이드를 복용하는 남성들은 정자의 질이 떨어지고, 정자 수가 대폭 감소하며, 발기부전 위험이 증가한다. 아나볼릭 스테로이드 제제는 난자에도 영향을 미친다. 그러므로 손을 떼라.

약 복용에 신중하라. 당신이나 배우자가 특정 약을 복용 중인가? 그렇다면 그 약이 정자나 난자에 영향을 주는지 담당 의사와 상의해라. 영향을 미칠 수 있는 약물이라면 다른 제제로 처방받을 수 있을 것이다.

2단계: 내 몸을 구석구석 점검하기

부모가 되는 일은 아이를 갖기로 결정할 때부터, 즉 임신 전부터 시작된다. 아이를 낳기로 했다면 몇몇 의료적, 실용적 문제를 확인해보는 것이 좋다. 가족력을 확인하고, 치아 검진을 받고, 복용 중인 약물을 다시 한 번 점검해야 한다. 성병, 무엇보다 클라미디아 감염증이 있지 않은지 검사해야 한다. 수정 전에 클라미디아를 치료하면 출산 후 자궁내막염이 발생할 위험이 감소한다. 뿐만 아니라 조기 진통, 조산, 양막파수(조기양막파열), 저체중 출산의 위험도 감소한다. 클라미디아 감염증을 조기에 치료하면 출생 시 아기의 눈이나 호흡기에 감염이 발생하는 것도 예방할 수 있다. 무엇보다 가장 먼저 해야 할 일은 건강하게 임신하기 위해 산부인과 전문의와 상담하는 것이다.

가족 내 유전질환 알기

당신이 임신해서 낳을 아기는 엄마 아빠의 DNA, 즉 엄마 아빠 두 집안의 유전자를 물려받게 된다. 정자 기증자의 경우는 기증을 하기 전에 유전질환 검사를 거치지만, 일반적인 임신의 경우 유전질환 테스트는 필수 항목이 아니다. 궁금하다면 병원에서 유전자를 검사해보는 것도 나쁘지 않을 것이다. 일단 어른들에게 유전질환 가족력이 있는지 물어보라. 당신이나 배우자가 해당 유전자를 가지고 있는지를 검사할 수 있는 유전질환이 있고, 검사로 확인되지 않는 유전질환도 있다.

치과에서 정기검진 하기

'임신과 치과가 무슨 상관이지?'라는 생각이 들 수도 있지만, 임신 전에 치과에 가는 것은 아주 현명한 일이다. 스케일링도 하고 엑스레이도 찍어 보라. 마침 치과 검진할 때가 됐을지도 모른다. 치과에서 찍는 엑스레이는 배 근처에 도달하지 않기에 임신 중에 찍어도 무방하다. 그럼에도 안전을 기해 그 전에 사진을 찍는 것이 좋다. 치아의 전체적인 상황을 파악하고자 사진을 찍으려 한다면, 임신 전에 하는 것이 이상적이다. 많은 연구에 따르면 구강 건강은 전신 건강과 직결되며, 입안에 염증이 광범위하게 있는 경우 고혈압이나 유산, 조산의 위험이 증가한다. 치아 관리가 임신에 미치는 영향에 대해서는 207쪽에 자세히 설명해놓았다.

약국 또는 병원에 복용 약 문의하기

임신하기 전에 당신이나 배우자가 정자나 난자의 성숙이나 품질에 부정적인 영향을 미칠 수 있는 약을 복용하고 있지 않은지 점검하는 것이 좋다. 약국이나 단골 병원에 물어보면 된다. 약국의 장점은 예약할 필요가 없이 아무 때나 문의할 수 있다는 점이다. 복용하는 약이 생식세포에 영향을 미치는 약인 경우 다른 약으로 대치할 수 있다. 물론 그러려면 주치의와 심사숙고해서 결정을 내려야 한다.

의사의 처방이 필요 없이 자유롭게 구매할 수 있는 약품

임신을 준비하고 있다면 의사의 처방 없이 자유롭게 구입할 수 있는 약을 복용하려 할 때도 신중을 기해야 한다. 시판되는 약의 경우는 사용설명서를 꼼꼼히 읽어보는 게 중요하다. 단순한 진통제도 태아에 영향을 미칠 수 있다. 천연 의약품도 마찬가지다. 복용해도 좋은지 미심쩍다면 일단 약사와 상의하자.

혈액 검사하기

몸이 건강한 경우에는 군이 임신 전에 혈액 검사를 할 필요는 없다. 하지만 혈액 검사를 해보는 것이 좋은 경우도 있다. 되도록 건강하고 쌩쌩한 몸이 임신하기에 가장 이상적인 출발점이다. 빈혈을 앓은 사람이라면 혈액 속의 철 수치를 살펴보면 좋을 것이다. 혈당이 걱정된다면, 그것도 측정해 볼 수 있다. 그리고 당신과 배우자가 성적으로 전염될 수 있는 질병을 아직 검사받지 않은 경우, 지금 해보는 것도 좋다. 이런 준비로 임신기를 건강하게 보낼 가능성이 높아지며, 아기에게 성병을 옮길 위험이 감소한다.

직업적 위험성 고려하기

직업에 따라 생식능력이나 임신에 자칫 부정적인 영향을 줄 수도 있는 화학물질을 취급하는 경우도 있다. 약사나 제약 기술사, 농업이나 원예 종사자(농약 관련), 의사, 간호사, 수술실과 방사선과의 직원, 금속 관련 근로자, 전문 청소 인력 같은 일을 하고 있다면 주치의에게 문의해보자.

3단계: 필수 영양소 채우기

몸을 최상의 상태로 준비시키고, 아기와 당신의 몸에 부족한 것이 없도록 임신 전부터 엽산과 비타민 D를 복용하는 것이 좋다.

엽산

'비타민 B_{11}'이라고 알려진 엽산은 배 속 아기의 건강한 발달을 돕는다. 모체에 엽산이 충분하면 이분 척추(척추갈림증)나 구순구개열과 같은 신경학적 기형이 발생할 위험이 감소한다. 그러므로 임신 첫 10주간뿐 아니라 임신 전부터 엽산을 복용할 것을 권장한다. 최신의 연구에 따르면 그 이후에는 복용하지 않아도 된다.

비타민 D

우리 몸은 음식 속의 칼슘을 흡수하기 위해 비타민 D를 필요로 한다. 점점 많은 연구가 성인, 무엇보다 임산부에게 더 많은 비타민 D를 필요로 한다는 것을 보여준다. 모자나 스카프로 머리와 목을 가리고 다니는 경우 비타민 D가 부족해질 위험이 높아진다. 그러므로 임신을 원하는 여성은 비타민 D 제제를 복용하는 것이 좋다(하루 10마이크로그램). 임신하고 나면 복용해야지, 하며 미룰 경우 임신 첫 주에는 자각하지 못하기 때문에 중요한 시기를 놓쳐버리게 된다. 그러므로 지금부터 복용을 시작하면 당신 자신과 이 기간에 막 생겨나고 있는 아기에게 좋다.

배 속에 아기가 없는 배우자도 함께하라

배 속에 아기를 키우는 사람은 부부 중 한 사람이지만 건강한 임신과 출산을 위해 생활방식을 함께 맞추는 것이 좋다. 함께 금연하고 술을 줄여라. 이런 건강한 생활은 부부에게 유익하며 진정한 가족을 이루는 첫걸음이 될 것이다.

4단계: 피임은 안녕!

임신을 준비한다면 이제 피임을 하지 말아야 한다. 피임을 중단하면 곧 임신이 될 수도 있고, 몇 달 기다려야 할 수도 있다.

경구 피임약

자, 한 세트의 경구 피임약을 구성하는 마지막 알약을 끝으로 경구피임약 복용을 중단하라. 피임약 복용을 중단하면 일단 월경이 다시 시작되고, 그 이후 다시 자연적인 생리주기로 돌아가게 된다. 자연스러운 생리주기를 되찾기까지 4주가 걸릴 수도 있고, 두세 달이 걸릴 수도 있다. 많은 의사들은 몸이 일단 자연스럽게 월경을 하게 되기까지 임신을 기다리라고 충고한다. 그러면 자연스럽게 호르몬

공장이 다시 기능하고 있다는 걸 알게 되니까 말이다.

그밖에 실용적인 이점도 있다. 월경을 해야 그다음 차례 생리가 나오지 않는 경우 임신 사실을 곧바로 알 수 있기 때문이다. 그러므로 피임약을 끊은 후부터 자연적인 첫 생리를 하기 전까지는 콘돔을 사용하라.

임플라논과 콘돔

임플라논은 작은 성냥개비 모양의 호르몬 스틱으로, 상박부 피하에 이식하는 피임제다. 이식한 이후 지속적으로 호르몬을 방출하여 임신을 막는다. 하지만 임신하고자 한다면 임플라논 스틱을 제거해야 한다. 그런 다음 생리주기가 다시 저절로 돌아갈 때까지, 즉 월경을 할 때까지 기다려야 한다. 또한 콘돔으로 피임을 해왔다면 곧장 임신이 가능하다. 몸속에 추가적인 호르몬이 들어와 있지 않기 때문에 생리주기에 장애를 초래할 일이 없다.

3개월 피임 주사(사야나 주사)

3개월 피임 주사는 다음 주사를 맞기 전에 자녀를 가질 마음이 생기지 않을지 잘 생각해봐야 한다. 자녀 계획을 세우지 않았어도 그런 결정을 할 가능성이 있다. 그런 경우 일단은 콘돔으로 피임하는 것이 좋다.

루프(자궁 내 장치)

루프는 월경 기간뿐 아니라 언제든지 제거할 수 있다. 제거하는 순간부터 더 이상 피임이 되지 않는다. 그럼에도 호르몬(호르몬 루프의 경우)이 체내에서 사라지고 정상적인 생리주기를 갖게 되기까지 기다리는 것이 좋다. 사람마다 다르지만 2달 정도 걸리는 것이 평균이다. 루프를 제거한 뒤 첫 생리를 하기 전까지는 콘돔을 사용하라. 또한 구리루프는 호르몬이 함유되어 있지 않아서 루프를 꺼내자마자 곧장 임신이 가능하다.

사춘기에 접어든 이래 "여자는 365일 임신에서 안전한 날은 없다"는 말을 귀에 못이 박이도록 들었을 지도 모른다. 이 말은 완전히 틀리지는 않다. 그러나 정확히 말하자면 여성은 배란 전후에만 임신이 가능하다. 물론 생리가 불규칙한 경우에는 정확히 알 수 없다. 게다가 생리주기가 규칙적인 여성조차도 주기가 불규칙해질 수 있어서, 미혼이거나 특히나 아직 학생인 경우 원치 않는 임신을 하지 않도록 피임에 유의해야 한다고 말하는 것도 이해가 된다.

하지만 이제 당신은 언제 임신을 할 수 있을지 정확히 알고 싶을 것이다. 당신은 한 달에 5~6일 정도만 임신 가능성이 있다. 배란이 되기 4~5일 전, 배란일, 그리고 배란 다음 날 몇 시간 정도가 바로 가임기, 즉 임신할 수 있는 시기다.

여성의 난소에서는 난자들이 성숙한다. 4주가 지나면 하나의 난자가 배출될 정도로 성숙한다. 전작《엄마, 나는 자라고 있어요》에서 쓰던 어법으로 말하자면, 이것은 미래 아기의 삶에서의 '최초의 도약'이다. 이 경우는 심지어 말 그대로 '도약'이 실행된다. 즉 난소는 나팔관(난관)과 직접적으로 연결되어 있지 않고, 나팔관 끝에 달린 깔때기 아래의 막에 매달려 있다. 성숙한 난자는 점프를 하여 난관 속으로 들어가야 한다. 난자가 난관 안으로 뜀뛰기를 해야 그곳에서 수정이 될 수 있다.

가임기 파악하기

우선 짚고 넘어가고 싶은 것은, 너무 꼼꼼히 계산하지 않아도 된다는 것이다. 자연스럽게 잠자리를 하고 압박감을 갖지 않는 것이 좋다. 많은 부부가 빠른 성공을 위해 정확히 계산된 시간에 하는 섹스를 고집하며 스트레스를 받는다. 기본적으로 세 개의 서로 다른 방식으로 가임기를 알 수 있다.

1. 생리주기를 파악하라. 주기를 잘 알수록, 배란을 계산하는 것이 더 쉽다. 생

리주기란 월경 첫날부터 다음 월경 첫날까지의 일수를 말한다. 평균적으로 배란은 다음 월경 예정이 시작되기 14일 전에 이뤄진다.

2. 몸 상태에 주목하라. 몸을 자세히 관찰하면 배란이 될 때 특정 증상이 나타나는 것을 감지할 수 있다. 예를 들면 다음과 같은 증상이다.

- 자궁경부 점액의 변화(분비물이 달라지는 걸 종종 속옷에서 확인할 수 있다).
- 체온이 0.2~0.5도 상승한다(특수 온도계로 측정할 수 있으며, 이마 체온계나 귀 체온계는 정확하지 않다).
- 하복부의 경미한 통증(이런 통증에 의식적으로 주목해볼 것).
- 황체 형성 호르몬의 증가(배란테스트기로 측정 가능하다).
- 성욕이 점점 증가한다(대자연이 당신을 돕고자 하는 것이다).
- 배란 직후 경미한 출혈(그러나 모든 여성에게서 나타나는 것은 아니다).

생리주기가 불규칙한 여성들은 특히 자신의 신체를 잘 알아야 한다. 최상일 때 신체가 신호를 보내기 때문이다. 대부분의 여성은 배란 전후에 약간 밝은 색의 분비물이 나온다. 이를 '배란 점액'이라고 부른다.

3. 배란 테스트기를 활용하라. 이 방법이 가장 믿을 만하다. 테스트는 배란 직전에 증가하는 황체형성호르몬의 농도를 측정한다. 황체형성호르몬 농도는 가임기를 알려주는 신뢰성 있는 지표다.

자연스럽게 배란이 되지 않는다면

모든 여성이 매달 배란을 하는 것은 아니다. 어떤 여성은 배란이 드물게 이뤄지거나 아예 이뤄지지 않는다. 이런 경우에는 병원에서 약물이나 주사로 배란을 촉진시킬 수 있다. 배란 유도에 성공하면 배란 전후로 임신할 수 있다.

똑똑하게 앱 활용하기

생리주기를 계산해주는 모바일 앱을 통해 다음 배란이 언제일지 예상할 수 있다. 하지만 앱은 언제 배란이 있을지만 예상해줄 뿐이라서, 배란 전 며칠간에 이미 임신할 수도 있다는 걸 감안해야 한다.

얼마나 기다려야 할까?

임신은 유전자, 나이, 생활방식의 영향을 받는다. 임신이 되기까지 며칠 또는 몇 달이 걸릴지는 명확히 알 수 없다. 통계로 보면 임신이 그리 쉽고 당연한 일이 아님을 알 수 있다.

- 3개월 내 임신: 30퍼센트
- 6개월 내 임신: 70퍼센트
- 1년 내 임신: 80퍼센트
- 2년 내 임신: 90퍼센트

따라서 곧장 임신이 될 거라고 기대하지는 말 것. 기대가 적어야 실망하지 않을 수 있다. 1년 뒤에도 여전히 임신이 되지 않는다면 산부인과나 난임 클리닉에 가서 면밀히 상담해보자. 하지만 잊지 말아야 할 것은 아무 문제가 없어도 1년 이상 걸릴 수 있다는 사실이다. 때론 아기가 엄마 아빠를 기다리게 할 수 있다.

02

나 정말
임신했을까?

임신일지도 모른다고 생각하면 1,000가지쯤 되는 질문이 뇌리를 스칠 것이다. 정확한 것은 임신테스트를 해봐야 알겠지만, 임신테스트는 월경 예정일이 지나고 나서부터야 가능하다. 그럼에도 그 전에 '변화'를 감지할 수 있을 것이다. 임신테스트를 할 수 있을 때까지 기다릴 수 없는 사람은 자신의 몸을 잘 관찰하기 바란다! 몸이 임신 신호를 보낼 것이다. 단 유감스럽게도 늘 그렇지는 않다.

임신하면 나타나는 첫 번째 증상

내 몸이 보내는 가장 흔한 신호, 즉 증상은 다음과 같다.

가슴 통증

가슴이 타는 듯한 느낌에서 가려움에 이르기까지 아주 다양한 통증이 수반될 수 있다. 통증이나 가려움증이 종종 유두 부분과 유두 바로 안쪽에서 나타난다. 이는 원래 당연한 것이다. 통증이나 가려움 등의 증상은 유방이 이미 수유를 준비하고 있는 데서 기인하기 때문이다. 이것은 호르몬 대사가 변화하고 있다는 첫 지표

중 하나다. 유방에서 이상한 느낌이 나는 것과 별도로 유방이 부풀어 오르는 것이 눈에 띌 것이다. 때로는 유방의 혈관이 더 투명하게 비쳐 보이기도 한다.

앞으로 유방은 계속 커지게 된다. 그러나 불쾌한 느낌은 곧 사라질 것이다. 신체가 우선 호르몬 대사의 변화에 적응해야 하기에 나타나는 불편인 것이다. 많은 여성들은 가슴 부분에 익숙하지 않은 감각을 느낀다. 물론 변화가 느껴지지 않는다고 임신하지 않았다는 이야기는 아니다.

유륜의 변화

hCG 호르몬의 영향으로 유두가 이미 착상 6일 째부터 색이 약간 짙어지는 것을 관찰할 수도 있다. 어떤 여성은 색의 변화가 더 뚜렷하고, 어떤 여성은 별로 뚜렷하지 않거나 아예 변화가 눈에 띄지 않는다. 모든 가능성이 열려 있다. 가슴의 변화에 대해서는 뒤에서 더 자세히 다룰 것이다.

메스꺼움

'임신'이라는 단어를 들으면 많은 사람들이 우선 입덧 증세를 떠올리는 것도 공연한 일은 아니다. 임산부는 대부분 메스꺼움에 시달리고, 많은 여성들은 심지어 정말로 토하기까지 한다. 이 역시 호르몬 대사 때문이다. 수정이 이뤄진 이후 혈액 속의 hCG 호르몬 수준이 급격히 증가하고, 신체는 이에 메스꺼움으로 반응한다.

피로

아주 체력이 튼튼한 여성도 갑자기 피로가 몰려오는 걸 경험할 수 있다. 수태가 된 후 일주일 째부터 이미 피로 현상이 나타난다. 잠을 잘 못 잔 듯한 느낌이 아니고, 정말 잠이 쏟아지는 느낌이다. 잠시 눈을 감으면 깊은 잠에 빠져들 것만 같은 느낌이다. 이런 느낌은 보통은 가볍게 무시된다. 그도 그럴 것이 아직 임신했는지 잘 모르기 때문이다. 그러므로 피로를 진지하게 받아들이고 모든 면에 있어 심신에 큰 무리가 가는 일은 삼가하자.

다행히 심한 피로감은 그리 오래가지 않는다. 첫 분기 후, 때로는 그 전에 이미 당신의 몸은 호르몬 변화에 익숙해져서 피로감이 다시 줄어든다. 하지만 첫 분기가 지나도 피로감이 지속되기도 한다. 그리 심하지는 않게 말이다. 또한 임산부 모두에게 그런 심한 피로감이 나타나는 것은 아니다. 따라서 피로감이 없고 쌩쌩하다 하더라도 너무 성급한 결론은 내리지 말 것.

복부팽만감

예상된 날짜에 수정이 이뤄지면 그로부터 3주 차부터(즉 원래 생리를 해야 할 날부터) 복부팽만감이 느껴질 수도 있다. 생리 전의 느낌과 비슷하다. 이런 느낌만으로는 임신 여부를 판단하는 지표가 될 수 없다.

착상혈

팬티에 몇 방울의 피가 묻어나오면 당신은 놀랄 것이다. 하지만 피 몇 방울 정도는 별로 나쁜 징후는 아닌 경우가 많다. 이 정도는 생리혈과는 비교가 안 되니 말이다. 착상혈은 붉그레하거나 갈색을 띠며, 때로는 연분홍색을 띤다. 수정란이 자궁내막에 착상하는 데서 비롯되는 피다. 이것은 수정된 후 약 6~12일 사이, 따라서 임신테스트를 할 수 있기 직전에 나타난다. 착상혈이 묻어날 뿐 아니라, 착상으로 말미암아 가볍게 복부 경련이 느껴질 수도 있다. 하지만 여기서도 마찬가지로 모든 여성에게 착상혈이 나타나는 것이 아니다.

여성의 직감

의외로 많은 여성이 자신의 임신 사실을 육감으로 알아차리는 경우가 있다. 맞다. 그냥 느껴질 수도 있다. 다른 증상은 전혀 없을지도 모른다. 하지만 안다. 이것이 모성 본능의 첫 경험이 아닐까 싶다.

당신은 기다림의 시간을 뒤로 했다. 이미 몸에서 이런저런 증상을 감지했을 것이다. 명확한 신호가 있을지도 모르지만 섣불리 믿기에는 실망하고 싶지 않다는 마음이 클 것이다. 이제 느낌이 어떻든 생리 예정일을 넘겼다면 임신테스트를 할 수 있다. 생리주기가 불규칙한 경우 테스트 시점을 정하기가 더 힘들다. 그런 경우 테스트를 여러 번 반복해보는 편이 낫다.

이 책을 함께 보고 있을 배우자에게

유감스럽게도 배 속에 아기를 넣고 다니지 않는 쪽은 몸의 변화를 느끼기 어렵다. 하지만 꼭 부부가 함께 느낄 수 없다는 뜻은 아니다. 당신은 아내가 보지 못하는 변화를 볼 수도 있다. 모든 것을 유머러스하게 받아들이고, 공동의 모험에서 아내를 뒷받침하겠다는 뜻을 분명히 하는 가운데 아내로 하여금 자신이 느끼는 것들에 대해 이야기하도록 도울 수 있다. 임신을 확신하지 못하는 아내는 임신테스트가 가능할 때까지 기다리는 시간 동안 종종 혼자라는 느낌을 받는다. 테스트 결과 임신이 되지 않은 경우에도 자기 책임인 것처럼 느낀다. 사실은 그렇지 않지만, 감정상 그럴 수 있다는 것이다. 둘이 함께라면 의심이든 희망이든 더 잘 대처할 수 있을 것이다.

임신테스트는 어떻게 이뤄질까?

집에서 하는 모든 테스트는 원칙적으로 동일하다. 스틱이 소변 안에 hCG 호르몬이 포함되어 있는지를 측정한다. 꼭 아침 소변일 필요는 없다. 때로 테스트를 읽는 방식에 차이가 있을 수 있다. 어떤 경우 줄이 하나 나타나고, 어떤 경우는 줄 두 개가 나타난다. 줄 두 개가 나타나는 경우 그중 하나는 그냥 테스트기가 잘 작동했는지를 보여주는 선이고, 두 번째 선이 소변 속에 hCG 호르몬이 함유되어 있었는지를 보여준다. 임신한 경우에만 두 번째 선이 나타나는 것이다. 따라서 두 번째 선이 보인다면 임신했다는 뜻이다. 임신이 됐는지 아닌지를 말로 표시해주는 테스트기도 있다. 그런 테스트기는 읽기가 더 쉽다. 어떤 테스트는 심지어 임신 주수까지 표시해 주기도 한다.

치약과 설탕으로 임신테스트를 한다고?

어떤 사람들은 치약을 가지고 임신테스트를 할 수 있다고 큰소리를 친다. 뭐, 되긴 된다. 아침 소변에 하얀 치약을 섞었을 때 치약에 거품이 나고 푸르스름하게 변하면 임신이다. 하지만 확실히 하려면 이런 테스트는 신뢰할 수 없다. 또 한 가지 집에서 재미로 할 수 있는 테스트는 아침 소변에 설탕을 섞는 것이다. 혼합물에 거품이 나고, 설탕이 녹지 않으면 임신이다. 하지만 이 두 가지 방법은 그저 재밋거리라는 것을 명심하라. 치약과 설탕은 의학적으로 신뢰성 있는 테스트를 따라갈 수 없다. 참고로 최초의 임신테스트기는 1971년에 출시됐으며 결과를 얻으려면 아주 긴 시간 기다려야 했다.

임신테스트에 빨간 두 줄이 생겼다

임신테스트를 해서 양성 반응을 얻었는가? 그동안 임신하려 애썼으니 얼싸안고 기뻐하길! 하지만 임신이 되지 않은 것이 믿기지 않아 몇 분간 테스트기를 원망스럽게 응시하는 커플이 얼마나 많을까. 그리고 두 번째 선이 정말로 선인지, 믿어도 되는지 계속 자문하는 부부는 또 얼마나 많을까. 반응들은 제각기 다를 것이다. 하지만 한 가지 확실한 것은 이런 순간을 결코 잊지 못하리라는 것이다. 이를 향유하고 기쁨의 함성을 질러라. 울부짖고, 또 웃어라. 아니면 고요히 그 순간을 누려라. 자신이 옳다고 여기는 대로 하면 된다.

테스트를 혼자 했다면, 양성이 나온 것을 보고 배우자를 놀라게 할 수도 있다.

배우자를 참여시키지 않고 혼자 테스트하기로 결정한 것이 자기 자신임을 잊지 마라. 아울러 배우자를 깜짝 놀라게 할 계획을 세울 수도 있을 것이다. 혹 파트너 없이 혼자서 아이를 낳아 키우기로 결정했는가? 그렇다면 이런 감정적 순간을 친구나 가족과 함께 나누고 싶은지 생각해보라. 여기서도 중요한 것은 마음의 소리를 따르는 것이다. 이런 순간을 경험하는 것은 일생 중 한 번 또는 기껏해야 몇 번밖에 되지 않을 것이다. 따라서 이 순간을 만끽하는 것은 지극히 당연하다.

깜짝 임신

임신하기 위해 엄청나게 노력을 해야 하는 사람들이 있는가 하면, 계획도 세우지 않았는데 예기치 않게 임신이 되는 경우도 있다. 무계획 임신이라고 하면 너무 딱딱하니 예기치 않은 임신을 '깜짝 임신'이라고 불러보자. 이 책을 읽는 시점에서는 어쨌든 아이를 낳기로 결정을 한 참일 것이다. 축하한다! 인생의 가장 아름다운 일들은 전혀 예기치 않게 찾아오는 법이다. 여유를 가지고, 삶을 변화시키는 이런 중요한 일을 잘 받아들이고 향유하기 바란다. 바로 당신에게 사랑스러운 아기가 생기는 기적 같은 순간 아닌가.

임신 사실을 바로 말할까, 말까?

임신 사실을 동네방네 떠들고 다닐까? 좀 더 안정될 때까지 기다릴까? 여기서도 마찬가지로 당신의 마음이 원하는 대로 하라. 친한 친구들에게 곧장 임신 사실을 알리고 이런 감정을 공유하고자 하는 사람도 있을 것이고, 일단 좀 시간을 두었다가 알리려는 사람도 있을 것이다. 시간을 둔다고 한다면 보통 첫 12주(3개월), 즉 1분기를 보낸 다음에 알리려는 계획일 거다. 이런 시기에는 유산이 될 위험성이 그 이후보다 훨씬 높으니 말이다. 옳고 그름은 없다. 그저 자신 마음을 따라 결정하면 된다. 부부가 함께 어떻게 하고 싶은지 상의해보길.

> **산파 페기 레이텐–마힐센의 조언**
> 유산이 되더라도 유산됐다는 사실을 어차피 알릴 사람들에게는 임신 소식을 알리는 것이 좋아요.

당신 삶의 가장 중요한 사람들

곧 당신의 어머니는 할머니가 될 것이고, 아버지는 할아버지가 될 것이다. 다른 아이가 있다면 아이들에게는 손위 남매가 될 것이다. 아기가 태어나면서 당신이 사랑하는 가족들의 삶에 약간의 변화가 있게 될 것이다. 가족들에게 이것을 아주 특별한 방식으로 알리고 싶거나 눈치 채게 만들고 싶다면 다음과 같은 방법을 활용해보라.

1. **곧장 전화해서 흥분한 목소리로 소식을 전하라.** 임신 그 자체로 아름답기 때문에 더 아름답게 만들 필요가 없는 일들도 있는 법이니까.
2. **암시를 담은 선물을 준비하라.** 친정어머니나 시어머니에게 '사랑하는 할머니께'라는 글씨가 쓰인 찻잔을, 아이에게 '언니' 또는 '누나'라고 프린트된 티셔츠를, 시아버지나 친정아버지께는 '할아버지가 읽어주는 옛 이야기' 같은 책을 선물해도 좋다. 가능성은 무궁무진하다. 선물을 주고 그 순간을 동영상으로 남겨라.
3. **궁금증을 유발하게 만든다.** 아무 말도 하지 않고, 아무 선물도 주지 않되 암시는 잔뜩 제공하여 다른 가족들로 하여금 궁금증을 품게 할 수도 있다. 예를

들면 계속 당신의 배를 쓰다듬는다든지, 술을 권하는 가족에게 앞으로 금주하겠다고 선언한다든지 말이다.

4. 소식을 전하는 셀프 동영상을 찍어도 좋다. 동영상을 찍는 도중에 당신이 임신했다는 사실을 알리고, 상대의 반응을 영상으로 남겨보라.

인터넷상에서 더 많은 아이디어를 찾을 수 있다. 마음에 드는 방법을 활용해서 임신 사실을 알리는 순간을 특별한 추억으로 만들어 보기를.

다른 사람들의 조언과 경험담

당신이 임신했다는 사실을 알게 된 주변 사람들은 곧장 자신의 이야기나 자신이 아는 이야기를 해주며 이래라저래라 훈수를 둘지도 모른다. '맘카페'에 가입하기라도 한 느낌이 들 정도로 시시콜콜 다른 사람들의 임신과 출산 이야기를 듣게 될 수도 있다. 좋은 이야기, 나쁜 이야기, 예상하지 못했던 이야기까지. 그러나 이런 이야기들은 그들의 이야기이지 당신의 이야기가 아니다. 당신의 경우는 모든 것이 다르게 진행될 수 있다. 그러므로 공연한 두려움은 몰아내라. 웃긴 점은 좋은 임신과 무난한 출산 이야기는 별로 들리지 않는다는 것이다. 하지만 다행히 세상에는 순조로운 임신과 출산이 더 다수를 이룬다.

처음 임신하는 사람이라면 경험이 없기 때문에 인터넷을 통해 정보를 얻으려고 한다. 물론 좋은 정보가 많지만, 잘못되거나 근거 없는 정보도 많다. 그러므로 무턱대고 거기에 매달려 시간을 보내지 말고 산부인과 의사나 전문 조산사와 이야기하는 것이 바람직하다.

부부가 엄마, 아빠가 될 뿐 아니라 자녀들도 이제 언니, 오빠, 형, 누나가 된다. 이런 일은 삶의 획기적인 사건이다. 동생이 태어난다는 이야기를 언제 해주면 좋은지는 기존의 자녀들이 몇 살이냐에 따라 상황이 다르므로 일괄적으로 언급하기는 쉽지 않다. 유아원이나 유치원에 다니는 아이들에게 9개월은 굉장히 긴 시간이다. 하지만 모든 것을 비밀에 부치는 것도 이상적이지 않다. 당신이나 다른 사람들이 지나가는 말로 그것을 누설할 수 있기 때문이다.

아이들은 굉장히 섬세한 안테나를 가지고 있어서, 무슨 일인가가 있다는 걸 금방 눈치 챈다. 하지만 나이와 무관하게 모든 아이는 제각기 다르므로, 어느 시점에 아이에게 동생이 태어난다고 이야기해줄지는 직관을 신뢰하여 판단하라.

아이들은 동생이 생긴다는 사실에 불안감을 느낄 수 있다

태어날 동생과 터울이 많이 지는 아이는 상황은 잘 이해하겠지만, 앞으로 일어날 변화에 대해 더 불안해한다. 엄마 아빠를 곧 나눠 가져야 하며, 더 이상 혼자서 온전한 관심과 사랑을 독차지할 수 없다는 생각에 다시 배 속으로 들어가고 싶은 마음이 생길 수도 있다. 이런 반응과 감정은 아주 보편적인 것이다. 이런 경우 솔직한 대화를 통해 아이의 마음을 안정시켜주는 것이 좋다.

아기가 태어남으로 인해 바꾸어줘야 하는 것들이 있을 것이다. 곧장 모든 것을 변화시키지는 말되, 그렇다고 너무 늦게 조치를 취해서도 안 된다. 아이들을 위해 여러 가지 실제적인 부분들에 변화를 줄 사항들이 있을 것이다. 아이가 어엿한 보통 침대에서 자도 될 만큼 컸는데도, 아직 부부 침대 옆의 유아 침대를 사용한다면 새로 태어날 아기를 위해 슬슬 유아 침대를 비우고 아이에게 보통 침대를 마련해주도록! 다른 방에서 재우는 것이 나중을 위해 더 좋을 것이다.

아이가 앞으로 동생이 태어날 거라는 것을 막 알게 된 참이라면, 이런 실용적인 변화들은 몇 주 더 기다렸다가 실행하는 것이 좋다. 일단은 새로운 소식에 익숙해질 시간을 줘야 하기 때문이다. 하지만 출산이 너무 가까워오기까지 미루지는 마라. 그러면 아이는 새로 태어나는 동생 때문에 자신이 뭔가 포기하거나 다르게 대처해야 하는 듯한 인상을 받게 되기 때문이다. 아이 말로 표현하자면, '이제 동생이 생기니까 난 이러저러하게 행동해야 해…'라는 생각이 들기 때문이다. 그러면 새로 태어날 아기가 모든 잘못을 덮어쓰는 형국이 된다. 필요한 변화들을 실행하되, 거기에 '아기가 태어날 것이기 때문'이라는 이유를 붙이지 마라.

'행동-반응' 문장을 피하라

동생이 태어나니까 넌 다른 침대를 써야 한다고 말하지 말 것. 아이가 있는 데서 다른 사람들에게 말을 할 때도 조심해야 한다. 동생이 태어나니까 맞추어야 한다는 뉘앙스를 풍기기보다는 아이를 멋진 영웅쯤으로 표현해라. "이제 많이 컸으니 진짜 침대를 사 줄 거야"라고 말하는 것이다. 침대는 하나의 예를 든 것이고, 모든 상황에서 원칙은 동일하다.

손위 아이에게 하던 수유를 급히 중단하지 마라

우선 짚고 넘어가고 싶은 것은 꼭 그럴 필요는 없다는 것이다. 하지만 젖이 많지 않아 한 아이 정도만 먹일 수 있는 상황이라면 아기가 나오기 전 손위 아이의 젖을 끊어야 한다. 여기서도 아이에게 새로 태어나는 동생 때문에 밀려나는 듯한 인상을 주어서는 안 된다. 그러면 이후의 형제 관계에 부정적인 영향을 미칠 수 있다. 한편 아이 스스로 젖을 그만 먹으려 할 수도 있다. 임신을 하게 되면 모유의 구성이 달라지기 때문이다. 모유는 신생아의 필요에 맞추어 단맛이 줄어든다.

아이가 더 많은 것을 스스로 하는 습관을 만들어줘라

당신은 이제 곧 몸을 구부려 뭔가를 들어 올리는 게 더 힘들어질 것이다. 그러므로 아이가 더 많은 것을 스스로 할 수 있어야 한다. 지금까지 그럴 필요까지 없었는데도 아이의 일거수일투족을 도와주었다면, 그것을 변화시킬 때가 됐다. 위에서 말한 대로 동생이 태어날 거라서 뭔가를 더 이상 얻지 못한다는 인상만 주지 않으면 된다. 아이가 훨씬 많은 것을 스스로 할 수 있으므로 정말 멋지게 성장했다고 아낌없이 칭찬해주는 게 좋다. 그러면 아이의 자존감도 높아질 것이다!

손위 아이에게 솔직하게 모든 것을 설명해줘라

나이에 따라 다르겠지만, 아이는 궁금한 것이 많다. 동생이 생기는 일을 다룬 좋은 어린이 책이나 만화, 동영상을 자연스럽게 보여주며 아이와 이야기를 나눠 보는 것도 좋은 방법이 될 것이다.

지금 해야 할 일: 주치의, 단골 약국에 알리기

주치의와 단골 약국에 임신 사실을 알려라. 그러면 치료와 약물 처방 시에 최우선 사항으로 고려될 것이다.

03

9개월의 동행자,
의료 전문가들과 친해지기

당신은 임신 전에 이미 믿음이 가는 산부인과에 다녀왔을지도 모른다. 이제는 임신기간 동안 정기적으로 산부인과에서 검진을 하게 될 것이다. 원한다면 조산사가 이 일을 담당할 수도 있다. 하지만 초음파검사와 산전 선별 검사는 산부인과 의사만이 할 수 있다. 의사가 이런 검사들을 담당해줄 것이다. 산부인과에 분만실이 있는 경우 검진 받던 병원에서 출산하는 것도 가능하다.

조산사는 임신기간뿐 아니라, 출산 후 몸조리 기간에도 함께하며, 임신과 출산을 둘러싼 전반적인 문제에 도움을 제공한다(유럽의 경우 조산사의 도움을 받는 경우가 흔하다). 뿐만 아니라 많은 조산사들은 출산 준비 코스(산전 교육), 임산부 요가, 호흡 훈련도 제공한다. 둘라는 출산에 함께하는 친근한 동반자이지만 산부인과 의사나 조산사를 대신할 수는 없다. 둘라는 주로 감정적으로 뒷받침하는 역할을 한다.

의료 서비스

임산부로서 당신은 임신기간과 분만 시, 그리고 출산 후에 세심한 의료 서비스를 받게 된다. 임신 중에 최소한 열 번의 정기검진을 받을 것이고, 산부인과 의사 외에 조산사의 돌봄을 받는 것도 가능하다. 희망한다면 산부인과 의사가 아닌 조산사가 모든 정기검진을 담당할 수 있다. 하지만 초음파검사와 산전 선별 검사는 산부인과 의사만이 가능하다.

산부인과 의사가 하는 일

산부인과 의사는 임신과 출산에 동반할 뿐 아니라, 여성 생식기 및 그와 관련한 모든 질환을 전문으로 한다. 많은 산부인과 의사들은 이 중에서도 다시 자신의 전문 분야에 특화되어 있는데, 그중 임신과 출산에 특화된 의학을 '출산의료학Perinatology'이라고 한다. 산부인과 의사는 임신 중 정기검진을 실시한다.

많은 산부인과는 분만실을 갖추고 있다. 아기를 출산하는 동안에는 산부인과 의사가 책임을 지지만, 실제로는 전문의의 지시하에 병원에 근무하는 조산사(우리나라에서 조산사는 임신기간 동안 임산부의 건강상태를 관찰하며 정상분만을 돕고, 산모를 간호하는 전문 의료인을 말한다 - 옮긴이)와 레지던트들이 산모를 돌본다. 레지던트는 산부인과 전문의가 되기 위해 수련 중에 있는 이들이다. 아직 전문의 자격증이 없을 뿐이지, 산부인과에 대한 전문지식이 충분하고 산모와 아기를 잘 보살필 수 있다. 조산사와 레지던트가 모든 사항에 대해 늘 산부인과 전문의와 조율할 것이다.

첫 번째 정기 검진

임신이라는 생각이 들면 산부인과에 연락해 예약을 잡아야 한다. 첫 번째 검진에서는 초음파를 통해 임신을 확인하고 산모수첩을 발급받게 된다. 정말 멋진 순간이다! 그밖에 산부인과 의사는 앞으로 9개월간의 주의사항에 대해 설명해줄 것이다. 첫 검진에서 이뤄지는 일들은 다음과 같다.

- 산모수첩을 만들고, 개인적인 첫 검진 수치들(몸무게, 혈압, 나이), 과거 질병 이력 및 파트너의 질병 이력, 가족력 등을 기록한다.
- 소변검사와 혈중 헤모글로빈 농도 검사가 이뤄진다.
- 혈액형과 Rh 인자 검사, 항체 검사가 시행된다.
- 산전 선별 검사와 혈액 검사에 대한 안내를 받는다.
- 생활 방식과 영양 전반에 대한 중요한 숙지 사항을 전달받는다.

임신 중 정기검진은 이후 4주 간격으로 이뤄지고, 임신 32주부터는 2주에 한 번 하게 된다. 검진을 할 때마다 다음과 같은 검사들이 시행된다.

- 몸무게
- 혈압
- 소변 속 단백질과 당 함량
- 헤모글로빈 수치
- 배길이 측정 Fundal height
- 아기의 심박동
- 아기의 자세(임신 후반기부터 검사)

한국의 경우 임신기간 동안 최소 6회 가량 초음파 검사를 한다.

산전 선별 검사

첫 검진에서 산전 선별 검사를 할 의향이 있느냐는 질문을 받게 될 것이고, 관심이 있는 경우 임신 9주나 10주에 산부인과 의사와의 상담을 통해 산전 태아 스크리닝의 방법들에 대한 논의가 이뤄질 것이다. 산전 선별 검사의 장단점은 무엇인지, 무엇보다 검사를 받는 것과 받지 않는 것의 차이는 무엇인지를 알고 있는 게 좋다.

아이에게 선천적 이상이 있을 위험이 큰지 알고 싶은가? 알고 싶다면 그 이유는 무엇인가? 아이에게 의학적 이상이 있다는 결과가 나오면 어떻게 할 것인가? 배우자와는 서로 합의했는가? 산부인과 의사는 상담에서 당신에게 아주 객관적인 정보를 제공할 것이다. 하지만 검사를 받을 것인지 받지 않을 것인지를 결정하는 것은 당신과 배우자다. 검사를 받기를 원하는 경우 검사 비용과 결과를 전달받는 방법에 대해서도 상담에서 설명을 듣게 될 것이다.

임신확인증명서

회사 규정에 따라 임신휴가나 출산휴가 등을 받을 때 임신 확인서가 필요할 수 있다. 한국의 경우 국가에서 지원하는 여러 혜택을 위해 확인서를 발급받는 것이 좋다. 산부인과에서 받은 확인서를 카드사에 제출하면 병원과 약국에서 쓸 수 있는 국민행복카드를 받을 수 있다. 또한 보건소, 정부24 홈페이지에 등록하면 다양한 지원을 받을 수 있다.

임산부의 든든한 조력자, 조산사

조산사는 산부인과 의사와 더불어 임신과 출산, 산후 조리에서 임산부와 함께하는 중요한 전문 인력이다. 직업전문학교에서 3년 과정을 이수하고 학사 학위를 받아야 한다. 전문학교를 졸업한 뒤 프리랜서 조산사는 가정방문을 하거나 독립적으로 조산원을 운영하고, 병원 조산사는 병원에 고용되어 일한다. 병원에서 출산하든, 조산원에서 출산하든, 혹은 집에서 출산하든 조산사가 동반해서 도움을 제공할 수 있다. 하지만 모든 병원이 출산할 때 당신과 함께했던 조산사가 돕도록 허락하는 것은 아니다. 그런 경우는 병원에 고용된 조산사가 출산 시에 당신을 돕게 될 것이다.

조산사가 담당하는 일은 산부인과 의사와는 다르며, 다음과 같다.

- 당신의 신체적·감정적 건강을 살핀다.
- 태아의 발달과 성장을 감독한다.
- 임신, 출산, 산후 조리, 신생아의 영양 등 모든 측면에서 조언을 해준다.
- 건강한 출산을 위해 당신과 신뢰관계를 구축한다.

조산사와 첫 만남을 갖는 것은 정말 특별한 일이다. 임신 5주 정도 되면 조산원에 전화를 걸어 약속을 잡아라. 대부분 만남은 8주에서 10주 정도 사이에 이뤄질 것이다. 배우자나 친구, 또는 다른 가족과 함께 가는 것도 좋다. 참고로 조산사는 인터넷이나 조산원, 산부인과 등을 통해 찾을 수 있다.

조산사는 당신의 심신 건강을 살핀다

조산사와 만날 때마다 당신이 어떻게 지내고 있는지를 이야기하게 될 것이다. 그 시간을 이용해 생활하면서 겪었던 문제, 궁금한 질문, 힘든 점을 이야기해라. 이는 산부인과에 정기검진을 가서도 마찬가지다. 꼭 의료적인 문제가 아니라도, 조산사들은 일상생활을 쉽게 해주는 실용적인 조언도 해준다. 생각해보라. 조산사나 산부인과 의사보다 임산부를 더 많이 접하며 사는 사람이 과연 누구일까? 그들은 정말 모든 조언과 모든 방법을 알고 있다! 그러므로 그들에게 가서 궁금했던 것들을 모조리 묻고 가슴 속에 맺힌 것도 털어놓아라. 깜박하고 궁금한 것을 묻지 않고 오는 일이 없도록 예약된 시간에 가기 전에 미리 휴대폰에 이야기하고 싶은 것을 메모해두는 게 좋다.

조산사는 아기의 발달과 성장을 살핀다

외부에서 태아의 상세한 성장을 모두 느끼는 사람이 있다면 그건 바로 조산사다. 당신이 똑바로 누운 상태에서 당신의 배를 '촉진', 즉 만져서 진단하면서 아기도 만져본다. 조산사에게 물어보면 촉진하는 방법을 설명해줄 것이다. 검진할 때 조산사는 다음을 점검한다.

- **배 크기의 변화를 살핀다.** 이를 위해 조산사는 당신이 등을 바닥에 대고 똑바로 누운 상태에서 당신의 배를 촉진한다. 자궁 윗부분의 길이를 검사하고, 임신 개월 수가 증가함에 따라 자궁이 잘 커지고 있는지를 본다.
- **아기가 올바른 자세로 있는지 본다.** 아이가 잘 크고 있는지, 임신 막달이 가까워오면 아기가 잘 내려와 있는지를 살핀다.
- **아기의 심박동을 검사한다.** 26주에 이르기까지는 태아 도플러를 사용해 검사하고, 나중에는 나무로 된 '피나드 호른(태아 심장 청진기)'로 심박 소리를 듣는다. 아기의 작은 심장은 우리 심장보다 훨씬 더 빨리 뛴다.

작은 경고를 하자면, 이런 도구를 가지고 심장소리를 듣는 것이 아주 쉽지는 않다. 들리는 소리는 팔 위에 가슴을 대고 엎드렸을 때 자신의 심장이 작게 콩닥콩닥하는 소리와 비슷하다. 당신이 듣고자 하는 소리는 당신이 누군가의 가슴에 귀를 대고 들을 때보다 훨씬 더 조용한 소리인 것이다.

조산사는 임신의 모든 측면에 대해 조언해준다

조산사는 임신기간 동안 당신의 친숙한 동반자가 되어 당신에게 필요한 모든 실용적인 정보와 설명을 제공해줄 것이다. 많은 조산원에서는 그 밖에도 여러 주제에 대한 특강과 모임을 제공한다. 어떤 여성들은 임신기간 동안에 특히나 많은 정보를 얻고자 하고, 어떤 여성들은 그저 10~15분 정도 정기적인 만남을 갖는 것으로 만족해한다. 둘 다 나쁘지 않다. 그러므로 자신에게 맞는 쪽을 선택하라. 임신기간 중에는 특히나 난처한 상황에 처하게 되는 일이 많다. 그러므로 창피해 하지 말고 조산사에게 조언을 구해라.

트라우마를 경험한 모든 이에게

임신기간 동안에는 보통 때보다 감정이 더 격해지는 경험을 하는 여성들이 많다. 과거에 정신적 또는 성적 학대를 겪은 경우 임신기간에 기억이 치솟아 오를 수 있다. 마음이 답답하고 괴로울 때는 조산사와 상담하자. 조산사는 적절한 도움을 제공해 당신을 뒷받침해줄 뿐 아니라, 검진과 출산 시에도 그 일에 대해 감안할 것이다. 둘이 함께 트라우마를 이겨내면서 당신이 임신을 향유하고, 출산을 잘 준비하도록 할 수 있을 것이다. 힘들었던 이야기를 하는 것은 임신과 출산을 감당하는 데만 유익한 것이 아니라 편안한 상태에서 엄마 또는 아빠 역할로 나아가는데도 도움이 될 것이다. 이를 출산 계획서에도 적어두도록 하자.

조산사는 건강한 출산을 위해 신뢰감을 보여준다

조산사는 전문 교육을 받은 사람이기도 하지만, 임신과 출산에 관여하면서 관련 경험을 많이 축적한 사람이기도 하다. 하지만 경험과 지식이 다가 아니다. 이것에 인간성이 더해져야 한다. 당신은 허물없이 질문을 던질 수 있기 위해 조산사를 전적으로 신뢰해야 하고, 출산 시에 스스로를 의탁할 수 있을 정도로 조산사에게 안정감을 느껴야 한다. 9개월간의 임신기간을 함께하면서 이런 *끈끈한* 신뢰 관계가 다져질 것이다.

조산사가 한 사람이 아니라 팀으로 도움을 제공하는 경우도 종종 있다. 사실 이 것은 아주 합당한 일이다. 조산사 한 사람이 밤낮으로 24시간 대기하고 있을 수는 없기 때문이다. 하지만 대부분 조산원은 당신이 같은 조산사를 여러 번 연속으로 만나도록 조율해 줄 것이다. 그래야 조산사가 당신을 개인적으로 잘 알게 되기 때문이다. 당신도 때로는 팀 중 한 사람에게 검진 약속을 잡을 수 있다. 이 역시 이점이 있다. 그렇게 하여 그 조산사와 친해질 수 있기 때문이다. 하지만 출산 시에 동반할 조산사를 선택할 수는 없을 것이다. 진통이 언제 올지 모르므로 당직 조산사가 맡게 되기 때문이다.

조산사가 주로 임산부를 챙기긴 하지만, 배우자와 함께 조산원을 방문하는 것도 대환영이다. 다행히 요즘에는 자주 임산부와 동행하고, 질문을 던지고, 잘 모르는 사항들에 대해 조산사와 상의하는 배우자들이 점점 늘고 있다. 조산사는 배우자들이 검진에 동행해 능동적으로 참여하는 것을 아주 바람직하게 생각한다. 그러니 늘 질문을 가지고 아내와 동행하라! 그러면 조산사는 여러 가지 조언을 해주며 배우자가 모든 걸 잘 기억하겠지, 하고 마음을 놓을 것이다.

조산사 바꾸기

때로는 성격이나 성향 차이로 조산사가 불편할 수도 있다. 그런 경우 솔직하게 이야기를 하고, 조산사와 함께 해결책을 모색하는 것이 좋다. 해결책을 찾지 못하거나, 임신기간 중 이사를 하는 경우에는 조산원을 바꿔야 할 것이다. 이것은 어려운 일이 아니다. 기존의 조산사가 새로운 조산사에게 당신의 서류를 보내고, 당신은 새로운 조산사와 첫 상담에 들어간다. 서로 좀 알기 위해서는 15분 이상 시간이 소요될 것이다. 그런 다음 새로운 조산사의 연락처를 당신의 주치의와 산부인과 의사에게 전달해라.

어디서 어떻게 출산할 것인가?

임신 3분기가 되면 당신은 조산사 및 산부인과 의사와 함께 출산에 대해 구체적으로 상의해야 한다. 어디서 출산을 하려고 하는가? 어떻게 출산을 하려고 하는가? 수중분만을 원한다면, 수중분만실을 이미 예약했는가? 가정 출산을 원하는가, 아니면 병원에 가서 출산하고 싶은가? 출산 시에 누구를 참여시키고 싶은가? 산후 조리는 다 조율해두었는가? 이 책의 뒷부분에서 출산의 여러 방식에 대해 더 자세히 알 수 있을 것이다.

점점 더 많은 사람들이 병원의 전형적인 출산 외 자신에게 편안한 출산 방법을 계획한다. 당신도 이상적인 출산을 그리고 있을 것이다. 당신이 원하는 것은 무엇이고, 참을 수 없는 한계는 무엇인가? 출산 계획은 이런 질문 이상의 것이다. 예를 들면 막 태어난 아기를 누가 받을 것인지도 생각해둬야 한다. 하지만 출산은 결코 100퍼센트 계획될 수 없으며 생각했던 것과 아주 다르게 진행될 수 있음을 염두에 둬야 한다.

조산사는 진통이 찾아오면 어느 시점에서 당신이 조산사에게 전화를 해야 하는지 정확히 설명해줄 것이다. 종종은 출산에 대한 당신의 바람들에 대해서도 이야기하고, 출산을 위해서 모든 것이 준비되어 있는지를 체크할 것이다.

출산 준비가 되자마자 조산사 내지 산부인과 의사에게 정기적으로 검진을 받게 될 것이다. 그들은 당신과 당신의 배에 평소보다 더 주의를 기울일 것이다. 아기가 충분히 움직이고, 양수가 충분하고, 아기의 심장이 힘차게 규칙적으로 박동하는 한, 당신은 매 검진 뒤 다시 집으로 돌아갈 것이다. 와야 할 순간이 드디어 올 때까지 말이다….

조산사 다니엘레 드 러우의 조언

대부분의 여성은 40주에서 41주 사이에 출산을 합니다. 41주에 출산한다면 대부분의 여성들이 아직 괜찮은 범위 내라고 생각하지요. 하지만 그보다 더 늦어지면 많은 여성들이 걱정을 해요. 이렇게 된 데는 언론에서 부추긴 바도 큽니다. 몇 년 전 아기가 나오지 않을 때 너무 오래 기다리는 것과 가정 출산에 대한 몇몇 부정적인 이야기들이 언론을 장식했지요. 진실이 아니었는데도 불구하고 아직도 그런 부정적인 이미지가 남아 있어요.

42주까지 우리는 위험 없이 기다릴 수 있어요. 하지만 41주 이후에는 양수를 터뜨릴 수도 있지요. 41주+3일이 지났는데도 아기가 나오지 않으면 우리는 병원에 검진을 예약해요. 그곳에서 초음파와 심전도 검사도 하지요. 그밖에도 42주차에 접어들면 당신이 무엇을 원하는지 상의가 이뤄지게 되지요. 하지만 대부분의 아기는 그 전에 나온답니다.

조산사와 함께 출산하기

모든 기다림을 뒤로 하고 이제 출산이 시작된다! 조산사가 출산에 함께할 것이다. 조산사는 당신의 상태를 관찰하고, 규칙적으로 태아의 심박동을 들을 것이다. 아울러 진통을 잘 견뎌내도록 도와주는 것도 조산사의 일이다. 이윽고 자궁이 열리면, 이제 당신이 아기를 힘주어 밀어낼 준비가 되어 있는지를 살필 것이다. 두

손가락으로 질 위쪽을 촉진하여 자궁문이 열렸는지를 볼 수 있다. 달수를 다 채운 상태에서는 자궁문이 다 열리면(10센티미터가 열리면) 힘을 주어 아기를 밀어내도 된다.

조산은 예외다. 아기가 아직 너무 약하기 때문이다. 달수를 다 채우고 출산하는 경우 진통 중 자궁이 열리고 나면 몸이 자연스럽게 아기를 밀어내기 시작한다. 진통 중에 밀어내도록 하는 충동을 유발하는 강한 힘이 생겨나는 것이다. 이것은 종종 배에서도 느껴진다. 배가 이제 반사적으로 수축하며 아기를 아래로 밀어낸다. 밀어내기에서 조산사는 당신과 아기를 특히나 정밀히 살필 것이며, 필요하면 개입할 것이다. 조산사는 출산 직후에도 중요한 역할을 한다. 태반이 잘 나오도록 돕고 아기를 최초로 검진한다. 머리끝에서 발끝까지 아기를 살피고, 호흡을 체크하고, 생체 기능과 반사를 검사한다.

조산사와 산후조리까지

출산 후 12주 동안 조산사가 정기적으로 방문한다. 임신기간 동안 조산사가 아닌 산부인과 의사의 보살핌을 받았던 경우도 마찬가지다. 병원에서 병원 소속 조산사의 도움으로 출산을 한 경우에도, 임신기간 중 함께 했던 조산사가 방문할 것이다. 조산사는 출산 뒤 산모를 돌보고, 아기와 함께 순조롭게 첫발을 내디딜 수 있도록 도와준다.

자궁이 다시 수축하고 있는지도 점검한다. 자궁은 출산 뒤 약 4주가 지나면 원래대로 돌아가야 한다. 조산사는 자궁이 다시 단단한 공처럼 느껴지는지를 볼 것이다. 그렇게 느껴진다면 자궁에 핏덩어리나 태반이 남아 있지 않다는 의미다. 그밖에도 출혈이나 (회음부를 봉합한 경우) 봉합 부위를 살피고, 당신의 전체적인 상태를 점검할 것이다. 산후 관리를 담당하는 조산사는 모유수유에도 도움을 줄 것이다. 처음에는 익숙해지는 과정이 필요하기 때문이다. 처음 모유수유는 쉽지 않아서 조산사의 도움이 아주 소중하다.

마지막으로 조산사는 아기도 살핀다. 대소변을 관찰하고 몸무게가 잘 늘고 있는지, 젖은 잘 먹는지를 본다. 피부 색깔도 살피고, 탯줄과 배꼽 관리 등도 점검한다. 그렇게 조산사는 당신이 무난히 엄마 역할을 잘할 수 있을 때까지 당신을 돕는다. 나중에라도 모유수유, 이유식, 젖떼기 등 전반적인 것들에 대해 궁금한 점이 생기면 언제든지 조산사에게 문의할 수 있다.

조산사를 대하는 태도

1. 처음엔 어색하겠지만 솔직하게 대하면 된다. 창피한 생각이 들거나 약간 지나친 것 아닌가 하는 생각이 들더라도 뒤로 빼지 말고 허심탄회하게 대할 것.
2. 다음 약속에서 질문할 리스트를 메모하자.
3. 미심쩍은 경우 전화 문의를 하라. 언제든지 그렇게 해도 좋다.
4. 약속 시간을 정확히 지켜라. 쓸데없는 잔소리인 것 같지만 이건 중요하다. 약속은 둘 사이의 신뢰를 키워주는 과정이다.

자연스러운 출산을 돕는 둘라

옛날 임산부는 주로 엄마나 손위 언니, 또는 이웃들의 도움을 받았다. 오늘날에도 문화권에 따라 경험 있는 여성이 출산에 동반하는데, 이들이 '둘라'다. 둘라는 임신과 출산 경험이 있는 노련한 여성으로서 임신, 출산, 산후 조리를 할 때 당신을 돕고 조언을 해준다. 때로는 산후 조리 이후에도 동반할 수 있다.

둘라는 비의료인으로 특별한 의료 교육은 받지 않는다. 의료적 조언도 하지 않는다. 둘라는 길지 않은 교육과정을 통해 임신과 출산 과정이 순조롭고 좋은 경험이 될 수 있도록 임산부와 예비 아빠를 정서적으로, 실제적으로 돕는 법을 배운다

(우리나라에서도 종종 둘라와 출산을 함께하는 경우가 있는데, 전문 간호인이나 간호인 출신이 많다고 알려져 있다 – 옮긴이).

의료적 도움은 조산사나 산부인과 의사가 담당하고, 정서적인 지지는 배우자가 해준다. 그렇다면 왜 군이 둘라를 참여시켜야 할까? 둘라는 당신과 배우자를 위한 또 한 사람의 조력자이자 지지자로 보면 된다. 둘라는 적절한 순간에 당신 곁에서 당신을 돕는 역할을 한다. 걱정을 덜어주어, 당신과 배우자가 편안한 상태에서 아이를 낳을 수 있도록 돕는다.

결혼하지 않고 싱글맘으로서 아이를 낳을 경우에도 둘라를 참여시키는 게 좋을 것이다. 임신기간 동안 둘라와 친해지고, 아기가 태어날 때 경험 있는 사람이 곁에 있다는 걸 인지하고 있으면 한결 든든한 마음이 든다. 둘라는 가정 출산이든 병원 출산이든 상관없이 전체 출산 과정에서 당신과 함께할 것이다. 출산이 오래 걸리고 조산사는 교대하더라도 둘라는 당신 곁에 남을 것이다. 이런 안정감은 정말 소중한 것이다.

보통 둘라가 하는 일은 다음과 같다.

- 출산 준비에 도움을 제공한다.
- 당신이 출산에 두려움을 겪을 때 안정감을 준다.
- 출산 과정에서 당신이 원하는 것과 그 한계를 지켜준다.
- 출산 계획을 세우는 데 함께한다.
- 출산하는 동안 필요한 안정감을 공급해준다.
- 마사지를 해주고, 올바른 호흡법을 알려주고, 분만 시 바람직한 자세를 취할 수 있도록 도와준다.
- 분만하는 동안 포기하지 않게 돕는다.
- 경우에 따라 사진을 넣어서 분만 과정 기록을 남겨 주기도 한다.

의료기관의 도움과 둘라, 즉 도우미의 지원 외에도 당신은 다양한 임산부 프로그램에 참가해 정보를 얻고 임신기를 바람직하게 보낼 수 있다. 모든 프로그램이 효과적이고 좋기 때문에 중요한 것은 자신에게 맞는 프로그램을 찾는 것이다. 반감 없이 따라할 수 있는 프로그램을 찾아라. 임산부만 대상으로 하는 프로그램도 있고, 배우자도 함께 참여할 수 있는 프로그램도 있다. 전통적인 임산부 체조에서 임산부를 위한 요가까지 쭉 훑어보고 결정할 것!

조산사 다니엘레 드 러우의 조언

우리는 출산에 대해 늘 많은 질문을 받아요. 예전처럼 출산에 무방비로 임하지 않고 잘 준비하는 여성들이 많아지고 있지요. 임산부들은 어떤 프로그램에 참여할 수 있는지에도 관심이 많아요. 나는 임산부들에게 여러 가지 프로그램이 있으니 자신에게 맞는 걸 찾아내면 된다고 말하지요. 어떤 여성은 요가를 좋아하고, 어떤 여성은 요가는 종교적인 색채가 짙어서 부담스럽다고 생각해요. 우리는 여성들에게 진통이 올 때 어떻게 하면 편안하게 임할 수 있을지 아는 것이 중요하다고 일러두지요.

요가

요가에서 당신은 임신과 출산기간 동안 이완하고 마음을 편안하게 할 수 있는 방법들을 배울 수 있다. 호흡훈련, 이완훈련이 많이 이뤄진다. 그밖에 요가는 아기와 접촉할 수 있는 멋진 가능성을 제공한다. '요가'라는 말 자체가 '결합시키다', '묶는다'는 뜻이다. 요가는 임신 12주째부터 시작할 수 있으며, 프로그램에 따라

간혹 배우자 동참 기회도 제공한다. 아예 배우자와 시종일관 함께하는 요가 프로그램도 있다.

태아접촉법

태아접촉법에서 당신은 손을 배 위에 올려 태아와 접촉하고 태아를 움직이게도 할 수 있다. 그러면서 태아와 일찍부터 관계를 맺는 것이다. 당신뿐 아니라 배우자도 태아와 접촉하는 법을 배울 수 있다. 태아접촉법 프로그램에서는 그밖에도 호흡 연습, 분만 자세 연습, 마사지 등을 배운다. 태아접촉법은 보통은 그룹으로 진행하지 않고 두 명 사이의 '개인교습'으로 이뤄진다. 모체 안에서부터 아기를 이리저리 흔드는 것은 특별한 느낌이다. 그밖에도 당신 부부는 이를 통해 출산에 대한 준비를 할 수 있으며, 배우자는 이런 시간을 통해 정신적으로 뿐 아니라 신체적으로도 당신을 뒷받침해줄 수 있다. 이 프로그램이 특히 좋은 것은 예비 엄마만이 아니라 예비 아빠도 동일하게 참여할 수 있어서다.

임산부 체조

전통적인 임산부 체조에서 당신은 출산 시의 호흡법을 배우고, 배와 골반 근육을 훈련시킨다. 임산부 체조는 대부분 임신 25주부터 시작해 10주간 그룹 수업으로 진행되며, 참가하는 임산부들끼리 서로 경험을 나눌 수도 있다. 배우자도 가끔씩 참여가 가능하다. 임산부 체조는 당신과 배우자가 출산에 잘 준비할 수 있도록 도와준다.

수영

유쾌하고, 편안하고, 호흡과 근육에 좋은 운동. 바로 한 시간 정도 수영을 하는 것이다. 그래서 많은 수영장에서는 임산부 아쿠아로빅 또는 임산부 수영 프로그램을 제공한다. 물속에서는 큰 배가 그리 무겁게 느껴지지 않으므로, 더 가볍게 움직일 수 있다. 물속에 있는 건 출산 때에도 도움이 된다. 방광에 문제가 있는 여성들은 부력과 따뜻한 물이 한결 좋게 느껴질 것이다. 그러나 하혈이 있는 경우 감염 위험이 있으므로 수영은 피하는 것이 좋다.

> **조산사 카롤리네 푸터만의 조언**
> 임신 말기에 어떻게 그 큰 배를 하고 다닐지 난감하고, 이미 등이 불편하다면 물속에 들어가는 걸 추천합니다. 수영을 좋아하지 않더라도 물에 붕 뜨는 느낌으로 가벼움을 만끽하는 기분은 정말 좋을 거예요. "

모유수유 프로그램

모유수유는 아기에게 가장 좋은 일이다. 문제없이 모유수유에 성공하면 모두가 만족스럽다. 아기에게 젖꼭지를 잘 물리는 법을 배우고, 여러 가지 수유 자세도 배울 수 있다. 보통 수유 상담가가 이 프로그램을 진행한다.

임산부 댄스

요즘 임산부들 사이에서 인기가 많은 것이 임산부 댄스 프로그램이다. 라틴아메리카, 아프리카, 카리브해 음악을 들으며 춤 동작을 통해 긴장을 풀 수 있는 것이다. 댄스를 통해 자신의 신체를 더 잘 알고, 신체의 소리를 듣는 법을 배울 수 있다.

임산부를 위한 야외 운동

이것은 야외에서(대부분은 공원에서) 운동을 하는 프로그램으로, 신선한 공기를 마시는 동시에 신체를 훈련할 수 있어서 좋다. 적절한 강도로 말이다. 프로그램을 시행하는 동안 자신의 훈련 수준에 맞는 운동을 하게 되고, 복근(배근육)훈련 대신 지금 꼭 필요한 훈련인 골반근육 훈련이 이뤄질 것이다.

임산부를 위한 마음 챙김

마음 챙김 프로그램에서는 신체가 아닌 의식을 다룬다. 인생의 특별하고 아름다운 기간을 보내는 데 의식을 집중시키고, 스트레스 감소 및 출산과 그에 동반하는 통증에 대한 두려움을 줄이기 위해 의식적으로 어떤 마음가짐을 가질 수 있는지를 배운다.

최면 출산

최면 출산의 인기가 점점 높아지고 있는 데는 다 이유가 있다. 배우자와 함께 최면 출산 프로그램에 참여할 수 있다. 이 프로그램의 목표는 출산이 순조롭게 진행되도록 긴장을 이완하는 것이다. 이 프로그램에서는 진통할 때 도움이 되는 호흡법과 이완법을 배울 수 있다. 진통과 싸우면 통증은 더 심해질 뿐이기 때문이다. 그밖에도 자기 최면을 통해 일종의 가수면 상태로 옮아감으로써 진통을 줄이는 법도 배운다.

병원 조산사에 대한 궁금증

리스베트 드 빈터는 12년째 네덜란드의 병원에서 조산사로 일하고 있다. 슬하에 두 자녀를 두고 있다. 병원에서 출산을 하게 되면 보통은 그곳에 소속된 조산사의 돌봄을 받게 되는데, 많은 사람이 이에 대해 잘 모른다. 병원 조산사가 어떤 일을 하는지 이야기를 들어보자.

"가정 출산을 계획했다가 갑작스럽게 병원으로 옮기게 되면 임산부들이 당황하지는 않을까요?"

꼭 그렇지는 않습니다. 병원 소속 조산사로서 우리 역시 프리랜서 조산사들과 마찬가지로 예비 엄마와 함께 생각하고, 마음이 안정된 가운데 편안한 출산을 할 수 있도록 돕습니다. 두려움이나 긴장이 어디에서 비롯되는지 함께 살펴보면서요.

"집에서 병원으로 옮기는 게 의료적으로 득이 될까요?"

그건 옮기는 이유에 따라 달라집니다. 분만 도중에 옮기게 된다면 당신의 조산사가 왜 그것이 더 낫다고 생각하는지 설명해줄 것입니다. 그밖에도 그 조산사가 병원으로 옮기고 나서까지 당신과 함께해줄 거예요. 분만 대기실로 들어간 다음에야 조산사가 갈 거고, 곧장 당신과 아기의 상태를 보게 될 겁니다. 그러고 나서 다음 수순을 상의하게 될 거고요. 응급상황에서는 때로 길게 논의할 시간이 없습니다. 상황 파악과 함께 곧장 행동해야 하기 때문이죠. 응급상황이 지나가고 나서야 자세한 설명을 하게 되지요.

나중에 병원에서 모든 것이 순조롭게 진행됐다고 만족하는 반응을 많이 접하게 됩니다. 종종은 다행스러워하는 모습도 경험하고요. 예를 들면 하룻밤 내내 진통으로 고생했는데 자궁문이 별로 열리지 않는 경우 병원에서는 진통제나 촉진제로 출산을 좀 더 진전시킬 수 있습니다.

"병원 소속 조산사와 일반 조산사 사이에는 어떤 차이가 있나요?"
프리랜서 조산사는 진통제를 제한적으로만 투여할 수 있어요. 예를 들면 수액이나 웃음가스(이산화질소)를 투입하지요. 병원에서는 페티딘, 레미펜타닐, 국소마취제 등 진통을 다루는 더 여러 가지 방법이 있습니다. 그밖에도 진통을 촉진하거나 억제하는 약제들도 사용할 수 있고요. 또 아기가 양수에 변을 누었거나, 엄마가 이미 한 번 제왕절개 경험이 있는 경우 심전도를 통해 아기를 지속적으로 관찰할 수 있지요.

병원 소속 조산사의 5가지 실용적인 조언

1   어떤 이유에서든 병원에 가는 것에 공포를 가지고 있다면, 일찌감치 조산사나 산부인과 의사와 상의하라. 당신이 무엇 때문에 두려워하는지를 알면, 의료진은 그것을 감안해 줄 수 있다.

2   가능하면 편안하게 출산에 임하기 위해 무엇이 필요하고, 무엇이 중요한지를 적어 보라. 조산사가 많이 알고 있을수록 당신에게 더 적절한 조치를 취해줄 수 있을 것이다.

3   기분 좋게 느낄 수 있는 편안한 분위기를 만드는 데 도움을 주는 개인적인 물건이나 좋아하는 음악을 가지고 병원에 들어가라.

4   조산원에서 출산하는 것보다 병원에서 출산할 때 더 많은 사람들을 대하게 될 것이다. 병원의 조산사들은 8시간 교대근무를 한다. 따라서 당신의 자궁이 열리는 도중에 조산사가 교대하여 바뀔 확률이 크다. 그밖에도 병원에는 다른 간호사들, 레지던트들도 있다. 모두가 그곳에서 밤낮으로 출산이 순조로울 수 있게 고군분투하고 있음을 잊지

마라. 모두가 출산이 당신에게 멋진 경험이 되게끔 최선을 다하고 있다.

5 모든 병원은 설명회와 분만실 투어를 제공한다. 병원 출산을 원하지 않더라도 일단 한 번 공간을 둘러보는 것도 좋을 것이다. 일이 생각대로 되지 않는 경우, 어떤 곳으로 들어가게 될 것인지 일단 아는 편이 좋으니 말이다.

병원이 두려운 임산부에게

쿤 드룰로는 네덜란드 위트레흐트 소재 종합병원의 산부인과 의사다. 임신과 출산을 전문으로 하며 예비 부모, 둘라, 조산사, 산부인과에 이르기까지 모든 담당 주체들이 더 잘 협업할 수 있도록 노력하고 있다.

임산부에게 주체성을 주는 의료행위의 변화들

산부인과 의사, 조산사, 임산부의 역할이 많이 변했다. 여성들은 산부인과 의사, 조산사, 다른 전문가들의 협업이 무엇을 더 개선할 수 있을지 예전보다 훨씬 더 잘 알고 있다. 그밖에 임산부들은 점점 더 스스로 주체적인 결정을 내리고 있다. 드룰로 박사는 이런 변화를 환영하며, 산부인과가 겪고 있는 변화들에 대해 이야기한다.

공동진료: 산부인과 의사로서 우리는 조산사들과 점점 더 많은 협력을 통해 일을 세분화하여 분담하고 있습니다. 임산부로서는 훨씬 더 편한 일이고, 우리도 마찬가지지요. 이곳 병원에도 정말 뛰어난 조산사 팀이 꾸려져 있습니다. 조산사들은 우리에게 수중분만을 위한 욕조까지 선물했고, 우리는 이 욕조를 점점 더 자주 활용하고 있어요. 수중분만이 통증을 경감시켜주기 때문입니다.

둘라: 우리는 둘라들과도 한 팀으로 일해요. 둘라는 무엇보다 임산부의 정서적인 면에 신경을 쓰며, 전 과정이 임산부에게 가능한 한 유쾌할 수 있도록 조율하지

요. 이 과정에서 정말 놀라운 일들이 일어나고 있습니다. 2017년에는 제왕절개 수술 중에 처음으로 산모가 아기를 자신의 배 속에서 꺼내는 일도 있었어요. 정말 놀라운 일이었죠.

예방적 진료: 최근 네덜란드에서는 예방적·환자 중심적 진료로 점점 옮겨가는 추세입니다. 결국 건강한 삶은 모태에서 시작되지요. 예방이란 과체중, 흡연, 스트레스를 퇴치하는 데 도움을 주고, 스포츠와 운동 등 바람직한 일들을 장려하는 것입니다. 네덜란드에서 과체중 여성의 수는 수년 전부터 증가 추세에 있어요. 때문에 임산부 진료에서도 점점 태아의 나중의 삶을 감안하여 예방에 대한 중요성이 부각되고 있지요. 이런 노력의 결과는 몇 년 지나서야 비로소 표시가 날 거예요. 하지만 예방에 포커스를 맞추는 것이 효과가 있을 거라는 건 쿠바의 사례에서도 볼 수 있어요.

쿠바의 전 건강 시스템은 예방에 더 비중을 두고 있습니다. 쿠바는 국내총생산 GDP이 낮은 개발도상국이지만, 평균수명이 79세에 달해요. 임신 중에도 모든 조치가 예방에 초점이 맞추어져 있어서, 예상과는 달리 쿠바의 유아사망률은 네덜란드와 맞먹을 만큼 낮지요. 다행히 우리 역시 점점 더 예방에 초점을 맞추는 추세입니다.

트라우마 떨치기: 떠밀리다시피 병원에 와서 아이를 부리나케 꺼내고는 출산 뒤에 다시 쫓겨나듯 퇴원하는 모습을 상상해보세요. 이건 정말이지 트라우마적 경험이라고 할 수 있어요. 의료인들은 임산부들에게 과거의 트라우마 경험에 대해 묻고, 다시 그런 경험을 하지 않게 주의를 기울여 주도록 해야 합니다. 많은 산부인과 의사와 병원도 이런 생각에 동참하고 있으니 너무 걱정하지 마세요.

임산부에게 전하는 6가지 실용적인 조언

1 병원 직원들을 조력자로 보라.

2 전문 인력의 말을 귀담아 들으라. 하지만 스스로도 폭넓게 정보를 구하라. 그러면 당신의 걱정과 바람을 꽤 일목요연하게 표현할 수 있을 것이다.

3 당신 자신이 의료적으로 어떤 보살핌을 받고 싶은지 생각해보자.

4 당신이 중요하게 생각하는 것, 원하는 것, 피하고 싶은 것이 무엇인지 알려라.

5 당신은 세상에 하나뿐인 유일무이한 사람이며, 당신의 임신도 유일무이하다는 사실을 잊지 마라.

출산을 앞둔 임산부에게 전하는 이야기

알렉 맘버그는 대학병원의 산부인과 전문의이며 그로닝겐대학병원 동아리 '인간을 보라'의 회원이기도 하다. 이 동아리는 의료에서의 인간적인 측면에 지대한 관심을 가지고 연구하고 있다.

출산을 잘 준비하면 출산에 대한 두려움을 물리치는 데 도움이 된다는 것입니다. 학교 공부와 비슷해요. 최소한 '만족' 정도에 해당하는 성적을 받으려면 공부하고 준비를 해야 하지요. 그러므로 스스로 정보를 구하고 아는 것이 중요합니다.

"출산 계획서를 쓰는 것이 실제 출산에 도움이 될까요?"
당연히 도움이 되지요. 단 그대로 반영하는 게 중요하겠지요. 출산 계획서는 트라우마적 경험을 예방하는 데 도움이 돼요. 계획서에 임산부와 파트너가 원하는 걸 정확히 기록하면 됩니다. 지혜롭게 기록하도록 안내하는 워크숍도 있어요. 예를 들면 출산이 기대와 다르게 진행될 경우 배우자가 알아야 할 사항은 무엇인가 하는 등 말이죠.

"출산을 할 때 종종 눈에 띄게 문제를 일으킬 수 있는 요인이 있나요?"
네, 성적으로 부정적인 경험을 한 경우 출산에서 좀 문제가 될 수 있습니다. 그런 경우가 생각보다 자주 있어요. 그런 경험은 일생 동안 안고 가는 짐으로, 계속 부정적인 영향을 미치지요. 그런 경험을 한 당사자는 다른 사람들을 잘 신뢰하지 못하는 경우가 많고, 이런 경향은 출산하는 동안에 예기치 않게 아주 강하게 튀어나올 수 있습니다. 출산 중에는 여러 사람에게 둘러싸여 있게 되니까요. 조산사들과 산부인과 의사들은 이런 주제에 대해 허심탄회하게 대화하는 문화를 만들어나가고자 합니다. 종종은 임신기간 중에 이미 그런 경험을 맞닥뜨리고 해결책을 찾는 것이 많은 도움이 돼요. 병원 직원들이 일람할 수 있도록 중요한 사항들을 기입한 출산 계획서 사본 몇 부를 준비하는 것도 좋습니다. 그곳에 부정적인 경험들도 적어놓으면, 우리가 출산 중에 적절히 감안할 수 있습니다. 이 부분은 정말 중요합니다.

"출산 중에 진통을 줄이는 일이 중요한가요?"
진통을 줄이는 건 유용합니다. 거의 모든 병원이 언제든지 통증을 경감시키는 조치를 시행해줄 수 있기에 통증 완화 조치를 취하는 빈도도 늘고 있지요. 우리 병원은 되도록 자연스러운 출산을 지향하긴 하지만, 도저히 견딜 수 없을 만큼 통증이 심해지면 통증이 통제권을 쥘 수가 있거든요. 그러면 신경계는 제멋대로 움직이고, 임산부는 일종의 도망 모드에 빠질 우려가 있지요. 그러면 옥시토신과 엔도르핀은 별로 효력을 발휘하지 못해요. 극심한 통증을 견디는 걸 어찌어찌 배우면서 '도피 모드'를 꺾고 나아가겠지만, 분만하는 데 시간이 정말 오래 걸리게 됩니다. 그럴 때 순산을 위해 진통을 줄이는 조치를 하는 건 의미가 있습니다. 주의해야 할 것은 통증을 더 극심하게 호소한다고 해서 그 임산부가 출산 준비가 덜 됐다고 해석하면 안 됩니다. 결코 그런 건 아니거든요.

예비 아빠가 최소한으로 알아야 할 것들

다비드 보먼은 위트레흐트대학병원(UMC) 산부인과에서 조산사 트레이너와 커뮤니케이션 트레이너로 일하고 있으며, 예비 아빠들을 상대로 부모 교육을 실시하고 있다.

임신과 출산에서 임산부를 잘 뒷받침해주는 것은 정말 필수불가결한 일이다. 물론 의료인들이 임산부와 함께하지만, 잘 준비된 배우자는 임산부를 이상적으로 지켜봐주고, 돌봐주고, 코칭해줄 수 있다. 지지자와 조력자로서 배우자는 당신이 출산을 잘 감당할 수 있게끔 도울 수 있으며, 이를 통해 출산은 더 빠르고 순조롭게 이뤄질 수 있다.

"배우자들이 임신기에 가장 많이 던지는 질문이 무엇인가요?"
배우자들은 임산부의 감정에 대해 많이 궁금해 합니다. 아내들의 변덕을 경험하게 되기 때문이죠. 많은 배우자들이 아내에 대해 도무지 갈피를 못 잡겠다며 힘들어해요. 어떤 남편 분은 언젠가 이렇게 말하더라고요. "아내가 날씨가 더운 걸 가지고 내게 트집을 잡아요!" 사실 아내분은 남편 때문이 아니라, 날씨 때문에 괴로운 것이죠. 그렇다면 선풍기를 구입하는 등의 조치를 취할 수 있습니다. 나는 또한 남편 분들에게 출산에서 어떤 단계들을 거치게 되는지, 거기서 배우자는 어떤 역할을 해줄 수 있는지, 이런 역할이 구체적으로 어떻게 이뤄지는지를 설명해 드린답니다.

"출산 과정에서 가장 중요한 게 무엇일까요?"

당연한 것 같아 보이지만, 가장 중요한 것은 배우자들이 실제로 무슨 일이 일어나는지를 아는 거예요. 특히 첫 아이의 경우에는 말이죠. 예를 들면 어떤 분들은 3시간이면 아기가 나오는 줄 알아요. 또한 진통이 꼭 필요한 것이라는 걸 알지 못하는 분들이 많아요. 진통에서 과연 어떤 도움을 줄 수 있을까요? 배우자들은 아내가 진통할 때 도와주고 싶어 해요. 하지만 임산부가 진통하는 중에 남편에게 욕을 하고 때린다는 식의 무시무시한 이야기를 들은 적이 있어서 겁을 먹지요. 실제 상황에서는 그리 자주 일어나는 일이 아니지만요.

"그러니까 배우자들도 많은 것을 배울 수 있는 거죠?"

네, 예를 들면 배우자가 모유수유에도 도움을 줄 수 있다는 걸 모르는 사람들이 많아요. 또는 임신 말기에 섹스를 하면 진통이 올 수 있다는 식의 이야기는 사실 전혀 근거 없는 이야기이지만, 여전히 떠돌고 있죠.

배우자의 중요한 3가지 역할

배우자들은 4가지 역할을 통해 임신한 아내를 뒷받침할 수 있어요.

역할 1: 감독자

임신한 아내를 전 과정에서 세심히 지켜보는 것이지요. 여기서는 산모가 아이를 낳는 과정에서 편안할 수 있도록 돕는 간단하지만 필수적인 사항을 명심해야 하는데, 진통 중에는 말하지 않기, 갑자기 시끄러운 소음을 내지 않기, 조명은 은은하게 하기 등입니다. 배우자는 아내가 어떤 상태를 원하는지를 알고 그 바람을 존중해야 해요. 배우자는 출산하는 아내와 출산을 담당하는 외부인들 사이의 연결 고리이자 중재자지요.

역할 2: 코치

많은 배우자들은 아내가 같이 가자고 하니까 그에 맞춰주기 위해 함께 임산부를 위한 강좌 같은 데 참여하곤 해요. 하지만 호흡법이나 마사지법 말고는 그리 많은 것을 가르쳐주지 않지요. 저는 배우자들이 아내가 임신기간 동안 무엇을 겪는지, 출산에서 어떤 일을 겪는지에 좀 더 깊이 있게 관심을 가졌으면 좋겠어요. 일어나는 모든 일들을 좀 상세히 파악하고, 코치이자 팬이 되어 주세요. 또한 팬으로서 모든 일이 잘될 거라는 걸 늘 믿어줘야 해요. 그것이 임산부에게 도움이 됩니다.

역할 3: 돌보미

돌보미로서 운동선수를 돌보듯이 해보세요. 필요하면 양질의 식사를 공급해주고, 충분한 수분 섭취에도 신경을 쓰고요. 그밖에도 아내가 원하면 이마에 물수건도 대어주고요. 돌보미로서 늘 관심을 가지고 준비된 자세로 필요할 때마다 아내를 도와주세요.

역할 4: 시청자

시청자의 역할도 배우자의 역할에 해당합니다. 무엇보다 아기를 출산하는 과정에서는 더욱 그렇습니다. 관객으로서 배우자는 출산이라는 라이브 이벤트를 포착할 수 있습니다. 정말로 사진기로 포착할 수도 있겠지만, 일단 눈으로 모든 것을 지각하는 관찰자인 셈이죠. 사실 출산하는 당사자는 엔도르핀의 영향으로 거의 취한 상태에 있기 때문에, 모든 것을 배우자만큼 정확히 파악하지는 못합니다. 그러므로 배우자가 관객의 역할을 충실히 감당한 뒤 출산 뒤에 퍼즐을 다시 맞추어 공동의 기억을 만들어낼 수 있습니다.

배우자를 위한 출산 팁

• 출산 전에 방수 깔개를 차 속에 깔아놓으세요. 언제 어떻게 병원으로 가게 될지 모르니 준비해두면 시간과 스트레스를 절약할 수 있습니다.

• 산모가 배가 고프다고 하면 가볍게 요기할 수 있는 것을 주세요.

• 커피를 마셨다면 입에서 커피 냄새가 나지 않도록 입을 잘 헹구세요. 입에서 커피 냄새가 나면 출산하는 동안 산모가 메스꺼움을 느낄 수 있습니다.

• 아내가 좋은 컨디션으로 출산하는 데 모든 관심을 기울이겠지만, 아울러 자기 자신의 컨디션도 잘 챙기도록 해야 합니다. 당신이 지치고 먹을 것을 잘 먹지 못해서 컨디션이 안 좋으면, 출산하는 아내에게도 좋지 않습니다. 따라서 스스로를 잘 보살피는 일을 잊지 말아야 합니다.

잘 알려지지 않은 둘라의 일에 관하여

아넬리스 뮬더는 2014년부터 위트레흐트에서 둘라로 활동해오고 있다. 할머니 시대에는 엄마나 언니, 친구가 아이를 낳을 때 정서적인 도움을 제공했다. 지금도 의외로 이런 일이 일반적인 곳들이 많다. 하지만 최근에는 지역에 따라서 둘라가 이런 역할을 맡고 있다.

"여성들이 보통 어떤 이유에서 당신을 찾아오나요?"

이전의 출산에서 안 좋은 경험을 했던 여성들과 그들의 배우자들이 둘라를 많이 찾아요. 나는 조기 양막 파수 등 의학적으로 힘든 케이스의 임산부들을 주로 돌보고 있어요. 그밖에 심리질환이 있거나, 과거에 성적 학대를 당했거나, 출산에 대한 두려움이 특히 큰 여성들의 동반자가 되지요. 이전의 출산에서 의사소통이 제대로 되지 않아 자신의 의견이 무시당했다고 느끼는 경우에 종종 출산에 트라우마가 생겨요. 나는 여성들에게 많은 것들을 설명해줘요. 우리의 뇌나 신경계, 호르몬, 진통의 기능 등에 대해서 말이죠. 자신의 신체에서 어떤 일이 일어나고, 왜 그런 일이 일어나는지를 이해하면 정말 많은 도움이 되지요.

"출산의 두려움을 없애줄 수도 있나요?"

무서워하는 게 자연스럽다는 이야기를 듣는 것만으로도 도움이 되는 경우가 많아요. 하지만 스트레스도 중요한 역할을 하지요. 현대 사회에서는 사적인 생활에서뿐 아니라 일에서도 어마어마한 압박감이 작용해요. 많은 여성들은 임신기간 중에, 그리고 출산을 하고 나서도 이전처럼 활동하고 싶어 하지요. 직업에서는 자신의 일을 컨트롤하는 데 익숙해져 있어요. 하지만 임신과 출산에서는 자기 마음대로 할 수가 없는 거예요. 아기는 자기가 준비되어야 나오거든요.

"둘라로서 의료 인력과 어떻게 협업을 하나요?"
나는 의료적인 문제에는 개입하지 않아요. 하지만 팀워크는 중요하지요. 전문적인 돌봄은 잘 짜여진, 구조화된 프로세스예요. 그럼에도 둘라는 생각보다 더 많은 것을 결정할 수 있어요. 무엇보다 예상에서 빗나가는 변수가 생길 경우 병원에서의 압박감은 극심하거든요. 저는 침착을 유지하는 가운데 분만실 팀과 공동으로 가급적 산모의 바람에 맞출 방법이 무엇이 있을지를 고심해서 결정해요. 그렇게 하면 문제가 생기지 않고 잘 돌아가지요.

모유수유에 관하여

린다 오프레인스는 수유상담가로 활동하며 임산부와 그 배우자에게 모유수유에 관한 도움을 준다. 임신기간에 일찌감치 모유수유를 준비하면 좋을 것이다.

모유수유 준비를 위한 린다의 6가지 조언

1. 모유수유 강좌를 들어라

임신기간 중에 모유수유에 대해 상세히 알아놓으면 모유수유에 성공할 확률이 높다. 근처에서 모유수유 상담가가 진행하는 모유수유 강좌에 참여하라. 모유수유 상담가를 알아놓으면 나중에 모유수유 중에 문제가 생길 때 전화를 해서 물어보기도 좋다.

2. 배우자를 끌어들여라

모유수유를 처음 할 때는 대부분의 부부가 약간의 어려움을 겪는다. 시간도 소요되는 일이고, 종종은 불안을 느낀다. 배우자가 '한배'에 타지 않으면 모든 것은 훨씬 더 어려워진다. 그러므로 부부가 함께 모유수유의 모험으로 나아가야 하고, 배우자도 모유수유가 엄마와 아기에게 갖는 유익한 점들에 대해 알고 있어야 한다. 연구들에 따르면 모유수유 초기에는 배우자의 뒷받침이 결정적이다.

3. 친정엄마의 수유 경험을 공유하라

모유수유의 성공 여부에는 주변 사람들이 한몫한다. 주위 사람들도 평범하게 모유수유를 하는 경우, 자신도 그렇게 하고자 할 확률이 높다. 어머니의 경험 역시 딸에게 본보기가 되므로 아주 중요하다. 어머니가 자녀에게 모유수유를 할 수 없었다면, 이것은 딸의 태도에도 영향을 미친다. 결국 딸은 우윳병을 물고 자랐을 것이기 때문이다. 다행히 반대로도 적용된다. 어머니가 성공적으로 모유수유를 한 경우, 딸에게도 긍정적이고 고무적인 효력이 미친다. 어머니가 모유수유를 했건, 하지 않았건 간에 어머니와 모유수유에 대한 이야기를 나누며, 현대의 시각에서 모유수유를 바라보는 것이 좋다. 모유수유에 대한 입장은 20~30년 전과는 굉장히 달라졌기 때문이다.

4. 임신기간 중에 미리 젖을 짜보아라

임신한 여성은 약 임신 20주 정도에 젖이 생성되기 시작한다. 많은 여성들은 임신 후반기에 이미 유두에서 젖이 나온다. 예를 들면 아침에 뜨거운 물로 샤워를 하다 보면 그것을 발견하게 된다. 어떤 여성들은 아무것도 느끼지 못하거나, 기껏해야 젖꼭지에 노란 알갱이(젖이 말라붙은 것) 정도를 발견한다.

처음으로 유방을 눌러 젖이 나오는 경험은 특별한 순간이다. 자신의 젖을 보면, 이제 유방의 능력에 신뢰가 생긴다. 이것은 참으로 유용한 능력인 것이다. 젖을 짜는 방법은 아주 쉽게 배울 수 있고, 유튜브에서도 이를 가르쳐 주는 영상이 많다.

5. 모유수유를 시작하기 힘들게 만드는 문제에 유의해라

당뇨 또는 임신성 당뇨, 임신중독, 난산, 출산 중 진통제 복용, 손위 자녀 때 모유수유가 어려웠던 경험 등 위험요소가 있다는 사실을 안다면 임신 마지막 3주 동안 좀 더 적극적으로 손으로 젖을 짜주는 것이 좋을 것이다. 하루에도 여러 번 여러 밀리리터를 짤 수 있다. 젖을 모아서 소독한 작은 용기에 담아 냉동해둘 수도 있다. 이런 작업을 해두면 출산 후 당신과 아기가 훨씬 편해질 수 있고, 모유수유에 빠르게 들어갈 수 있다. 이미 모유에 친숙해졌기 때문이다.

단, 임신 중 젖을 짤 때 배가 딱딱해질 수도 있는데, 이런 현상에 주의해야 한다. 젖을 짤 때 적은 양의 옥시토신(자궁 수축 호르몬)이 분비되고, 어떤 여성들은 이에 자꾸 자궁수축이 한 번씩 일어나는 반응이 있을 수 있다. 이런 경우는 젖 짜는 일을 나중으로 미루는 것이 좋다.

6. 모유수유가 잘 되지 않으면 일찌감치 도움을 구하라

때로는 전문가에게 의뢰할 필요가 있다. 조산사도 모유수유 교육을 받았고 모유수유에 도움을 줄 수 있지만, 모유수유 전문 상담가는 그 분야의 전문가다. 그러므로 오래 지체하지 말고 적극적으로 도움을 구해라. 모유수유 상담가의 1회 방문으로도 커다란 차이를 가져올 수 있다.

04

임신 생활의 필수 관문,
검진받기

임신기간 동안 산부인과 의사는 당신과 아기의 건강을 면밀히 관찰한다. 검진을 할 때마다 혈압을 재고, 여러 번 혈액도 채취한다. 3개월째부터는 매 정기 검진 시 정확한 진찰과 더불어 아기의 작은 심장을 보기 위해 초음파검사도 하게 된다. 소변검사나 질도말표본검사는 필요한 경우에만 실행한다.

이런 일반적 검사 외에 산전 선별 검사(통합적 검사, 니프티 검사, 20주 정밀 초음파)가 있다. 이것은 출산 전에 아기 염색체에 이상이 있는지, 이상이 있을 위험이 있는지를 알아보는 검사다. 산전 선별 검사 결과에서 약간 이상이 확인되는 경우 후속 검사(융모막 융모 검사, 양수 검사)를 제안받게 되며, 이를 통해 어떤 이상이 있는지 정확히 살펴 볼 수 있다. 의학적 검사와 별도로 추가적으로 초음파검사를 예약할 수 있는데, 여기서는 아이의 건강을 살피는 것이 아니라 아이의 외모를 자세히 보기 위함이다. 이 초음파를 보면 모든 면에서 감탄하게 될 것이다.

정기검진

임신 12주부터 이뤄지는 정기검진에서 조산사나 산부인과 의사는 매번 당신을 꼼꼼히 살필 것이다. 아기의 심장 소리를 들어보고, 당신의 혈압을 측정할 것이며, 어떤 때는 혈액을 채취해 혈액검사도 할 것이다. 산부인과 의사와 마찬가지로 조산사도 모든 정기검진을 시행할 수 있지만, 초음파와 산전 선별 검사는 산부인과 의사만 할 수 있다. 때때로는 정밀초음파실에 들어가서 초음파검사를 받게 될 것이다.

촉진: 겉에서 검진하기

조산사나 산부인과 의사는 겉에서 당신의 배를 촉진할 것이다. 진찰대에 똑바로 누운 자세로 웃옷을 올려 배를 드러내놓은 상태에서 조산사나 의사가 조심스럽게 당신의 배에 두 손을 대고 약간씩 누르며 자궁의 가장자리를 짚어가면서 자궁 상태를 촉진하게 될 것이다. 자궁을 가늠하자마자 (26주부터는) 자궁 끝에서 치골 사이의 거리를 측정함으로써 자궁의 현재 크기뿐 아니라 순조로이 잘 커지고 있는지를 가늠할 수 있다. 이 길이는 종종 임신 주수에서 4를 뺀 것과 비슷하다. 따라서 임신 28주인 경우 자궁은 약 28-4=24센티미터 정도라고 보면 된다.

조산사는 이어서 아기가 배 속에 어떻게 놓여 있는지를 조심스럽게 만져 볼 것이다. 임신 주수가 늘어날수록 아기를 더 쉽게 감지할 수 있다. 조산사는 처음에 배 위쪽을, 다음으로 옆쪽을, 마지막으로 아래쪽을 촉진할 것이다. 조산사가 손을 대고 손으로 만지는 방식을 '레오폴드 복부 촉진법'이라 부른다. 이때 가장 많은 저항이 느껴지는 부분이 바로 아기의 등 부분일 확률이 높다. 이어 조산사는 아기의 머리와 발을 만져보면서 아기가 기대한 자세로 있는지를 점검할 것이다. 임신 초기에는 물론 이런 식의 촉진이 가능하지 않다.

조산사는 배 속을 촉진해본 경험이 아주 많기에, 당신보다 훨씬 쉽게 아기를 찾을 수 있다. 조산사가 어떻게 하는지 잘 보고, 그 부분을 스스로 만져보며 아기의 특정 부위를 느껴 보면 좋을 것이다. 그러면 집에서도 혼자서 쉽게 아기를 분간할 수 있다. 조산사나 의사는 임신 후기에는 아기의 자세, 즉 아기의 머리가 골반 쪽으로 놓여 있는지를 점검할 것이다.

조산사나 산부인과 의사는 검진을 할 때마다 아기의 심장 소리를 체크하기에, 당신도 함께 들을 수 있을 것이다! 당신의 혈압도 매번 체크하며, 필요하다면 한 번 또는 여러 번 혈당과 단백 수치(소변검사)를 측정할 것이다. 하지만 대부분은 위험 요인이 있는 경우에 한해서 검사한다.

당신은 매 검사마다 그것을 왜 시행하는지 알 권리가 있다. 조산사나 산부인과 의사는 당신과 상의할 것이고 검사를 받을지 말지 결정하도록 도울 것이다.

혈액검사

임신 초기에 혈액을 통해 특정 질환 유무를 검사하고, 중요한 수치들도 측정하게 될 것이다. 이런 혈액 검사는 다음을 알려준다.

- 당신의 혈액형: A, B, AB, O 형. Rh인자 양성(+), 음성(−)
- 혹시 있을지도 모르는 불규칙 항체(이것은 A와 B 외의 다른 혈액형에 대한 항체)
- 전염병: 매독, B형 간염, 또는 HIV
- 헤모글로빈 수치
- 혈당 수치

혈액검사 결과 혈당이 높은 것으로 드러나면, 의사나 조산사는 추가 검사를 잡아 임신성 당뇨가 있는지 판단할 것이다. 헤모글로빈 수치가 낮은 경우는 식이요법을 통해 종종 빠르게 수치를 끌어올릴 수 있다. 그런 경우 추가로 철분제를 복용해야 할 수도 있다.

검사에서 전염성 질환이 있는 걸로 나올 수도 있다. 의사가 출산 전에 그것을 알고 있어야 어떻게 하면 태아의 감염을 막을 수 있을지 조치할 수 있다. 혈액검사에서 혈액형도 확인할 수 있다. 당신이 Rh 음성이고 첫 아이가 Rh 양성인 경우, 다음 임신에서 문제가 발생할 수도 있다. 당신의 몸이 첫 번째 임신에서 아기의 Rh 양성 혈액에 대해 항체를 형성하기 때문이다.

그리하여 이제 둘째 아이를 임신했는데 그 아이도 Rh 양성이면 당신의 혈액은 항체로 그 아기와 싸우게 된다. 다행히 오늘날에는 거기까지 이르지는 않는다. 첫 임신에서 일찌감치 당신의 혈액을 통해 당신과 아기의 혈액의 Rh인자를 확인할 수 있기 때문이다.

검사 결과 아기가 Rh 양성으로 나오면 당신은 임신 30주 즈음에 면역 글로불린 주사를 맞게 된다. 이 주사는 소위 항-D 예방^{Anti-D prophylaxis}이라고 하는 것으로, 이를 통해 항체 형성을 억제할 수 있다. 그런 다음 출산 뒤 24~28시간 이내에 다시 한 번 면역글로불린 주사를 맞는다. 아기도 당신처럼 Rh 음성이면 주사는 필요 없다. 그런 경우 항체도 형성되지 않기 때문이다. 당신은 양성인데 아기가 음성이어도 아무 일도 일어나지 않는다. 양성 혈액은 음성 혈액에 대해 항체를 형성하지 않기 때문이다(엄마가 음성이고, 아기가 양성인 경우에만 항체를 형성한다). (생물학적) 아버지의 혈액에 대한 Rh인자 검사는 이뤄지지 않는다.

소변검사

당신이 고혈압인 경우 소변검사를 하게 될 것이다. 소변 속의 단백질 수치를 검사하여 임신중독증이 발생할 위험이 있는지를 진단한다. 임신 이전이나 임신 중에 마약을 복용한 경우에도 조산사나 의사가 소변검사를 시행할 것이다.

질도말표본 검사

산부인과 의사는 종종 질도말표본검사를 권한다. 그 전에 정확히 왜 이 검사를 하고자 하는지 설명하고, 당신이 검사에 동의하는 경우 주치의나 산부인과 의사가 이 검사를 시행할 것이다. 이 검사는 혹시 임신이나 태아에 영향을 미칠 수 있는 감염이 있는지를 보고자 하는 것이며, 만일 그런 감염이 확인된다면 임신기간 동안이나 출산 직후에 항생제를 투여한다. 어쨌든 조치를 취하기 전에 당신과 함께 치료 방법에 대해 상세히 논의하게 될 것이다.

초음파검사

초음파검사가 있기 전에는 배 속의 아기가 어떤 모습이고, 모든 것이 제대로 발달하고 있는지 등을 확인할 수가 없고, 그냥 추측만 할 수 있을 따름이었다. 오늘날에는 다행히 모든 것을 흑백 사진으로 정확히 볼 수 있다. 초음파 기기는 우리가 들을 수 없는 영역대의 높은 음을 발하며, 아기의 기관들이 이런 음을 반사하면, 이것이 알고리즘을 통해 영상으로 변환되어 이를 모니터로 볼 수 있는 기기다. 아기의 영상을 인쇄하거나 USB 메모리에 담아 집에 가져갈 수도 있다. 한편 의사들은 초음파검사를 통해 아기의 발달을 잘 관찰할 수 있다. 배 속의 아기도 초음파 소리에 아무런 불편도 느끼지 않는다. 20주 정도에는 '정밀초음파'를 받게 된다. 이것은 또 하나의 산전 선별 검사이다. 임신기간 동안 총 서너 번의 초음파검사를 받게 된다.

생명을 확인하는 초음파

임신 초기에 초음파를 통해 임신을 확인할 수 있다. 그밖에도 임신한 지 얼마나 됐는지도 알 수 있다. 정확한 분만 예정일은 분만 예정일을 가늠하기 위한 초음파

검사를 통해 정해진다. 임신 초기의 초음파에서 이미 아기의 심장을 볼 수 있다. 다태아를 임신하고 있다면 여러 개의 심장이 보일 것이다! 임신 초기의 초음파는 필수는 아니라서 병원에 따라 시행하는 곳도 있고 그렇지 않은 곳도 있다. 하지만 특별한 경우에는 어쨌든 초음파검사를 하게 되며, 그 이유는 다양하다. 종종은 자신이 정말 임신했다는 것이 믿기지 않는 경우에 초음파를 하기도 하고, 이미 유산을 몇 번 경험했던 경우에 실시하기도 한다. 정상보다 많은 양의 하혈이 있었을 때에도 실시한다.

분만예정일을 가늠하는 초음파

모든 여성이 임신하자마자 임신 사실을 확인하는 초음파를 보지는 않기 때문에, 이 초음파가 아기를 눈으로 보는 최초의 기회인 경우도 있다. 이 얼마나 특별한 순간인가! 물론 이 시기 아기는 아직 아기의 모습을 갖추지는 않았다. 그냥 아주, 아주 작을 따름이다. 분만 예정일을 가늠하기 위한 초음파검사는 10주에서 13주 사이에 이뤄진다. 의사는 아기 심장이 뛰는지를 점검하고 아기의 크기를 잰다. 크기를 통해 상당히 정확히 예정일을 계산할 수 있다. 때로는 초음파가 여러 가지 놀라운 사실을 알려준다. 쌍둥이를 임신했다는 등이 그것이다.

이런 초음파는 너무나 기대되는 순간이다. 임신테스트를 한 지 얼마 안 됐는데 벌써 아기를 눈으로 보고, 분만 예정일이 언제인지를 알고, 아기의 첫 사진을 가지고 집으로 돌아가다니 말이다. 12주 이전에 주수를 가늠하는 초음파검사는 종종 질을 통해 시행된다. 아기가 아직 너무 작아서 초음파 변환기를 가까이 가져가야만 모든 걸 제대로 분간할 수 있기 때문이다. 초음파는 당신에게나 아기에게나 고통이 없는 검사다. 배우자 외에 누군가와 동행했다면, 그에게 한걸음 물러나 있어 달라고 부탁해도 좋다.

성장을 확인하는 초음파

여러 산부인과에서는 30주 정도에 성장을 확인하는 초음파검사를 시행한다. 의사는 초음파를 통해 아기가 월령에 맞게 잘 크고 있으며, 양수는 충분한지를 본다. 태반의 모양과 위치도 확인한다. 태반이 아직 자궁 입구 가까이에 있는 경우는 다음 초음파에서 다시 위치를 검사하게 된다.

아기의 출생 시 체중이 얼마나 될지도 가늠한다. 아기의 신체 부위가 잘 분간될 정도로 자란 상태이므로 각 부위를 측정하는 것도 가능하다. 성장을 보는 초음파에서는 머리 둘레, 배 둘레, 허벅지 길이에 대한 측정이 이뤄지며, 확실히 하기 위해 여러 번 측정한다. 어떤 병원에서는 이런 초음파검사를 표준적으로 시행하고, 어떤 병원에서는 다른 검사에서 아기가 너무 크거나 작아 보일 때처럼 필요가 있을 때만 시행한다.

태위를 확인하는 초음파

이상적인 경우 아기는 머리를 아래쪽으로 두고 있다. 조산사는 손으로 아기의 머리가 아래쪽에 있는지 느낄 수 있다. 하지만 때로는 초음파가 필요하다. 태위(자궁 속 태아가 세로로 있는 위치) 확인 초음파는 약 임신 35~36주 경에 이뤄지는 것으로, 아기의 태위, 양수의 양, 태반의 위치를 확인한다. 태반이 여전히 자궁 입구에 붙어 있는 경우는 자연분만이 불가능하다. 아기가 머리를 아래쪽으로 하지 않은 경우에는 아기의 방향을 돌릴 수도 있다. 각각 어떤 조치를 취할 것인지 여러 방법을 당신과 논의하게 될 것이다.

"Baby-Watching"

임신 상태와 아기 건강을 살피기 위한 의료적 목적의 초음파검사 외에 임산부가 원해서 하는 초음파도 있다. 이런 초음파는 의료적으로 필요하지는 않은 것이기에 대부분 자비로 부담하게 된다. 초음파 전문 병원에서 할 수도 있고, 다니던

산부인과에서 할 수도 있다. 원해서 하는 초음파의 이점은 즐겁게 검사받을 수 있다는 것이다. 이상이 있어서 하는 것도 아니고, 다른 불안한 이유 때문에 하는 것이 아니기 때문이다.

이때는 원하는 사람을 초음파검사에 초대할 수도 있다. 배 속 아기의 손위 남매든, 손주를 맨 처음 보고 싶어 하는 할머니든, 할아버지든. 이런 초음파검사를 하며 의사는 궁금한 사항들에 대답을 해줄 것이며, 머리끝에서 발끝까지 아기의 모습을 보여줄 것이다. 흑백 영상 속에서 아기를 어떻게 분간해야 하는지 설명해주고, 사진도 많이 찍고, 초음파 세션의 동영상도 얻을 수 있을 것이다.

모든 초음파검사에서는 생식기도 분간할 수 있으므로, 이런 초음파를 하는 동안에 아기의 성별도 알 수 있다. 초음파는 2D, 3D, (4D라고도 불리는) HD Live 중에서 선택할 수 있다. 2D 초음파는 흑백이며, 아기와 아기 몸속의 '단면'을 볼 수 있다. 그리하여 의료적 초음파검사는 늘 2D 흑백으로만 이뤄진다. 의사들에게는 예쁜 모습으로 보이는 것보다 아기와 자궁의 해부학적 디테일이 중요하기 때문이다.

3D 초음파는 2D초음파와 비슷하지만, 색깔과 깊이가 더해진다. 3D 초음파에서는 아기를 외부에서 3차원적으로 볼 수 있다. 하지만 2D 초음파에서처럼 아기의 몸속을 들여다보지는 못한다. 아기의 체내 장기는 보이지 않고, 출산 뒤에 보는 것과 같은 아기의 모습을 볼 수 있다. 하지만 좋은 3D 사진을 얻으려면 아기가 약간 도와줘야 한다. 2D 초음파에서는 한 손이 아기의 얼굴 위에 놓여 있어도 별로 나쁠 건 없다. 하지만 3D 초음파에서는 이미 지장을 받는다. HD 라이브 초음파는 4D 초음파라고도 불리는데, 움직이는 3D 사진으로 구성된다. 따라서 4D는 움직이는 차원인 것이다. 3D나 4D 초음파 영상은 24주에서 30주까지 사이에 가장 예쁘게 나온다.

넙 이론(Nub Theory): 임신 12주에 벌써 태아의 성별을 알 수 있다고?

임신 초기에 생식기가 분화되자마자, 아기가 아들인지 딸인지를 알 수 있는 방법이 있다. 그 기초는 바로 넙 이론인데, 이를 수단으로 75퍼센트의 정확성으로 태아의 성별을 예측할 수 있다. 하지만 모든 산부인과가 이를 예측할 수 있는 질 초음파를 시행하는 건 아니다. 이 방법을 시행하려면 산부인과 의사가 어디를 봐야 하는지 정확히 알아야 할 뿐 아니라, 아기도 따라줘야 한다. 아기의 '넙(Nub)'을 잘 볼 수 있어야 하는 것이다.

넙이란 아기의 생식기에서 앞으로 약간 툭 튀어나온 부분으로, 약 11주까지는 남아와 여아의 차이가 없고 그 이후 서로 다르게 발달한다. 그리하여 넙과 척추 간의 각도가 30도 이상이면 남아일 확률이 높고, 넙과 척추간의 각도가 30도 이하이면, 즉 척추와 평행하게 진행되거나 약간 아래쪽을 향하면 여아일 확률이 높다. 예상했겠지만 정말 작은 태아에게서 넙을 분간하는 것은 쉽지 않다. 하지만 걱정하지 마라. 이제부터 생식기는 아주 빠른 속도로 발달하므로, 한 주 더 기다리면 95퍼센트의 확률로 아기의 성별을 알 수 있다.

산전 선별 검사

산전 선별 검사에는 통합적 검사, 니프티 검사, 20주 정밀 초음파 등 여러 가지가 있다. 모든 임산부는 나이와 건강 상태와 상관없이 산전 선별 검사를 받을 수 있다. 단 위험 그룹에 속하지 않는 경우는 자비 부담을 해야 할 수도 있다.

검사, 받을까 말까?

산전 선별 검사는 받을 수도 있고, 받지 않을 수도 있다. 선택은 자유다. 모든 임산부가 산전 선별 검사를 받는 것은 아니다. 조산사나 산부인과 의사가 산전 선별 검사에 대한 안내를 받을 것인지를 물어볼 것이다. 안내를 받지 않을 권리도 있다. 안내를 받겠다고 하면 상담 일정이 잡힐 것이다. 여기서는 가족력이나 혹시 있을지도 모를 기타 특수성을 고려해야 한다. 배우자나 다른 믿을 수 있는 사람들과 미리 상의해서 결정하는 것이 중요하다. 배우자와 함께 상세한 상담을 통해 중요하고 적절해 보이는 검사를 선택할 수 있다.

테스트를 하는 것과 하지 않는 것에는 장단점이 있다. 사람에 따라 어떤 것을 장점으로 여길 수도 있고, 아닐 수도 있기 때문이다. 자신이 원하는 것을 잘 생각해서 결정하도록 하자. 산부인과 의사나 조산사에게 물어보면 검사의 장단점에 대해 상세하게 설명해줄 것이다.

조산사 테리 데 르어의 조언

중요한 것은 선별 검사에서 '이상'이 발견되는 경우 어떻게 할 것인지 배우자와 더불어 충분히 숙고하는 것입니다. 아기가 어떤 증후군이 있을 때 그에 따른 조치를 취하고자 하는 것입니까? 그런 경우 임신중절을 하고자 하는 건가요? 아니면 중절하려는 의사가 없고, 아기에게 이상이 있는지도 알고 싶지 않습니까? 이런 질문에 대한 답이 명확하다면, 검사를 아예 받지 않는 것이 더 간단할 수도 있답니다.

성염색체를 제외한 모든 세포는 23개의 염색체 쌍으로 이뤄져 있다. 하지만 사람에 따라 그렇지 않을 수도 있다. 그렇지 않은 것을 '염색체 이상'이라 부른다. 그중 임신 기간 동안 검사가 이뤄지는 염색체 이상은 다운증후군, 에드워드증후군, 파타우증후군이다.

다운증후군(21번 삼염색체증): 보통의 경우 사람은 21번 염색체가 2개인 반면, 다운증후군이 있는 사람은 21번 염색체가 3개이다. 이로 말미암아 경증에서 중증의 정신적 장애가 나타나는데, 다운증후군으로 인한 장애가 얼마나 심할지 임신 기간 중에는 진단할 수 없다. 그밖에도 다운증후군이 있는 사람의 신체 발달은 느리게 진행되고, 신체적 장애를 갖게 될 위험이 높다. 에드워드증후군이나 파타우증후군의 경우와는 달리 다운증후군이 있는 사람들은 비록 심신의 제한을 수반하기는 하지만 행복하고 또 꽤 오래 살 수 있다.

에드워드증후군(18번 삼염색체증): 이 증후군의 아기는 18번 염색체 2개가 아닌 3개이고, 이로 말미암아 심신 건강에 광범위한 제한을 받게 된다. 18번 염색체가 3개인 아기들은 대부분 신체적으로 너무 약해서 임신기간 중 또는 태어난 직후에 사망하며, 간혹 몇 주 또는 몇 달 간 생존한다. 에드워드증후군은 다운증후군보다 훨씬 드물다.

파타우증후군(13번 삼염색체증): 파타우증후군에서는 13번 염색체가 2개가 아닌 3개이다. 에드워드증후군에서처럼 파타우증후군에서도 정신적·신체적으로 강한 손상이 나타나서, 대부분 모태에서 사망하거나 출산 직후 또는 태어난 지 얼마 되지 않아 사망한다. 이런 아기의 두뇌도 발달 장애를 보여서 태어나더라도 에드워드증후군의 아기들처럼 종종 간질을 앓게 되며, 몸무게 미달인 상태로 태어난다.

통합 검사

이 검사는 임산부의 혈액에서 두 가지 호르몬을 측정하는 혈액검사와 초음파로 보는 '태아 목덜미 투명대 검사'로 이뤄진다. 태아 목덜미 투명대 검사는 '목덜미 투명대'라 불리는 태아의 목에 있는 엷은 체액 층을 측정하는 검사다. 목덜미 투명대의 두께가 정상보다 두꺼우면 다운증후군일 위험이 증가한다. 임산부 혈액검사는 9~14주 사이에, 목덜미 투명대 검사는 11~14주 사이에 시행한다.

- 이런 검사는 니프티 검사보다 신뢰성이 떨어진다. 이 검사에서는 태아가 이런 증후군 중 하나가 있는지를 확률로 계산한다.
- 과체중인 임산부의 경우 이 검사가 만족스럽게 이뤄지지 않을 수 있다. 목덜미 투명대 측정에서 다른 질병이 드러날 수도 있다.
- 이런 검사는 다태아의 경우도 실행될 수 있다(각각의 아기에 대해 측정이 이뤄진다).
- 초음파도 혈액검사도 임산부에게 위험하지 않다.
- 혈액검사와 목덜미 투명대 검사 결과에 따라 다운증후군, 에드워드증후군, 파타우증후군의 위험성이 계산된다.
- 임산부의 연령과 지금까지의 임신기간도 계산에 영향을 미친다.

NIPT 검사

NIPT(태아 DNA 선별검사)는 '니프티 검사'라고도 불린다. 임산부의 혈액을 채취하여 검사하는 것으로, 혈액 속에는 약간의 태반 DNA가 들어 있는데, 이것은 아기의 DNA와 거의 동일하다. 때문에 아기의 유전자를 검사할 수 있다.

- 이 혈액검사는 임신 11주부터 시행할 수 있다.
- 심각한 이상에서 그리 중대하지 않은 이상까지, 태반의 다른 이상도 확인할 수 있다.
- 태반의 일부는 21번 삼염색체증을 보이지만, 반면에 아기는 그렇지 않을 수도 있다. 이런 경우는 잘못된 검사 결과가 나올 수도 있지만, 그럴 확률은 아주 적다.
- 니프티 검사는 다태아의 경우는 시행할 수 없다.
- 검사의 정확도는 거의 100퍼센트에 가깝지만, 완벽히 100퍼센트는 아니다.
- 이 혈액검사는 당신이나 아기에게 위험하지 않다.
- 니프티 검사는 보통 다운증후군, 에드워드증후군, 파타우증후군을 검사한다. 니프티 검사는 기본 기형아 검사와 함께 시행할 수도 있다. 그런 경우 태반과 모체에서 다른 염색체 이상이 있는지 살피게 된다.

니프티 검사를 하면 2주 뒤에 결과가 나온다. 니프티 검사가 100퍼센트 정확성을 갖는 것이 아니기에, 니프티 검사에서 세 가지 증후군 중 하나의 위험이 높으면 융모막 융모 검사나 양수 검사를 시행한다. 물론 원하는 경우에 한해서다.

정밀 초음파

임신 중반기(임신 18주에서 21주 사이)에보다 정밀한 초음파검사가 이뤄진다. 통합적 검사와 니프티 검사가 염색체 이상을 살피는 것인 반면 20주에 시행하는 정밀초음파는 다른 것에 포커스를 맞춘다. 아기의 거의 모든 신체 부위가 이미 형성됐기에 이제 초음파를 통해 볼 수 있다. 원래 이 검사는 척추가 불완전하게 닫힌 이분척추Spina bifida가 있는지를 감별하기 위한 것이었다. 하지만 그 외에 더 많은 것을 볼 수 있다.

정밀 초음파는 아기에게 어떤 신체적 이상이 있지는 않은지, 양수는 충분한지,

아기가 잘 자라고 있는지를 보기 위한 의료적 검진의 하나다. 뭔가가 발견될지도 모르기에 손위 자녀들을 데리고 가거나 직업적으로 바쁜 일정 중간에 정밀 초음파를 끼워 넣거나 하는 것은 바람직하지 않다.

> **조산사 카롤리네 푸터만의 조언**
>
> 20주 정밀 초음파는 시행하는 의료진의 각별한 주의력을 요합니다. 아기가 움직이면, 굉장히 집중해서 심장과 그 주변 혈관을 봐야 하지요. 그래서 초음파검사를 하면서 의료진이 말을 하지 않을 수도 있습니다. 말을 하지 않더라도 불안해 하지 마세요.

　20주 정밀 초음파의 커다란 이점은 나중에 생사를 결정할 수도 있는 이상을 발견할 수도 있다는 것이다. 예를 들면 아기의 심장 판막에 이상이 있는 것으로 드러난 경우, 출산 후 아기가 갑자기 새파랗게 되는 일이 있더라도 당황하지 않고 순발력 있게 대처할 수 있다. 아기가 왜 그런 증세를 보이는 것인지 원인을 찾느라 시간을 허비할 필요가 없기 때문이다. 따라서 20주 정밀 초음파는 유전적 이상을 살피는 검사들과는 차별성이 있다.

　정밀 초음파에서는 무엇보다 아기의 심장, 뇌, 신장, 위, 장, 척추, 방광, 팔, 다리, 골격, 두개골에 대한 검사가 이뤄진다. 이 검사에서 다음과 같은 이상이 발견될 수 있다.

심장 결함/이분 척추/두개골 결손(기형)/두개골 발달 이상/뇌수종/신장 및 팔다리 결손/위장관 폐쇄/구순구개열/장기형/횡격막 구멍/복벽 구멍

정밀 초음파는 성별을 알아낼 목적으로 시행되는 것은 아니지만, 대부분의 의사들은 질문하면 기꺼이 성별을 알려줄 것이다. 당신이 알고 싶어 한다는 전제 안에서 말이다. 태아의 성별을 미리 알고 싶은지 배우자와 상의해야 할 것이다. 정밀초음파에서는 정말 많은 것들을 볼 수 있다. 하지만 이를 통해 태아가 건강한지 100퍼센트 확실하게 예측할 수는 없다.

> **조산사 카롤리네 푸터만의 조언**
> 아들인지 딸인지 정말 알고 싶지 않다면, 모든 초음파검사 전에 의사에게 말해 둬야 합니다. 의사들은 성별을 알고 있으므로 부주의하게 말해버릴 수 있으니까요.

다행히 대부분의 예비 부모는 정밀 초음파가 끝나고 두루두루 만족하여 기분 좋게 집으로 돌아갈 것이다. 검진 결과 모든 것이 정상이라는 말을 들으면 이제 안심한 상태로 임신 전반기를 마치고 후반기로 옮아갈 수 있다. 물론 모두가 가뿐한 기분이 되지는 못할 것이다. 아기가 확인하기 힘든 자세로 있었기에, 초음파에서 또렷이 확인하지 못한 부분이 있을지도 모른다. 그런 경우에는 다시 한 번 검진일정을 잡아야 한다. 태아에게 이상이 있는 것으로 추정되면, 정밀 진단이 가능한 병원으로 연결될 수도 있다. 이 경우 때로는 양수 검사나 혈액검사가 이뤄질 것이다.

현재 정밀 초음파를 더 일찌감치 12주~14주 사이에 시행하는 것이 더 이로운지에 대한 연구가 진행 중이다. 20주 정밀 초음파에서 확인할 수 있는 이상 중 다수는 13주 정도에도 초음파로 분간이 가능하다. 더 일찍 확인하는 경우 후속 진단을 위한 시간을 벌게 되고, 임신중절을 하는 것이 좋을지 고민해볼 시간도 더 많이 벌 수 있다.

산전 진단법

산전 선별 검사에서 염색체 이상이 있을 위험이 높은 것으로 확인이 되면, 융모막 융모 검사나 양수 검사를 고려하게 된다. 때로는 먼저 다른 산전 선별 검사들을 시행하지 않은 상태에서도 직접 이런 산전 진단법을 선택할 수 있다. 다음 경우에 산전 진단법을 시행하게 된다.

- 부모가 염색체 이상 보인자인 경우
- 염색체 이상 태아를 임신한 적이 있는 경우
- 부모에게 DNA 이상이 있어 이를 통해 아기가 질병에 걸릴 위험성이 높은 경우
- 가까운 친척 중에 선천적 장애가 있는 경우
- 통합적 검사 또는 니프티 검사에서 세 가지 증후군이 있을 위험이 높게 나온 경우
- 정말 진단 결과 산부인과 의사가 후속 특수 검사를 시행할 필요가 있다고 판단한 경우

융모막 융모 검사

융모막 융모 검사에서는 약간의 태반 조직을 채취한다.

- 융모막 융모 검사에서는 작은 집게나 튜브로 질을 통해 태반의 융모 조직을 조금 채취한다.
- 때로는 복부를 바늘로 찔러서 태반 조직을 채취하기도 한다
- 마취하지 않으면, 찌를 때 잠시 아플 수 있다.
- 검사는 임신 11주에서 14주 사이에 시행해야 한다
- 결과는 2주 안에 확인할 수 있다
- 원한다면 아기의 성별도 볼 수 있다(그러나 한국의 경우에는 결과지에 정상인 성염색체는 표시하지 않아서 알 수 없다).
- 융모막 융모 검사는 침습검사(검사용 장비의 일부가 체내 조직 안으로 들어가는 것)로서 유산의 위험성을 약간 동반하기에, 꼭 필요한 경우에만 시행한다.
- 니프티 검사나 통합 검사보다 더 정확하지만 양수 검사가 필요할 경우도 있다.

양수 검사

양수 검사는 15주 경부터 실시할 수 있는 검사로서, 바늘로 복부를 찔러 약간의 양수(15~20밀리리터)를 채취한다. 채취한 양만큼의 양수는 몸이 다시 생산하며 이렇게 바늘로 '천자(찌르는 것)'하는 것으로 아기가 양수 부족에 시달릴 일은 없다. 양수에는 아기의 유전물질이 들어 있으므로, 이것을 실험실에서 분석할 수 있다. 검사를 하기 전에 초음파로 어떤 부분을 천자하는 것이 좋을지를 본다.

양수천자를 한 다음에는 며칠간 휴식을 취해주는 것이 좋으며, 무거운 것을 들

지 말아야 한다. 질을 통해서 하는 융모막 융모 검사와 마찬가지로 생리가 가까워 올 때처럼 배가 당기는 게 느껴질 수도 있다. 하지만 걱정할 만한 것은 아니다. 결과는 약 3주 뒤에 나온다.

양수 검사의 장단점

이 검사의 정확성은 거의 100퍼센트에 육박한다. 단점은 유산이 될 위험이 조금 있다는 것이다. 그 위험성은 융모막 융모 검사(약 0.3~0.5퍼센트)보다는 낮다. 약간의 양수 유출이나 질 출혈이 발생할 수 있고, 감염이 생길 수도 있다. 장점은 정확성을 자랑하는 신뢰할 만한 검사라는 것이다. 이 검사의 최대의 단점은 비교적 늦게 시행할 수 있어서 경우에 따라 임신중절이 더 이상 가능하지 않을 수도 있다는 것이다.

아기에게 이상이 발견되면 어떻게 할까?

검사 결과 아기에게 이상이 있는 것으로 나타나면, 병원 측은 당신과 이야기를 하게 될 것이다. 이런 논의에서 당신은 이상을 갖고 태어날 아이가 겪을 의학적, 심리사회적 측면에 대해 상세히 알게 될 것이다. 이런 경우 해당하는 환자 협회에 조언을 구해라. 그곳에서 당신과 같은 상황을 겪은 부모들을 찾을 수 있을 것이다.

때로는 임신중절에 대해 고민하게 될 것이다. 아기가 생존할 가망이 별로 없는 경우 임신중절을 결정할 수도 있고, 그냥 아기를 낳기로 결정할 수도 있다. 아기가 살 수 있을지라도, 심각한 이상이 있을 위험성이 크면 임신중절을 할 수 있다. 여기까지 와서 이런 진단을 듣게 되는 것은 정말 끔찍하고 고통스러운 경험이다. 이런 결정 앞에 선 모든 이들에게 어려운 시간이 예비되어 있다. 비슷한 경험을 한 사람들, 가까운 사람들, 조산사, 심리치료사와 더불어 허심탄회하게 이야기하는 과정이 필요하다.

05

본격적으로
임산부로 살아가는 법: 생활

이제 당신은 임산부인가? YES! 이제 수많은 질문들이 뇌리를 스치게 될 것이다. 모든 질문은 다음 방향에 맞춰진다. "계속해도 되는 건 뭐지?", "더 이상 하면 안 되는 건 뭐지?" 그에 대해 미리미리 생각하는 것은 좋은 일이다. 아직 산부인과에 가지 않은 상태라 해도 임신 초기는 가장 중요한 기간이기 때문이다. 한 가지 분명한 것은 임신기간에도 삶은 계속된다는 것이다. 물론 임신했기에 어떤 습관들을 좀 변화시켜야 하거나, 아예 포기해야 할 수도 있다. 하지만 모든 것이 달라져야 하는 것은 아니다.

임산부가 조심해야 할 최소한의 생활 원칙

이번 장에서는 임산부로서 일상에서 해도 되는 것과 하면 안 되는 것에 대한 실제적인 정보를 이야기할 것이다. 예상했던 바도 있을 것이고, 뜻밖의 사항도 있을 것이다. 내용을 전부 외울 필요는 없지만 무엇에 주의해야 하는지를 대략적으로 알 수 있게 목록을 쭉 읽어보길 바란다. 그리고 나서 휴가를 떠나려고 할 때는 여행 부분을 다시 한 번 읽어보는 등 구체적인 경우에 따라 들춰보면 좋을 것이다.

중요한 경고

여기에 실린 모든 내용은 상당히 논리적이고, 쉽게 실행에 옮길 수 있으며 대부분 일상에 별 영향을 미치지 않는다. 우리는 당신에게 이제부터 모든 것이 달라져야 한다는 느낌을 심어주고 싶지 않다. 그렇지 않은 게 사실이기 때문이다. 그럼에도 설명해놓은 것들을 쭉 읽어보는 것이 도움이 될 것이다.

또 하나의 중요한 경고

금지된 것과 규칙을 대수롭지 않게 여기는 예비 부모들이 있다. 이전에는 임신해도 그냥 더 많은 것을 하고 살았다. 그래서 새로운 가구에서 방출되는 화학물질이 몸에 안 좋으니 임신해서는 새 가구도 피하라는 등의 조언을 들으면 좀 지나치다는 생각도 들 것이다. 과거에는 그냥 마음 편하게 지냈던 것도 사실이다.

하지만 요즘 우리는 화학물질이 포함된 생활용품을 예전보다 더 많이 사용하고 있다. 우리가 생각하지 못했던 곳에서도 그런 물질에 노출되는 경우가 많다. 이전보다 세계를 더 많이 여행하며, 아름다워지기 위해 피부에도 더 많은 것을 바른다. 부모님 세대에 어떤 임산부가 보톡스를 맞고, 태국으로 휴가를 떠났겠는가? 그러므로 옛날과 지금을 단순 비교해서는 안 된다.

임산부가 된 당신이 해도 되는 것과 하면 안 되는 것을 이야기해보자. 우리의 일상을 대략 세 부분으로 나누면 이렇게 될 것이다.

- 집(생활)
- 몸 안팎(신체)
- 주위 환경

범례 아이콘

(!) = 주의   (⊞) = 라벨을 읽어라.

(✕) = 금지   (◌) = 매우 좋다.

(✓) = 허용   (💡) = 약간의 조절이 필요하다.

집과 정원

나중에 읽게 될 테지만, 임신기간에도 거의 모든 것을 평소처럼 해도 된다. 9개월 동안 모든 일을 예민하게 신경 쓴다면 이 시간이 얼마나 길게 느껴지겠는가. 그럼에도 몇 가지는 주의를 해야 한다.

(!) (⊞) 강한 주방세제 및 청소용 세제

모든 세제는 원칙적으로 아기에게 위험하지 않다. 다만 테레빈유, 염소, 암모니아 등 냄새로 이미 알 수 있는 독한 세제는 조심해야 한다. 이런 세제에는 페인트, 접착제, 브러시 클리너에 사용되는 것과 동일한 용매가 들어 있다. 미심쩍은 경우에는 라벨을 꼼꼼히 읽어보는 것이 좋다(구글에는 묻지 마라. 신뢰성 있는 출처에서 비롯한 정보인지 알 수 없기 때문이다). 확실하지 않은 경우는 사용하지 말고, 흡입하지도 않는 것이 낫다. 안심이 되지 않는 용품으로 청소를 하거나 칠을 하고자 한다면, 다른 사람에게 부탁하라.

- 장갑: 청소를 할 때는 고무장갑을 껴라.
- 식초: 세제를 사용하기가 찝찝하다면 식초를 사용하면 된다. 천연 성분이고 정말 잘

닦인다.

- 환기: 청소하는 공간이 환기가 잘 되도록 신경을 쓰라. 냄새가 심한 세제를 사용한다면 특히 더 신경을 써야 한다.

- 에어로졸캔: 에어로졸캔에 담겨 분사하는 스프레이식 제품은 피한다. 대신에 병에 펌프가 달린 것을 사용하라. 에어로졸캔에는 가스 추진제가 들어 있어, 이런 가스들이 공기 중에 오래 머문다.

- 천연 제품: 임신기간뿐 아니라, 나중에 아기가 태어난 다음에도 인체와 환경에 무리를 주지 않는 천연 제품을 사용하는 습관을 들이는 것이 좋다.

유럽에서는 화학물질과 세제를 주의 깊게 관리한다. 그래서 세제 같은 용품은 인체에 유해한지 세심한 검사를 거친 후에야 시장에 나온다. 어느 정도의 용량까지는 성인에게 그다지 무리가 되지 않는 경우, 그 용량이 하한선으로 정해진다. 그 정도의 양은 건강에 별로 해가 되지 않는 가운데 활용할 수 있기 때문이다. 그럼에도 세계보건기구WHO는 축적 효과를 경고하고 있다. 여러 화학제품에서 각각 조금씩 (호흡기나 피부를 통해) 인체에 해로운 물질을 흡수하는 경우, 이 물질이 더해지면 과도해질 수 있기 때문이다. 여기서는 1+1=3이다. 예를 들면 임산부가 가사노동 외에도 직장에서 화학물질에 노출되는 경우 화학물질의 흡수가 과도해질 수 있다.

때때로 임신기간에 염소나 암모니아와 접촉을 해서는 안 된다는 말을 듣게 될 것이다. 꼭 맞는 말은 아니다. 그럼에도 과하지 않은 양을 환기가 잘되는 곳에서 사용해야만 아기에게 부정적인 영향이 가지 않음을 명심해야 한다. 한걸음 더 안전하게 하려면 불가피하게 사용하는 경우 고무장갑을 끼고, 환기를 잘 시키며, 소량을 드물게 사용하고, 흡입하지 않도록 조심해라.

한 가지 주의할 것은 암모니아나 염소를 다른 것과 섞어서는 안 된다는 것이다! '뭐 섞을 일이 있나?'라고 생각한다면 소변과 염소를 생각해보라. 두 물질은 아주 격렬한 반응을 일으킨다. 그러므로 염소세제로 청소했다면 변기 물을 잘 내려 변기에 염소가 남지 않도록 하라. 물론 소변과 염소가 만난다 해도 그렇게 해롭지는 않을 것이다. 화학 실험에서처럼 많은 기체가 발생하지는 않으니 말이다. 그럼에도 기왕이면 건강에 조금이라도 나쁜 것은 피하는 것이 좋다.

⚠️ (⊗?) 항균비누

항균 비누에는 세균을 죽이는 물질인 트리클로산이 함유되어 있다. 점점 많은 연구가 트리클로산이 인체에 안 좋은 영향을 끼칠 수 있음을 지적하고 있다. 미국의 미네소타주는 트리클로산을 비누 재료로 사용하는 것을 금지시켰다. 연구들에 따르면 트리클로산은 태아에게도 유해할 수 있다. 어느 정도로 유해한지는 아직 알려져 있지 않았지만 공연히 위험을 감수하면서까지 이런 비누를 쓸 필요가 있는지 생각해봐야 할 것이다. 20초간 꼼꼼히 손을 씻으면 일반 비누로도 대부분의 세균과 바이러스가 사멸한다.

⚠️ ⊗ 살충제

살충제는 식물의 병충해를 막아준다. 그런데 살충제의 다수가 임신, 모유수유, 나아가 가임기 동안에 여성에게 해로울 수 있다. 그러므로 유해 성분이 없는 생물학적 대체품을 찾아보는 것이 좋다. 마당이나 테라스에서 많은 식물을 키우고 있다면 새 모이를 밖에 갖다 놓아라. 얼마 지나지 않아 새들이 찾아올 것이다. 새들은 진딧물을 먹고 사는 무당벌레와 같은 달갑지 않은 곤충들을 잡아먹어줄 것이다. 새들에게 규칙적으로 먹이를 주면 해충의 수도 줄어들게 된다.

집 안에 불청객인 곤충이 찾아들었는가? 임신한 상황에서는 안전을 기해, 벌레 처리는 다른 사람에게 맡겨야 할 것이다. 어떤 성분의 살충제를 쓰던 충분한 환기에 신경을 쓰고, 우선 라벨을 꼼꼼히 읽어보기를. 그러면 무엇에 주의해야 하는지 알 수 있을 것이다.

살충제를 사용한 농작물이 우리에게 미치는 영향에 대해서는 의견이 갈리며, 종종 다른 사실에 근거한 판단이 이뤄진다. 간단히 말해 (연구자와 의사는) 의견이 일치하지 않는다. 한쪽에서는 시중에 제공되는 먹거리는 그냥 먹어도 무방하다고 말하고, 한쪽에서는 가급적 유기농 먹거리를 먹을 것을 권한다.

ⓘ 알루미늄으로 만든 주방용품

알루미늄은 음식, 물, 공기에 이르기까지 우리가 취하는 많은 물질들의 구성성분으로, 너무 과하지만 않으면 해롭지 않다. 알루미늄 냄비에 음식을 하면 알루미늄 성분이 음식 속으로 녹아들어간다. 산을 함유한 음식의 경우는 특히 더 그렇다. 그래서 녹슬지 않는 스테인레스스틸 냄비를 쓰는 것이 더 좋다. 이것은 모든 사람에게 마찬가지지만, 임산부의 경우는 특히 더 그렇다. 하지만 그렇다고 알루미늄 냄비나 팬에 조리되는 음식을 모조리 먹지 않을 필요는 없다. 이것은 추가적인 경고이므로, 새로운 조리 기구를 구입할 때 참고하면 된다.

ⓥⓘ 논스틱 코팅

논스틱 제품은 테플론으로 코팅된다. 테플론 자체는 올바로 사용하면 유해하지 않다. 즉 너무 뜨겁게 달구거나, 긁히거나 손상된 부분이 없을 때의 이야기다. 테플론 층이 손상되면 테플론 입자들이 식도를 손상시킬 수도 있으며, 식품을 고온에서 조리하면 테플론이 녹아 용출된다. 이것은 아무에게도 좋지 않으니 태아에게도 좋을 리가 없다. 따라서 손상된 테플론 팬은 버리고, 또 테플론을 이용할 때는 너무 고온의 조리는 피해야 한다.

ⓥ 전자레인지, 휴대폰, 와이파이

전자파에 대한 겁나는 이야기가 여전히 떠돌고 있다. 전자기기는 상대적으로 사용 역사가 길지 않아 장기 연구가 존재하지 않다 보니, 전자파에 대한 안 좋은 이야기가 끊이지를 않는 것이다. 하지만 이 부분에서는 당신을 안심시켜 줄 수 있을 듯하다. 지금까지 전자파가 임산부나 아기에게 악영향을 미친다고 보고한 연구는 하나도 없기 때문이다.

전자파도 일종의 방사선(=복사선)이다. 방사선이라는 말은 듣는 이를 헷갈리게 하는데, 엄밀히 말해 방사선에는 두 종류가 있다. 이온화 능력이 있는 전리방사선과 이온화 능력이 없는 비전리방사선이 그것이다. 전리방사선은 에너지가 강하다. X선이나 방사성 물질에서 나오는 방사선은 이온화 능력이 있는 전리방사선이다. 반면 비전리방사선은 에너지가 약하다. 휴대폰 전자파, 전자레인지 전자파, 어디에나 존재하는 무선와이파이 전자파 등이 바로 이런 비전리방사선(또는 비이온화 방사선)이다. 비전리방사선이 가진 에너지는 약해서 어떤 해도 가하지 못한다.

전자파가 임신에 어떤 영향을 미치는지에 대한 연구는 이뤄지지 않았다. 설치류를 대상으로 한 실험은 행해졌지만, 거기서도 부정적인 영향은 발견할 수 없었다. 그러므로 걱정할 이유는 없다.

⊘ ⓘ 페인트

임신하면 둥지 본능이 일깨워진다. 아기가 태어나기 전에 집 전체를, 그리고 아기방을 잘 꾸며놓고 싶은 충동이 생겨나는 것이다. 가족이 늘어날 것을 대비해 더 큰 집으로 이사를 하는 경우에도 약간의 칠을 해야 할 필요성이 생긴다. 인터넷에서는 임신 중에는 벽에 페인트를 칠해서는 안 된다며, 만약 칠을 하려거든 수성페인트를 칠하라고 조언한다. 하지만 이런 말을 액면 그래도 받아들여서는 안 된다.

페인트칠에 대한 주의는 과거 상황에 근거한다. 과거에는 벽 페인트에 태아에게 좋지 않은 많은 화학물질이 들어 있었다. 하지만 이제는 상황이 변했다. 요즘 가정용으로 나온 대부분의 벽 페인트에는 흡입했을 때 아기에게 해를 줄 만한 화학물질이 더 이상 들어 있지 않다. 하지만 최종적인 연구 결과는 나와 있지 않으므로, 페인트에서 방출되는 물질과 증기에 어느 정도로 노출되어 있어도 좋은지를 이야기하는 건 쉽지 않다.

안전을 위해 대부분의 나라에서는 임산부들이 오일, 납, 또는 수은이 함유된 페인트는 피하도록 권고하고 있다. 무엇보다 안전 규정이 느슨한 국가로부터 값싼 가격에 수입한 페인트를 사용하는 건 주의해야 한다. 그러므로 페인트칠은 가급적 손수 하지 말고 돈을 주고 맡기는 것이 좋으며, 불가피한 경우는 다음 조언을 따르라.

- 가급적 수성페인트를 사용해라.
- 라벨과 안전지침을 확인해라.
- 가능하면 페인트 칠 작업이 이뤄지는 방 안이나 집 안에 있지 말고 나가 있으라.
- 손수 페인트칠을 해야 한다면, 장갑을 끼고 긴 소매 윗도리와 긴바지를 입어라.
- 문과 창문을 열어 충분히 환기를 시켜라.
- 한 번에 몇 시간을 내리 페인트칠을 해서는 안 된다. 규칙적으로 쉬어주면서 밖에 나가 신선한 공기를 마셔라.
- 음식과 음료는 페인트 칠을 하는 공간 안에 놓아서는 안 된다. 밖에다 내놓아라.

오래된 집에 살면서 페인트칠이나 수리를 하고자 하는가? 그렇다면 작업이 이뤄지는 동안 집밖에 나가 있어라. 낡은 페인트칠을 벗겨내는 현장에 있지 마라. 낡은 페인트에서 납이 방출될 수 있다.

◇ ⓘ 정원 가꾸기

임신 중에 물론 정원 가꾸기도 계속할 수 있다. 단 웅크리고, 쪼그려 앉고, 그 외 힘든 자세로 정원을 가꾸다 보면 몸이 이제 그만하라는 신호를 보낼 것이다. 그러면 그만하면 된다. 작업할 때는 정원용 장갑을 껴라. 정원 일을 할 때 무엇보다 톡소포자충$^{Toxoplasma-gondii}$에 감염되지 않도록 주의해야 하기 때문이다. 흙이나 식물 속에 이 기생충이 숨어 있을 수도 있다. 톡소포자충은 어린 고양이의 배설물을 통해서도 전파된다. 주변에 고양이가 살지 않아도 위험할 수 있다. 화분 흙을 포함한 모든 흙이 고양이 배설물에 오염되어 있을 수 있기 때문이다. 장갑을 끼고 일한 뒤 나중에 손을 꼼꼼히 씻으면 감염의 위험을 차단할 수 있다.

⚠ ✕ 고양이 화장실

고양이의 배설물에 톡소포자충이 있을 위험이 있으므로, 이제 고양이 화장실을 청소하는 것은 위험한 일이다. 다른 가족이 대신해주도록 부탁하라. 아무도 대신해줄 사람이 없다면, 장갑을 끼고 청소한 뒤 손을 꼼꼼히 씻어라. 특히 손톱 아래를 깨끗이 해주는 것을 잊지 말 것. 그곳에 기생충 알이 숨어 있을 수 있기 때문이다. 그리고 이제부터는 매일매일 고양이 화장실을 청소해라. 기생충 알은 48시간이 지나서야 비로소 전염이 되기 때문이다. 고양이 화장실 냄새만 맡아도 톡소포자충에 옮을 수 있다는 건 사실이 아니다.

✓ ⚠ 구부리기와 물건 들기

임신 중에도 평소처럼 움직일 수 있지만 몸의 소리를 잘 들어라. 너무 무거운 것은 들지 말 것! 구부릴 때 통증이 느껴지는 건 경고 신호다. 배가 뭉치거나, 등이나 허리가 아프지 않은지 몸의 신호를 잘 살펴라.

06

본격적으로
임산부로 살아가는 법: 몸 관리

당신의 몸은 아기에게 해롭다는 물질들과 종종 접촉하게 될 것이다. 일단 안심하라는 차원에서 말하자면, 대부분은 그리 나쁘지 않다. 그리고 이제 소소한 변화들을 통해 두루두루 신체 건강을 유지할 수 있다. 이 장에서 소개하는 일부 치료법은 나라마다 차이가 있을 수 있다. 관심이 가는 방법이 있다면 실행하기 전에 반드시 산부인과 의사나 담당 주치의와 상의해야 할 것이다.

⊘ ① 치과진료

임신하면 치아 관리를 잘하는 것이 특히 중요하다. 많은 여성들은 단 것을 좋아하며, 임신해서 칫솔질을 하면 자꾸 구역 반사가 올라오기 때문에 칫솔질을 게을리하게 되어 임신 중에 치아에 문제가 발생하는 경우가 많아진다. 호르몬 변화도 치아가 안 좋아지는 데 한몫한다. 그러므로 임신 중에는 특히나 세심한 관리가 필요하다.

당신이 임신했다는 것을 알면, 치과의사는 당신이나 태어날 아기에게 해로운 제제는 사용하지 않을 것이다. 치과의사는 임산부나 수유부에게 수은이 들어간 충전재는 사용하지 않는다. 이것은 금지되어 있기 때문이다. 이런 충전재는 요즘에는 다른 환자에게도 거의 사용하지 않는다. 치과에서 맞는 마취 주사는 무해하다.

그러나 임신 중에 아말감 충전재를 교체하는 것은 좋은 생각이 아니다. 치아 X선 사진도 무방하다. 방사선이 배까지 도달하지 않기 때문이다.

⊗ ⊗ 흡연과 마약

많은 경고와 금지 사항을 들으며 좀 지나친 게 아닌가 자문할 수도 있다. 하지만 마약 복용과 흡연에 있어서는 절대 지나친 것이 아니다. 임신 중에 이 두 가지는 엄격히 금지다. 예외는 없다.

흡연이나 마약은 태아의 건강에 무척 해롭다. 검증된 여러 연구에 따르면 임신 중 흡연이나 마약을 일삼으면 저체중 출산과 영아 돌연사 위험이 대폭 증가하며, 아이가 약물이나 니코틴 속 중독물질에 노출됐던 후유증에 평생 시달릴 수도 있다. 아기의 지능지수도 떨어진다. 그뿐만이 아니다. 수많은 다른 부정적 영향이 초래된다. 담배 세 개비를 하루에 나누어 피우면 태반에 니코틴 성분이 도달하지 않는다는 속설은 말이 안 되는 것이다. 여기서 할 수 있는 유일한 조언은 바로 담배를 끊으라는 것이다.

흡연을 해왔거나, 마약에 중독된 사람은 끊는 것이 말처럼 쉽지 않다는 걸 알 것이다. 그러므로 적극적으로 도움을 구하라고 조언하고 싶다. 도움을 구하는 것은 나약하다는 표시가 아니라, 좋은 예비 엄마라는 증거다. 예비 아빠들에게도 말하건대, 간접흡연은 엄마와 아기에게 아주 해롭다. 그러므로 임신한 아내 근처에서는 흡연을 하지 마라. 또는 이 김에 함께 끊어라.

사기를 북돋기 위해 말하자면, 남녀를 불문하고 많은 사람들은 자녀의 출생을 앞두게 되면 평소에 못하던 진보를 이룰 수 있다. 아기의 건강을 생각해야 한다는 최고의 이유가 생기게 되는 것이다. 쉽지는 않다. 하지만 노력할 가치가 있다. 금연으로 인한 스트레스와 짜증은 열흘 정도 지나면 사라진다.

✓ ! 대체요법

대체요법, 자연치료, 대안치료…. 이런 것 중 몇 가지를 들어보았을 것이고, 이미 몇 가지는 시험해봤을지도 모른다. 지금 막 임신해서 이런 대체요법에 관심이 간다면 적용해보는 것도 나쁘지 않다. 불편 사항은 많은데, 약은 마음 놓고 먹지 못하는 상황이니 이럴 때 대체요법이 좀 솔깃하게 보일 것이다. 그리고 정말로 대체요법을 적용하는 것이 좋을 수 있다. 하지만 일단 다음 조언들을 숙지하라.

- 치료사에게 임신 사실을 알려라. 그러면 임산부에게 부정적인 영향을 미칠 수 있는 조치나 치료는 하지 않을 것이다.
- 잘 알지 못하고, 검증할 수 없는 제제는 복용하지 마라.
- 치료를 결정하기 전에 치료사에 대한 소개 글을 꼼꼼히 살펴라.

대안치료의 효과는 완전히 증명된 것이 아니다. 이런 치료들은 정규적인 (학교) 의학에 포함되지 않는다. 치료가 효과가 없다는 이야기가 아니라, 불편사항과 문제들에 대해 늘 조산사나 의사와 상의해야 한다는 의미다.

✓ ! 동종요법

'동종요법'은 주로 유럽 등에서 활용되는 치료법으로, 사람을 병들게 만드는 성분이 그를 다시 건강하게도 만들 수 있다는 원리에 기반한다. 임신기간에는 동종요법에 대한 문의가 종종 이뤄진다. 예를 들면 입덧에도 동종요법이 종종 효과가 있다. 동종요법 치료사는 두 종류로 나뉜다. 전통적인 동종요법 치료사들이 있고, 동종요법을 적용하는 의사들이 있다. 이런 의사들은 현대 의학을 공부한 뒤, 동종요법을 심도 있게 공부한 사람들이다. 동종요법을 시행하는 병원에 가면, 임신 사실을 알려야 한다. 그러면 태아에 해로운 제제를 처방해주지 않을 것이다.

☑ ! 침술과 지압

한의학에서는 전신에 힘이 지나는 길(에너지의 길)과 힘이 모여 있는 점들이 분포해 있고 서로 연결되어 있다고 본다. 침술에서는 가는 바늘을 '혈자리'라는 특정한 지점에 꽂아 에너지가 더 잘 흐를 수 있도록 해준다.

지압은 바늘을 사용하지 않고, 특정 지점에 압력을 행사한다. 입덧과 손발이 붓는 증상에 침술의 도움을 받을 수 있으며, 나중에 자궁경부가 출산에 용이한 상태가 되도록 하는 데도 침술이 효과를 거둘 수 있다. 좋은 한의원에서는 임신기간 동안에 침술과 지압으로 어떤 부분들을 치료하고, 어떤 부분들은 치료할 수 없는지 설명해줄 것이다.

☑ ! 생체공명요법

생체공명치료는 주로 유럽이나 미국 등에서 활용되는 치료법으로, 모든 세포와 신체 부위가 특정 주파수를 갖는다는 생각에 기초한다. 치료사는 특수 측정기로 주파수를 측정하여 진동이 잘못 흐르는 부분을 진단한 뒤 이런 진동을 조절해서 불편이 사라지도록 해준다. 치료를 받은 뒤에는 집에서 며칠 간 알약(글로불리)을 복용해야 한다. 올바른 진동으로 불편 사항을 개선시켜 주는 효과가 있는 알약이라고 하는데, 이 알약은 작용 물질이 포함되어 있지 않고, 일종의 당으로 이뤄져 있다.

어떤 여성들은 입덧 증상으로 말미암아 생체공명치료를 받고 어떤 여성들은 여드름, 농포, 가려움증 때문에 이런 치료를 받는다. 생체공명치료는 임신에 부정적인 영향을 미치거나 배 속의 아기에게 해롭지 않다. 그러나 효과가 학문적으로 입증되지는 않았다.

☑ ! 반사요법

발 반사요법 또는 발 마사지는 동양의학에 기원을 둔 것으로, 반사요법 전문가들에 따르면 우리의 발에는 여러 반사점들이 있고 그 점들은 장기, 팔다리, 감정, 피부와 각각 연결되어 있다. 그래서 특정 부분을 눌러주며 마사지를 해주면 증상이 완화될 수 있다고 한다. 임산부도 종종 발 반사 마사지를 받는다. 이것은 불편을 감소시켜주는 좋은 방법이다.

하지만 효과가 있는 만큼 잘못 적용하면 해로울 수도 있다. 임신 중에 압력을 가하면 안 되는 여러 신체 부위들이 있다. 그러므로 실력 있는 반사요법 치료사를 선택해야 한다. 반사요법은 임신 중에 무엇보다 속 쓰림, 손목터널증후군, 입덧, 팔다리와 발의 부종에 도움을 줄 수 있지만 그 효과는 학문적으로 입증되지는 않았다. 발 반사요법 전문가를 찾아가면 처음부터 당신이 임신해 있음을 알려라. 그러면 지압해서는 안 되는 반사점은 건너뛰고 마사지를 해줄 것이다.

☑ ⓘ 분자교정요법

분자교정요법은 음식과 영양제를 이용해 질병을 치료하거나 예방하고자 하는 방법이다. 그런 연유로 이 요법에서는 여러 가지 비타민이나 미네랄 같은 영양보충제를 처방한다. 임산부는 장내세균총이 중요하다. 장내세균총은 면역계의 기초이기 때문이다. 당신의 면역계뿐 아니라 아기의 면역계의 기초다. 출산하는 동안 당신의 장내세균총이 아기에게 옮겨가게 되며, 임신 동안에 아기는 당신의 면역계로부터 유익을 얻는다. 분자교정요법의 도움을 받고 싶다면 전문가와 상의하기를 권한다.

☑ 최면요법

최면요법은 주로 유럽이나 미국 등에서 종종 활용되는 치료법으로, 스스로를 일종의 '트랜스 trance 상태'로 만들며 마음을 더 잘 다스리도록 해준다. 최면 상태에서 다른 사람들이 자신에게 명령을 내릴 수 있는 그런 무시무시한 최면이 아니다. 최면요법이 말하는 트랜스 상태는 완전히 긴장 이완이 된 상태에서 한 가지에 집중하는 그런 상태다. 최면요법은 임산부의 각종 불편에 도움이 될 수 있다. 복부 경련, 근육 긴장, 과민성 대장 증상에 도움이 되고, 그밖에도 많은 여성들이 출산 시에 두려움과 통증에 대처하는 데 최면 요법(최면 출산)이 도움이 많이 됐다고 말한다.

☑ ① 오스테오파시

의사들은 신체를 통일체로 보고 모든 것이 서로 연결되어 있다고 본다. 그래서 목 부분이 아픈 경우 심장 근처를 치료하기도 한다. 오스테오파시Ostheopathy는 뼈를 바르게 맞추는 대체의학으로 '정골의학'이라고 불린다. 의사들은 임산부의 자세한 증상을 상담한 뒤 척추와 몸의 정렬을 평가한다. 그러고는 진단에 기초해서 어떤 부분을 치료할 것인지를 결정한다. 그런 다음 특정 부분에 압력을 가하거나, 수기요법으로 몸 안에 더 많은 자리를 마련한다. 치료 전에 당신이 임신했다는 것을 반드시 이야기해야 정골의학 의사가 올바른 진단을 할 것이며, 특정 치료를 최소화하거나 아예 건너뛸 것이다.

오스테오파시는 등 통증이나 허리 통증에 아주 탁월한 효과를 발휘하며, 만성 방광염이나 호르몬 대사 변화에 따른 불편도 해결할 수 있다. 구체적인 질병이나 통증과 상관없이 정골의학이 '길을 터주는 역할을 하며' 출산 준비에도 도움이 될 수 있다.

☑ 위생

아무리 강조해도 지나치지 않을 가장 중요한 건강 습관이다.

1. 스스로의 건강을 돌봐라.
2. 최소 20분간 규칙적으로 손을 씻어라. 음식을 준비하기 전후, 화장실을 다녀온 다음, 아기의 기저귀를 갈아준 다음에는 반드시 씻을 것.

3. 환자가 있다면 환자에게 가까이 하지 마라. 전형적인 소아 질환에 걸린 아이들과도 거리를 두어라.

4. 식사도구나 컵을 다른 사람과 공용으로 사용하지 마라.

5. 동물을 만진 다음에는 손을 씻어야 한다.

두려움 없이 아이를 낳는 방법

이보네 발스는 최면출산(HypnoBirthing)으로 출산을 앞둔 임산부를 돕고 있으며, 최면출산 코치들을 양성하고 있다.

최면출산에서 당신은 의식적·무의식적으로 순산에 방해가 되는 부정적인 생각들을 긍정적인 생각으로 재프로그래밍하는 법을 배웁니다. 출산 파트너와 함께 당신은 무엇보다 출산, 효과적인 호흡법, 원하는 바에 대한 소통, 순산을 시각화하는 법에 대해서도 익혀가게 되지요.

(무)의식적인 생각으로 신체 과정에 영향을 주기

순산에서 가장 중요한 것은 당신의 신체를 신뢰하는 거예요. 하지만 의식적으로든 무의식적으로든 우리는 출산을 하며 너무 아파서 고통스럽게 소리를 지르는 여자들을 떠올리며 난산에 대한 무서운 이야기와 소리, 장면을 무의식 속에 저장하지요. 이런 무의식이 우리의 행동에 90퍼센트 이상 영향을 줘요.

부정적인 생각을 통해 당신의 몸은 스트레스 상태에 들어가게 되며, 그러면 이런 상태에서 도망치거나, 싸우거나, 몸이 경직되도록 산소가 풍부한 혈액이 추가적으로 폐, 심장, 팔다리에 유입됩니다. 당신의 몸이 진짜 위험과 두려운 생각을 구별하지 못하게 되는 거죠. 하지만 출산을 할 때는 도망갈 수도, 싸울 수도 없어요. 그리고 순산을 하려면 무엇보다 자궁과 아기가 산소가 풍부한 혈액을 필요로 한답니다.

무의식을 새롭게 프로그래밍하기

최면출산에서 당신은 의식적·무의식적 생각을 긍정적인 생각으로 바꾸는 것을 배워요. 최면출산 전문가가 코칭하는 가운데 이런 연습을 할 수도 있지만, 오디오 파일을 이용해서 혼자 또는 (출산) 파트너와 함께 실행해 볼 수도 있어요. 오디오 파일은 적절한 시각화와 함께 자연스럽고 좋은 출산에 대한 긍정적인 연상 작용을 불러일으켜요. 실제로 임산부는 '무의식을 재프로그래밍'하게 되는 것이죠. 이를 부정적인 트리거나 생각을 차단하는 안내 명상이나 일종의 깊은 집중에 비유할 수 있습니다.

출산에서의 감독(지휘)

최근의 연구들에 따르면 출산 트라우마는, 임산부나 예비 부모가 출산에 대한 통제를 잃어버릴 때 생겨납니다. 최면출산은 당신에게 의식적으로 결정을 내리는 법, 그리고 출산을 할 때 편안한 마음으로 출산 과정을 따라가는 법을 가르쳐 준답니다.

당신의 (출산) 파트너는 당신이 깊이 이완된 집중 상태에 들어가 함께 출산을 통제하도록 당신을 뒷받침하는 법을 배웁니다. 파트너는 이처럼 중요한 역할을 해요.

07

본격적으로
임산부로 살아가는 법: 주변 환경

주변 환경에서 접하는 물질들도 당신의 몸을 거쳐 태아에게 이른다. 벽난로에서 나오는 미세먼지에서 어린이 농장의 진흙과 거름까지 말이다.

건강한 환경의 팁은 식물, 산소, 공기

미세먼지를 걸러주는 식물이 있다는 것을 아는가? 침엽수나 루핀이 그렇게 할 수 있다. 이런 나무들을 정원에 심으면 좋다. 실내 식물들도 기적을 일으킬 수 있다. 식물은 이산화탄소를 흡수하고 산소를 만들어내기 때문이다. 그밖에 공기를 걸러주는 실내 식물도 있다. 그러므로 집에 나무를 많이 들이라. 또 나중에 당신이 한눈을 파는 사이에 아기가 식물을 먹을 수도 있으니 독성이 있는 식물은 피할 것!

ⓘ ⓠ 난로, 그릴

타닥타닥 타오르는 불 앞에서 편안하게 휴식을 취하는 시간은 참 좋다. 그러나 장작 난로와 바비큐는 연기를 많이 발생시켜, 태아에게 해로운 미세먼지를 만들어낼 수 있다. 실내나 환기가 잘 이뤄지지 않는 곳에서는 장작 난로나 그릴에서 나오는 연기를 피해라.

⚠ ⊗ 소음

페스티벌이나 콘서트에 가고 싶을지도 모르지만, 임신 중에는 가지 않는 편이 낫다. 청력이 손상된 상태로 태어나는 아기들의 수가 대폭 증가하고 있는데, 그 이유는 엄마 배 속에서 견디어야 했던 소음 때문이다. 아기를 둘러싼 양수가 소음을 완화시키는 효과를 내기는 하지만, 별로 많은 도움은 되지 않는다. 약화시키는 정도가 5데시벨 정도에 불과하다. 소음은 직접적으로 청력에 악영향을 끼치므로 정말 주의해야 한다. 콘서트의 음악만이 아니라, 주변의 모든 소음에 해당되는 이야기다.

⚠ ⊗ 💡 리모델링

임신과 손수 집을 리모델링하는 것은 좋은 콤비네이션이 아니다. 하지만 그렇다고 파트너에게 죄다 시키고 구경만 하고 있을 필요는 없다. 다음 사항에 주의한다면 탁월하게 당신의 몫을 할 수 있을 것이다. 하지만 몸이 힘들다고 말하면, 몸의 소리에 주의를 기울여야 한다. 공연히 미련하게 할 필요가 없다. 당신이 뭔가를 하지 못하거나, 어떤 부분에서 도움을 구한다고 해서 마치 독립적이지 못한 여성처럼 당신의 명예가 손상된다고 생각하지 마라. 당신은 특수한 상황에 있으므로 그것을 약함으로 해석하지 말고, 더 이상 못하겠으면 못하겠다고 말해라.

- 무거운 것을 들지 마라. 임신한 경우는 조금만 무거워도 너무 무거운 것이 될 수 있다. 그러니 주의하라. 임신하면 등과 허리를 다칠 위험이 크다.
- 공기 중에 먼지가 너무 많거나, 공사 현장 전체에 먼지가 있으면 먼지를 들이마시지 않도록 호흡기를 보호하는 마스크 같은 것을 착용해야 한다.
- 안전을 위해 페인트를 칠하는 일은 피해라. 불가피하게 페인트를 칠하려거든, 204쪽

에 있는 조언에 유념하라.

- 암모니아, 테레빈유, 유기용제 및 기타 휘발성 화학물질 등의 화학제품을 가능하면 피해라.

- 사용하는 모든 '수단'에 대해 우선 라벨을 읽어보고 주의사항을 유념해라.

- 아직도 집에서 납수도관을 쓰고 있는가? 그렇다면 교체해야 한다. 이런 수도관에서 나오는 물에는 납이 함유되어 있다. 납은 태아와 신생아, 만 6세 미만의 아이들 건강에 좋지 않다. 뇌세포와 신경세포 발달에 지장을 초래한다.

- 오래전에 칠해진 페인트는 납이 들어 있을 수 있으므로 절대 사포질을 해서는 안된다.

- 규칙적인 환기를 통해 먼지와 냄새, 증기가 빠져나가도록 할 것.

- 페인트 작업은 가족이나 친구 또는 전문 업자에게 맡겨라.

⚠️ 💡 동물원

손위 아이들이 있다면, 아이들을 데리고 동물원이나 야생공원에 놀러가기도 할 것이다. 가서 동물들을 관찰하고 쓰다듬기도 할 텐데, 이제는 좀 조심해야 한다. 양이나 염소 같은 동물들은 태아에게 위험한 질병을 옮길 수도 있다. 겉보기에 건강해 보이는 동물들도 감염된 상태일 수 있다. 양이 새끼를 낳는 시기에는 위험이 가장 크다. 양의 태반에 리스테리아 박테리아, 클라미도필라, 또는 큐열(Q열)을 일으키는 박테리아가 살 수도 있다. 양이 태어날 때는 태반이 지푸라기 위로 떨어지는데 그 과정에서 박테리아가 나올 수도 있다. 박테리아들은 우리에서 오래 생존할 수 있으니 동물들이 새끼를 낳는 시기의 우리나 사육시설을 피해라.

하지만 새끼 양이 나오는 시기 외에도 동물들은 톡소플라즈마 곤디 기생충을 옮길 수 있다. 그러므로 동물을 쓰다듬지 말고, 우리에서 나온 짚이나 먹이에도 손대지 마라. 거리를 두어라. 동물을 만지지 않았어도 동물원에 다녀오면 꼭 손을 씻어야 한다. 동물원에서 옮을 수 있는 거의 모든 질병이 손에서 입으로 들어온다.

큐열은 공기 중으로 전파되지만, 다행히 굉장히 드물다. 큐열이 발병한 경우는 경고 표지판이 세워져 있을 것이다.

당신이 동물원이나 야생동물 공원에서 근무한다면, 양들의 우리를 청소하는 일을 피하기 힘들 수도 있다. 동료들에게 양해를 구하고 조율을 해보는 것이 좋다. 고양이, 새, 강아지 등 다른 야생동물도 피해라. 규칙적으로 꼼꼼히 손과 손톱 밑을 씻어라. 장갑을 활용하고 손으로 얼굴을 만지지 마라. 옷을 자주 빨래하고, 오염된 신발은 집밖에 벗어놓아라.

💡 놀이기구

놀이동산에 갔을 때 임산부에게 위험할 수 있는 모든 놀이기구의 입구에는 탑승 금지임을 알리는 경고 표시가 있다. 보통 아주 불룩한 배를 한 여자 일러스트에 빨간 바를 그어서 임산부는 탈 수 없다는 표시를 하고 있는데, 그것을 임신 초기에 배가 나오지 않았을 때는 괜찮고 배가 불룩해지면 안 된다는 의미로 받아들여서는 곤란하다. 그런 놀이기구를 탈 때는 모든 승객이 어지러움과 혈압이 급변하는 상태에 노출되는데, 하물며 초기 임산부는 그런 위험을 감수해서는 안 된다. 그밖에 임산부는 쉽게 속이 안 좋아질 수도 있다. 굳이 이런 것들을 감수하면서 놀이기구를 탈 필요가 있을까?

✖ 잠수(스킨스쿠버)

깊은 물속으로 들어가는 것은 좋지 않다. 압력이 다르고, 몸에 질소 기포가 생겨난다. 질소가 태반에 이르면 이로 인해 아기의 혈관이 막힐 수도 있다. 게다가 스쿠버 다이빙을 할 때 허리에 매는 웨이트 벨트는 당신의 부른 배에는 더 이상 맞지 않는다.

이동수단을 이용할 때 조심해야 할 것들

물론 임신했다고 9개월간 집 안에서만 보낼 수는 없는 일. 출근도 해야 하고, 친구들도 만나야 하고, 가족도 방문해야 하고, 아기가 나오기 전에 좀 더 자유롭게 휴가도 떠나야 할 것이다. 몇 가지 사항만 주의한다면 이 모든 것은 문제가 되지 않는다. 반복해 말하지만 신체의 소리에 귀를 기울이고, 한계를 존중하면 된다. 임신한 상태라 때로 약간 머리가 '맑지 않을 수도' 있어서 순발력이 떨어질 수도 있다는 걸 염두에 둬야 한다. 그러므로 어떤 이동수단을 활용하든, 도로 교통에 각별히 유의하기를.

✅💡 자전거

자전거는 탁월한 이동수단이자 운동수단이다. 자전거를 탈 때 신체는 걸을 때와는 다른 동작을 하고 다른 근육을 사용한다. 하지만 다리의 힘만 쓰고, 골반이나 허리의 힘을 쓰지 않는 것이 중요하다. 골반과 허리는 자전거를 탈 때 똑바른 상태를 유지해야 한다. 안장이 너무 높은 경우 안장을 좀 낮추어야 한다. 안장이 낮아야 타고 내리기에도 더 편하다. 브레이크가 잘 작동하는지도 다시 한 번 점검해야 한다.

하지만 산악자전거로 크로스컨트리 코스를 달리거나 해서는 안 될 것이다(코스를 달리는 건 금지다). 넘어질 위험이 너무 크고, 자전거를 탈 때 와 닿는 진동도 너무 심하다.

임신 말기가 되어서 자전거를 타면 마치 아기의 머리 위에 앉아 있는 느낌이 날지도 모른다. 그때가 되면 아기는 정말로 골반 아래로 내려와 있을 것이다. 하지만 걱정하지 마라. 정말로 아기의 머리위에 앉아 있는 게 아니니까. 그럼에도 그런 느낌은 불편할 수 있어서 더 이상 자전거를 타지 않을지도 모른다. 하지만 임산부마다 개인 차가 있어서, 어떤 임산부는 임신 말기에도 자전거를 타는 것이 골반에 좋다고 느낀다. 걷는 것보다 더 유쾌하게 느껴진다고 한다.

✓ ! 스쿠터

천천히 달리고 통제력을 잃지 않을 수 있다면 스쿠터를 타도 무방하다. 뒷자리에 타는 것보다는 스스로 운전하는 것이 좋다. 뒷자리에 타면 전방을 잘 볼 수가 없고, 커브나 신호등에서 브레이크를 잘 잡을 수 없다. 하지만 스쿠터는 다치기 쉬운 교통수단이라는 점을 감안하라. 빨리 달릴수록 넘어지면 더 많이 다칠 수 있다.

✓ 승용차: 안전벨트

배가 불룩하게 나오지 않는 한 안전벨트를 매는 데는 불편이 없을 것이다. 하지만 배가 나오기 시작하면 더 이상 벨트를 예전처럼 매기 힘들 것이다. 어떤 임산부들은 이것 때문에 불편해 하고, 어떤 임산부들은 아픔을 느끼기까지 한다. 그렇기에 벨트를 올바로 착용하면 많은 불편을 덜 수 있다. 임신 중기를 넘어가면 벨트가 오히려 해가 될 수 있으니 벨트를 착용할 필요가 없다는 말은 맞지 않다. 승용차에 탈 때는 늘 벨트를 매야 한다. 벨트 없이는 당신과 아기가 위험할 수 있다.

임신 중 안전벨트를 맬 때는 다음에 유의할 것!

- 아래쪽 벨트는 배를 가로지르지 않고, 배 아래 놓이게 해라.
- 위쪽 벨트도 배를 가로지르지 않고 배 위쪽에 놓이게 하라. 즉 가슴과 어깨 사이에 놓이게 해라. 목에 놓여서는 안 된다.
- 배와 핸들 사이에 25센티 거리를 확보해라. 그렇게 하는 경우 페달에 발이 닿지 않는다면, 이제 운전을 중지할 때가 됐다고 보면 된다.

✓ 자동차: 이동할 때

자동차를 타고 가면서도 부지런히 움직여줌으로써 다리와 등의 아픔을 예방하거나 감소시킬 수 있다. 손수 운전하며 자동차로 긴 여행을 하고 있는가? 그렇다면 두 시간에 한 번 이상은 휴식을 취해주며, 신선한 공기를 마시고 스트레칭을 해줘야 한다. 운전은 하지 않고 옆자리에 타고 가고 있는가? 그러면 주행 중에 발도 약간씩 계속 들 수 있고 원으로 빙빙 돌려줄 수도 있다. 무릎도 직각으로 접을 수 있고, 앉은 상태에서 다리를 꺾어 엄지발가락 끝을 바닥에 대었다가 다시 발뒤꿈치를 바닥에 대었다가 할 수 있다. 다리를 꼬는 것은 금물이다. 혈액순환에 정말 좋지 않기 때문이다.

자동차에 장시간 앉아 있는 경우에는 목이나 어깨운동을 해주는 것도 좋다. 아주 간단하면서도 효율적인 운동은 다음과 같다. 머리를 오른쪽 어깨 쪽으로 기울이는 동시에 오른손을 머리 위에 올리라. 손의 무게가 이미 목 근육이 충분히 늘어나도록 해줄 것이므로, 잡아당기거나 누를 필요가 없다. 한쪽을 한 다음 이제 왼쪽으로 시행한다.

💡 자동차: 타고 내리기

임신 전에는 자동차에 타고 내리는 것쯤 식은 죽 먹기였지만 이제는 만만치 않은 일이 됐다. 승용차는 높이가 낮고, 더구나 핸들이 가로막고 있기 때문이다. 두 다리를 땅바닥에 디디고는 우선 옆쪽으로 해서 의자에 앉듯 운전석에 먼저 앉은 뒤, 다리를 들어 차안으로 들여놓고 몸을 돌리는 식으로 하면 좀 쉬울 것이다. 하차할 때는 이 과정을 거꾸로 하라. 거친 질감의 바지를 입었다면, 차에 타기 전에 매끈한 스카프를 좌석에 놓아라. 그러면 좀더 부드럽게 몸을 돌릴 수 있을 것이다.

✓ ✕ 보트와 서핑

배를 타고 나가는 것보다 더 기분 좋은 일이 있을까. 파도가 없이 물결이 잔잔한 날이라면 말이다. 하지만 임산부는 배의 흔들림에 더 민감할 수 있고, 특히 임신 3분기에는 배의 흔들림 때문에 굉장히 힘들어질 수 있다. 얼마나 강한 반응을 보이느냐는 그날의 컨디션에 따라 다르다. 어떤 임산부는 곧장 뱃멀미를 할 것이고, 어떤 임산부는 전혀 하지 않을 것이다.

달리면서 곧잘 물 위에 서다시피 하는 고속 모터보트는 사정이 다르다. 이런 배는 정말로 적절하지 않다. 레저용 보트를 타는 것은 금지 목록에 들어 있지는 않지만, 그런 격한 운동이 당신의 몸이나 아기에게 좋지 않다는 건 쉽게 납득이 갈 것이다. 스피드보트나 바나나보트는 타지 않는 것이 좋다. 반면 요트나 서핑은 이미 숙련된 경우 계속해도 무방할 것이다. 다만 갑자기 너무 많은 힘을 쓰는 일이 없도록, 바람이 강할 때는 주의해야 한다. 요트에 공중그네가 설치되어 있더라도 이제는 공중그네를 타는 일은 없어야 한다. 그네를 타면, 때로 배가 받는 충격이 온몸으로 전해지기 때문이다.

⊘ 공항: 검색대 통과하기

공항에서는 두 종류의 스캔이 이뤄진다. 문처럼 생긴 금속 탐지기를 통과하는 것과 '네이키드 스캔'이라 하여 신체를 스캔하는 것이 그것이다. 둘 모두 임신 중에 해도 무방하다. 방사선이 나오긴 하지만 적은 양이라 인체에 해가 되지 않는다. 때로 금속 탐지기가 경보를 울리는 바람에 핸드 스캐너로 샅샅이 몸을 스캔하게 되는데, 이것도 위험하지 않다.

⊘ 💡 비행기 안에서

안심하고 비행해도 된다. 비행기의 안전벨트는 승용차에 탈 때처럼 배 아래를 지나게 하여 채우면 된다. 다리를 좀 편하게 펼 수 있게 통로 옆 좌석에 앉으라. 배가 이미 부른 경우, 다리를 펴주거나 화장실에 가기 위해 종종 일어나야 하므로 통로 쪽에 앉는 것이 편할 것이다. 비행 중에는 때때로 다리운동을 해주어라. 무엇보다 4시간 이상 비행하는 것은 혈액순환에 지장을 줄 수 있다. 장시간의 비행에서는, 임산부가 혈전증(혈액이 응고되는 혈전이 생기는 것)이 발생할 위험이 일반인보다 살짝 높다. 때때로 스트레칭을 해주고, 일어나서 발을 좀 디뎌주고, 물을 많이 마시면 이런 위험이 감소한다.

대부분의 항공사는 36주 이상의 임산부를 탑승시키지 않는다. 쌍둥이나 다태아 임신인 경우는 32주부터 탑승이 불가능하다. 그 이유는 알다시피 언제 진통이 시작될지 모르기 때문이다. 출산은 아주 빠르게 진행될 수 있다. 그러므로 항공사에 몇 주까지 탑승이 가능한지 문의해볼 것. 또한 고혈압이나 당뇨가 있거나, 이미 한 번 유산한 적이 있는 경우는 조산사나 산부인과 의사에게 비행을 해도 괜찮을지 상의를 해야 한다.

그리고 비행기를 탈 때는 늘 비행 적합 소견서를 지참하라. 비행 적합 소견서에는 당신이 임신 몇 주차인지가 적혀 있다. 항공사가 임박한 출산을 우려하여 탑승을 망설이는 경우 이를 지참해야 비행기에 탈 수 있을 것이다. 비행 적합 증명서는 발급받은 지 5일을 넘지 않은 것이라야 하고, 의사가 작성한 것이어야 한다. 조산사의 서명은 효력이 없다. 조산사는 당신이 건강한지를 확인할 수 없기 때문이다. 반드시 의사에게 받아야 한다. 보통 항공사가 자체 양식을 구비하고 있기에 이 양식에 의사가 기입하면 된다.

해외에서 진료를 받을 때

해외여행 시 진료를 받을 때는 병원에 진단과 처방, 또는 처치를 상세히 기록해주도록 부탁해라. 그래야 나중에 산부인과 의사가 당신이 어떤 치료를 받았는지 정확히 알 수 있다. 외국에서 진료를 받을 때는 적어도 조산사에게는 알려야 한다. 조산사는 받을 수 있는 치료와 허락되지 않는 치료, 주의사항을 알려줄 것이다.

약을 복용 중인가? 그렇다면 여행 중에 약물 안전 카드를 소지해야 한다. 약국에서 발급받을 수 있다. 이런 카드는 공적으로 유효한 증명서는 아니지만, 약 성분을 기록해놓으면 혹시 여행 중에 약을 분실했을 때 현지 의사가 당신이 복용하던 약이 무엇인지 단박에 알 수 있게 해줄 것이다. 38도 이상의 열, 열대병 의심 증상, 심한 설사, 탈수증, 출혈이 있을 때는 진료를 받아야 한다.

> **조산사 카롤리네 푸터만의 조언**
>
> 여행을 가려면 조산사나 산부인과 의사에게 임신 확인서 사본을 발급받아야 해요. 그러면 여행중에 무슨 일이 있을 때 현지 의사가 임신 확인서를 참조해 진료를 할 수 있어요. 해외에서는 언어가 통하지 않으므로 임신 확인서를 현지어로 직접 번역해야 한다는 점을 감안하기 바랍니다.

어디로 여행을 갈까?

임신 중에 여행을 가고자 한다면 목적지를 어디로 할 것인가가 가장 중요한 문제다. 요즘 베이비문이 한창 유행이다. 허니문처럼 아기가 나오기 전에 멋진 여행을 하겠다는 것이다. 환상적인 생각이다! 부모가 되어가는 과정을 즐기는 것 말이다. 하지만 여행목적지를 좀 신중하게 골라야 할 것이다. 비행 시간은 어느 정도 되는 곳이어야 할까? 의료서비스가 가능한 휴가지여야 하는가? 예방접종이 필요한 지역이라면 예방접종을 받아도 될까? 걸리고 싶지 않은 질병이 발생하는 곳인가? 권장되는 예방접종과 병의 발생지는 때에 따라 바뀔 수 있다. 그러므로 권장되는 예방접종 목록과 지역에 따른 건강상의 리스크에 대해서는 의사와 상의하는 것이 가장 바람직하다.

해발 2,000~3,000미터 이상의 여행지는 선택하지 마라. 이런 높이에서는 공기 중의 산소 함량이 떨어져서 임산부에게 좋지 않다. 시차증도 임신 전보다 더 힘들게 다가올 수 있다. 스케줄이 빽빽하게 짜인 패키지 여행도 피해라.

⚠ 예방접종

휴가를 떠나려고 하는가? 그러면 당신이 고른 휴가지가 예방접종이 필요한 곳은 아닌지 미리미리 점검해야 한다. 대부분의 예방접종은 임신 중에 맞아도 된다. 하지만 황열병 예방 접종과 같은 '생백신' 접종은 예외이다. 임신 전달부터 이미 황열병 예방접종이나 MMR 접종은 하지 않는 것이 좋다. 다행히 의사는 임신했을 때 접종해도 되는 것과 안 되는 것에 대해 정확히 알고 있을 것이다.

✓ 여행(취소)보험

여행을 떠나기 전에 많은 일이 일어날 수 있다. 그러므로 여행 취소 및 중단 보험에 가입하기 전에 모든 비용이 다 보장되는지 검토해라. 태아도 포함되는지도 필히 체크할 것. 해외에서 조산을 하는 경우, 아기도 함께 보험이 적용되고 의료비가 모두 보장되는가? 이런 일이 일어날 위험은 작지만, 만일의 경우에 대비를 해야 한다.

여행을 예약해놓은 상태에서 예기치 않게 임신이 됐는데, 예약한 여행지가 임산부로서는 여행하기 다소 꺼림칙한 나라인가? 황열병, 말라리아, 또는 지카바이러스가 유행하는 나라인가? 그렇다면 그 여행을 취소하고 다른 여행지를 고르는 편이 좋을 것이다. 예약 당시에 임신 사실을 알지 못한 경우에는 이를 통해 발생하는 비용이 여행취소보험으로 커버된다.

⚠ 💡 휴가 중에는 무엇을 먹을까?

식품에 대한 일반적인 지침은 266쪽을 참고하라. '식품위생' 개념이 느슨한 나라나 지역의 경우는 특별한 주의가 필요하다. 이런 지역은 식품이 오염되어 있을 위험이 높기 때문이다. 임신기간에는 그런 지역으로의 여행을 피해라. 또한 완전히 익힌 음식만 먹고, 식은 음식은 먹지 않도록 하라. 과일과 채소는 씻는 것만으로는 충분하지 않다. 때로는 물 자체가 오염되어 있기 때문이다. 그러므로 익힐 수 없는 과일과 채소는 껍질을 벗겨 먹어라. 스스로 씻고 시장 사람들에게 맡겨두어서는 안 된다. 그들의 손이 깨끗하지 않을 수도 있기 때문이다.

처음 접하는 음식을 먹어보는 실험을 하지 마라. 매운 음식을 잘 못 먹는다면 공연히 고추가 들어간 음식으로 모험은 하지 말 것. 여행을 하거나 시내를 돌아다닐 때는 늘 안전한 간식을 챙겨가라. 그러면 먹을 만한 것이 눈에 잘 띄지 않을 때 챙겨간 간식을 먹을 수 있다. 아무 물속에나 들어가서 목욕을 하는 건 금물이다. 박테리아나 기생충, 또는 동물들이 살지도 모른다. 마지막으로 눈과 본능을 신뢰하고, 위험을 무릅쓰지 마라.

⚠ 외국에서 물 마시기

지역에 따라 물은 우리와는 다른 품질일 수 있다. 그러므로 여행을 떠나기에 앞서 물의 질을 체크하고, 필요하다면 병에 든 물만 마셔야 한다. 병에 든 생수를 구입하기 전에 혹시 개봉된 흔적이 있지 않은지를 살펴라. 지역에 따라 때로 생수병에 수돗물을 채워 되파는 경우가 간혹 있기 때문이다. 수도꼭지도 주의할 것. 깨끗한 물이라도 녹이 슬고 더러운 수도꼭지를 통해서 나오는 물은 식수로 알맞지 않다. 얼음도 피해라. 어떤 물로 얼렸는지 알지 못하기 때문이다. 일부 지역에서는 무해해 보이는 얼음이 여행자들에게는 식중독을 유발하는 가장 큰 원인이다.

⚠ 디에틸톨루아미드와 그 외 방충제

디에틸톨루아미드^{DEET}는 모기, 침파리, 진드기 등 곤충을 퇴치하기 위해 피부에 바르는 제제다. 임산부는 피부에 혈류량이 증가하기 때문에 모기 등 곤충에 더 잘 물린다. 하지만 무엇보다 첫 3개월 동안에는 DEET를 사용하지 않는 것이 좋다. 임신 3개월이 넘은 상태에서 말라리아 위험 지역으로 여행을 한다면, 옷으로 가리지 않은 신체 부위에만 DEET를 사용하되, 저농도의 제품을 선택하라(20~30퍼센트).

모기에 물리는 것을 다른 방식으로 예방할 수도 있다. 모기장 안에서 자고, 야외에 나갈 때는 모기에 물리지 않는 옷차림을 하는 것이다(긴 바지, 양말, 긴소매 웃옷). 숲을 돌아다닌 뒤에는 몸에 진드기가 있지는 않은지 점검하고, 곧장 제거해라. 손으로 떼어내기보다 진드기 전용 핀셋을 사용해 제거하는 것이 좋다. 진드기의 머리끝까지 모두 떼어내야 한다. 태양, 햇빛 보호, 애프터선크림(햇볕에 탄 피부에 바르는 크림)에 대한 내용은 다음 장에서 확인하라.

가방에 지참할 것

- 방충제
- 선크림
- 코데인이 들어 있지 않은 아세트아미토펜(대표적으로 타이레놀)
- 설사용 포도당 전해질 용액
- 디지털 직장 체온계
- 진드기 핀셋
- 핀셋
- 네일 브러쉬

> ### 조산사 카롤리네 푸터만의 조언
> 칸디다질염에 잘 걸린다면, 만일을 위해 여행갈 때 칸디다질염 약을 휴대해야 하는지 의사와 상의하세요. 힘들여 약국을 찾아다니는 것보다 하나 휴대하는 게 훨씬 낫지요.

임신기간 동안에는 면역계가 평소보다 튼튼하지 않으므로 여행 중에 설사와 같은 질병에 걸릴 위험이 평소보다 더 높다. 설사를 해서 탈수증이 생기면 위험해진다. 구토를 하거나 설사를 해서 수분을 많이 잃어버리고, 마시는 것으로도 제대로 보충이 되지 않으면 태반으로 가는 혈액 공급도 줄어들어, 혈액이 태아에게 충분히 공급되지 않게 된다. 이런 일이 발생하지 않도록 위생과 음식에 주의해라. 일단 전해질 용액으로 수분을 보충해주고, 증상이 잘 가라앉지 않으면 병원 진료를 받아야 한다. 여행 중에는 반대로 변비에 걸릴 수도 있다. 그러므로 깨끗한 물을 많이 마시고, 섬유질이 풍부한 음식을 먹도록. 흰 쌀, 흰 빵과 같은 하얀 식품은 삼가라. 그보다는 통밀제품을 먹어주는 것이 소화기능을 더 활성화시켜 줄 것이다.

08

안전하고 편안하게,
임산부의 미용법

9개월간 누군가가 당신 안에 살며 또 자라난다. 이는 당신의 몸에 있어 그야말로 고도의 훈련을 필요로 하는 스포츠라고 할 수 있다. 당신은 몸 안의 작은 사람에게 잘해주고, 여러 가지 좋은 것들을 허락할 수 있다. 하지만 여기서 중요한 것은 평소에는 무방했지만 임신 중에는 더 이상 좋지 않은 것들이 있다는 것이다. 반면 평소에는 하지 않았지만 임신기간에 하면 좋은 것들도 있다. 이런 지식을 활용하여 멋진 순간을 만들어 보자.

우리는 사실을 제공할 뿐, 결정하는 건 당신

이번 장에서 우리는 당신이 무엇을 할 수 있고, 무엇이 추천할 만하며, 무엇이 문제가 되지 않는지 참고할 수 있도록 뷰티와 바디케어에 대해 여러 가지 것들을 소개하고자 한다. 때로 위험성을 언급하더라도 너무 걱정할 필요는 없다. 그런 위험이 '있을 수도 있다'는 것이기 때문이다. 주의해야 할 것은 많은 제품에 있어 그것이 해로울 수 있는지, 어느 정도로 해로울 수 있는지를 알지 못한다는 것이다. 때로는 어느 정도의 양부터 해로운지도 알지 못한다. 게다가 태아는 자극에 대해 서로 다른 반응을 보인다. 특정한 물질에 대한 개인적인 민감도가 다르다는 것은 증명된 사실이다.

연구가 아직 진행 중인 것들도 많으며, 지금까지 동물실험만 시행됐기에 인간에 대한 영향은 알지 못하는 것들도 있다.

특정 영향들에 대해 어떻게 인식하고 판단할 것인지는 당신 재량이다. 우리는 '만일의 경우'와 '아직 확실하지는 않지만 그러나'에 해당하는 정보를 제공할 것이며, 이런 정보를 습득한 가운데 어떻게 행동할 것인지는 당신의 선택이다.

임산부에게 가장 완벽한 옷

임부복

임신을 하면 배만이 아니라 전신이 커진다. 그래서 옷을 두세 치수 더 큰 걸로 사야 한다는 생각이 들겠지만, 사실 임부복의 경우는 그렇지 않다. 거의 모든 브랜드에서 그냥 당신의 임신 전 치수대로 구입하면 된다. 임부복은 배 부분만이 아니라 전체적으로 당신의 변화된 신체에 맞추어져 있다. 임부복 바지는 커져가는 배를 고려해 만들어지며, 배 위를 커버하는 부분은 특히나 부드럽고 유연한 천으로 되어 있다. 셔츠나 블라우스는 배를 덮을 수 있도록 아주 길다. 청바지는 허리가 많이 올라오도록 되어 있고, 배 부분이 잘 늘어나는 고무밴드로 되어 있어 언제나 예쁘게 입을 수 있다. 출산 날에 이르기까지 입을 수 있을 것이다.

그나저나 그런 바지를 출산 후에도 한참 동안 입을 수 있다는 사실은 알고 있는지? 즉 당신은 출산 뒤에 곧장 다시 예전 몸매로 돌아오지 않기 때문이다. 유감스럽게도 예전에 입던 스키니 진을 바로 다시 꺼내 입지는 못할 것이다. 예전 몸매를 되찾기까지는 몇 달이 걸릴 수도 있다. 소셜 미디어에서 순식간에 다시 옛 몸매를 되찾을 수 있는 것처럼 광고하더라도 그 말을 믿지 마라. 당신의 복근이 다시금 옛 상태로 돌아오기까지는 최소 6주가 걸린다. 어떤 대가를 치르고라도 최대한 빨리 탄탄한 배로 돌아가려 하는 것은 건강에도 좋지 않다. 출산 직후 완벽한 몸매를 자랑하는 단기 속성 프로그램은 잊어버려라. 임부복 바지는 '새내기 엄마'의 옷으로도 훌륭하다.

어떤 임산부들은 임신 3개월 말쯤 되면 이미 예전에 입던 바지가 맞지 않게 된다. 전에 살짝 흘러내리기까지 했던 스키니 진이 무릎에 멈춰서 더 이상 올라가지 않을 것이다. 어떤 여성들은 임신 7개월까지도 평소에 입던 옷이 무리 없이 들어가고, 어떤 여성들은 그 중간 정도에 임부복으로 갈아탄다. 당신이 임부복을 구입하는 이유는 임신해서도 예쁘게 보이고 싶고 임신한 몸매에 잘 맞기 때문이지, 임신했다는 걸 강조하거나 배가 빨리 커지는 것이 건강의 표지임을 보여주기 위함이 아님을 생각해라. 임산부의 배는 각기 자신의 속도로 자란다.

임부복을 미리 구입하지도 마라. 당신의 몸이나 배가 어떻게 변할지 아무도 알지 못한다. 배가 위로 올라와 있을 수도 있고, 처져 있을 수도 있다. 앞으로 볼쏙 튀어나올 수도 있고, 주변으로 평퍼짐하게 퍼진 채 커질 수도 있다. 사람마다 다르다. 그러므로 옷장 앞에 서서 더 이상 맞는 옷이 없다는 걸 알았을 때 비로소 임부복을 사러가는 것이 좋다. 하지만 너무 늦장을 부리지는 마라. 적절한 시기에 임부복을 마련해야 오래 입을 수 있기 때문이다.

임신 첫 분기에는 같은 날이라도 각각 아침이 다르고 저녁이 다를 만큼 하루가 다르게 배가 불러오는 것이 느껴질 것이다. 허리 단추가 잠기지 않아 고무줄을 사용해 단춧구멍과 단추 사이를 이어주거나, 그냥 단추를 열어두는 것으로 임시방편 삼고 있을지도 모른다. 물론 그건 좋은 해결책이 아니다. 배를 여유 있고 편안하게 해주는 것이 중요하다. 임부복 바지는 이 모든 것을 충족시키면서도 예쁘게 보이도록 해준다.

- 가슴이나 목을 강조하고 싶다면 브이넥을 착용하라.

- 배 아랫부분에 블라우스 위로 벨트를 느슨하게 착용하면, 허리가 아닌 아랫배의 둥근 부분으로 시선이 모아질 것이다.

- 몸에 맞는 옷을 선택하라. 임산부가 평퍼짐하게 입으면 예쁘게 보이기 힘들다. 그리고 예쁘게 불러오는 배를 굳이 감출 필요가 있을까?

- 크고 긴 목걸이가 잘 어울릴 것이다. 배와 가슴 부분을 강조해주기 때문이다.

- 액세서리에 신경 써라. 임부복은 개수가 한정되어 있으므로 같은 옷을 입는 때가 많을 것이다. 한정된 옷을 여러 가지로 조합하고, 다양한 액세서리를 활용하면 매일 멋지고 다양하게 옷을 입을 수 있다.

신발

신발을 고를 때의 대원칙은 다음과 같다. 맞는 신발을 신어라. 9센티미터 길이의 스틸레토 힐과 풋 베드(덧대는 밑창)가 없는 신발은 피하는 것이 좋다. 굽이 너무 높은 신발은 혈액순환을 방해하고, 안전하게 걸을 수 없으며, 발목이 굵어져 어느 순간 그 신발을 신어도 더 이상 예뻐 보이지 않게 된다. 그밖에 굽이 높은 신발은 등에 추가적인 부하를 준다. 한편 플랫슈즈라 해도 신발 쿠션이 없는 것은 권장되지 않으며, 허리에 문제가 있는 사람의 경우는 특히나 좋지 않다는 걸 알아둬야 할 것이다.

가장 좋은 것은 굽이 거의 없는 단화나 쿠션이 좋은 운동화. 물론 어떤 신발을 신으면 가장 좋은지는 당신 스스로가 가장 잘 알 것이다. 임신 후 발목과 발이 너무 굵어져서 평소 신던 구두가 더 이상 들어가지 않는다면 슬리퍼를 신어도 좋다. 그것을 신어도 허리나 등 통증으로 괴롭지 않다면 말이다. 여기서도 역시 몸의 소리를 듣는 것이 최상의 팁이다! 임신하면 발이 평소보다 반 치수 내지 한 치수 더 커질 수 있다. 여기서 커진다는 것은 발 뼈가 서로 벌어진다는 의미다. 이후 이렇게 커진 치수 그대로 남는 경우도 있고, 출산 뒤 다시 원래 치수로 돌아가는 경우도 있다.

임신브래지어

가슴이 커진 당신. 이미 상당히 표가 날지도 모른다. 임신기에 유방은 몇 백 그램 더 무거워질 수 있다. 호르몬의 영향하에서 유방의 결합조직이 수유를 준비하기에 유방의 모양은 임신 전과 달라진다. 그러므로 새로운 브래지어를 마련하는 것이 좋다. 기존의 브래지어도 잘 늘어나겠지만, 그래도 필요를 채워주지는 못할 것이다. 임신 브래지어는 임신해서 더 민감해졌으며, 출산 때까지 계속 더 커지는 유방에 적절히 맞추도록 되어 있다. 일반적인 브래지어와의 가장 큰 차이는 임신 브래지어의 경우 특히나 신축성 있는 소재로 되어 있으며, 끈이 훨씬 더 편하고 넓다는 것이다. 그밖에 후크도 여러 개 달려 있어 가슴을 (또 등도 함께) 충분히 지지해준다.

와이어브래지어

임신했을 때는 와이어 브래지어를 착용하면 안 된다는 속설이 있는데, 실은 그렇지 않다. 임산부를 위해 유선 성장을 고려한 특별한 와이어 브래지어가 있다. 보통의 와이어 브라는 유방이 커지면 정말로 꼭 낄 수 있다. 생명의 위협이 되는 건 아니지만 아주 아플 것이다.

가슴 확대 수술

임신 중에는 가슴 확대수술을 받으면 안 된다. 가슴이 계속 발달하고 있기 때문이다. 가슴 확대 수술은 최소한 수유를 중단한 지 6개월 이상이 되어 가슴이 안정되어 있는 상태에서만 가능하다. 임신 전에 이미 확대 수술을 받았다면 임신하는 데 문제가 없다. 그럼에도 확대 수술 뒤 6개월 동안은 피임을 하는 것이 좋다. 임신을 하면 가슴이 부풀어 오르기 때문에, 보형물이 잘 자리 잡고 흉터가 완전히 아물어 있어야 한다. 가슴 확대 수술을 한 경우에도 정상적인 모유수유가 가능하다.

몸에 해도 되는 것, 하지 말아야 할 것, 조심해야 할 것

☀ 💡 마사지

임신 동안에도 몸을 계속 움직여 주고, 몸의 소리에 귀를 기울이는 것이 좋다(움직여주는 효과는 여전히 과소평가되고 있다). 몸이 굳어지는 것을 막아라. 마사지는 기적을 일으킬 수 있다. 좋은 임산부 마사지는 신체의 변화를 고려하는 가운데 몸을 이완시켜 줄 뿐 아니라, 예방 효과도 갖고 있다. 마사지 자체도 몸을 풀어줄 수 있지만 더 중요한 것은 마사지사가 임신에 대해 알고, 임산부에게 해가 될 수 있는 마사지 기법은 사용하지 않는 것이다.

임산부에게 특화된 산전 마사지는 단순히 기분 좋은 것 이상이다. 목이나 등, 어깨가 결린다든지, 방광에 통증이 느껴진다든지, 다리가 무겁다든지 하는 임신 중의 전형적인 불편 사항을 줄여주거나 아예 없애줄 수 있다. 부은 발목이나 다른 부위의 부종에도 마사지가 도움을 줄 수 있다. 이것은 신체적 효과의 예일 따름이고, 좋은 임산부 마사지는 마음이 지치고 안정이 필요할 때도 기적을 일으킬 수 있다. 임산부를 위해 특수하게 제작된 마사지 베드(배를 편안하게 구멍에 넣고 엎드릴 수 있도록 배 부분에 구멍에 뚫린 베드. 이 베드에서는 임신 중에 드디어 다시금 엎드린 자세를 취할 수 있다)에 눕자마자, 곧장 긴장이 풀릴 것이다. 하지만 무조건 임산부 대상의 산전 마사지를 전문으로 하는 마사지 숍을 찾아야 한다. 그곳에서는 임신 2분기와 3분기에 마사지를 제공할 것이다.

☼ ① ⊗ 에센셜 오일

일반적으로는 임신 중 에센셜 오일 사용이 권장되지 않는다. 모든 오일이 유해해서가 아니라, 어떤 오일이 허용되고 어떤 오일이 좋지 않은지 정확히 규명되지 않은 탓에 일단 모든 오일을 통틀어서 사용하지 말라고 하는 것이다. 하지만 임신 중의 전형적인 불편들에 효과적인 오일도 있다. 우리는 다행히 어떤 오일을 언제 활용할 수 있고, 또 어떤 오일은 활용하지 않는 것이 나은지를 정확히 알려줄 수 있다.

- 임신 첫 3개월간 주의해야 하는 오일: 장미, 재스민, 일랑일랑, 스위트 마조람, 클라리세이지, 안젤리카
- 임신기간 내내 사용을 삼가야 하는 오일: 세이지, 레몬그라스, 바질, 우슬초, 대수리, 오레가노, 아니스, 로즈마리, 정향, 백리향, 세이보리, 몰약, 자작나무, 주니퍼, 계피, 장뇌, 회향, 나이아울리, 육두구, 타라곤, 블루 카모마일, 미르라, 아틀라스 삼나무, 버베인, 버베나, 페퍼민트 같은 강한 오일
- 임신기간에 사용해도 좋은 오일: 라벤더, 호호바, 메리골드, 샌달우드, 카모마일, 제라늄, 코코넛

주의: 오일은 기분을 유쾌하게 해주는 등 도움이 될 수 있다. 특히 어떻게 조합하는지를 알고 있다면 말이다. 하지만 사용하기 전에 조산사 등 전문가와 상의하고, 당신 몸의 반응을 신뢰하라. 사용할 때 기분이 좋지 않거나, 냄새가 역겹거나 너무 강한 경우는 사용을 중지할 것!

✓ 가려움증에 대처하는 보습제와 임신선

임신을 하면 피부가 전보다 더 건조해지는 경우가 많다. 그러다 보니 소양증도 잘 생긴다. 호르몬 변화 탓에 간이 담즙산을 제대로 처리하지 못해, 담즙산이 혈액 속으로 이동하여 신경 말단을 자극하다 보니 임신 중에 가려움증에 시달리는 일이 많아지는 것이다. 소양증을 완전히 막을 수는 없지만, 피부에 수분을 공급함으로써 가려운 증세를 줄일 수는 있다. 무향 바디 로션, 호호바 오일 또는 코코넛 오일을 아침저녁으로 발라주면 좋다. 소양증이 계속되어 정말 불편하거나 주로 손바닥과 발바닥에 가려운 증세가 있다면, 조산사나 의사와 상의해라. 예외적으로 담즙이 정체되어 생기는 소양증일 수도 있기 때문이다.

한편 크림을 발라준다고 임신선(튼살)이 생기지 않는 것은 아니다. 임신선은 로션이나 오일이 이르지 못하는 피부 깊은 층에서 생기는 것이다.

❄ 따뜻한 목욕

때때로 따뜻한 목욕을 해줄 것. 따뜻한 물은 피부를 이완시키고, 마음을 안정시켜 주어 정서적으로도 좋은 효과를 낸다. 딱 기분 좋을 정도로 따뜻한 물로 목욕하되, 너무 뜨겁게 하지는 마라. 기분이 좋고, 뜨거움으로 인해 심박동이 증가하지 않으며, 목욕하는 동안 땀이 나지 않는 정도가 좋다. 욕조가 없다고? 그러면 따뜻한 물로 충분히 샤워를 해주는 것만으로도 놀라운 효과를 발휘한다.

✓ ☼ 필링

필링으로 빛나는 피부를 가질 수 있다. 필링은 오래된 죽은 피부 세포를 제거하고 세포 재생을 자극한다. 피부의 오래된 각질층을 제거해 주면 피부는 로션이나 영양크림을 더 잘 흡수하고 화장도 잘 먹는다. 전에 필링 제품을 사용한 적이 있다면 임신 중에 계속 사용해도 무방하다. 사용한 적이 없다면, 이제야말로 이런 사치를 한번 누려보아도 좋을 것이다. 하지만 임신으로 인해 몸이 민감해져 있기에 일반 바디 스크럽을 사용하면 별로 느낌이 안 좋을 수 있다. 그런 경우는 순한 스크럽이나 페이스 스크럽을 사용하라. 임신 중의 각질 제거는 특히 아프지 않게 해야 한다.

☼ ✓ ♀ 태양&비타민 D

비타민 D는 가장 저평가된 비타민 중 하나다. 임산부는 매일 10마이크로그램의 비타민 D를 복용할 것이 권장된다. 건강한 식생활만으로는 되지 않는다. 체내에서 비타민 D가 합성되려면 햇빛이 필요하기 때문이다. 바로 여기에 문제가 있다. 1년에 300일씩 해가 나지 않는 나라가 많다. 그러므로 당신은 비타민 D를 추가적으로 복용해줘야 한다. 피부색이 어두운 경우는 더 많은 비타민 D가 필요하다. 머리에 두건을 쓰고, 밖에 나갈 때는 늘 옷으로 몸을 거의 가리고 다니면 햇빛을 직접 받는 피부 면적이 너무 적어 비타민 D를 충분히 합성할 수 없다. 그런 경우 추가적으로 비타민 D를 복용해줘야 할 것이다.

해가 나는 날에는 그늘에서 조심해서 햇빛을 누려라. 햇빛에 너무 심하게 노출되면 피부에 해롭기 때문이다. 특히 임신하면 호르몬 대사가 변화하고, 색소침착이 심해지는 등 피부가 한층 민감해진다. 임신 중에는 무방비로 햇빛에 피부를 노출시키는 경우 기미가 생기기 쉽다. 그러므로 자외선 차단 지수 50인 자외선 차단제를 바르기를 권한다. 예쁜 모자와 세련된 선캡도 유용하지만, 무엇보다 차단 지수가 높은 선크림을 사용하는 게 중요하다. 모자만으로는 자외선을 차단하는데 충분하지 않기 때문이다.

예전보다 햇빛에 더 민감해져서 쉽게 피부가 뜨끈뜨끈해지고 피부트러블이 생길 수 있는데, 이 역시 아주 정상적인 일이다. 몸을 조심하고, 배가 불러오면 더 빨리 탈 수 있으므로 햇빛에 배를 직접 노출시키지 마라. 무방비 상태로 너무 오래, 너무 자주 햇빛에 피부를 노출시키면 피부암 위험도 증가한다. 임신 중에는 그늘에 있는 것이 최고다.

" 조산사 카를레인 판 에스의 조언

항상 몸의 소리에 귀를 기울이세요. 사람의 몸은 제각기 다르며, 개별적으로 반응합니다. 몸이 하는 소리를 잘 듣고, 신뢰하면 할 수 있는 것과 없는 것을 알 수 있을 거예요. **"**

✓ **태양&보호**

이제는 피부가 특히 민감하고 색소침착도 심해지므로, 햇빛으로부터 피부를 보호하는 게 중요하다. 그러므로 그늘에 있을 때도 자외선 차단제를 발라라. 여름에는 매일 자외선 차단 지수가 높은 자외선 차단제를 바르는 습관을 들여라(여러 번

덧발라줄 것. 차단 효과가 하루 종일 지속되지 않기 때문이다). 그러면 달갑지 않은 색소반이 생기는 것을 막을 수 있다.

스프레이 형 자외선 차단제를 사용하지 마라. 이런 제품에는 나노 입자가 함유되어 있어 사용시 흡입할 가능성이 있다. 옥시벤존(벤조페논-3이라고도 불린다)이 들어 있는 차단제는 권장하지 않는다. 티노소브, 산화아연 또는 산화티타늄이 함유되어 가볍게 바를 수 있는 선크림을 사용하는 것이 좋다.

✓ 💡 여름&임신

배가 불러오는 상태로 더운 여름을 보내다 보면 지치기 쉽다. 다음의 조언을 따르면 여름을 보내는 것이 좀 더 수월해질 수 있다.

- 하루에 적어도 2리터의 물을 마실 것. 그렇다. 이런 조언은 어디서든 만날 수 있다. 그리고 정말 옳은 조언이다. 소변색이 진하지는 않은지 확인하고, 평소보다 어두운 색이라면 더 많은 수분을 섭취해줘야 한다.
- 시원하게 지낼 것. 바깥 온도가 30도를 웃돌면 시원하게 지내는 것이 쉽지는 않겠지만 말이다. 발목이 부었다면 차가운 물로 족욕을 해주는 게 도움이 될 것이다. 젖은 수건으로 목을 시원하게 해주는 것도 좋다. 하지만 수건이 얼음장 같이 차갑지는 않도록 주의할 것. 너무 차가우면 모세 혈관이 수축되어 두통이 생길 수 있기 때문이다. 따라서 목에 시원한 수건을 두르는 것은 좋지만, 너무 오래 대고 있지는 말아라. 흐르는 시원한 물에 아래팔을 축이며 더위를 식힐 수도 있다.
- 에어컨이나 선풍기를 가동하면 시원하지만, 바람을 직접 맞지는 않도록 해라.
- 너무 많은 일을 하지 마라. 계속 사부작거리며 움직여주는 건 좋지만, 더울 때 너무 무리해서는 안 된다. 해가 중천에 떠 있을 때는 휴식을 취하고, 해가 질 무렵이나 지고 나서 기온이 좀 낮아졌을 때 산책을 하라.
- 염분은 수분을 붙잡아두므로 염분을 절제해서 섭취하라. 소금을 너무 많이 섭취하

면 몸이 붓는다. 너무 짠 음식은 임신기간뿐 아니라 일반적으로 건강에 좋지 않다.

- 면이나 통기성이 좋은 소재의 옷을 입어라. 이런 소재의 옷이 가장 편할 것이다.
- 강이나 호수에서 수영을 해도 되지만, 시아노박테리아에 감염되지 않게 조심해라. 양막이 터졌거나 출혈이 있는 경우 수영을 하지 않는 것이 좋다.

> **조산사 카를레인 판 에스의 조언**
> 임신 중에는 몸에 더 많은 혈액이 흐르므로 몸이 더워지는 걸 느낄 때가 많을 겁니다. 그러니 여름철에는 그늘이나 시원한 실내에 머무는 것이 더 좋아요. 쉽게 그을리지도 않고, 기미가 생길 염려도 없으니까요.

① 일광욕실(솔라리움)

일광욕실을 이용하는 것도 안 된다고 딱 잘라 말할 일은 아니지만, 확실히 무해하다고도 할 수 없다. 조산사들은 빠르게 색소침착이 될 수 있으므로 임신 중에는 일광욕실에 가서는 안 된다고 조언한다. 또한 아기가 어떤 영향을 받을 수 있는지 아직 확실히 입증되지 않았다. 그러므로 임신기간 중에는 솔라리움에 출입하지 말 것.

❄ ① ♡ 사우나, 월풀 스파, 노천탕

많은 사람들에게 사우나와 노천탕을 즐기며 쉬는 건 더할 나위 없는 휴식이다. 아무 의무도 없이 그저 책을 읽고, 맛난 것을 먹고, 수다를 떨고, 또 사우나를 하며 건강의 이점까지 누릴 수 있으니 얼마나 멋진가. 사우나는 혈액순환을 촉진시키고, 수면의 질을 높이며, 수분을 조절해주고, 땀을 뺌으로써 피부로 독소를 배출하는 효과도 있다. 그러므로 규칙적으로 사우나를 해주면 모든 면에서 좋다. (약간만 주의하면) 임신 중에 해도 좋다.

정기적으로 사우나를 이용해왔다면, 임신 첫 분기(첫 3개월)가 지나면 사우나에 다녀도 좋다. 하지만 아래쪽에 앉거나 중간에 앉아 위쪽의 너무 뜨거운 열기는 피하도록 하고, 10분 이상 사우나 안에 머물지는 마라. 열기가 순식간에 엄습해올 수 있으므로 등을 대고 눕지 말고, 앉거나 등을 약간 기댄 채로 있는 것이 좋다. 앉을 때는 나무나 돌에 맨 엉덩이를 대지 말고, 늘 수건을 깔고 그 위에 앉으라. 그렇게 함으로써 생식기 헤르페스 같은 감염을 막을 수 있다. 사우나뿐만 아니라 월풀 스파나 노천탕에서도 너무 뜨거운 곳에 노출되지 않도록 조심해야 한다. 38도 이상의 뜨거운 물에는 들어가지 않는 편이 좋다. 양막이 이미 터졌다면, 사우나나 월풀 스파 같은 곳에 가면 안 된다. 감염 위험이 너무 크다.

⊗+✓ 문신 및 헤나

임신 중에 문신을 하는 건 별로 좋은 생각이 아니다. 임신 중에는 감염의 위험이 더 크며, 호르몬 대사가 변하면서 피부가 평소와 달라진다. 그래서 문신을 한다 해도 기대했던 모양이 나오지 않는다. 그밖에 배와 가슴이 둥글어지면서 피부가 약간 늘어나기에, 출산하고 피부가 다시 예전으로 돌아가고 나면 문신이 일그러질 수 있다. 또한 문신을 하는 과정에서 잉크가 엄마의 혈관에 들어간다. 이것이 임산부와 아기에게 해로운지 아닌지는 아무도 단정할 수 없다. 그러니 문신을 하고 싶다면 출산 뒤로 미루는 것이 좋을 것이다.

갈색의 천연 헤나 염료로는 (오래 지속되지 않는) 문신을 할 수 있다. 천연 헤나 염료는 무해하다. 하지만 검은 헤나는 지금은 추천할 수 없다. 검은 헤나에는 염색약 성분이 추가적으로 첨가되어 있어, 알레르기 반응을 일으킬 수 있다.

💡 배꼽 피어싱

배꼽 피어싱을 한 경우, 임신하면 피어싱 부분이 굉장히 당길 수 있다. 피어싱

바(바벨)부분이 작고 딱딱해서 자극을 유발할 수 있기 때문이다. 다행히 임신 중에 착용할 수 있는 특별한 피어싱이 있다. 그것은 바가 더 길고 부드럽게 잘 휘어진다. 하지만 이런 피어싱도 임신 후기에는 불편해질 수 있다. 피어싱을 착용한 부분이 붉어지거나 가려운 등, 상태가 좋지 않다는 걸 깨달으면 피어싱을 즉시 빼야 한다. 출산 후 배가 약간 안정되면 삽입 핀이 있는 피어싱을 다시 착용할 수 있다. 잘 되지 않으면 피어싱 전문가의 도움을 구해야 한다.

산부인과 의사는 초음파검사를 할 때 피어싱을 빼라고 할 것이다. 금속은 영상에 장애를 초래하고, 초음파 기계를 손상시킬 수 있다.

화장품&향수

임신했다는 걸 코끝에서도 알 수 있을 확률이 높다. 호르몬은 배만이 아니라, 몸 전체에 숨어 있다. 그래서 임신 중에는 피부의 혈액 순환도 대폭 증가한다. 이것은 긍정적인 결과와 부정적인 결과를 미치는데….

베이비 글로우

하이라이터를 칠해주지 않았는데도 피부에 발그레한 빛이 감돈다. 임신 중의 피부에는 뭔가가 있다. 당신도 이런 증상이 있는가? 그러면 당신 역시 '베이비 글로우Baby-Glow'를 갖게 된 것이다. 어떤 임산부들은 9개월 동안, 무엇보다 임신 2분기에 피부가 발그레해지는 특권을 누릴 수 있다. 유감스럽게도 모든 임산부가 베이비 글로우를 갖게 되는 것은 아니다. 베이비 글로우가 없는 임산부는 대신에 다른 장점을 누린다. 글로우는 호르몬의 변화와 혈액순환 증가로 인한 것이므로, 이 반짝임이 없는 임산부들은 과도한 호르몬이 야기하는 문제를 덜 겪는다. 많은 양의 호르몬은 글로우만이 아니라 임신에 따른 여러 불편을 유발하기 때문이다!

녹색 컨실러로 붉은 혈관에 대처하기

피부 혈액순환이 잘되고 몸 혈액순환도 증가하다 보니, 전에 없었던 혈관들이 눈에 띄게 된다. 그리하여 어떤 임산부들은 혈관이 거미 모양으로 피부를 통해 비치게 된다. 이를 '거미모반'이라 부른다. 이렇게 혈관이 겉으로 보이는 것을 막을 수는 없으며, 출산 뒤에도 반드시 없어지지는 않는다. 출산한 뒤에도 계속 없어지지 않으면 레이저 치료로 제거할 수 있다. 하지만 그때까지는 그냥 화장품을 활용해 가려야 한다. 초록빛이 도는 컨실러를 사용하라. 녹색은 빨간 색의 보색으로, 붉은 반점과 혈관을 가려준다.

색소반: 선크림 및 커버

임신하면 프로게스테론과 에스트로겐 호르몬의 영향으로 피부의 색소침착이 심해지고, 기존의 색소반이 더 진해지는 것을 확인하게 될 것이다. 주근깨도 더 진해지고, 얼굴에 새로운 주근깨나 다른 색소반이 생겨날지도 모른다. 이것은 아주 정상적인 일이다. 무엇보다 이마, 뺨, 눈 밑, 또는 입 주변에 새로운 색소반이 생길 수 있다. 이에 대처하려면 차단 지수가 높은 자외선 차단제를 발라주는 게 고작이겠지만, 그렇다고 색소반 형성을 완전히 막을 수는 없다. 출산 후 수유도 끝나고 나면 하이드로퀴논이 함유된 크림으로 얼룩을 조금 옅게 할 수는 있다. 하지만 대부분의 색소반은 출산 뒤에 저절로 없어질 것이다. 눈에 거슬리면 그때까지는 메이크업으로 커버해라.

여드름 주의!

피지 생성이 증가하여 베이비 글로우가 생겨날 뿐 아니라, 종종은 여드름도 난다. 피지가 과도하여 모공이 막힐 수 있기 때문이다. 여드름에 대해 예방적, 사후적으로 취할 수 있는 조치는 다음과 같다.

- 가능하면 순한 화장품만 사용해라.
- 곧잘 여드름이 난다면 각질 제거는 피할 것. 각질 제거를 하면 이미 자극받고 예민해진 피부가 필링으로 인해 손상되고, 더 민감한 반응을 보인다.
- 비타민 C, 나이아신아마이드, 또는 감초 뿌리가 함유된 스킨케어 제품으로 관리하라. 이런 제품은 피부 발적(피부나 점막에 염증이 생겼을 때에 그 부분이 빨갛게 부어오르는 현상 – 옮긴이)과 여드름에 효과가 있고, 사용해도 안전하다. 하지만 그런 성분이 충분히 함유되어 있는지에 주의하라. 라벨을 꼼꼼히 읽어보는 게 필수적이다. 이 세 가지가 주재료인 것으로 쓰여 있으면 효과가 있을 확률이 높다. 그렇지 않은 경우는 유효한 성분이 너무 적게 들어 있어 별 도움이 되지 않을 것이다.
- 임신 중에는 비타민 A 또는 레티놀이 함유된 제품은 사용하지 마라. 이런 성분을 너무 많이 사용하면 태아에게 기형이 생길 수 있다.

손수 스킨케어 제품 만들기

어떤 사람들은 먹을 수 있는(!) 천연 재료를 활용한 제품이 피부에 좋다고 단언한다. 어쨌든 피부는 인체에서 가장 커다란 기관이며, 입을 통해서와 마찬가지로 피부를 통해 많은 성분이 체내로 흡수된다. 한 가지 확실한 것은 천연성분으로 손수 만든 제품은 단연 안전하며, 만들 때도 기분이 좋고, 효과적으로 사용할 수 있다는 것이다.

–입술 필링제: 설탕 2티스푼, 꿀 1티스푼, 아몬드 기름 1티스푼을 잘 섞으면 이미 완성이다. 이를 활용하면 입술은 더 이상 거칠거칠하지 않고 아주 보드라운 느낌이 날 것이다.

–바디 스크럽: 으깬 딸기와 약간의 꿀에 설탕을 첨가하여 걸쭉한 페이스트를 만들어 얼굴 각질 제거에 사용하라. 설탕은 전체적으로 죽은 피부 세포를 제거해주고, 딸기는 얼굴의 각질을 제거해준다. 꿀은 수분을 공급하며, 이 셋이 합쳐 건강한 트리오가 되어 피부에 멋진 광채를 선사해준다.

–메이크업 리무버: 코코넛 오일로 메이크업을 지우는 동시에 피부를 관리해 줄 수

있다. 코코넛 오일은 액상이 아니며, 부드러운 고체 상태로 하얗게 굳어 있다가, 피부에 닿으면 비로소 액체 상태가 되어 부드럽게 잘 발린다.

얼굴에 해도 되는 것, 하지 말아야 할 것, 주의사항

⑦ 인조속눈썹

눈썹을 연장하는 것, 실로 유혹적인 일이다. 하지만 그와 관련하여 부정적인 후유증들이 점차로 대두되고 있다. 속눈썹 연장 시술을 받으면 무엇보다 인조 속눈썹이 청결하지 않은 경우 일반적 감염과 진드기 감염 위험이 증가하는 것으로 알려져 있다. 그리하여 어떤 의사들은 속눈썹 연장 시술을 받지 말라고 조언한다. 인조속눈썹을 붙이는 것이 임신 중에 초래할 수 있는 위험은 많이 알려져 있지 않지만 한편으로 붙인 속눈썹이 임신 중에는 훨씬 자주 떨어져 나간다. 피부가 호르몬의 영향을 받아 접착제가 잘 붙어 있지 못하기 때문이다.

⊘ 향수

좋아했던 향수인데 갑자기 별로 좋지 않게 느껴지는지? 임신 중에는 평소 좋아했던 냄새가 때로 역겹게 다가온다. 임신을 하면 후각이 한층 예민해지기에 익숙했던 향기가 불쾌하게 느껴질 수도 있다. 또한 피부가 호르몬으로 말미암아 달라져있기에, 향수가 피부에서 예전과 다른 반응을 일으킨다. 일부에서는 향수가 아기에게 좋지 않을 거라고 말하지만, 그것은 프탈레이트가 포함된 향수에만 해당되는 이야기다. 프탈레이트는 몇 년 전부터 금지되어 있으므로 양질의 향수에는 프탈레이트가 들어 있지 않을 것이다. 하지만 먼 나라에서 싼 가격에 수입한 향수에는 여전히 프탈레이트가 들어 있을 수 있다.

✓ 크림

임신 중에도 원칙적으로는 모든 얼굴 크림을 사용해도 무방하다. 피부가 한층 더 민감해질 것이므로 순한 크림을 쓰는 것이 나을 테고, 호르몬 때문에 피부가 건조해지기 쉬우므로 수분 크림을 사용하면 좋을 것이다. 자외선 차단 효과가 있는 크림을 선택하면 아울러 색소반이 생기는 것도 막을 수 있다. 색소반은 밖에 나가기만 해도 생기며, 햇빛이 아주 강하지 않은 날에도 마찬가지다. 그러므로 봄과 여름에는 항상 자외선 차단 효과가 있는 데이 크림을 사용하라. 주름 개선 크림도 사용하고 있는가? 그렇다면 크림에 함유된 레티놀의 양에 주의를 기울여야 한다. 고농도의 레티놀은 태아에게 장애를 유발할 수 있으므로, 임신 첫 몇 달간은 레티놀을 피해야 한다. 임신 중에 위험을 초래할 수도 있을 정도로 레티놀 함량이 높은 경우는 포장지에 명시되어 있을 것이다.

✕ 보톡스

임신 중 보톡스를 맞는 것이 위험한지에 대해서는 별로 알려진 바가 없어서 뭐라고 분명히 말할 수 없다. 그리고 위험을 평가할 수 없는 경우는 사용하지 않는 것이 낫다는 게 일반적인 원칙이다. 바로 당신의 아기에 대한 일이기에 그렇게 하는 것이 맞다. 대부분의 클리닉에서는 보톡스를 맞은 뒤 4주 간은 임신해서는 안 된다고 말한다. 식견이 있는 의사라면 임신 중에는 보톡스 시술을 하지 않을 것이다.

ⓘ 🈳 매니큐어 & 매니큐어 리무버

매니큐어와 매니큐어 리무버를 비롯한 여러 종류의 화장품에는 접착제, 페인트, 증류주 및 브러시 세척제에 사용되는 용매가 함유되어 있다. 이 성분이 임신 초기에 해롭지 않은지 아직 확실히 밝혀져 있지는 않지만, 점점 더 많은 연구가 매니큐어가 태아에게 해로울지도 모른다는 가능성을 제기한다. 그렇다고 9개월

간 매니큐어를 전혀 바르지 말라는 이야기는 아니다. 안심하고 바를 수 있는 제품이 많이 있기 때문이다. 이런 매니큐어에는 포장용기에 '솔벤트 프리'라고 적혀 있을 것이다. 그래도 안심이 안 된다면, 매니큐어에 톨루엔, 디부틸프탈레이트, 캠퍼, 포름알데히드, 트리페닐포스페이트, 에틸토실아미드, 납 등이 들어 있는지 살펴보라. 이런 성분이 들어 있다면, 임신 중에는 그 매니큐어를 칠하지 않는 것이 좋다.

그밖에 임신 중에는 아세톤이 함유되지 않은 매니큐어 리무버를 사용해야 한다. 아세톤의 유해성은 아직 입증되지 않았지만 조심하는 것이 좋으니 말이다. 아세톤이 들어가지 않은 리무버를 사용하면 혹시 모를 부정적 영향을 걱정하지 않아도 된다. 마지막으로 매니큐어는 환기가 잘되는 공간에서 칠해야 한다는 걸 잊지 말 것.

헤어 관리

임신기간 중 당신 몸속에서 모든 것이 활동하고, 발달하고, 성장하는 반면, 눈에 보이는 한 부분은 완전히 휴식한다. 바로 머리카락이다. 호르몬으로 말미암아 머리카락은 9개월 간 휴지기에 돌입한다. 즉 이 시기 동안 머리카락이 전혀 빠지지 않는다. 임신기간에 머리숱이 많아지는 것은 이런 이유에서다.

미리 경고해두지만, 출산 후에는 이런 휴지기가 지나가고 임신한 동안 빠지지 않았던 머리카락이 단 기간에 한꺼번에 빠진다. 하지만 안심하라. 대머리가 되지는 않는다. 모유수유를 하는 경우(따라서 임신기간과는 다른 많은 호르몬이 작용하는 경우) 임신기간 동안 빠지지 않았던 머리카락이 이탈하는데 시간이 좀 더 걸리는 경우가 많다. 임신하면 머리숱뿐 아니라 다른 부분의 털도 많아진다. 다행히도 영원히 그 상태로 있는 것은 아니다. 출산 후 약 6개월 정도 되면 체모가 예전과 비슷한 상태로 돌아간다.

윤기 나는 모발 또는 떡이 진 모발

임신기간에는 피지가 더 많이 생성되므로, 피부뿐 아니라 모발도 변한다. 피지가 그리 많이 생성되지 않으면 머리칼은 이제 자연스러운 윤기가 날 것이다. 살면서 지금만큼 머릿결이 좋았던 적이 없었을 정도다. 하지만 피지가 과도하게 생성되면 머리칼에 아주 빠르게 기름이 낄 것이다. 이런 현상을 막을 수는 없다. 하지만 적절한 헤어 관리 제품을 사용할 수는 있다.

"

미용사 라우라 야고프의 조언

- 임신한 모발에 적합한 헤어 제품을 사용하세요. 늘 모발이 건성이었는데, 이제 지성이 됐나요? 그렇다면 기존의 샴푸를 계속 사용해서 모발을 더 기름지게 만들지 말고, 지성 모발에 적절한 샴푸를 구입하세요. 양질의 지성 샴푸는 제대로 효과를 발휘할 거예요. 즉 순식간에 머리가 떡지는 문제가 해결되는 거죠. 예전 머리칼로 돌아갈 때까지 기존에 쓰던 샴푸와 컨디셔너는 일단 치워버리시길!

- 임신하고 나서 머리카락이 특히 푸석푸석하고 건조한가요? 그렇다면 헤어오일을 몇 방울 정도만(더 이상은 안 돼요.) 사용하세요. 헤어오일은 드라이어 바람에 모발이 상하지 않도록 보호해주고, 푸석푸석해지는 것을 막아준답니다.

- 미용실에 가면 잠시 쉬고 한숨 돌리며 자신만의 시간을 가질 수 있죠. 그밖에 임신 중 헤어 관리에 대한 실용적인 조언도 얻을 수 있을 거고요.

- 출산 예정일 바로 직전에 미용실 예약을 잡으면 어때요? 아기와의 첫 사진에서 엄마는 분명 멋지게 보이고 싶을 테니까요.

"

✓-✗ 체모: 면도, 왁싱, 레이저

임신하면 갑자기 털이 더 많아질 것이다. 무엇보다 털 색깔이 검고 짙을 경우 약간 거슬릴 수 있다. 예전처럼 다리를 면도해도 무방하다. 피부가 민감해졌으므로, 순한 쉐이빙 폼을 사용하는 것이 좋다. 임신기간에도 레진이나 왁스를 이용한 제모도 가능하다. 아래쪽 체모도 그렇게 제모해도 된다. 이런 전문적인 제모의 이점은 한번 하고 나면 꽤 오래 제모하지 않고 버틸 수 있다는 점이다. 그러면 한결 두루두루 정돈된 모습이 될 수 있을 것이다. 그나저나 제모는 오직 당신 자신을 위한 것이고, 조산사나 산부인과 의사를 위해 억지로 할 필요는 없는 사항이다. 혼자서 레진이나 왁스를 활용하여 제모하려고는 하지 마라. 불룩한 배 때문에 힘들고, 왁스를 원하지 않는 부위에 바르게 될 수도 있다.

레이저 제모는 또 하나의 전문적인 제모 방법이다. 레이저 제모로 털을 확실히 제거할 수 있다. 하지만 임신 중에 이런 시술을 받는 것은 좋지 않다. 임신 중에는 호르몬으로 인해 털의 성장이 완전히 균형을 벗어나 있기에 레이저 제모는 출산이 끝나고 몸이 안정되기 기다렸다 하는 것이 좋다.

✓ 헤어스프레이

임신한 상태에서는 헤어스프레이를 사용하면 안 된다는 이야기가 들린다. 하지만 그 말은 (더 이상) 맞지 않다. 과거에는 유전적 손상을 일으킬 수 있는 프탈레이트가 들어 있는 헤어스프레이도 일부 있었다. 하지만 이제 이런 물질은 법적으로 사용이 금지됐다. 그러므로 먼 나라에서 헐값에 수입한 헤어스프레이나 기타 화장품이 아닌 한 위험하지 않다. 다만 스프레이 병에는 추진제 가스가 있으므로 헤어스프레이를 사용할 때는 환기를 시켜야 한다.

⊘ ! ⚲ 머리 염색

머리 염색이 원칙적으로 해롭지 않다고 말하는 사람도 있고, 피부 속으로 침투할 수 있는 건 다 해롭다고 주장하는 사람도 있다. 진실은 늘 그렇듯 그 중간에 있다. 머리 염색을 해도 되지만, 천연 염색제를 사용하도록. 천연 염색제에는 과산화물, 암모니아, PPD가 들어 있지 않다. 머리카락 일부에 하이라이트와 로우라이트를 넣는 것은 두피와 접촉하지 않으므로 더 나은 대안이 될 수 있다. 하지만 천연 염색제도 냄새가 강하다. 그러므로 미용사에게 환기가 잘 되는 창가나 문 곁에 앉을 수 있는지 문의해라(하지만 환기구 앞에는 앉지 말 것!).

미용사에게 임신 사실을 알려라. 공식적으로 인정되는 사실은 아니지만, 모든 미용사와 많은 엄마들은 임신 중에는 색깔이 예상과 다르게 나올 수 있음을 알고 있다. 호르몬이 자연적인 머리칼이 인공 색소에 어떻게 반응할지를 결정하기 때문이다.

! (⊗?) 파마(펌)

많은 여성들이 임신 중에는 효과가 금방 사라진다고 말하는데, 임신하면 정말로 파마가 금방 풀린다. 또한 파마를 할 때는 강한 화학물질이 작용하여 모발의 구조를 변화시키므로, 임신 중에 굳이 할 필요가 있는지 의문이다. 여기서도 마찬가지로 파마의 부정적인 영향이 입증되지 않았지만 지금은 공연히 위험을 감수할 때가 아니라는 공식이 적용된다.

! (⊗?) 케라틴 트리트먼트

화학성분이 많이 들어 있는 케라틴 트리트먼트는 냄새가 지독해서 미용사들이 시술 시에 마스크를 쓸 정도였다. 하지만 다행히 오늘날 화학성분이 많이 든 제제는 더 이상 유통되지 않는다. 하지만 그보다 좀 더 가볍게 출시된 케라틴 트리트먼트 제제들이 있다. 이런 제제들은 (우리가 이미 알고 있듯이) 유해한지 괜찮은지 확신할 수가 없다. 확실한 것은 예전에 사용되던 포름알데히드가 많이 든 케라틴 트리트먼트는 이제 시술되지 않는다는 것이다. 포름알데히드가 많이 들어 있으면 확실히 해롭다. 하지만 여기서 많이 또는 약간 들어 있다고 하는 것은 들쭉날쭉한 개념이므로, 차라리 헤어스타일러(고데기)나 스트레이트 브러시에 돈을 쓰는 게 더 나을 것이다.

특별한 관리가 필요한 치아

치아 상태로도 임신했다는 걸 알 수 있다. 아이 하나 낳을 때마다 이가 하나씩 빠진다는 속설이 있지만 다행히 치아를 잘 관리해주는 한 요즘 그런 일은 일어나지 않는다. 임신이 치아에 미치는 적잖은 영향은 호르몬 때문에 잇몸 질환이 발생할 확률이 크다는 것이다. 입덧이 심해서 자주 구토를 하는 경우 위산이 치아를 공격하기도 한다.

치아를 공격하는 산

위산만큼 강력한 산은 없다. 이는 사실 좋은 일이다. 그래야 음식을 소화시켜서 우리 몸이 영양소를 활용할 수 있기 때문이다. 접촉하는 경우 위세포들 마저 녹을 수 있을 정도로 위산은 강한 산성을 자랑한다. 그러므로 치아도 위산에 심각하게 손상될 수 있다.

입덧 시 치아 관리

1. 토한 직후에는 양치질을 하지 말라! 토할 때 위산이 올라와 치아의 법랑질을 공격한다. 그럴 때 곧장 양치질을 하면 산을 치아에 대고 문지르는 꼴이 되어 민감

한 법랑질을 손상시키기 쉽다.

2. 구토를 하고 나면 즉시 물로 입안을 헹궈주어라. 칫솔이나 치약과 달리 물은 치아에 해롭지 않게 입에서 위산을 제거해준다. 여러 번 물로 가글을 하며 꼼꼼히 헹구어내라.

3. 임신기간에는 부드러운 칫솔을 사용하고, 칫솔질을 너무 세게 하지 말 것.

치아에 해도 되는 것, 하면 안 되는 것, 주의해야 할 것

✅ 치과 의사와 예방

평소처럼 정기적으로 치과 예약을 해라. 지금까지 1년에 한두 번 정기적으로 치과 검진을 받지 않았다면 지금부터 시작할 것! 검진을 받을 때 치과의사에게 임신 사실을 밝혀라. 그러면 임신을 고려한 치료를 할 수 있을 것이다. 치과에서는 스케일링으로 치아를 깨끗하게 청소하고 치석을 제거해줄 것이며, 그밖에 임신기간 동안 가장 문제가 될 수 있는 잇몸을 살필 것이다.

✅ 치약

9개월간의 임신기간에도 평소처럼 치약과 가글액을 계속 사용해도 무방하다. 불소가 들어간 치약을 사용하지 말라는 조언은 임신과는 무관한 사항이다. 불소의 장단점에 대해서는 논란이 분분하고, 점점 더 많은 사람들이 불소에 회의적인 시선을 보내고 있다. 치과의사는 치약 선택에서도 잇몸질환과 치주질환(아기에게 위험함)의 예방과 치료에 도움이 될 수 있는 조언을 줄 것이다.

⊗ (과산화수소를 사용한) 치아 미백

과산화수소를 사용해서 치아를 미백할 때, 과산화수소가 태아에 해를 끼칠 가능성을 확실히 배제할 수가 없다. 물론 이를 입증하려면 태아를 대상으로 실험을 해야겠지만 누가 그런 실험에 참가하려 하겠는가? 그러므로 위험을 무릅쓸 이유가 없다. 임신 중에 치아 미백은 하지 마라.

임신 축하 파티

태아 성별 공개 파티, 베이비 샤워, 베이비문⋯ 이런 파티들은 미국에서 시작된 것으로, 예비 엄마 아빠에게 행복한 순간들을 마련해준다.

성별 공개 파티(Gender Reveal Party)

초음파로 배 속의 아이가 아들인지 딸인지를 알았을 때 SNS에서 곧바로 공유하거나 전화 또는 메시지 앱으로 알릴 수 있다. 하지만 이를 계기로 특별한 파티를 열 수도 있다. 이름하여 성별 공개 파티! 친구들과 가족을 초대하되, 아들인지 딸인지 금방 알려지는 마라. 그리고 예를 들면 딸인 경우 집 전체를 핑크색으로 장식하면 금방 눈치 채버리니 중립적인 색깔로 장식을 하고, 사람들에게 아들인지 딸인지 내기를 해보라고 해도 좋을 것이다. 여기 추억에 남을 파티를 위한 몇 가지 제안이 있다.

- 성별 공개 풍선을 사라. 불투명한 풍선을 구입하여, 바람을 넣기 전에 분홍 또는 파란색종이 조각들을 넣은 뒤 헬륨 가스를 채워라(재미로라도 헬륨 가스를 마셔서는 안 된다). 그러고는 파티 때 풍선이 둥실 떠 있게 했다가 풍선을 터뜨려라. 그러면 모두가 태아의 성별을 알게 될 것이다.
- 파운드케이크를 구우면서 분홍이나 파란색 식용색소 몇 방울을 떨어뜨려 색깔을 내라. 케이크 겉면에 아이싱이나 마지팬(설탕과 아몬드를 갈아 만든 페이스트)을 입혀 겉에서는 색이 보이지 않게 하라. 그러면 이제 파운드케이크를 자르는 순간에 성별을

깨닫게 될 것이다!

- 분홍색이나 파란색 색종이 조각들이 나오는 특별한 콘페티 폭죽이나 피냐타*를 구입해놓아라.

이건 몇 가지 아이디어일 뿐이고, 배 속 아기의 성별을 어떻게 재미있게 알릴지는 당신 스스로 생각해서 결정하면 된다. 배우자나 손위 아이들과 함께 피냐타를 깨거나 풍선을 터뜨리거나, 케이크를 자르면 좋을 것이다. 이런 식으로 임신에 가족들을 참여시키고, 아이들에게 이제 동생이 생긴다는 사실을 알리고 축하하는 시간을 가질 수 있다.

베이비샤워

베이비샤워는 당신이 손수 준비하는 것이 아니라 보통은 친구들이 임신을 축하하고 신생아를 환영하는 뜻에서 당신을 위해 열어주는 파티다. 어떤 식으로 진행되건, 한 가지 공통적인 부분은 파티 준비과정을 임산부에게는 비밀로 한다는 것이다.

베이비문

부모가 되면 삶의 모든 면면이 달라질 것이다. 그것은 멋진 변화가 되겠지만, 부부가 함께 이 일을 축하하면서 아기가 태어나기 전에 둘만의 오붓한 휴가를 떠나는 것을 추천한다. 바로 '베이비문'이다. 허니문이 아니라 베이비문! 예비 엄마 아빠는 베이비문에서 소중한 시간을 보내고, 휴식을 취할 수 있다.

서양에서 아이들이 파티 때 눈을 가리고 막대기로 쳐서 넘어뜨리는, 장난감과 사탕이 가득 든 통. - 옮긴이

하지만 임신 초기에는 입덧에 시달리는 경우가 많고 유산의 위험이 높으며, 임신 3분기가 되면 몸이 많이 무거워지므로, 베이비문은 2분기에 하는 것이 좋다. 하지만 임신한 몸이니 무리해서 너무 먼 나라로 베이비문을 떠나는 건 그리 좋지 않다. 멀리 가는 것이 아니라 함께 시간을 보내는 것이 중요하므로, 군이 떠나지 않고 자신의 발코니나 정원에서 편안한 휴가를 누려도 좋다.

이런 파티들이 싫을 때

어떤 임산부는 파티를 위해 집을 꾸미고, 베이비문에 묵을 멋진 호텔을 예약하느라 열을 올리는 반면, 어떤 임산부는 그런 것들이 귀찮기만 할 것이다. 둘 다 정상이다. 각자 임신을 나름의 방식대로 축하하면 된다. 베이비샤워를 원하지 않는다면 솔직하게 친구들에게 자신은 그런 행사를 원하지 않는다고 밝혀라. "서프라이즈!"라고 외치는 소리에 '오, 제발…! 난 하기 싫다고…'라는 생각이 드는 것은 당신만이 아닐 것이다.

09

잘 먹어도 걱정,
못 먹어도 걱정되는 음식

임신했을 때 뭘 먹으면 좋고, 뭘 먹으면 안 된다는 이야기를 많이 들어보았을 거라 생각한다. 한 세대만 먼저 태어났어도 임신 중에 지금보다 훨씬 많은 먹거리가 허용됐으리라. 이번 장에서는 임산부의 영양이 아기에게 미치는 영향에 대한 세계 전역의 연구에 근거하여 어떤 먹거리가 임산부에게 바람직한지를 알게 될 것이다. 신뢰성 있는 출처에서 나온 영양에 대한 최신 지식을 만나보게 될 것이며, 그냥 넘겨도 될 속설도 알게 될 것이다.

식단, 그렇게 유난을 떨 필요는 없다고?

이번 장은 한 문장으로 요약할 수 있다. '건강한 식생활을 하고 동물성 식품은 날것으로 먹지 않으면 된다'고 말이다. 그것만 지키면 아무 일도 일어나지 않는다고 말이다. 그렇다면 어떤 음식은 허용되고, 어떤 음식은 안 되는지를 그렇게 강조할 필요가 있을까?

이유는 아주 간단하다. 우선 우리는 성인이고, 먹고 마시는 부분에서 몇 가지 잘못을 저질러도 그리 큰일이 나지는 않는다. 건강에 좋지 않은 음식을 먹어도 당장에 생명이 위험해지거나 하지는 않는 것이다. 술에 취하면 다음 날 숙취로 고생하는 것 정도이고, 하루 종일 피자와 감자튀김만 먹었다고 해서 곧바로 병에 걸리거나 결핍 증상에 시달리게 되는 것도 아니다. 우리는 강하며, 안 좋은 걸 먹어도 금방 몸이 회복된다.

하지만 당신의 아기에게는 이 모든 사항이 해당되지 않는다. 아기는 모든 면에서 약하고, 면역계는 아직 성숙하지 않았다. 태아의 모든 조직이 새롭고 손상되기 쉽다. 그리하여 건강하지 못한 음식은 아기에게는 열 배로 강하게 부정적인 영향을 미치며, 많은 해를 줄 수 있다. 종종은 장기적인 후유증도 유발한다. 이런 점들은 여전히 경시되고 있다. 지금부터 3세대 전, 임산부들에게 더 많은 것이 '허용됐던' 시대에는 배 속의 그 연약한 생명에 대해 아직 많은 것이 알려져 있지 않았다. 임산부들은 자신의 행동이 미치는 영향들을 잘 몰랐고, 그래서 별로 의식하지 않았다.

하지만 오늘날 우리는 더 많은 것을 알고 있으며, 뭔가에 대해 알면 그에 대해 조치를 취하기도 더 쉽다. 당신은 결국 무엇을 위해 그렇게 해야 하는지를 알고 있지 않은가. 그러므로 여기 각각의 꼭지에서 특정 영양소가 아기에게 어떤 영향을 미칠 수 있는지를 읽어보라. 매일매일 새로운 지식들이 더해지고 있다. 아직 종료되지 않은 연구들도 많다. 하지만 그 결과는 이미 특정 방향을 가리키고 있다. 당신이 참고하고 결정할 수 있도록 이런 인식에 대해서도 여기에 실어놓았다.

우리가 많은 것들을 조심해야 하는 두 번째 이유는 바로 우리의 생활방식이 변했기 때문이다. 우리는 글로벌 시대를 살아가고 있다. 종종 멀리까지 여행을 하며 먹는 음식도 아주 다양해졌다. 두 세대 전만 해도 먹거리는 달랐다. 하지만 요즘은 지구 반대편에서 온 먹거리들을 먹는 경우도 부지기수다.

먹거리 자체의 질도 예전과 매우 달라졌다. 식량 생산 방식이 변한 탓이다. 생산 방식이 효율적으로 변하여, 현대적 기술을 통해 아주 빠르게 비육용 가축을 키우고, 더 빠르게 도살하고, 더 많은 고기를 얻는다. 그밖에도 목초지에서 가축들은 옛날과는 다른 사료를 먹는다. 우리는 가축들을 다르게 키우고, 다르게 도살하며, 그로 인해 가축들은 살아가는 동안과 도살 중에 더 많은 스트레스 호르몬을 분비하게 된다. 우리가 먹는 고기는 더 이상 근처 농가의 목초지에서 자라는 가축의 것이 아니고, 주로 육류산업을 통해 생산된 것이다.

육류 생산방식만 달라진 것이 아니라 채소, 과일, 견과류, 콩류의 생산방식도 많이 달라졌다. 수확량을 늘리기 위해 살충제와 제초제를 뿌리며, 가능하면 토양을 최대한 이용하려 하다 보니 토양에 미네랄이 점점 적어지고 있다. 하지만 미네랄은 인간이 꼭 섭취해야 하는 영양소다. 식품 산업이 식품의 질에 미치는 영향에 대해서는 정말 할 이야기가 많고, 연구들끼리도 서로 배치되는 경우가 많다. 그럼에도 인공적인 방법을 동원해 대량생산된 식품이 자연친화적으로 생산된 식품만큼 양질의 영양을 공급해주지 않는다는 것은 부인할 수 없다.

2인분을 먹을 필요는 없다

당신은 임신했고, 이제 영양이 결핍돼서는 안 된다. 그러니 자, 이제 영양섭취를 부지런히 하자. 하지만 잠깐, 많이 먹는 게 중요한 게 아니다. 임신했다고 2인분을 먹을 필요는 없다. 임신 중에는 양을 늘리기보다는 건강한 음식을 골고루 먹는 것이 중요하다. 물론 임신 2분기에 접어들면 매일의 필요 열량이 평소보다 350kcal 정도 증가한다. 임신 3분기에는 필요량이 115kcal 증가하며, 이것은 버터를 풍성하게 바른 빵 한 조각 정도에 해당한다. 그 정도 더 먹어주는 건 문제없다고? 하지만 임신기간에 운동을 많이 하기 힘든 데다 종종 휴식을 취해야 하다 보니 활동량이 줄어드는 경우에는 에너지 필요량도 그만큼 감소한다.

식이장애가 있는가? 도움을 구하라

거식증에 시달리는 여성들이 있다. 이런 질병을 한 단락으로 간략하게 설명하기는 어렵고 하물며 간단한 설명으로 치료에 도움을 주기도 어렵다. 만약 그렇게 하려한 다면 문제를 경시하는 것이 될 것이다. 거식증이 있는 사람은 일생동안 고통을 받는 다. 이로 말미암아 태아에게 피해가 가는 걸 원하는 임산부는 아마도 없을 것이다. 그리고 그런 피해는 피할 수 있다. 의사, 심리학자, 영양 전문가가 아기가 9개월 간 결핍을 겪지 않도록 전문적인 도움을 제공할 수 있다.

새로운 영양방식

건강한 음식을 골고루 먹고 충분한 수분(최소 하루 2리터)을 섭취한다면 아기에 게 최상의 출발 조건을 마련해줄 수 있다. 가공, 정제 식품 대신 자연 식품을 선택 하고, 매일 약 300그램의 채소를 섭취하라. 고기와 소시지는 절제해서 섭취하라. 스스로 음식을 해먹고 패스트푸드를 피해라. 말은 쉽지만, 솔직히 (특히 자녀가 없 는 경우에는) 그런 식생활을 하지 않는 사람이 많을 것이다.

배우자들은 물론 원하는 것을 먹어도 되지만, 이것은 임신한 아내에 대해 공평 하지 않은 일이며, 아내에게 격려가 되지도 않을 것이다. 배우자 역시 아기에게 최 대한 잘해주고자 할 것이다. 그러므로 임신한 아내가 건강한 식생활을 할 수 있게 배우자도 함께하는 편이 좋을 것이다. 임신을 새롭고 더 건강한 식생활 습관으로 변화시킬 좋은 기회로 보라. 임신기간에 영양에 대한 시각뿐 아니라 삶의 다른 측 면에 대한 자세도 변하는 것을 느낄 것이다. 자식이 생기면 엄마 또는 아빠로 다 시 태어난다는 옛말이 있지 않은가. 그리고 그것은 식생활로 시작된다.

스무디와 주스: 하루에 섭취할 채소의 양

채소와 과일이 건강에 좋다는 것은 우리 모두 알고 있다. 하지만 300g은 정말 적지 않은 양이다. 모든 걸 믹서기에 쏟아 넣고, 확 돌려서 마시면 비타민 하루 필요량을 채울 수 있을 것이다(물론 채소와 과일은 미리 잘 씻어야 한다).

더 맛있게 만들기 위해서는 약간의 생강, 민트 또는 바질을 첨가해라. 너무 강한 맛이 난다면 과일을 넣어 전체적으로 단맛이 나게 하면 좋을 것이다. 하지만 과일은 하루에 두 개 이상은 먹지 않는 게 좋다(물론 딸기나 포도는 예외다). 과일을 많이 먹는 게 좋기만 하지 않은 것은 과당이 많이 함유되어 있기 때문이다. 과당은 천연 상태긴 하지만 그래도 당은 당이다.

유기농 식품, 지속 가능하게 먹고 플라스틱을 피하기

종종 예비부모들이 임신기간에 유기농 식품을 먹고, 식품의 지속 가능성과 동식물을 종에 적합하게 사육하는 것에 대해 고민하고, 플라스틱을 비판적인 시각으로 바라보는 모습을 볼 수 있다. 유기농 식품은 인공 비료, 합성 방부제, 향료, 착색료, 또는 인공 향을 첨가하지 않고 생산된다. 그러므로 유기농 식품을 섭취하면 음식을 통해 독소가 몸에 들어가지 않도록 할 수 있다. 게다가 유기농 식품은 맛도 더 좋다. 하지만 약간 더 비싼 경우가 많다.

임신 중 식욕: 설명할 수 없는 충동!

셀러리 한 줄기를 꿀에 찍어 크림 토핑을 입혀서 먹어야만 한다고? 그렇게 먹으면 충족감이 드니 어쩔 수 없는 일이다. 당신은 간혹 마치 중독된 사람처럼 식욕을 달래기 위해 집 안에 먹을 만한 것이 없는지 온갖 서랍을 다 뒤질지도 모른다. 배우자가 어리둥절할 정도로 말이다. 이런 식욕이 어디서 오는지 아무도 알지 못한다. 하지만 이렇게 식욕이 증가하는 것은 임신 중에 아주 정상적인 일이다.

거의 모든 임산부가 어떤 순간에 이런 불타는 식욕을 느낀다. 때로는 뭔가 특이한 것을 먹고 싶어 하고, 때로는 그냥 평범한 것을 먹고 싶어 한다. 그러나 아무리 유혹적으로 느껴질지라도 이런 충동에 너무 자주 굴복해서는 안 된다. 임신기에 2인분의 주식이나 간식을 먹을 필요는 없기 때문이다. 이런 불타는 식욕이 느껴지는 정확한 원인은 알려져 있지 않다. 여러 가지 요인이 결합된 것이 아닐까 추측될 따름이다. 호르몬이 불균형해지고, 이전보다 더 감정이 예민해지므로 몸이 결핍이나 필요 상태를 이전보다 더 민감하게 느껴서인지도 모른다.

불타는 식욕을 피하는 법

- 물을 충분히 마셔라(최소 하루 2리터). 그러면 배고픈 느낌이 좀 사라지기도 하고, 물을 마시는 것 자체가 건강에 좋다. 게다가 임신 중에는 더 많은 수분이 필요하다. 대략적인 원칙은 체중 1킬로그램당 35밀리리터를 마시는 것이다. 충분한 수분을 섭취해주면 근육경련이나 변비, 두통 같은 임신기의 전형적인 불편을 예방하거나 완화시킬 수 있다.

- 규칙적으로 먹고, 무엇보다 천천히 소화되는 것을 먹어라. 그러면 위가 완전히 비어 있지 않고 몸은 소화를 시키고 있기에 갑자기 불타는 식욕이 몰려오는 것을 막을 수 있다. 가공식품이나 정제식품은 천천히 소화되는 음식이 아니다. 따라서 가능하면 가공식품 대신 천연식품을 활용하는 것이 좋다. 더구나 공장에서 가공된 식품은 영양가가 떨어지는 경우가 많다. 흰쌀보다는 현미를 애용하라. 흑빵은 통밀빵이 아니다. 흑빵은 맥아를 발효시킨 것으로 많이 가공되어 건강상의 이점을 약간 희생시킨 것이다. 포만감을 주는 귀리도 좋은 선택지다. 단 것이 먹고 싶으면 달콤한 디저트 대신 달콤한 과일을 먹어라. 과일 주스는 가공이 많이 된 것이라 식이섬유소와 껍질이 부족하다. 그러므로 과일 주스 한 잔 정도는 괜찮지만 사과 대신 사과 주스로 대치해서는 안 된다. 그밖에도 주스에는 당이 너무 많이 들어 있음을 감안하기를.

- 피로를 먹는 것으로 물리치려 하지 마라. 때로 피곤이 몰려오면 스낵이나 달콤한 간식이 당길 것이다. 하지만 먹지 않는 것이 좋다. 달갑지 않게 들리겠지만 그냥 피로를 허락해야 한다. 기분이 나쁘다고 또는 피로하다고 달콤한 것을 먹으면, 처음에는 잠시 기운이 나는 것 같은 느낌이 들지만 곧 에너지가 하강곡선을 그리며 오히려 전보다 더 피곤함을 느끼게 된다.
- 그 외 조언은 543쪽을 참조하라.

바나나, 계피, 베리를 곁들인 '오버나이트 귀리'

여기 임산부를 위한 건강하고 쉬운 레시피 하나를 소개한다. 바로 오버나이트 귀리다. 볶은 귀리(오트밀)는 별도로 요리를 할 필요가 없다. 그냥 하룻밤 불려서 우리가 잠든 사이에 오트밀이 다른 재료의 향미를 흡수하게 해라. 다음 날 아침에는 여기에 과일을 좀 얹어서 먹기만 하면 된다.

1사발 분량
- 잘 익은 바나나 1개
- 기호에 맞는 식물성 밀크 175ml
- 오트밀 45g
- 계피 1/4 티스푼 + 계피 약간

토핑 재료
- 유기농 레몬 1/4개. 즙과 제스트(껍질)로 준비
- 아가베 시럽 2티스푼(선택사항)
- 블루베리, 라즈베리 또는 기타 제철 베리 100g
- 얇게 썬 구운 아몬드 20g

바나나 절반은 껍질을 벗기고, 나머지 절반은 껍질째 놓아둔다. 바나나 반 개를 대충 으깨어 오트밀, 식물성 밀크, 계피, 약간의 레몬즙을 넣어 섞는다. 기호에 따라 약간의 아가베 시럽으로 단맛을 내준다. 밤새(최소 4시간) 냉장고에 보관한다. 껍질을 벗기지 않은 바나나 반쪽의 절단면에 약간의 레몬즙을 발라둔다. 다음 날 나머지 바나나 반쪽을 슬라이스하고, 베리, 레몬 제스트와 섞은 뒤 기호에 따라 레몬즙과 아가베 시럽을 첨가한다. 불려둔 오트밀을 사발에 담고, 그 위에 과일을 얹고서 아몬드와 계피를 뿌려 먹는다.

영양: 아기를 위해 주의해야 할 것

우리가 먹는 음식은 영양공급으로 직결된다. 건강한 음식과 음료를 섭취하면 아기의 건강에도 좋다. 음식은 필요한 영양소를 공급해 주고, 아기의 작은 몸을 쑥쑥 튼튼하게 자라게 해준다. 사실상 아기의 탄생을 가능하게 한 것도 바로 영양이다. 영양소 덕분에 수정된 세포가 발달하고, 귀여운 아가가 될 수 있었으니 말이다. 엄마가 섭취한 영양 성분은 아기에게 전달되어 건강한 몸을 이룬다. 하지만 예외도 있다. 엄마에게는 그다지 나쁘지 않지만 아기에게 해로운 음식도 있기 때문. 아기는 점점 '작은 인간'이 되어 가고 있지만, 몸은 우리의 몸과 아주 다르다.

주의: 중요한 경고

이번 장에서 당신이 더 이상 먹으면 안 되는 것, 그리고 주의해야 할 것들을 알게 될 것이다. 내용을 읽어가다 보면 차라리 아무것도 먹지 않고 링거로 영양제를 맞는 게 낫겠다는 생각이 들지도 모른다. 하지만 실제로는 그리 어렵지 않다. 임신 중의 식생활은 다음 몇 가지 원칙으로 요약할 수 있다.

- 음식을 준비할 때는 손과 손톱을 깨끗이 하고, 위생에 신경을 쓰도록 한다.
- 동물성 식품을 날것으로 섭취하지 마라. 육류를 날것으로 먹어서는 안 되며, 살균하지 않은 생우유 제품도 멀리하라. 또 도마나 칼의 위생에도 신경 쓸 것.
- 과일과 채소, 싹채소 등은 씻어서 사용해라.
- 내장은 많이 먹지 말 것.
- 술은 삼가고, 금연하라.

특정 음식을 먹지 않는 것이 좋은 이유

당신은 임신하면 먹지 말아야 할 음식이나 음료 목록을 어디선가 보았을지도 모른다. 하지만 왜 먹지 않는 게 좋다는 것일까? 대략적으로 세 가지 이유 때문이다.

- 해로운 박테리아, 바이러스 또는 기생충에 오염되어 있을 확률이 있다. 오염된 음식을 먹으면 아기가 병들 수 있고, 장애가 생기거나 유산이 될 수도 있다. 식품 자체가 해로운 병원체를 가지고 있기 때문이 아니라, 그 식품이 병원체가 번식하기에 좋은 조건을 가지고 있기 때문이다.

- 위생 상태가 좋지 않아 특정 세균이나 기생충이 번식할 수 있는 식품도 위험하다. 여러 식품을 같은 도마에서 손질하거나, 냉장고에서 오염된 식품과 서로 붙어 있었다거나 하는 경우다. 또 조리하는 손을 통해서도 병균이 옮겨질 수 있다.

- 병원체를 옮길 가능성과 관계없이 그 자체로 좋지 않은 식품도 있다. 배 속의 아기가 잘 소화할 수 없을 정도로 영양소가 농축된 식품을 예로 들 수 있을 것이다. 베이컨, 간, 감초 같은 식품은 먹어도 되지만, 너무 많이 먹어서는 안 된다.

- 아기에게 해가 될 수도 있는 중금속을 함유한 식품도 있다(예: 볼락, 농어, 광어, 아귀, 울프피쉬, 참치 등).

> **조산사 다니엘 드 로우의 조언**
>
> 인터넷을 통해 신뢰할 수 없는 많은 정보들을 접하는 여성들이 많아요. 그런 정보는 종종 유저들에게 불안을 자아내지요. 예를 들어 어디선가 계피가 위험하다는 걸 읽은 여성들은 아예 계피를 먹지 않아요. 하지만 임신 중에 계피는 먹어도 된답니다. 지나치게 먹지만 않으면 되는데, 어차피 보통은 지나치게 먹으라고 해도 그렇게 하지 못하죠.

박테리아, 기생충, 바이러스

분명히 말하자면 박테리아(세균)가 없으면 우리는 죽을 것이다. 하지만 몇몇 세균은 우리를 병들게 하고, 나아가 태아의 생명을 위협할 수도 있다. 가장 위험한 박테리아는 리스테리아, 살모넬라, 대장균, 톡소포자충이다.

리스테리아

어떤 것들의 경우 적용되는 규칙이 너무 과한 건 아닐까 자문할 수 있다. 하지만 리스테리아는 그런 의문이 통하지 않을 만큼 절대적으로 조심해야 한다. 리스테리아 모노사이토제니스는 익히지 않은 동물성 식품(육류, 생선류, 가공 처리되지 않은 생우유)에서 발견된다. 물론 우리는 익히지 않은 생고기에 박테리아가 함유되어 있음을 알고 있으므로 고기를 익혀 박테리아를 박멸시킨다. 리스테리아는 냉장 온도가 4도 이상인 경우 냉장고 안에서도 번식한다. 보통 박테리아는 저온에서는 번식이 저지되지만 리스테리아는 그렇지 않다. 그러므로 남은 음식을 먹을 때는 차갑게 먹지 말고 다시 잘 데워 먹어라. 예를 들면 샐러드가 먹다 남았는데, 가열해서 먹지 못하는 경우 나머지는 그냥 버려야 한다. 냉장고에 보관했던 경우도 마찬가지다.

가열을 했더라도(그래서 한 번 모든 박테리아를 박멸한 경우라도) 식으면 리스테리아가 다시 번식할 수 있다. 리스테리아는 식품을 완전히 가열해야만 박멸할 수 있다. 70도 이상의 온도를 견디지 못하기 때문이다. 그러므로 육류와 생선은 잘 굽거나 쪄서 따뜻할 때 먹어야 한다. 대부분의 유제품은 저온 살균된 것이므로, 다시 한 번 가열하지 않아도 안전하다.

임신 중의 리스테리아증

임산부는 리스테리아증(리스테리아균 감염)을 앓을 위험이 증가한다. 임신 중에는 호르몬 대사가 변화하여 면역력이 약해지기 때문이다. 리스테리아균에 오염된 식품을 섭취한 것이 아닌지 걱정된다면 산부인과 의사와 상의하라. 그들이 혈액검사를 하는 게 좋을지 결정할 수 있을 것이다.

살모넬라

살모넬라균은 동물의 장, 특히 가금류와 돼지의 장에 산다. 박테리아가 장 속에서 발견되므로, 당연히 대변 속에도 있다. 장에서 만들어지기 때문이다. 변과 함께 동물의 몸을 벗어난 뒤에도 이 박테리아는 사멸하지 않으므로, 변에 접촉하는 모든 것이 살모넬라균을 옮길 수 있다. 사람도 살모넬라균의 보균자가 되어 이 균을 다른 사람들에게 퍼뜨릴 수 있다. 이 박테리아는 대변을 통해 확산되므로, 고기뿐 아니라 날달걀, 생채소, 과일에도 살모넬라균이 있을 수 있다.

살모넬라균은 접촉하는 모든 사람에게 복통과 설사 등을 유발할 수 있지만, 임산부는 더 취약하기에 구토와 설사에 이어 탈수증으로 고생하기가 쉽다. 그러니 공중 화장실에서 공동 수건에 손을 닦지 마라. 전에 누군가가 (손을 제대로 씻지 않은 상태에서) 수건을 만졌는지 알 수 없기 때문이다.

대장균(이콜라이 박테리아)

대장균은 동물과 인간이 살아가는 데 꼭 필요한 박테리아다. 이 박테리아 덕분에 다른 해로운 박테리아들은 대장에서 맥을 못 춘다. 하지만 유감스럽게도 대장균의 몇몇 형태는 독소가 대장을 떠나 대변에 이르면 위험해질 수 있다. 모든 사람이 대장균으로 인한 식중독으로 고생할 수 있지만, 성인은 이로 인해 위험한 상태까지 이르는 경우가 드물다. 대장균에 감염되면 대부분은 설사, 복통, 구토 증상으로 고생을 하게 된다. 하지만 임산부는 더 취약하고 더 심한 증상을 겪는다. 대장균은 아주 쉽게 확산되므로 행주에도 곧잘 있고, (비위에 거슬리게 들리겠지만) 거의 모든 휴대폰에도 있다. 그러므로 건강을 챙기려면 위생에 세심하게 신경 써라.

톡소포자충(톡소플라스마 기생충)

이 기생충은 주로 어린 고양이의 장에 존재한다. 그래서 고양이들이 일을 보는 곳에는 이 기생충도 산다. 그러므로 고양이 분변이 묻은 흙은 오염되어 있을 수 있고, 거기서 자라는 채소나 과일도 톡소포자충에 감염되어 있을 수 있다. 톡소포자충은 익히지 않은 동물성 식품에도 존재한다. 식품 외에 정원, 모래상자, 또는 고양이 화장실도 톡소플라스마 기생충에 오염되어 있을 수 있다.

톡소플라스마 기생충에 감염되면 톡소플라스마증이 발생할 수 있다. 다른 질병과 달리 톡소플라스마증은 곧장 증상이 나타나지 않는다. 어떤 사람들은 자신이 보균자인 줄도 알지 못한다. 경우에 따라 축 쳐지고, 열이 날 수도 있다. 이 두 증상은 만성 톡소플라스마증의 징후다. 감염은 임산부에겐 훨씬 위험하다. 그러므로 손을 꼼꼼히 씻는 것을 습관화하고, 음식을 잘 익혀 먹어야 한다. 무엇보다 임신 초기에 톡소플라스마증에 걸리면 유산할 수도 있으며, 그 뒤에도 사산이나 기형으로 이어질 수도 있다. 눈에 기형이 생길 수 있다. 명심해둘 것!

복통, 메스꺼움, 현기증, 갑작스러운 권태감?

이런 증상이 나타나면 조산사나 산부인과 의사에게 전화해라. 위험을 무릅써서는 안 된다. 당신의 증상이 식중독에 해당하는지 스스로 판단하지 마라. 이건 인터넷 검색으로 해결할 사안이 아니다.

세균, 바이러스, 기생충 감염 예방

'아이고, 곳곳에 위험이 도사리고 있으니 이제 9개월간은 꼼짝없이 살균 식품만 먹어야겠구나.' 하는 생각에 한숨이 나오는가? 다행히도 그렇지는 않다. 위의 설명은 당신을 불안하게 하거나 겁주기 위한 것이 아니라, 특정 식품을 조심해야 하는 이유를 알려주려는 것이었다. 이런 세균, 박테리아, 기생충 감염을 예방하는 일은 사실 그리 복잡하지 않다.

위생 수칙 1. 화장실에 다녀온 뒤, 요리를 하기 전, 동물을 만진 뒤, 주방과 욕실을 청소한 뒤에는 꼭 손을 씻는다. 손톱 아래도 청소해주는 걸 잊지 마라. 평소 수시로 손을 씻어줘야 한다. 당신은 온종일 난간이나 문손잡이처럼 오염되어 있을지도 모르는 물건을 만지고 있기 때문이다.

위생 수칙 2. 교차 감염을 방지하라. 생고기를 다룰 때에는 다른 식품과 닿지 않도록 늘 전용 도마를 사용하도록 하고, 같은 도마를 이용해 서로 다른 육류를 동시에 손질하지 않도록 하라. 도마, 칼, 포크는 사용한 뒤 곧장 세제를 사용해 뜨거운 물로 씻어라. 설거지를 마치면 다시 손을 씻어라. 생고기가 들어 있는 포장재는 곧장 쓰레기통에 버리고, 싱크대에 올려놓지 마라. 세균이 다른 것으로 옮겨간 뒤 손을 통해 당신의 입 속으로 들어갈 수 있다.

주방 안전 수칙 1. 고기와 생선은 완전히 익혀 먹어라. 기생충, 바이러스, 세균은 날고기나 완전히 익히지 않은 고기에만 있을 수 있다. 고기를 완전히 익혀서(너무 식어서 다시 오염되지 않도록) 즉시 먹으면 모든 세균이 박멸될 것이다. 전자레인지를 사용할 때는 주의하라. 전자레인지에서는 고르게 가열되지 않아 음식의 부분에 따라 어떤 부분은 엄청나게 뜨거운데, 어떤 부분은 아직 가열되지 않는 일이 발생할 수 있다.

주방 안전 수칙 2. 식품에 익히지 않은 동물성 성분이 포함되어 있는지 점검해 보라. 예상치 못했던 곳에 그런 성분이 들어 있는 경우가 있다. 예를 들면 연성치즈나 반숙계란, 수제 마요네즈 같은 곳에 그런 성분이 있을지도 모른다. 물론 이런 식품은 피해야 한다. 저온 살균 우유로 만든 연성치즈는 먹을 수 있다. 라벨을 살피기 바란다. 279쪽을 참조하라.

주방 안전 수칙 3. 포장지에는 이미 씻은 것으로 표시가 되어 있어도, 채소와 과일은 흐르는 물에 씻어 섭취해라. 물론 예방 차원에서 무조건 껍질을 벗겨 먹을 수는 있지만 껍질 바로 아랫부분에 비타민과 섬유질이 가장 많은 경우가 많다.

주방 안전 수칙 4. 싹채소는 끓는 물로 데쳐서 활용해라.

이제 당신은 이 모든 규칙이 왜 있는지 알게 됐을 것이다. 하지만 걱정하지 마라. 일상에서 이런 규칙을 지키는 것이 그리 어렵지는 않다. 약속한다!

이거 먹을까, 말까?

임신기간 동안 아무 생각 없이 먹어서는 안 되는 식품 목록을 소개하려고 한다. 리스트는 절대로 먹어서는 안 되는 음식, 너무 많이 먹지 말고 절제해야 하는 음식, 아직 연구 중에 있거나 연구들 간에 결과가 서로 모순되는 음식, 임신기간에는 주의해야 하는 음식으로 나뉜다. 이 책의 목록은 다른 목록과는 좀 차이가 있을 수도 있다. 나라마다 다른 지침이 적용되기 때문이다. 이 목록은 네덜란드, 영국, 미국, 호주 같은 서구 국가들의 지침에 기초한다.

베지테리언, 비건, 플렉시테리언, 페세테리언, 잡식성

크게 '채식주의자'라 불리는 사람들은 채소, 과일, 콩, 견과류 등 모든 식물성 식품을 주로 먹는다. 여기에 어떤 이들은 치즈와 계란으로 영양을 보충하고, 어떤 이들은 육류는 먹지 않지만 생선까지는 허용한다. 어떤 이들은 생선 외에 고기도 조금 허용한다. 고기와 생선을 자주 섭취할수록 주의해야 할 지침과 경고는 더 많아진다. 비건들은 거의 주의사항이 없다. 비건들은 늘 해왔듯이 위생에만 주의하는 가운데 균형 잡힌 식사를 하면 되고, 추가적으로 비타민 B_{12}를 복용해주면 된다. 베지테리언들은 약간 조심해야 한다. 그들은 유제품과 계란을 허용하기에 살균하지 않은 원유로 만든 치즈나 반숙 계란을 먹지 않도록 해야 한다.

베지테리언 임산부

예전에는 엄마가 베지테리언이나 비건이면 태아의 영양이 부실해지지 않을까 하는 의문이 늘 제기됐다. 오늘날 우리는 베지테리언이나 비건이라도 양질의 건강한 식사를 하면 태아의 영양이 결핍되지 않는다는 걸 알고 있다. 베지테리언이나 비건으로서 당신은 과일과 채소의 하루 필요량을 빠르게 달성할 수 있을 것이다. 예전에는 동물성 단백질 없이 어떻게 양질의 식사가 가능한지 알려져 있지 않았다. 하지만 이제 상황은 변했다. 마찬가지로 모든 비건들은 자신들이 비타민 B_{12}를 보충해줘야 한다는 걸 알고 있다. 따라서 임신 중 건강한 식사를 하기 위해 조금만 더 신경을 쓰면 되는 것이다.

육류 및 육가공품

이번 장에서 당신은 임신 중 어떤 식품을 먹지 말아야 하는지, 왜 그래야 하는지를 알게 될 것이다. 일반적인 원칙은 익히지 않은 육류나 익히지 않은 육류로 만든 육가공품을 먹지 말고, 육류는 완전히 익혀 먹어야 한다는 것이다. 미디움이나 레어로 먹지 말고, 모든 걸 웰던으로 먹어라.

⊗ 익히지 않은 (건조) 육가공품

익히지 않았다는 말이 이미 먹어서는 안 된다는 걸 보여준다. 익히지 않고 만든 육가공품은 베이컨, 생햄, 파르마햄, 세라노햄, 훈제육, 살라미 소시지, 이베리아햄, 블랙 포레스트햄, 로스트 비프, 필레 아메리캉(육회와 비슷한 음식), 프로슈토햄, 기타 건조 저장육 등이다.

익히지 않은 제품은 그냥 먹으면 안 되며 앞으로 9개월 동안 이들 제품을 먹을 때는 가열해서 익혀 먹어야 한다. 피자 토핑으로 올라간 육류도 날것이 아니므로 마음 놓고 먹을 수 있다.

⊗ 훈제육

훈제육은 익지 않은 부분들이 있을 수 있다. 골고루 훈제했다면 다 익은 것이므로 먹을 수 있지만, 모든 훈제육이 다 익었다고 볼 수는 없다. 보통은 향미 증진과 보존의 목적에서 훈제를 하므로, 박테리아들이 다 사멸되지 않았을 수도 있다.

⊘ ! 굽거나 삶은 육류 및 소시지

이것은 완전히 가열된 음식이므로 임산부도 먹을 수 있다. 가열한 고기로 만든 소시지나 햄, 닭가슴살, 칠면조 가슴살, 구운 미트볼 등은 안심하고 먹어라. 생 닭가슴살과 익혀서 가공한 슬라이스 닭가슴살을 혼동하지 마라. 슬라이스된 가금류

가공육은 안전하지만, 되도록 유통기한이 지나기 전 신선할 때 먹어야 한다. 나라에 따라 임산부에게 닭이나 오리 가슴살을 먹지 말라고 권하기도 하지만 한국의 경우는 해당되지 않는다. 슬라이스 제품은 압축하여 뭉친 닭 또는 오리 가슴살로 만들어지는데, 이들은 인산염과 아질산염으로 이뤄진 소금물에서 절여진다. 그러므로 익힌 슬라이스제품에는 염분이 많이 들어 있다. 절제해서 섭취해라.

고기와 소시지 보관

완전히 익힌 것이라 해도 고기와 소시지는 식은 순간부터 다시 오염이 될 수 있다. 그러므로 개봉하고 나서 금방은 냉장고(4도 이하)에 보관할 수 있지만, 4일 이상 보관해서는 안 되며, 오염을 막기 위해 꼭꼭 싸둬야 한다.

⊗+💡=✓ 건조 소시지

건조 소시지는 가열한 것이 아니고, 이름이 말해주듯 공기 중에서 건조한 것이다. 달리 말해 리스테리아 박테리아가 창궐할 가능성이 있다. 살라미, 초리조, 메트부르스트, 세르벨라트 소시지 등이 공기 중에서 건조한 소시지에 속한다. 임신한 상태에서는 이런 소시지를 피해야 한다. 하지만 라자냐나 피자에 넣어 익혀 먹을 수는 있다.

① 베이컨: 절제할 것

완전히 가열된 베이컨에는 해로운 세균이 더 이상 들어 있지 않다. 하지만 베이컨은 아주 짜니 절제해서 섭취하는 게 좋다. 너무 짜게 먹으면 고혈압이 생길 수 있다.

ⓘ 간: 절제할 것

구운 간, 간 소시지, 간 파이 등 간이 들어간 음식은 비타민 A가 풍부하다. 우리 몸은 비타민 A를 필요로 한다. 하지만 너무 많이 먹으면 해롭다. 무엇보다 태아에게 해로워 기형이 생길 위험이 증가한다. 내장은 일반적으로 절제해서 섭취해야 한다. 간 파이나 다른 간 가공제품과 관련하여 나라마다 의견이 상당히 갈린다.

ⓘ ⓥ 완조리 식품

즉석식품, 미트샐러드, 핫도그 같은 식품을 말한다. 이것은 모든 고기의 경우와 마찬가지다. 육류가 오염되어 있을 수도 있으므로, 완전히 익혀서 따뜻할 때 먹어야 한다.

ⓧ 타르타르와 카르파초

타르타르는 분쇄기에 돌린 생고기다. 따라서 먹지 말 것! 갈은 고기로 만든 하크스테이크 Hacksteak 도 먹지 마라. 또한 생고기를 얇게 저며 만든 카르파초도 마찬가지다.

ⓧ + ⓥ = ✓ 붉은 육류

비프스테이크와 같은 붉은 고기는 완전히 익혀서 먹어야 톡소포자충이 끼어들 기회를 엿보지 못하게 된다. 하지만 스테이크를 최소 48시간 동안 영하 12도 이하(또는 더 낮은 온도)의 냉동실에 보관했다가 해동한 후 곧장 구워 금방 먹는다면, 분홍빛이 나는 미디움이나 레어 상태로 즐겨도 좋다. 레스토랑에서 주문할 때는 완전히 익혀서 나오도록 주문하라.

생선

생선은 계속해서 먹어도 된다. 하지만 날것으로 먹거나, 식은 음식은 먹지 마라. 리스테리아 균은 고기보다 생선에 더 빠르게 돌아온다.

안전을 위해 생선은 약 63도의 온도로 가열해서 따뜻하게 먹어야 한다. 그리고 나머지는 냉장고에(4도 이하) 보관해야 한다. 남은 생선을 하루 이상 지나서 먹으려거든, 그 전에 다시 70도 이상으로 가열해야 한다. 이것은 고기 온도계로 측정할 수 있다.

✓ ! 기름진 생선

베지테리언이 아닌 경우는 일주일에 한두 번 기름진 생선을 먹어도 된다. 기름진 생선은 대서양연어, 청어, 정어리 등이다. 이런 생선은 양질의 기름을 함유하고 있지만, 환경호르몬의 하나인 다이옥신도 함유하고 있을 수 있다(다른 모든 생선에도 다이옥신이 함유되어 있다).

✗ 회덮밥, 초밥, 생선 회

대원칙은 똑같다. 임신 중에는 익히지 않은 동물성 식품은 삼가야 한다. 회덮밥, 초밥, 생선 회도 마찬가지다.

✗ + 💡 = ✓ 훈제 생선과 진공포장되어 보관된 생선

훈제되어 바로 먹을 수 있게 포장된 생선의 경우 리스테리아가 훈제 후에 완전히 사라졌는지 알 수 없고, 냉동됐다 해도 재오염 여부를 알 수 없다. 그러므로 임신 중이라면 먹지 않는 것이 좋다.

⊗ 신선한 생선, 어패류 및 갑각류

낚시를 가서 고기를 잡을 때 조심스러운 것은 물속에 무엇이 들어 있는지 모르기 때문이다. 육안으로는 물이 오염되어 있는지 판단하지 못한다. 강과 호수에 수은이나 다이옥신 함량이 높으면, 이런 독이 당신이 잡은 생선이나 어패류, 갑각류에 들어 있을 수도 있다. 수은과 다이옥신은 태아에 해롭다.

⊗ 포식성 어류

포식성 어류(신선한 것이든 통조림이든)는 수은과 다이옥신 함유량이 높은 경우가 많다. 포식성 어류에는 황새치, 곤들매기, 파이크퍼치, 상어, 장어, 참치, 고등어 등이 있다.

⚠ 저지방 생선, 어패류, 갑각류

위에 언급한 생선 외에 대구, 명태, 가자미 같은 다른 생선은 그냥 평범하게 먹을 수 있다. 가재, 새우, 게도 익혀 먹는 한 무해하다. 새우 칵테일은 가급적 먹지 말 것. 새우를 익힌 뒤 식혔기에 오염이 되어 있을 수도 있다.

매운 음식도 무방하다

위와 장에 무리가 가지 않는다면 매운 음식은 먹어도 된다. 다만 임신 중에는 속쓰림이 느껴질 수 있음을 염두에 둘 것. 하지만 자신에게 그런 경향이 있다면 이미 스스로가 느끼고 있을 것이다. 몸의 소리에 귀를 기울여라. 고추에는 비타민C가 풍부하다. 매운 음식이 출산을 유도할 수 있다는 이야기도 있기는 하지만, 이것은 출산이 아주 임박한 경우에만 해당하는 말이다. 어쨌든 그 전에는 해가 되지 않는다.

익히지 않은 동물성 식품에 대해서는 이제까지도 누누이 경고했지만, 살균되지 않은 원유(제품)도 활용하지 마라. 리스테리아에 오염되어 있을 수 있기 때문이다. 이것만 주의하면 유제품에 대해서는 별달리 주의할 것이 없다.

✓ 🈐 마트에서 파는 팩 또는 병에 든 우유

슈퍼마켓에서 구입하는 우유는 보통 저온 살균 처리가 된 것으로 해로운 박테리아를 모두 박멸한 것이다. 확실히 하기 위해 라벨을 읽어보라.

! 🈐 원유로 만든 치즈

임신 중에 생우유로 만든 치즈는 피해라. 생우유로 만든 치즈는 작고 하얀 경우가 많지만, 꼭 그런 건 아니다. 딱딱한 치즈 중에도 생우유로 만든 것들이 있다. 치즈를 구입해도 좋은지 라벨에서 알 수 있다. 생우유라는 표시가 있으면 구입해서는 안 되고, 저온살균이라고 되어 있으면 오케이다. 생우유 치즈라도 가열해서 소스로 활용하거나 하는 경우는 당연히 무방하다.

최근까지 딱딱한 치즈는 그 안에 들어 있는 산이 리스테리아를 박멸하기에 임산부에게 해가 되지 않는 것으로 여겨졌다. 하지만 꼭 그렇지만은 않다는 것이 알려졌다. 그러므로 딱딱한 치즈도 라벨을 읽어보라. 라벨이 해결해준다. 라벨이 붙어 있지 않으면 그 치즈는 먹지 않는 것이 좋을 것이다. 어떤 우유로 만들었는지, 햇빛 아래 얼마나 오래 있었는지, 위생적인 조건에서 생산된 것인지 알지 못하기 때문이다.

! 🈐 양유와 염소유(산양유)

최근까지 양이나 염소의 젖에서 리스테리아 박테리아가 발견된 적은 없었다.

살균하지 않은 생염소유나 양유에도, 그것들을 재료로 만든 치즈에서도 말이다. 그러므로 이런 치즈도 안전한 식품 목록에도 들어 있었다. 하지만 최근에 여러 양과 염소 목장에서 박테리아가 발견됐다. 사료를 사일로에 보관하는 과정에서 박테리아가 증식했던 듯하다. 이것은 인간이 자연에 개입함으로써 식품이 옛날과 달라진 예 중 하나이다. 그리하여 최근에는 양유나 염소유도 마음 놓고 먹지 못하게 됐다. 하지만 저온 살균된 양유나 염소유, 그리고 그것으로 만든 유제품은 여전히 안전하다.

✓ ! 아이스크림 & 밀크셰이크

오래되거나, 드물게 사용하는 소프트 아이크림 기계의 경우 오염되어 있을 위험이 꽤 높다고 볼 수 있다. 밀크셰이크도 마찬가지다. 포장된 아이스크림은 먹어도 무방하다. 물론 절제해서 먹어야 한다. 공장에서 생산된 것이 아니고, 손수 만들어 길거리에 트럭 같은 것을 세워놓고 파는 아이스크림의 경우는 사정이 다르다. 이런 경우는 그 차가 길 거리에 얼마나 오래 세워져 있었는지, 햇빛으로 말미암아 아이스크림에 박테리아가 증식했는지 알지 못하기 때문이다. 공장에서 생산된 아이스크림은 저온살균 우유로 제조된 것이기 때문에 마음을 놓을 수 있다.

문화의 문제라고?

생우유를 많이 마시는 지역 사람들은 리스테리아에 익숙해져 있기 때문에 리스테리아 균으로 아무런 해를 입지 않는다고 말하는 사람들이 있는데 맞지 않는 이야기다. 태아는 똑같은 태아이며, 문화적 배경 같은 것은 중요하지 않다. 할머니들은 일찍이 생우유치즈도 곧잘 먹었다는 논지도 문제성이 있다. 당시에도 유산하는 경우가 있었으니 알지 못하는 사이에 리스테리아 증(리스테리아 균 감염)에 걸려 아기를 잃었을 가능성이 농후하다. 리스테리아증은 때로는 무증상으로 지나간다. 하지만 임산부가 입는 피해는 심각하다.

✓ ⓘ 계란

고기나 우유와 마찬가지로 계란도 동물성 식품이므로 임신 중에는 날계란을 먹어서는 안 된다. 반숙 삶은 계란과 노른자를 터뜨리지 않은 계란프라이도 여기서는 날것으로 간주된다. 손수 만든 마요네즈나 빵 반죽에도 날계란이 들어간다. 날계란은 익히지 않은 생선이나 고기만큼 위험하지는 않지만, 그럼에도 임신 중에는 날계란이나 반숙계란을 피하는 것이 좋다는 점이 모든 전문가의 공통된 의견이다.

✓ 고기대용품

고기를 대신하는 대체육은 종류를 막론하고 먹어도 무방하다. 소금 섭취가 지나치지 않도록 소금함량에만 주의하라.

채소와 과일

채소와 과일은 잘 씻어 먹고(의심스러운 경우 껍질도 벗기고), 혹시 동물성 식품으로 오염됐을지도 모르는 도마나 조리대, 칼이나 스푼 같은 것에 접촉하지 않도록 주의하는 가운데 손수 조리한다면 안심하고 먹어도 무방하다. 하지만 여기서 싹채소는 예외다.

ⓛ 싹채소

예외들에도 규칙이 있다. 콩, 브로콜리, 호로파, 적채, 루콜라, 무, 겨자, 부추의 싹채소는 굉장히 건강에 좋다. 단백질, 비타민, 미네랄이 많이 들어 있고, 다 자란 식물과 자주 비견되는 영양소를 갖추고 있다. 하지만 싹을 틔우기 위해서는 수분과 따뜻함이 필요한데, 이것은 유감스럽게도 대장균, 살모넬라, 리스테리아와 같은 박테리아가 번식하기에도 이상적인 환경이다. 톡소포자충도 따뜻하고 습한 것을 좋아한다. 싹채소는 먹기 전에 잘 씻어서 끓는 물을 부어 한 번 데치는 것이 좋다.

✓ 안 익은 파파야

파파야, 특히 안 익은 파파야는 자궁을 매우 자극하는 성분을 함유하고 있다. 하지만 그로 인해 진통이 시작되거나 유산이 될 리는 없다. 그런 일이 있으려면 한 인간이 먹을 수 없을 정도로 엄청난 양의 파파야를 먹어야 할 것이다. 그러므로 안심하고 파파야를 즐겨도 좋다.

✓ ! 㖷 포장된 완제품 샐러드

원칙적으로 샐러드는 매우 건강에 좋다. 하지만 포장된 샐러드의 경우 채소들이 세척이 잘된 것인지 잘 알 수 없으며, 포장으로 말미암아 습기가 생겨서 빠르게 해로운 균이 번식할 수 있다. 게다가 미리 세척되어 나온 샐러드는 비타민이 손실되어 함유량이 적다. 그래서 완제품 샐러드는 권장하지 않는다. 싱싱한 샐러드를 손수 준비해 먹는 것이 건강에 더 좋다.

✓ 땅콩과 견과류

견과류에는 좋은 성분만 들어 있으며, 종류에 따라 특별한 영양소를 공급해준다. 헤이즐넛에는 비타민 E가 많이 들어 있고, 마카다미아 너트에는 아연이 풍부하며, 호두는 식물성으로는 유일하게 오메가3 지방산 공급원이다. 해바라기 씨에는 철, 아연, 마그네슘이 특히나 많이 들어 있는 것으로 유명하다. 밤에는 엽산이 풍부해서 특히나 임신 초기에 섭취하면 좋다. 아몬드의 경우는 생 아몬드 몇 개가 입덧에 도움이 됐다고 말하는 여성들이 많다.

하지만 조심할 것! 이것들은 볶거나 소금을 치지 않은 생견과류에 해당한다. 가공을 하면 영양소가 손실될 수 있다. 땅콩에는 상대적으로 영양소는 적지만 지방이 많이 함유되어 있다. 아몬드는 공식적으로는 과일에 속하며, 땅콩은 콩에 속한다. 하지만 영양 함량에 관한 한 견과류를 연상시켜서, 견과류와 묶어 같이 언급할 때가 많다.

땅콩과 통밀을 즐겨라

최신의 연구 결과에 따르면 엄마가 임신 중에 땅콩과 통밀을 먹으면 자녀들이 어린 시절 알레르기와 천식으로 고생할 위험이 줄어든다고 한다.

✓ 아보카도

아보카도는 무척 건강한 음식이다. 그럼에도 임산부에게 완제품 과카몰리를 추천하지 않는 이유는 무엇일까? 그것은 그 안에 들어 있는 아보카도가 과카몰리나 (유통기한이 짧은) 다른 소스 또는 딥의 제조과정에서 리스테리아 균에 오염될 수 있기 때문이다. 그러므로 아보카도를 되도록 신선하게 그 상태 그대로 즐기거나 과카몰리를 먹고 싶다면 손수 만들어 먹어라. 아보카도는 건강한 지방을 함유해 건강에 무척 좋다. 그밖에도 임신 중 아침에 메스꺼움을 느끼는 증상에도 도움이 된다.

엑스트라 비타민 주스

주스에 들어갈 과일과 채소는 잘 씻어야 한다. 정말로 잘 씻어라. 그래야 리스테리아 감염을 예방할 수 있다. 주스는 착즙기나 주서기를 활용해서 쉽게 만들 수 있다. '콜드 프레스(Cold Press)'나 '콜드 스크루(Cold Screw)'가 가장 좋다. 콜드 프레스나 콜드 스크루는 높은 회전수나 마찰열이 아닌 압력을 이용해 주스를 착즙하기 때문에, 비타민 손실이 적다. 열을 가하면 비타민과 미네랄이 손실된다. 스탠드믹서를 사용하는 경우는 믹서이기에 모든 섬유질을 그대로 보존할 수 있다.

설탕과 패스트푸드

주의, 주의, 위험!

요즘에는 패스트푸드도 종류가 참 다양해지고, 건강한 버전도 많이 나와 있다. 하지만 여기서는 프렌치프라이(감자튀김)나 햄버거 같은 전통적인 버전의 패스트푸드 이야기다. 이런 간식은 영양가가 없고, 그냥 먹고 싶어서 또는 배를 채우는 용도로 먹는다는 걸 우리 모두 알고 있다. 그럼에도 우리 지역에서 패스트푸드는 임산부 금지 목록에 들어 있지 않다. 우선은 감자튀김이나 소시지를 간혹 먹어도 그리 나쁘지는 않을 거라고 가정하기 때문이다. 하지만 '간혹'이라는 건 얼마나 자주를 의미하는가? 얼마나 자주 먹으면 건강에 해가 되는가?

설탕도 마찬가지다. 설탕을 첨가하면 물론 맛이 더 좋아진다. 하지만 설탕은 영양가가 하나도 없다. 이제 당신이 먹고 마시는 모든 것이 당신의 아기에게 도달한다는 사실을 명심하라. 과일 속의 천연 당분은 건강에 좋지만 과일 속의 당분도 너무 많이 섭취하면 안 된다. 보통 설탕이나 락 슈거(얼음 모양으로 굳힌 설탕), 시럽, 캐러멜 같은 설탕 대용품처럼 천연 식품에 첨가하는 당분은 모두 건강에 좋지 않다. 설탕이 모두 똑같이 나쁜 것은 아니다. 비정제 설탕이 정제 설탕보다는 더 좋다. 그럼에도 모든 설탕은 가급적 줄이거나 아예 사용하지 않는 게 더 좋다.

패스트푸드와 설탕은 배 속의 태아에게뿐 아니라 당신에게도 부정적인 영향을 미친다. 태아가 아직 약하고 예민할뿐더러, 임신 중의 패스트푸드와 설탕은 당신의 몸에 평소보다 더 강한 영향을 미치기 때문이다. 임신 중의 패스트푸드와 설탕은 자연스러운 장의 균형을 흐트러뜨린다. 당신의 장은 예전보다 힘든 상태다. 두 명을 위해 일해야 하고, 편안히 있을 자리도 없이 부대끼고 있기 때문이다. 그래서 임신 중에는 배에 가스가 차거나 변비가 생기는 경우가 많다. 기름과 당분이 많은 질 떨어지는 식사를 하면, 속쓰림이 생길 수도 있다.

패스트푸드와 설탕은 임신 중에 아직 금지식품으로 되어 있지는 않지만 가까운 시일 내에 바뀔 수도 있을 것이다.

아이의 식습관과 건강을 해치는 음식

여기 최신의 연구 결과 몇 가지를 소개한다. 그것들은 명백하게 예, 아니오로 대답하지는 않지만, 새로운 통찰을 준다. 이런 인식들과 더불어 어떤 식생활을 할 것인지 스스로 선택할 수 있다.

임신 중에 패스트푸드와 설탕을 많이 먹으면 살이 찐다. 이것은 일반적인 상식이다. 하지만 여분의 살이 임신에 중대한 결과를 초래할 수 있다는 사실도 알고 있었는가? 임신 중에 몸무게가 너무 심하게 증가하면 임신중독증(자간전증, 임신 후반기에 고혈압과 단백뇨가 발생한다.)에 이를 위험이 높아지고, 아기의 출생체중이 비정상적으로 높을 수 있다. 조산, 장애, 유산, 사산의 위험도 증가한다.

하지만 걱정하지 마라. 자신에게 잘해주고 간혹 욕구에 굴복해서 약간 살이 오르는 건 해롭지 않다. 건강에 안 좋은 패스트푸드와 설탕을 많이 섭취하여, 몸무게가 정말로 많이 불어나는 것이 안 좋다는 이야기다. 임신 중에 어느 정도의 체중 증가가 정상적인지는 342쪽을 참조하라.

엄마의 임신 중 식습관으로 말미암아 나중에 아기가 기름진 음식을 선호하게 될 수도 있다. 임신기에 엄마가 기름진 식사를 할수록 나중에 자녀가 (성인이 되어서도) 기름진 음식을 좋아하고, 그로 인해 비만이 될 위험이 증가한다. 이와 반대의 것도 입증됐다. 임신 중에 골고루 건강한 식사를 한 엄마의 자녀들은 성인이 되어서도 건강한 음식을 선호하는 것으로 나타났다. 임신기에 설탕을 많이 섭취한 엄마의 자녀들은 만 7~9세 사이에 알레르기나 천식이 생길 위험성이 높았다.

물론 궁금한 건 어느 정도가 많은 것인가 하는 것이다. 유감스럽게도 이것은 숫자로 표시할 수 없다. 하지만 달게 먹을수록 바람직하지 않은 부작용을 갖는다는 것은 분명하다. 각설탕이든, 설탕 대용품이든 매한가지다.

아침 음료는 설탕 폭탄

아침에 속이 메스꺼워서 아침을 제대로 챙겨 먹기 싫은가? 게다가 출근해야 해서 시간까지 부족한가? 그럴 때 택하게 되는 것이 바로 식사 대용 음료일 것이다. 하지만 이런 음료에는 보통 당분이 너무 많이 들어가 있어서 추천하지 않는다.

ⓘ 감초젤리

몇몇 감초 사탕에는 감초가 많이 함유되어 있다. 감초는 무엇보다 임신 중에는 고혈압을 유발할 수 있다. 그러므로 감초사탕을 하루에 5개 이상 먹지 않도록 하라. 지금 먹고 있는 감초 사탕에 감초가 들어 있는지 라벨을 살펴보라. 감초 사탕을 너무 많이 먹으면 아기의 지능에도 부정적인 영향을 미칠 수 있다. 핀란드의 연구자들은 최근 임신 중에 하루 250그램 이상의 감초젤리를 먹은 엄마들의 아이들이 나중에 상당한 행동장애를 보이고, IQ도 낮았음을 보여주었다. 하지만 250그램은 너무나 많은 양이 아닌가. 작은 봉지로 한 봉지쯤에 해당하는데 그만큼을 매일 같이 먹다니 말이다.

감초가 얼마나 들어 있든 상관없이 감초젤리에는 당연히 설탕이나 설탕 대용품이 많이 들어 있어 절제하는 것이 좋다. 짠 맛 나는 감초젤리도 조심해야 한다. 소금도 절제해야 하기 때문이다. 하지만 저혈압인 경우는 짠 맛 나는 감초젤리를 간혹 먹어주는 것도 좋을 것이다. 과도하지 않게 즐겨라.

✓ ⓘ 박하사탕

박하사탕에 대해서는 의견이 갈린다. 한쪽에서는 박하사탕이 메스꺼움이나 속쓰림에 좋다고 하고, 다른 쪽에서는 조산을 유발할 수 있으므로 삼가라고 한다. 언제나 진실은 그 중간에 있다. 정말로 페퍼민트 성분을 아주 많이 섭취하면 진통을 유발할 수도 있다. 하지만 그러려면 온종일 박하사탕 봉지를 달고 살아야 할 것이다. 그러므로 걱정하지 말고, 원한다면 가끔씩 박하사탕을 즐겨도 된다.

✓ ! 육두구(머스캣), 계피, 시나몬 롤, 생강쿠키

원래 '시나몬(계피)'이라는 말은 정확하지 않다. 서로 다른 재료로 만들어지는 두 종류의 계피가 있기 때문이다. 진짜 계피인 실론계피는 실론 계피나무의 가장 안쪽 껍질에서 나온다. 이 계피는 임신 중에 섭취해도 무방하다. 임신 중에 계피를 섭취하는 것이 위험하다는 이야기는 더 값싼 계피인 카시아계피와 관련된 것이다. 카시아계피는 육계나무에서 온 것으로 쿠마린을 많이 함유하고 있다. 그런데 쿠마린 성분은 무엇보다 많은 양을 섭취하면 임신 중에 해로울 수 있다.

실론계피는 더 부드럽고 더 비싸다. 그래서 식품회사에서는 대부분 카시아계피를 이용한다. 여러 제조업체는 어떤 계피를 활용하고 있는지 포장용기에 표기하고 있다. 카시아계피를 전혀 섭취하면 안 되는 것은 아니다. 양에만 주의하면 된다. 카시아계피에 들어 있는 쿠마린은 의학에서는 혈전억제제로 활용된다. 식품을 통한 쿠마린 섭취와 배 속 태아 사이에 직접적인 연관이 있는지 지금까지 입증되지는 않았지만, 계피를 많은 양 섭취하는 것은 권장되지 않는다.

하지만 쿠마린을 어느 정도까지 섭취하는 것은 무방하다. 섭취 제한선이 상당히 높기에 계피가 들어간 디저트를 먹으면 계피 섭취량 한계에 도달하기 한참 전에 설탕 한계에 도달하게 될 것이다. 쿠마린 함량과 관련하여 시나몬 쿠키 12개 또는 꿀 와플 3개는 안심하고 먹을 수 있다. 따라서 임신하면 시나몬 케이크를 먹지 말아야 한다는 속설에 일말의 진실은 들어 있는 셈이다. 육두구도 절제하라. 하지만 여기서도 마찬가지로 육두구에 포함된 성분이 해를 미치려면 아주 많이 먹어야 할 것이다.

음료

⚠️ 커피

임신 중에 카페인을 너무 많이 섭취하면 저체중아를 출산할 수 있다. 저체중으로 태어난 아기는 두고두고 건강상 수많은 문제들을 겪을 수 있다. 그밖에 카페인은 유산의 위험을 높인다. 카페인은 커피뿐 아니라 차와 코코아(물론 미량이지만), 콜라, 몇몇 진통제에도 들어 있다. 그러므로 커피는 하루 한 잔만 마시거나 디카페인 커피를 마셔라.

✅ ⚠️ 녹차와 허브차

허브는 요리를 완성하는 데 사용할 뿐 아니라, 인체에 미치는 강력한 효과 때문에도 널리 활용된다. 허브의 힘은 강력하다. 그래서 임신한 몸에는 간혹 너무 강할 수 있다. 그러므로 임산부는 펜넬 차(회향차), 아니스 차, 감초차는 주의해야 하며, 하루 한두 잔으로 제한해야 한다. 생강차와 발레리안 차를 상용하는 것도 임신기간에는 권장되지 않는다. 그밖에 다이어트 차도 임신 중에는 마셔서는 안 된다. 다이어트 차에는 보통 센나 잎이 들어 있는데, 이 성분이 장을 자극하여 진통을 유발할 수도 있다.

녹차는 걱정 없이 마셔도 된다. 하루 두어 잔은 해가 되지 않는다. 하지만 여기서도 용량이 독을 만든다. 과하게 마시면 태아에게 산소공급이 부족해질 수도 있다.

카페인

카페인은 커피뿐 아니라 차, 코코아, 콜라에도 들어 있다. 카페인이 들어간 음료 및 식품을 피하거나 최소한 제한해야 한다. 예를 들면 녹차에는 20~30밀리그램의 카페인이 들어 있다. 비교를 위해 말하자면, 커피 한 잔에는 진한 정도에 따라 카페인이 40~100밀리그램 들어 있다. 클래식한 홍차도 녹차보다 카페인이 더 많아 평균 60밀리에서 80밀리그램가량 들어 있다.

> **조산사 요린 와퍼홈의 조언**
> 루이보스 차는 무척 향기롭고 카페인이 들어 있지 않습니다.

⊗ 에너지드링크

에너지 드링크에는 설탕과 카페인이 다량 들어 있으므로 마시지 말아야 한다. 때로 한 캔 정도 마시는 것은 해가 없다는 얘기도 있지만, 최신 연구는 에너지 드링크와 유산 사이에 연관이 있음을 암시하고 있다. 그러니 위험을 무릅쓸 필요는 없을 것이다. 에너지 드링크 라벨에 아예 임산부는 음용 금지라고 인쇄해놓은 업체도 많다. 에너지 드링크에 대해 이 이상 할 말이 있을까?

⚠ 청량음료

청량음료를 조심하라. 청량음료에는 산이 많이 들어 있어서 위에 문제를 유발할 수 있으며, 설탕도 엄청나게 많이 들어 있다. 게다가 콜라에는 카페인도 들어 있다. 라이트나 제로 슈거라고 해서 별로 낫지도 않다. 요약하자면 한 번쯤은 마셔도 되지만 물이 천 배는 더 건강하다.

⊗ 술

한 세대 전에 임산부였다면 하루 한 잔 정도는 '허용'됐으리라. 하지만 세월이 흐르며 규칙은 엄격해졌다. 임신한 경우 술은 한 방울도 마시지 마라. 임신기 알코올 섭취가 미치는 결과에 대해서는 이제야 비로소 정확히 밝혀진 바, 알코올은 아기의 두뇌 발달과 성장을 저해한다. 심지어 단 한 잔만 마셔도 그런 효과를 낸다. 이를 태아알코올증후군이라고 하는데, 알코올이 아기에게 어떤 영향을 미치는지를 아래 나열해보았다.

알코올은,

- 체세포의 성장을 저해한다.

- 체세포를 사멸하게 할 수 있다.

- 척수를 손상시킬 수 있다.

- 유산, 조산, 사산의 위험을 증가시킨다.

- 머리가 너무 작거나, 안구가 작고 안면두개골이 좁은 형태 등 두개골 기형이 생긴다.

- (일생동안 과음을 할 확률을 높이면서) 심신의 문제를 유발한다.

- 훗날 성장에 문제를 유발한다.

- 행동 및 학습에 문제를 야기한다.

- 장애를 일으킨다.

따라서 공연히 위험을 감수하지 말고 술은 그냥 패스해라.

금주가 쉽지 않을 때

많은 임산부들은 금주를 굉장히 힘들어한다. 당신도 거기에 속한다면, 주치의나 산부인과 의사, 조산사와 상의하고 도움을 부탁해라. 또는 알코올 전문 클리닉에 문의하라. 이것은 당신이 움켜쥘 수 있는 기회이다. 당신과 당신의 아기가 중요하기 때문이다. 아무도 당신을 판단하지 않으며, 모두가 당신을 돕고 싶어 한다는 걸 명심하라.

⑦ 말린 형태의 슈퍼푸드

치아시드나 건구기자처럼 말려서 성분이 아주 농축된 베리나 씨들은 몸에 좋은 식품으로 인기가 많다. 사실 슈퍼 푸드는 아주 옛날부터 존재했다. 태고 적에도 이미 전사들은 에너지와 힘을 더 많이 얻기 위해 치아시드를 먹었다. 하지만 이것들이 우리의 일상적 식품으로 편입된 것은 상대적으로 얼마 되지 않은 일이라, 이런 농축된 슈퍼 푸드들이 장기적으로 어떤 효과를 미치는지 아직 충분히 알지 못하는 상태다. 그러므로 예방 차원에서 먹지 않는 편이 낫다. 슈퍼푸드가 미치는 건강한 효과는 아직 입증되지 않았다.

⑦ ⓧ 알로에베라 음료

알로에베라 음료는 무해하고 좋아 보이며, 아마도 실제로 그럴 것이다. 문제는 우리가 그걸 정확히 알지 못한다는 데 있다. 경우에 따라 알로에베라 음료와 잘 맞지 않는 사람들이 있는 것으로 알려져 있다. 그러므로 공연히 위험을 감수하지 말고 임신기간에는 이 음료를 마시지 않는 것이 좋다.

이제 다이어트는 끝!

임신했다고 2인분을 먹을 필요는 없지만, 피하지방을 없애기 위해 다이어트를 해서도 안 된다. 다이어트는 태아에 해롭다. 여분의 지방조직에서 독소가 배출되기 때문이다. 이런 독소는 또한 태반을 통해 아기에게 전달된다. 고도 비만이라면 조산사와 산부인과 의사와 상의하라. BMI가 30 이상인 경우 임신기에 최대 6킬로그램 정도 증가로 그치는 것이 좋다. 물론 이 일에도 도움을 받을 수 있다. 영양 상담을 통해 당신과 아기에게 건강한 방식으로 체중을 감량하는 법을 배울 수 있을 것이다. 물론 체중감량은 임신 전에 하는 것이 가장 좋다.

영양소, 비타민, 미네랄

임신기간을 건강하게 보내고, 당신의 아기가 인생에 잘 첫 발을 내디딜 수 있도록 하기 위해 영양소, 비타민, 미네랄이 충족되는 건강하고 균형 잡힌 식사를 해야 한다. 이것은 임신하지 않았을 때도 마찬가지다.

다양한 색깔로, 다채롭게 식사하라. 과일 및 채소의 경우 이것이 균형 잡힌 영양을 취하는 방법이다. 각종 채소와 과일은 다양한 비타민과 미네랄을 공급해줄 것이다. 매일 컬러풀한 채소와 과일이 접시 위에 오른다면 잘하고 있다고 생각하면 된다.

단백질

우리는 세포분열을 위해, 즉 성장과 재생을 위해 단백질을 필요로 한다. 단백질에는 두 종류가 있다. 한 종류는 몸이 스스로 만들어내는 단백질이고, 다른 한 종류는 체내에서 합성되지 못해, 음식을 통해 섭취해야 하는 필수 아미노산이다. 다르게는 동물성 단백질과 식물성 단백질로 구분하기도 한다. 단백질을 동물성 식품에서만 얻을 수 있다는 말은 맞지 않다. 식물에도 단백질이 있다. 다만 동물성 식품만큼 단백질이 농축되어 있지 않을 뿐이다. 그래서 식물성 식품에서 모든 필수 아미노산을 충족하려면 채소와 곡물을 적절히 조합해야 한다. 조합하면 정말 건강에 좋다. 이런 조합으로 두 마리의 토끼를 한 번에 잡을 수 있다. 즉 당신에게도 좋고, 당신의 아기에게도 아주 좋을 것이다. 그럼으로써 단백질을 섭취할 뿐 아니라, 비타민의 하루 권장량을 빠르게 달성할 수 있기 때문이다.

동물성 단백질 공급원의 예:
- 가금류를 포함한 육류
- 생선(고기보다 양은 적다)

- 우유

- 치즈(생우유 치즈 피하기)

- 달걀

식물성 단백질 공급원의 예:

- 곡물(빵, 오트밀, 옥수수)

- 견과류

- 콩류(완두콩, 강낭콩, 렌틸콩) 및 콩제품

- 육류대체품(밀고기, 콩고기, 두부)

- 고구마, 시금치, 브로콜리, 방울양배추, 옥수수 등의 채소

임신 중에는 태반의 형성과 공급, 아이의 성장을 위해 특히 많은 단백질이 필요하다(하루 평균 10그램이 추가된다). 하지만 걱정하지 마라. 양질의 식사를 하는 사람은 자동적으로 음식을 통해 충분한 단백질을 섭취하게 되어 있다.

조산사 엘렌 틸 호네스테이흐의 조언

단백질의 또 하나의 이점은 빠르게 포만감을 준다는 것입니다. 단백질은 탄수화물보다 더 빠른 포만감을 주지요. 섬유질이 별로 없는 흰색 탄수화물과 비교하면 특히나 그렇습니다. 유제품은 저지방보다는 일반 지방 우유, 풀지방 요구르트를 선택하세요.

지방
양질의 지방은 영양의 필수적인 구성요소로, 무엇보다 생선, 견과류, 식물성 기

름에 들어 있다. 지방은 우리 몸에서 네 가지 기능을 한다.

1. 지방은 연료이다. 지방은 살아가는데 필요한 에너지를 공급해준다.

2. 비축된 지방은 우리와 우리의 장기를 추위에서 보호해주고, 곤궁한 때에(배고픔, 식량 부족 질병 등) 신체가 이 비축된 에너지를 사용할 수 있게끔 한다. 그러므로 우리 몸의 지방층은 다 쓸데가 있는 것이다. 이런 지방층은 비축된 지방층이 너무 많을 때, 다시 말해 너무 과체중일 때에나 문제가 된다. 배 속 아기의 사정은 다르다. 아기에게는 아직 비축된 지방층이 없다. 다행히 아기는 아직 자신의 몸에 의존하지 않고 모든 영양소를 당신에게서 얻는다. 그러므로 아기에게 중요한 영양소를 공급할 필요가 있다. 태어난 다음에는 아기는 더 이상 당신의 영양소를 활용하지 않는다. 그래서 아기는 빠르게 배고픔을 느끼고 울어대는 것이다. 그러면 얼른 모유나 우유를 대령해야 한다. 아기의 배는 조그맣고 얻는 모든 것을 곧장 성장을 위해 써버린다. 따라서 종종 '연료'를 충전해줘야 한다. 모유와 분유가 그렇게 기름진 것도 다 이유가 있는 것이다.

3. 어떤 비타민은 지방에만 용해된다. 바로 비타민 A, D, E, K와 같은 지용성 비타민들이다. 그러므로 체내에서 지용성 비타민이 운반되려면 (양질의) 지방이 필요하다.

4. 지방은 세포형성에서 건축 재료 역할을 한다. 우리 몸속에서는 계속해서 세포들이 사멸하고 새롭게 생성된다. 아기의 경우는 물론 사멸과 새로운 형성 사이의 관계가 다르다.

따라서 양질의 지방이 필요하지만 그렇다고 임신한 동안 지방을 더 많이 섭취할 필요는 없다. 임신했을 때도 임신하지 않았을 때와 마찬가지의 양질의 식사를 하는 것으로 충분하다. 단 한 가지 주의해야 하는 것은 오메가3 지방산의 양이다. 오메가3 지방산은 생선에 들어 있으므로, 일주일에 한 번 정도 기름진 생선을 먹는다면, 그것으로 오메가3 지방산은 충분히 섭취한 것이다. 생선을 먹지 않는 경우 오메가3 지방산이 들어 있는 마가린을 빵에 발라먹거나 오메가3 영양제를 복용하라.

탄수화물

우리는 생활하면서 대부분의 에너지를 탄수화물에서 얻는다. 체내에서 탄수화물은 글루코스(포도당)로 전환되고, 글루코스는 에너지를 공급해준다. 탄수화물이 들어 있는 식품은 다음과 같다.

- 빵, 쌀, 감자, 파스타, 콩류, 채소와 과일(소량)

통곡물 제품, 섬유질, 변비 예방

파스타나 국수를 선택할 때는 가공하지 않아 영양이 그대로 있는 통곡물 제품을 선택하는 것이 좋다. 통곡물 제품에는 양질의 섬유소가 그대로 들어 있다. 섬유소도 탄수화물이지만, 임신 중에 섬유소는 아주 중요한 역할을 한다. 충분한 섬유소를 먹어주면, 변비를 예방할 수 있는 것이다. 임산부는 하루에 30그램 정도의 섬유소를 섭취해줘야 한다. 음식 속에 든 섬유소의 무게를 재기는 힘들므로, 매일 통곡물 식품, 과일, 채소를 충분히 먹어주는 것으로 충분하다. 아보카도 한 개만 먹어도 하루 섬유질 필요량의 1/4은 충당할 수 있다.

비타민

우리 몸은 비타민을 필요로 한다. 모든 체내 과정에서 비타민은 중요한 역할을 한다. 건강하고 균형 잡힌 식사(채소와 과일을 하루 300그램 정도 섭취하는 식사)에는 다양한 비타민이 충분히 함유되어 있다. 비타민은 늘 중요하지만, 임산부는 비타민이 모자라지 않도록 특히 신경을 써야 한다. 일부 비타민은 임신 중에는 더 특별한 역할을 한다.

엽산

임신 중에는 무조건 엽산제제를 복용해야 한다. 이제는 음식만으로 필요량을 충당할 수 없기 때문이다. 엽산이 결핍되면 태아에게서 척추이분증(이분척추), 신경관결손, 구순구개열이 나타날 수 있다. 인체가 엽산을 흡수하여 태아를 위해 활용할 수 있으려면 약 4주가 소요되기에 임신 전에 미리 엽산을 복용하기 시작하는 것이 좋다. 그리고 임신 10주가 되면 복용을 중단해야 한다. 이 시기부터는 엽산 필요량이 적어지므로, 건강한 음식을 골고루 먹는 것만으로도 엽산 필요량을 충분히 충당할 수 있다.

비타민 B_6

비타민 B_6는 신진대사와 아미노산의 분해 및 축적에 중요한 역할을 한다. 아미노산은 단백질의 구성 요소다. 그밖에 비타민 B_6는 호르몬 분비, 성장, 혈액 생성, 신경계, 면역계에도 중요하다. 비타민 B_6가 부족하면 신경질과 짜증이 나고, 나아가 기분이 저하되는 경향이 있다. 이렇듯 두루두루 힘을 발휘하는 비타민이 들어 있는 식품은 다음과 같다.

• 육류, 계란, 우유, 유제품, 생선과 같은 동물성 식품, 곡물, 감자, 콩, 아보카도

아보카도는 엽산이 풍부한 데다 비타민 B_6도 들어 있다. 비타민 B_6는 다시금 엽산의 체내 흡수를 촉진하고, 임신 중 면역력을 강화시키며, 입덧을 감소시키기도 한다.

비타민 B₁₂

비타민 B₁₂는 미생물에 의해 생성되며 주로 육류, 생선, 계란 및 유제품에 들어 있다. 요즘에는 육류 대용품과 우유 대용품에 비타민 B₁₂가 첨가되는 경우가 많지만, 라벨에서 이를 확인하는 것이 좋을 것이다. 비타민 B₁₂ 결핍은 하룻밤 사이에 생기는 것이 아니며, 금방 없어지지도 않는다. 그러므로 비타민 B₁₂가 부족해지지 않도록 매일 비타민 B₁₂를 충분히 섭취해주는 것이 중요하다. 이 비타민이 결핍되면 신경계(및 그 형성)와 아기의 발달에 부정적인 영향을 미칠 수 있다. 과거에는 채식을 하는 사람들이나 비타민 B₁₂가 부족해질 우려가 있었지만, 오늘날에는 (먹거리가 부실해지면서) 육식을 하는 사람들도 비타민 B₁₂가 부족해질 수 있다. 결핍을 예방하기 위해 비타민 B₁₂를 발포비타민 정으로 복용해주면 좋다.

비타민 C

비타민 C는 '면역계 부스터'라 부를 수 있을 것이다. 어떤 비타민도 비타민 C만큼 우리의 면역계에 도움이 되지는 않는다. 아플 때 신선한 오렌지 주스를 마시는 것은 공연한 일이 아니다. 철분, 특히 식물성 철분이 혈액으로 흡수되려면 비타민 C가 꼭 필요하다. 그러므로 비타민 C를 동시에 먹어 주지 않으면 신체가 음식 속의 철분을 얻기가 힘들다. 늘 그것에 유의해야 한다. 식물성 철분을 먹고 있는가? 그렇다면 식사 시간에 비타민 C가 함유된 음식을 섭취해줘야 한다. 너무 복잡하다고? 하지만 그래야 철분 흡수를 할 수 있다. 식사를 하며 신선한 오렌지 주스를 몇 모금 마시거나, 디저트로 약간의 과일을 먹어라. 다음 식품이 식사에 포함되어 있으면 비타민 C 공급원에 따로 신경을 쓸 필요가 없다.

- 딸기, 레몬, 구아바, 키위, 라임, 파파야, 로즈힙, 오렌지, 블랙커런트, 콜리플라워, 브로콜리, 고추, 방울양배추, 시금치, 치커리, 쪽파, 고수, 큰다닥냉이, 브로콜리 싹

비타민 D

비타민 D는 간접적으로 뼈를 튼튼하게 한다. 비타민 D가 인체에 칼슘이 더 잘 흡수되도록 도와, 우리 몸이 뼈에서 칼슘을 추출해 사용하지 않도록 해주기 때문이다. 비타민 D는 종종 '햇빛 비타민'이라고도 불린다. 햇살을 받으면 피부는 그 반응으로 비타민 D를 생산한다. 비타민 D는 또한 마가린이나 저지방 마가린처럼 빵에 발라먹는 몇몇 지방에도 첨가되어 있다.

임신하면 특히 비타민 D가 많이 필요하다. 비타민 D가 아기의 뼈가 형성되는 데 중요한 역할을 하기 때문이다. 하지만 피부를 통해 생겨나는 것이나 마가린에 들어 있는 것만으로는 비타민 D의 양을 충분히 충당하는 것이 사실상 불가능하므로, 임신과 모유수유 중에는 비타민 D 제제(1일 10mg)를 복용해주는 것이 좋다. 점점 더 많은 연구가 임신하지 않은 여성의 대다수가 비타민 D가 부족한 상태임을 지적한다. 비타민 D는 엽산과 마찬가지로 현재 하한선이 너무 낮게 설정되어 있는데 사실 높여야 한다.

콜린

비타미노이드인 콜린은 성인은 스스로 생산할 수 있지만, 신생아와 태아는 아직 그럴 능력이 없다. 그러므로 자연은 모유에 콜린이 많이 함유되어 있게끔 했다. 분유에도 콜린이 첨가된다. 균형 잡힌 식사를 한다면, 임신기에도 콜린이 부족해지는 일은 없을 것이고 알약 형태로 복용해 주지 않아도 된다. 그럼에도 콜린이 당신의 아기와 임신에 어떤 의미가 있는 영양분인지 아는 것이 좋을 것이다. 콜린은 자극을 뇌로 전달하는 데 아주 중요한 역할을 하며, 혈압 강하 효과도 있다. 임신하면 고혈압이 발생하는 경우가 종종 있기에 이것은 아주 좋은 일이다. 기적의 채소 아보카도는 상당한 양의 엽산, 비타민 B6, 섬유질 외에 콜린도 풍부하다.

비타민 제제 복용: 무엇을 위해?

임신했다면, (아기를 갖고자 하는 시점부터 임신 10주 차까지) 엽산과 비타민 D를 복용해줘야 한다. 베지테리언이나 비건이라면 추가적으로 비타민 B_{12}도 복용하라. 건강하고 균형 잡힌 식사를 하는 한, 그 이상의 제제를 복용할 필요는 없다. 골고루 건강하게 먹지 못하고 있다는 우려가 든다면 임산부를 위한 종합 비타민제를 복용해도 좋다. 하지만 비타민 A가 포함된 제제를 복용해서는 안 된다. 성분 목록을 꼼꼼히 살피라. 비타민 A는 레티놀, 레티날, 레티닐 아세테이트 또는 레티닐 팔미테이트라고 표기되어 있을 수도 있다. 생선 기름 보충제도 주의하라. 비타민 A를 너무 많이 섭취하면 선천적 기형의 위험이 증가하기 때문이다.

미네랄

미네랄은 땅에서 얻어지는 성분으로, 식물성 먹거리를 통해 섭취하게 된다. 임신 중에는 무엇보다 칼슘, 칼륨, 철이 중요한 역할을 한다. 칼슘은 뼈를 튼튼하게 한다. 그래서 칼슘을 충분히 섭취하지 않으면, 신체가 뼈에서 칼슘을 추출해 아기에게 전달한다. 그러므로 임산부는 특히 많은 칼슘이 필요하고, 건강한 음식을 골고루 먹어줌으로써 이를 얻을 수 있다. 임신기에 칼슘 공급이 충분하지 않으면, 노년기에 골다공증이 생길 수 있다.

칼륨은 혈압을 건강한 수준으로 유지하는 데 필요하다. 고혈압은 태아에게 영양분이 공급되는 것을 방해할 수도 있다. 그밖에도 칼륨은 임신으로 말미암은 근육 경련도 예방해준다.

임신하지 않았는데도 철분 결핍에 시달리는 여성들이 많다. 적혈구가 산소를 세포로 운반하려면 철분이 중요하며, 철분이 부족하면 빈혈이 생긴다. 빈혈이 있으면 두통, 어지러움, 피로 증상이 나타난다. 임신기 동안 신체는 추가로 2리터의 혈액을 만들어내는데, 이것은 적혈구 생성이 쫓아갈 수 있는 것보다 속도가 더 빠르다. 그러다 보니 헤모글로빈 수치가 내려간다. 다행히 임신 중에는 규칙적으로 철분 수치를 검사한다. 철분은 무엇보다 육류와 녹색 채소에 많이 들어 있다(녹색일수록 철이 많이 들어 있다). 견과류, 토마토, 살구도 철분을 함유하고 있다. 철분은 임신 초기에 태반이 만들어지는 데도 중요한 역할을 한다.

아연은 임신 중에도 중요하다. 아기의 성장과 당신의 면역계를 뒷받침해 주고, 피부 문제를 예방하거나 완화시켜준다. 아연은 주로 붉은 육류(잘 익힌 것), 닭고기, 견과류, 통곡물 및 유제품에 들어 있다.

마그네슘은 태아의 건강한 뼈가 만들어지는 데 도움이 되며, 근육 경련과 같은 임신 중의 불편을 줄여준다.

칼슘과 비타민을 식사에 포함시키기

칼슘과 비타민은 임신 중에는 무엇보다 건강에 아주 중요하므로, 식사에 포함시켜 어렵지 않게 섭취하면 좋다. 타히니(참깨 페이스트)를 양념으로 사용해도 좋고, 효모 플레이크도 견과류 같은 맛이 나서 모든 요리에 쉽게 첨가할 수 있으므로 비타민 B를 추가로 섭취하기에 용이하다.

설탕과 초콜릿은 체내 칼슘을 잃게 하므로 주의해야 한다. 설탕과 초콜릿은 혈액의 칼슘 흡수를 억제하고 이미 흡수한 칼슘을 방광으로 배설하도록 한다. 단백질(계란, 고기, 생선)과 동물성 지방을 과도하게 섭취하는 것도 소변을 통해 칼슘이 손실되게 만들 수 있다! 치즈, 생선, 고기에 들어 있는 동물성 지방과 육류, 청량음료, 유제품에 들어 있는 인(Phosphor)도 칼슘의 체내 흡수를 억제한다.

라벨을 친구로 삼기

라벨 읽기 1. 재료에 '생우유'라고 표시되어 있거나 '살균되지 않은 우유'라고 표시된 식품은 당신에게 적합하지 않다.

라벨 읽기 2. 포장지만 읽고 화들짝 놀라지 않으려면, 식품 속의 성분이 함량에 따라 나열된다는 것을 알아야 한다. 그러므로 첨가물 목록의 맨 위에 표기된 성분이 그 식품에 가장 많이 들어 있는 성분이고, 맨 마지막에 표기된 성분이 가장 조금 들어 있다고 보면 된다.

라벨 읽기 3. 포장 용기에 '…첨가'라고 선전하는 문구가 적혀 있는가? 그러나 좋은 성분이 아주 조금 들어 있다고 하여 그 식품이 더 건강한 식품이 되지 않는다는 점을 감안해라.

소프트웨어인 분자 기억과 하드웨어인 DNA

영양학자 사라 파월스는 루벤왕립대학, 루벤대학병원, 벨기에 플랑드르기술연구소(VITO)와 공동으로 임신 전과 임신기간 중 아빠의 식생활 패턴과 생활방식이 자녀에게 미치는 영향을 연구했다.

유전 물질인 DNA를 하드웨어로 볼 수 있다. 식생활과 생활 방식은 소프트웨어처럼, 또는 더 복잡하게 말하자면 '분자기억'처럼 작동한다. 이 기억이 특정 유전자를 활성화하거나 비활성화할 수 있다. 사라 파월스는 임신 전과 임신 중의 식생활이 소프트웨어에 어떤 영향을 미치는지, 이런 요소들이 나중에 비만을 유발할 수 있는지를 연구했다.

"건강한 식생활은 어느 때 특히 중요할까요?"

임신 초기가 민감한 시기이지만, 수정이 되기 전 시간도 중요한 역할을 해요. 엄마와 아빠의 식생활과 생활 방식이 중요한 것이죠. 정자는 3개월마다 바뀌므로 아빠가 수정 전 몇 개월간 건강한 생활 방식을 고수하는 것이 중요합니다. '너의 부모가 먹은 것이 바로 너'라는 말이 괜히 있는 게 아니에요.

"임신 전 이상적인 식생활과 생활 방식은 어떤 모습일까요?"

수정 전 3개월 전부터 부모가 건강하게 살아야 해요. 술, 담배를 제한하고, 충분히 운동을 하고, 골고루 건강하게 먹어야 합니다. 건강한 식생활은 사람에 따라 다른 모습이에요. 나는 식생활은 개인적인 특성에 따라 다른 모습이어야 한다고 생각합니다. 사람마다 체질이 달라요. 어떤 사람은 빵 위주의 식사에서 많은 힘을 얻지만, 어떤 사람은 그런 식사를 하고 나면 피로를 느끼지요. 그러므로 일반적인 지침을 따르되 자신의 몸이 하는 소리를 잘 들어야 해요. 자기에게 가장 잘 맞는 식사를 하도록 하세요.

"영양소 결핍이 되지 않도록 특히 신경을 써야 하는 여성들이 있을까요?"
채식주의자들은 비타민 B_{12} 제제를 복용해 주고 철분 수치에 주의하는 것이 좋습니다. 위 축소 수술을 했거나 장의 일부를 절제했다면, 신체는 이전보다 비타민과 미네랄 흡수를 적게 하게 돼요. 건강한 음식을 골고루 먹도록 하십시오. 양을 늘릴 필요는 없고요.

10

알쏭달쏭 궁금한
호르몬의 모든 것

· 호르몬의 새로운 변화는 개인마다 다르고, 임신마다 다르다.
· 호르몬으로 말미암은 불편의 정도가 임신의 질을 대해 말해주는 것은 아니
  다. 불편이 없으면 좋은 것이니 걱정하지 말 것. 당신이 운이 좋은 것이다.

호르몬을 빼고 임신을 이야기할 수는 없다. 임신 중의 호르몬 대사는 인생 중
그 어느 때보다 빠르게 변한다. 몸이 신속하게 태아의 성장과 출산을 준비하는 가
운데, 9개월간 여러 호르몬이 힘을 합쳐서 아기가 적절히 발달하여 건강하게 세상
에 나올 수 있도록 한다.
간단히 말해 호르몬은 여러 기능을 조절하기 위해 몸 스스로가 만들어내는 물
질이다. 체온, 혈압, 소화, 감정, 행동 모두 호르몬이 관여한다. 당신의 몸은 일생동
안 호르몬으로 가득하다. 임신기에는 더 그렇다. 호르몬 변화가 없으면 생리도 없
고, 수정도, 임신도 할 수 없을 것이다. 임신기간에는 단계마다 다른 호르몬이 분
비되거나 분비되는 호르몬의 양이 달라진다. 착상기이든, 출산을 할 때가 됐든 그
때그때의 필요에 따라 좌우된다.

hCG 호르몬

수정이 이뤄진 뒤부터 이미 호르몬 대사가 변한다. 임신하기 전에 자궁은 매달 새롭게 커지며 추가적으로 두꺼워졌던 조직이 월경 때 다시 이탈한다.

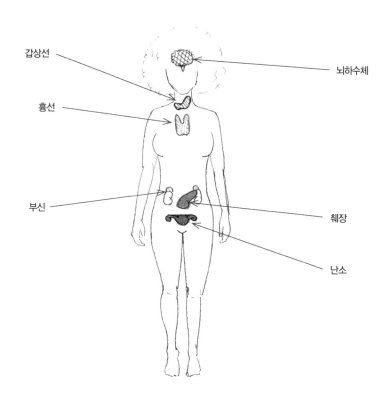

수정이 일어난 뒤 당신의 몸이 이 조직을 탈락시켜 생리혈이 나오는 것을 막기 위해, 난자가 착상되자마자 몸은 곧 hCG 호르몬(생식선 자극 호르몬)을 분비한다. 생식선 자극 호르몬은 그밖에도 황체corpus luteum가 유지되도록 해준다.

배란 동안에 난자는 난포로부터 나온다. 난포는 난자가 성숙하는 일종의 껍질로서, 배란 뒤에는 난포로부터 황체라 불리는 작은 부분이 남는다. 난자가 몸담았던 부분이다. 난자가 수정되지 않으면 황체는 퇴화한다. 하지만 수정이 되면, 황체는 이제 에스트로겐과 프로게스테론 호르몬 분비를 자극하고, 프로게스테론은 자궁 내막이 벗겨지는 것을 막아준다. 그밖에 황체는 월경을 막아주는 특정 호르몬들이 분비되도록 해준다. 한마디로 말해, 황체와 hCG, 프로게스테론이 임신 첫 몇 주간 자궁 내막이 무사할 수 있게 해주는 것이다. 당신이 임신 초기에 시행한 임신 테스트는 바로 당신의 소변 속의 hCG 호르몬에 반응했던 것이다.

언제 분비될까?

임신 첫 9~12주 동안 hCG 호르몬의 양은 2~3일마다 두 배가 된다. 그 뒤에는 분비량이 다시 감소한다.

임신 중 불편 증상

hCG로 말미암아 자주 나타나는 증상은 다음과 같다.

- 메스꺼움, 잦은 요의, 유방의 민감성 증가, 피로, 현기증, 두통, 기분 변화

이러한 모든 문제는 임신 첫 분기에 hCG로 인해 생긴다. 무엇보다 hCG에서 비롯된 (종종은 여러 호르몬의 협력 작용을 통해 생겨난) 증상들은 첫 분기가 지나면 대부분 완전히 사라진다. hCG 분비가 다시금 줄어들기 때문이다. 하지만 그렇다고 첫 분기가 지나면 이런 증상들이 전혀 나타나지 않는다는 의미는 아니다. 나중에도 다른 호르몬과 변화들로 말미암아 불편들이 있을 수 있다. 그러나 피로감은 첫 분기에 압도적으로 밀려온다.

프로게스테론
....

프로게스테론은 사실 늘 몸속에 존재한다. 이 호르몬과 다른 호르몬 덕분에 생리를 하게 되는 것이다. 배란 뒤 LH와 FSH 호르몬이 프로게스테론이 분비되도록 한다. 그러면 프로게스테론은 다시 LH와 FSH 호르몬이 분비되도록 피드백을 만든다. 임신이 이뤄지지 않으면, 프로게스테론 농도는 다시 떨어진다. 따라서 호르몬들이 협력하여 일하고, 당신의 몸은 애쓰지 않아도 저절로 알아서 이런 호르몬의 분비를 영리하게 조절한다.

프로게스테론은,

- 행복감을 만들어낸다. 생리를 하게 되면, 생리 전주에 프로게스테론의 양이 감소한다. 그래서 많은 여성들 (그리고 그 주변 사람들)은 생리가 시작되기 직전에 기분이 저하된다.
- 수정란이 탈락하지 않고 자궁에 착상될 수 있도록 해준다.
- 탯줄을 통해 영양이 공급될 수 있을 때까지, 배아가 자궁샘(자궁선)을 통해 영양을 공급받도록 해준다.
- 두 번째 난자의 착상을 막는 점액 마개^{mucous plug}의 발달을 돕는다. 점액 마개는 외부 세계로부터 아기를 보호하는 코르크 마개라 할 수 있다.
- 혈액 순환을 촉진하고 무엇보다도 (임신 중에 많은 양의 혈액을 운반해야 하는) 혈관을 확장한다. 그밖에도 프로게스테론으로 말미암아 자궁에 더 많은 혈액이, 신체의 나머지 부분에는 더 적은 혈액이 도달한다. 이를 통해 혈압이 낮아지고 어지럼증이 있을 수 있다. 프로게스테론은 또한 임신 중에 자궁벽을 좋은 상태로 유지시킨다.
- 유선 조직과 유선 발달을 자극한다. 당신의 몸은 임신 중에 이미 몸이 출산을 준비하게끔 하는 호르몬을 분비하는데, 프로게스테론은 조산을 막기 위해 이런 '출산 호르몬'을 약간 제어한다.

늘어지게 만드는 효과

임신이 된 뒤부터 당신의 몸 안에서는 모든 것이 느슨해진다. 물론 이것은 호르몬들 때문이기도 한데, 무엇보다 프로게스테론이 그런 효과를 자아낸다. 임신 중기로 갈수록 이런 느슨함은 더 심해진다. 프로게스테론이 다른 호르몬들과 협력하여 아기가 태어날 수 있도록 골반인대를 더 늘어나게 만든다. 그러다 보니 골반에 통증이 생길 수도 있다. 한편 프로게스테론은 임신에 중요한 신체 부위를 이완시킬 뿐만 아니라 장이나 방광 근육도 느슨하게 만들어 변비가 생기거나 과민성 방광 증상이 나타날 수 있다.

언제, 어디에서 분비될까?

프로게스테론은 난소(난자가 튀어나오고 남은 주머니인 황체)에서 분비된다. 그런 다음 이것이 아주 중요한 호르몬이므로, 약 3개월 뒤에는 태반이 황체로부터 이런 역할을 넘겨받아 프로게스테론을 생산해낸다. 프로게스테론은 거의 임신해 있는 내내 '최고 보호자' 역할을 한다.

임신기간 전반에 걸쳐 프로게스테론 수치가 증가하다가 마지막에 이르러 다시 감소한다. 임신 2분기와 3분기에 겪는 임신으로 인한 대부분의 불편은 프로게스테론으로 인한 것으로 보인다. 그러다가 마지막에 출산과 더불어 프로게스테론 농도가 갑자기 떨어지면 많은 여성들이 후유증을 겪는다. 출산 직후에 기분이 우울하고 의기소침해지기 쉬운 것이 바로 프로게스테론 수치가 갑작스럽게 떨어져서인 것이다.

임신 중 불편 증상

임신 중에 종종 나타나는 다음과 같은 불편은 무엇보다도 프로게스테론으로 인해 초래된다.

- 속쓰림(임신 초기에 위문 근육의 이완에 따른 것), 잦은 요의(방광 근육이 느슨해짐에 따른 것), 변비(장 근육이 느슨해짐에 따른 것), 임신성 치매(몇몇 뇌 영역에 미치는 억제 효과에 따른 것), 잇몸 출혈, 정맥류, 발 붓기, 근육 경련, 메스꺼움, 머리숱이 풍성해짐, 골반 통증, 어지럼증, 피로, 혈압 강하, 감정 기복

에스트로겐

임신기간 중 세 번째로 중요한 호르몬은 에스트로겐이다. 사실 이것은 복수로 불러야 한다. 그도 그럴 것이 에스트로겐은 각기 고유한 기능을 갖는 세 호르몬을 총칭하는 것이기 때문이다. 그 셋은 바로 에스트라니올, 에스트리올, 에스트론이다.

- 세 가지 에스트로겐 중 에스트라디올은 (임신과 무관하게) 가장 흔한 호르몬으로, 생식력과 골밀도에 중요하다.
- 에스트리올은 주로 임신 중에 분비되어, 임신 전후에 비해 에스트리올의 농도가 약 1,000배까지 증가한다.
- 에스트론은 가임기의 여성에게는 가장 적게 분비되는 호르몬으로, 폐경이 지난 다음에야 더 많이 분비된다.

남성에게서도 에스트로겐이 분비되기는 하지만, 에스트로겐은 여성 성호르몬으로 여겨진다. 임신 중 에스트로겐은 고유한 기능도 가지고 있지만, 당신으로 하여금 다른 호르몬들에 더 민감하게 만드는 역할을 하기도 한다.

에스트로겐이 임신 중에 하는 일은,

- 에스트로겐은 난소의 활동을 중단시킨다(난소를 휴가 보낸다).
- 자궁의 성장과 태반의 혈관 형성을 돕는다.
- 임신 후반기에 에스트로겐은 프로게스테론, HPL과 더불어 유방의 유관과 유선 발달을 자극한다.
- 여러 다른 호르몬들처럼 에스트로겐도 몸, 특히 골반을 부드럽게 해준다.
- 에스트로겐은 철분 비축을 돕는다. 에스트로겐과 더불어 몸은 추가적인 지방과 물을 저장할 수 있다.
- 에스트로겐은 상당히 일찌감치 부신 등 아기의 특정 장기가 발달하도록 돕는다. 그러면 부신 역시 스스로 다시금 호르몬을 생산한다. 에스트로겐이 그렇게 아기에게서 몇몇 호르몬 과정(호르몬 프로세스)을 작동시키게 되는 것이다.
- 임신 말기에 이르면 에스트로겐이 당신으로 하여금 옥시토신에 더 민감하게 만들어준다. 이를 통해 자궁이 수축하고 가진통이나 진통이 시작된다.
- 에스트로겐은 기분을 좋게 하는 행복 호르몬인 엔도르핀 분비에 관여하며, 통증을 감소시켜주는 효과가 있다.

피부에 미치는 영향

에스트로겐은 피부에 긍정적, 부정적인 의미의 영향을 미칠 수 있다. 에스트로겐 덕분에 피부가 추가적인 수분을 머금게 되면서, 많은 경우 임산부들의 얼굴이 발그레한 빛을 띠게 된다. 하지만 임신성 여드름과 튼살 같은 안 좋은 점들도 나타날 수 있다. 그밖에 에스트로겐으로 말미암아 피부가 햇빛이 더 민감해져서 임산부 특유의 피부 증상, 즉 기미가 생기기 쉽다.

언제, 어디에서 분비될까?

에스트로겐 수치, 더 정확히 에스트리올 수치는 임신기간 내내 증가한다. 몇 주가 지나면 태반은 황체로부터 에스트로겐 생산을 넘겨받는다. 에스트로겐은 신체의 여러 곳에서 만들어지는데 무엇보다 난소, 태반에서 생성된다.

임신 중 불편 증상

에스트로겐이 다른 것들과 더불어 유발할 수 있는 대표적인 불편 증상은 다음과 같다.

- 식욕 폭발, 정맥류, 메스꺼움, 감정 기복, 성욕 감소, 임신성 여드름, 임신성 기미, 질 분비물 증가

HPL 호르몬

HPL 호르몬(사람 태반성 락토겐)은 잘 알려진 호르몬은 아니지만 중요한 역할을 한다. HPL은 난자가 자궁에 착상된 후 비교적 빠르게 분비된다. 이 호르몬 역시 난자가 탈락되지 않도록 난자를 보호해주는데, 이 경우는 (프로게스테론처럼) 당신 자신의 DNA가 아니라, 아기 아빠의 '낯선' DNA를 받아들이도록 해준다. 나아가 HPL은 다른 호르몬과 더불어 태아가 잘 발육할 수 있도록 하고, 아기의 당대사에 영향을 미쳐서, 아기가 중요한 영양소를 잘 흡수하도록 한다. 예를 들면 엄마가 영양 부족상태가 되면, 이 호르몬은 아기에게 우선순위를 두고 필수 영양소와 비축량을 분배하여 아기가 최대한 피해를 입지 않고 잘 발육할 수 있게 한다. 불가피한 경우 엄마의 희생을 감수하는 것이다.

또 한 가지 HPL의 중요한 과제는 출산 때까지 유즙 분비 자극 호르몬인 프로락틴을 억제하는 것이다.

언제 분비될까?

HPL은 임신 초기에 신체에서 검출되고, 임신 상태가 끝나면 없어진다.

임신 중 불편 증상

HPL은 인슐린 대사의 불균형을 초래하여 인슐린 저항성을 유발할 수 있다. 그 결과 임산부의 5~10퍼센트에서 임신성 당뇨가 나타난다.

옥시토신

옥시토신은 '사랑 호르몬'이라고도 불리며, 애무를 하거나, 성관계를 할 때처럼 긍정적인 신체 접촉을 할 때 분비된다. 하지만 단순한 스킨십이나 눈 맞춤을 통해서도 분비된다. 옥시토신은 생리적인 효과도 내지만, 이를 통해 마음도 더 안정된다. 배우자를 볼 때마다 수년간 이 호르몬이 분비된다는 사실이 멋지지 않은가? 따라서 이런 특별한 호르몬은 임신 전, 임신 중, 임신 뒤에도 중요한 역할을 하며, 출산 중에는 매우 중요한 역할을 한다.

옥시토신과 함께하는 당신의 인생

임신 전: 사랑에 빠지게 한다.

임신될 때: 여성이 오르가슴을 느낄 때 옥시토신이 분비되는데, 이것이 정자의 이동에 도움을 준다. 정자도 옥시토신을 함유하고 있다.

분만 전: 아기의 머리가 자궁경부를 누르면, 당신의 몸이 옥시토신을 분비한다. 그러면 자궁이 수축되어 진통이 시작된다.

분만 중: 분만 중에는 옥시토신이 뭉텅뭉텅 분비되어 진통이 오르락내리락 곡선을 그린다. 그리하여 진통이 없을 때 잠시 숨을 돌릴 수 있다. 옥시토신이 다량

분비되는 것은 옥시토신이 엔도르핀과 함께 작용하여, 진통을 감소시키는 효과를 내기 때문이다.

출생 직후: 옥시토신의 영향 하에 자궁 수축이 지속되어 후진통(훗배앓이)이 생겨난다. 자궁이 서서히 예전 크기로 수축해야 하기 때문이다. 옥시토신은 분만 중에 터진 혈관들이 닫히게 해주어, 혈액 손실이 줄어들고 자궁도 더 빨리 회복되도록 돕는다.

모유수유: 옥시토신은 유방에서 모유 사출반사^{milk ejection reflex}를 일으켜 아기가 젖을 먹을 수 있게 한다. 옥시토신은 젖을 만들어내지는 않지만, 젖을 유선 쪽으로 공급하는 것을 돕는다. 모유수유를 하는 여성은 종종 아랫배가 당기는 등 자궁이 수축되는 증상을 느낀다. 이것은 모유수유를 할 때 추가적으로 옥시토신이 분비되기 때문이다.

양육할 때: 옥시토신은 모자 관계에서 중요한 역할을 한다. 아기와 스킨십을 많이 할수록 옥시토신 수치가 높아지고, 애착이 강화된다. 이것은 아기뿐 아니라 배우자에게도 해당된다.

아기의 성장: 옥시토신은 아기의 두뇌 발달에 중요한 역할을 하며 사회 상호작용을 기분 좋은 느낌과 연결시킨다.

첫 출산 후: 당신의 호르몬 대사는 평생 바뀐다. 이 순간부터 당신은 자녀들에 대해 더 감정적 결속을 느끼고, 아기가 내는 소리에 더 예민하게 반응한다. 그래서 아기가 울 때 엄마가 아빠보다 더 빨리 잠에서 깨어나는 경우가 많다.

언제, 어디에서 분비될까?

옥시토신은 뇌(시상하부)에서 생성된다. 임신 중에는 특히 더 많이 분비된다. 하지만 이후 상당히 오랫동안 옥시토신이 할 일은 별로 없으므로, 프로게스테론은 당신이 조산하지 않도록 옥시토신을 억제한다. 그러다가 임신 말기가 되면, 프로게스테론 수치가 감소하고, 혈액 내 옥시토신 수치가 증가한다. 또한 옥시토신은 출산 후에도 모유수유 중에 계속 분비된다.

옥시토신이 결핍되는 경우

출산 후 산후우울증, 후진통(훗배앓이) 등의 증상이 나타날 수 있다.

옥시토신과 아드레날린

스트레스 호르몬 아드레날린은 옥시토신의 분비를 감소시킬 수 있다. 그리하여 분만 중에 스트레스가 심하고 불안하면 진통이 줄어들고 자궁문이 열리는 시간이 더 지연될 수 있다. 그러므로 진통을 받아들이고, 쉽지는 않겠지만 될 수 있는 대로 긴장을 풀고 편안하게 임하는 게 중요하다.

아드레날린이 진통 중에 옥시토신의 작용을 거스른다는 것은 동물의 세계에서도 관찰할 수 있다. 포유동물이 새끼를 낳는 중에 위험에 처하면, 아드레날린 수치가 상승하고 옥시토신 수치가 감소하여 (일시적으로) 진통이 멈춘다. 그렇게 하여 동물은 일단 자신의 안전을 확보할 수 있다. 우리가 이로부터 배울 수 있는 것은 바로 출산을 할 수 있으려면 안전하다고 느껴야 한다는 것이다. 그러므로 출산 중에 무엇을 원하고, 무엇을 원하지 않는지 말하는 것이 중요하다. 안정감을 느끼고 편안한 상태라면 옥시토신이 더 잘 기능할 수 있다.

프로락틴(유즙 분비 자극 호르몬, 젖 분비 호르몬)

프로락틴 호르몬 역시 당신의 몸에 전혀 낯선 호르몬이 아니다. 임신 전에도 몸은 이미 프로락틴을 분비했다. 남성의 몸도 소량이지만 프로락틴을 분비한다. 이 호르몬은 임신 중에 태반의 공급을 조절하여, 아기의 수분과 염분 대사에도 관여한다. 임신 개월 수가 증가하면서 당신의 몸은 프로락틴의 영향으로 더 많은 유선과 유관을 만들어내며, 유방의 혈류를 증가시키고, 출생 뒤 아기의 첫 음식이 될 초유의 형성을 자극한다.

모유수유와 프로락틴

출산이 끝나면 프로락틴은 모유 분비를 자극한다. 그리고 모유수유를 할 때마다 프로락틴이 많이 분비되어, 다음 수유에 필요한 젖을 생산하게끔 한다. 밤에도 수유를 하는 것이 중요한데, 그 이유는 그러면 혈액 속에 낮보다 더 많은 프로락틴이 분비되기 때문이다. 그러나 모유수유가 안정되자마자 프로락틴의 분비가 줄고, 프로락틴의 영향이 감소한다. 모유수유에 어려움이 있을 때도 프로락틴 분비가 감소하고 모유 생산도 줄어든다.

출산 후 놀라지 말 것

신생아의 유두에서 젖 같은 액체가 나올 수 있는데, 이것은 전혀 걱정하지 않아도 된다. 이런 액체가 나오는 것은 남아든 여아든 상관없이 당신의 아기가 출생 전에 당신으로부터 받은 프로락틴의 영향 때문이다.

언제, 어디에서 분비될까?

프로락틴은 뇌의 뇌하수체에서 생성된다. 프로락틴은 임신 직후에 이미 상당량 만들어지며, 나중에 모유수유가 잘 이뤄지고 나서야 혈액 속의 프로락틴 양이 다시 줄어든다. 임신 중에는 아직 모유수유를 하지 않으므로, HPL이 프로락틴의 분비를 억제한다.

릴랙신

이름만 보아도 이 호르몬이 이완과 관계가 있음을 쉽게 짐작할 수 있을 것이다. 그중에서도 무엇보다 신체적 이완에 관여한다. 릴랙신과 프로게스테론이 함께 골반 인대와 자궁경부를 더 부드럽게 이완시켜줌으로써 아기가 태어나기 쉽게 만들어준다.

언제, 어디에서 분비될까?

임신 1분기와 3분기에 릴랙신이 특히 많이 분비된다. 임신하지 않았을 때는 황체가 릴랙신을 분비한다. 임신이 되면 무엇보다 자궁이 릴랙신을 많이 생산한다. 남성은 전립선에서 소량 분비된다.

임신 중 불편 증상

릴랙신으로 말미암아 다음과 같은 불편이 나타날 수 있다.

• 요실금, 골반 통증

LH와 FSH(성선자극 호르몬)

LH(황체형성 호르몬)와 FSH(난포자극 호르몬)은 임신 중에는 그다지 중요하지 않지만 임신 전에는 무척 중요한 호르몬이다.

LH

황체를 형성한다는 것은 '황색으로 물들인다'는 뜻이며, 이 호르몬은 어느 정도 그런 일을 한다. LH는 배란을 자극한 뒤, 난자가 튀어나오고 남은 여포를 황색의 조직 덩어리로 만드는 데 중요한 역할을 한다. 그러면 황체는 프로게스테론과 에스트로겐을 분비하고, 프로게스테론은 황체형성 호르몬 분비를 감소시켜, 더 이상 배란이 되지 않게 한다. 그리하여 임신하면 LH 수치가 낮아지며, hCG가 황체를 유지시키는 역할을 한다. 호르몬의 상호 작용은 이토록 복잡하고 매력적이다.

배란테스트를 통해 황체형성 호르몬 수치를 측정할 수 있는데, 아내나 남편의 LH 수치가 낮은 경우 임신이 잘 안 될 수도 있다. 남성도 황체형성 호르몬을 분비하기 때문이다. 황체형성 호르몬은 남성에게서 무엇보다 테스토스테론의 생산을 돕는다. 황체형성 호르몬은 뇌에서, 정확히는 뇌하수체에서 분비된다.

FSH

FSH는 LH와 마찬가지로 뇌(뇌하수체)에서 만들어지며, FSH는 LH와 더불어 난포와 난자의 발달을 촉진한다. 그밖에 FSH도 LH처럼 임신 중에 필요한 다른 호르몬의 분비를 자극한다. 남성에게서 FSH는 정자의 생산을 촉진한다. 남성뿐 아니라 여성 역시 FSH가 결핍되면 불임이 될 수 있다.

스트레스 호르몬

임신 중에 중요한 두 가지 호르몬이 더 있다. 바로 코르티솔과 아드레날린이다. 이들 호르몬은 남녀 모두에게 있으며, 여러 가지 기능을 한다. 그들은 무엇보다 임박한 위험에 맞서 신체가 최적으로 기능하도록 도와준다. 하지만 주변에 '적'이 없고, 자연재해도 일어나지 않는 경우에는 이들 호르몬이 많이 필요 없다. 많이 분비되면 해만 될 것이다.

하지만 유감스럽게도 이 호르몬은 만성 스트레스가 있을 때도 분비된다. 이것은 당신의 건강뿐만 아니라 아기의 건강에도 해로울 수 있다. 모체의 호르몬 대사가 아기에게 평생 영향을 미친다고 말하는 사람들도 있다. 모든 일이 순조롭고, 임신 중에 가끔씩만 스트레스를 받는다면 별로 문제가 되지 않는다. 간혹 약간 긴장을 하는 것은 심지어 좋은 균형을 만들어낼 수 있다. 그러나 엄마가 장기간에 걸쳐 긴장과 스트레스에 시달린다면, 아기에게 심각한 영향을 줄 수 있다.

코르티솔

코르티솔은 성호르몬은 아니지만, 그럼에도 임신과 무엇보다 아기에게 영향을 준다. 스트레스를 받으면 부신피질에서 코르티솔이 분비되는데, 이것은 태반을 통해 아기에게도 다다른다.

코르티솔은 신체를 경계 상태로 만든다. 혈압이 상승하고, 심박동이 빨라지고, 호흡이 가빠지며, 근육의 긴장이 높아진다. 하지만 임신 상황에서는 (스트레스를 받으면) 코르티솔로 말미암아 아기에게 전달되는 혈류량이 감소한다. 이런 일은 너무 오래 지속되어서는 안 된다. 지속적인 스트레스와 긴장은 당신뿐 아니라 아기에게도 좋지 않기 때문이다. 만성 스트레스는 심각한 결과를 초래할 수 있다. 태아의 발육을 억제하고, 출생 시 저체중으로 태어날 위험을 높인다. 코르티솔 수치가 너무 높으면 당신의 면역계와 아기의 면역계에도 부정적인 영향을 미친다. 부분적으로 이것은 스트레스가 심한 시기에 당신이 질병에 걸리기 쉬워지는 이유도 설명해준다.

아드레날린

아드레날린과 코르티솔은 임신이나 생식 능력과 무관하게 부신에서 분비되는 호르몬들이다. 코르티솔과 마찬가지로 아드레날린도 스트레스와 관계가 있다. 아드레날린은 싸움─도망 호르몬으로 신체로 하여금 싸우거나 도망칠 수 있도록 해준다. 이 호르몬을 통해 예를 들면 주의력이 더 높아지고, 호흡이 가빠지며, 산소가 풍부한 혈액이 근육으로 보내진다. 만성스트레스를 받을 때 당신의 몸은 계속해서 과도한 아드레날린을 분비한다.

아드레날린과 출산

아드레날린이 과도하게 분비되면(예를 들면 매우 불안하거나 화가 나거나 심한 통증이 있을 때) 호르몬은 거의 즉시 아기에게 전달된다. 이것은 후유증을 야기한다. 연구에 따르면 이로 말미암아 아기가 달 수를 못 채우고 태어날 수도 있고, 성장이 뒤처질 수도 있다. 아드레날린은 옥시토신(출산에 관여하는 호르몬)의 분비도 억제하여 잠을 잘 못 잘 뿐 아니라, 난산을 초래할 수도 있다. 아드레날린이 경우에 따라 진통을 다시 잦아들게 만들고 출산을 힘들게 할 수 있기 때문이다.

어떤 사람들은 아드레날린이 출산의 통증을 더 잘 이길 수 있게끔 해주지 않겠느냐고 말한다. 결국 통증이 심할 때 분비되지 않느냐고 말이다. 하지만 그렇지 않다. 아드레날린은 심지어 당신이 아픔을 더 많이 느끼도록 한다. 통증 경감 효과를 내는 엔도르핀의 작용이 약해지기 때문이다.

호르몬은 어디에서 오는가?

임신기간에 역할을 하는 호르몬 중 어떤 것은 황체에서 만들어지고, 어떤 것은 태반이나 부신, 또는 뇌하수체에서 만들어진다. 뇌하수체는 뇌의 아래쪽 시상하부 아래에 위치하는 작은 샘으로 LH, FSH 및 프로락틴을 분비한다. 옥시토신도 뇌하수체에서 나오지만, 뇌하수체는 옥시토신의 '저장소'일 따름이다. 그도 그럴 것이 옥시토신은 뇌하수체 바로 위쪽에 있는 시상하부에서 만들어지기 때문이다.

다른 임신 호르몬, 예를 들면 에스트로겐, hCG, HPL, 릴랙신, 프로게스테론(프로게스테론은 처음에는 황체에서 생산된다.) 같은 호르몬들은 태반에서 분비된다.

남편과 호르몬

1. 남편이 부드러워진다.

맞다. 출산 뒤에 남성은 테스토스테론 수준이 낮아져 한동안 성격이 부드러워진다.

2. 어떤 남편들은 입덧을 하기도 한다.

많은 예비 아빠가 호르몬 대사의 변화로 심신의 증상을 보인다. 이를 '쿠바드 증후군'이라고 부른다. 이런 남편들은 다양한 임신 증상을 보이는데, 진통까지 나타나는 경우도 있다. 오랫동안 남편들의 이런 증상은 아내와의 강한 '공감'에서 비롯된 순전히 심리학적인 현상으로 해석됐다. 그러나 그동안 몇몇 연구가 아내가 임신한 경우 남편의 호르몬 대사가 실제로 변화될 수 있음을 보여주었다. 이런 경우 보통은 테스토스테론 수치와 에스트라디올 수치가 낮게 나타난다. 무엇 때문에 이런 현상이 나타나는지 아직 밝혀져 있지 않지만, 어떤 연구자들은 여성의 후각 호르몬(페로몬)과 관련이 있다고 보고 있다. 남성이 왜 이것에 반응하는 건지, 이것이 어떤 기능을 하는지는 알려져 있지 않다.

몇몇 연구에 따르면 배우자는 아내가 출산한 뒤 호르몬 변화를 겪을 수도 있다. 무엇보다 '사랑 호르몬' 옥시토신의 수치가 변화한다. 학자들은 남편이 아기를 안아주고, 아기와 함께 놀아주고, 아이를 보살펴 줄 때 혈중 옥시토신 농도가 높아진다는 것을 확인했다. 옥시토신은 애착과 돌봄 본능을 강화시킨다.

유기적으로 연결된 임신과 호르몬의 세계

로마나 니테아–마이어 박사는 네이메헌의 라드바우드대학병원 내분비학(호르몬과학)과에 근무한다. 이 책에서는 '호르몬'이라는 단어가 상당히 자주 등장한다. 임신 중에 당신과 태아의 몸속에서 일어나는 모든 체내 과정은 호르몬에 좌우된다. 임신이 전체적으로 호르몬에 의해 조절되는 것처럼 보인다. 그러므로 이번 기회에 호르몬에 대해 좀 더 알면 좋을 것이다.

"임신 중에 호르몬과 관련하여 어떤 문제가 가장 자주 나타나나요?"

대부분의 호르몬 문제는 갑상선 때문에 빚어져요. 비단 임신기간만이 아니라 평소에도 그렇지요. 임신 전부터 갑상선 문제가 있었을지도 몰라요. 그러면 임신기간에 다시 불거지지요. 하지만 때로는 정확히 반대인 경우도 있어요. 갑상선으로 인한 질환 중 어떤 것들은 임신 중에 더 좋아집니다.

"임신기간에 갑상선이 특히나 중요한가요?"

갑상선은 늘 중요하지만, 임신기간에는 태아에게도 중요해요. 임신을 하면 엄마의 갑상선이 약 10퍼센트 커져요. 아기의 갑상선이 아직 발달하지 않은 동안, 아기는 엄마의 갑상선을 이용하지요. 엄마의 갑상선이 아기에게 꼭 필요한 호르몬을 분비하는 겁니다. 그런데 어떤 여성들은 혈액 속에 자신의 갑상선 조직에 대한 특정 항체를 가지고 있어요. 그러면 임신이 잘 안 되거나 유산되지요.

"엄마와 아기는 호르몬 기능이 합쳐져 있다는데, 어떻게 작동하나요?"

태반이 에스트로겐과 프로게스테론을 만들어요. 아기는 스스로 프로게스테론을 만들어내지 못해, 엄마를 통해 얻지요. 한편 태반은 그 자체로 에스트로겐을 분비하지 못해요. 그에 필요한 화학물질을 가지고 있지 않으니까요. 이제 흥미로워지는 것은 에스트로겐 생산을 위해 엄마는 아기를 필요로 한다는 거예요. 아기는 특정한 안드로겐 전구체를 제공해요. 이것은 모든 사람이 부신에서 생산하는 남성 호르몬이죠. 그러면 태반이 그것들을 에스트로겐으로 바꾸어주고, 이것을 엄마가 사용할 수 있는 겁니다.

"임신 중에 호르몬이 과잉 분비될 수 있나요?"

체외수정의 경우에만 그런 문제가 있을 수 있고 그밖에는 그렇지 않습니다. 보통 여성은 뇌하수체에 조절 시스템이 있어, 임신 중에는 생리를 하지 않고 특정 호르몬이 과잉 분비되지 않도록 하지요.

11

임신 중 아플 때는
어떻게 해야 하죠?

임산부가 주의해야 할 약품

약 복용에 대해 가장 많이 듣는 조언은 바로 '의사 또는 약사에게 문의하라'는 것이다. 의사와 약사는 어떤 약을 복용해도 되고, 어떤 약은 복용하면 안 되는지를 정확히 알고 있다. 약사나 의사에게 당신이 임신했음을 곧장 알리는 것이 중요하다. 그러면 잘못된 약을 건네받을 염려가 없어진다. 그런 일이 없어야겠지만, 만일의 경우 당신이 갑자기 병원에 실려가 임신 사실을 미처 고지하지 못하는 경우에도 잘못된 약이 처방될 우려가 없다.

진통제: 코데인이 들어 있지 않은 아세트아미노펜

임신해서 9개월을 지내다 보면 몸이 아픈 날도 있을 것이다. 보통 때 같으면 진통제를 먹겠지만, 임신했으니 그러기가 힘들다. 이제 NSAR(이부프로펜, 나프록센, 디클로페낙 등 비스테로이드성 소염진통제), 아스피린과 같은 대부분의 진통제는 복용이 부적합하다. 약품 상자에서 이런 약들을 추방해야 할 것이다. 그런 약들은 당신의 혈액 속으로 들어가 태반을 통과하여 태아의 혈액에 들어갈 수 있다. 하지만 아기에게 그 약은 너무 세서 심각한 손상을 줄 수 있다. 그리하여 유산, 아기의 심장 결함, 복벽파열증(복벽이 선천적으로 열린 상태로 태어나는 기형), 혈액응고장애, 신기능 손상 등 여러 손상의 위험이 증가한다.

임산부가 복용할 수 있는 진통제는 아세트아미노펜(파라세타몰)뿐이다. 그나마도 코데인 성분이 들어가 있지 않은 것이라야 한다. 코데인도 태반을 통해 태아의 혈액으로 들어갈 수 있어, 장기 복용하는 경우 아기가 그것에 의존 현상이 생길 수 있다. 코데인은 조산도 유발할 수 있다. 복용할 수는 있지만, 가능한 한 적게 복용해야 한다.

아스피린

두통이 있다고? 그러면 아스피린을 복용할까, 아니면 복용하지 않는 편이 더 나을까? 임신 중 아스피린은 금기가 아니며, 나아가 임신성 고혈압과 조산 위험이 있는 경우에 처방되는 약이기도 하다. 그럼에도 여기서는 경고를 하려고 한다. 최신 연구들이 임신 중의 아스피린 복용과 아기의 자폐 스펙트럼 장애나 집중력 장애 간에 연관성이 있음을 보여주기 때문이다. 이 모든 것은 굉장히 불안하다. 따라서 아플 때는 의사나 조산사와 상의 하에서만 코데인 성분이 없는 아세트아미노펜이나 아스피린을 복용하도록 하라.

비강 스프레이

가장 권하는 방향은 임신 중에는 비강 스프레이만 사용하는 것이다. 비강 스프레이는 물과 소금으로만 되어 있어 태아에게 안전하다. 물론 이것은 자일로메타졸린 같은 성분이 든 다른 비강 분무 약보다는 효과가 떨어지지만, 자일로메타졸린은 태반의 혈류를 감소시킨다는 이야기가 있다. 하지만 이런 위험성 역시 적은 편이기에, 식염 성분으로 된 비강 스프레이가 별로 도움이 되지 않는 경우, 조산사와 상의하여 1주 정도 더 센 성분으로 된 비강 스프레이를 사용해도 될 것이다. 그러나 그보다 더 장시간 사용하는 것은 '비추'다.

임신 중 아플 때

임신 중의 전형적인 불편 증상과 무관하게 임신 중에도 그냥 평범하게 아플 수 있다. 임신 중에 아플 위험은 임신 전보다 더 크며, 아픈 기간도 더 오래 지속된다. 임신기간 동안 당신의 면역계는 이미 초과근무를 하고 있는 형편이라 평소보다 튼튼하지 않기 때문이다.

임신 중의 항생제

임신 중에는 항생제를 되도록 복용하지 않는 것이 최상이다. 하지만 때로는 어쩔 수 없이 항생제를 복용하는 수도 있다. 복용하지 않았을 때의 위험이 복용했을 때보다 크다고 판단했을 때 의사는 항생제를 처방한다. 임신 중의 항생제 투여가 나중에 어떤 영향을 미치는지는 아직 폭넓은 연구가 이뤄지지 않았다. 그렇기에 조심해야 하는 약들이 있다.

항생제 퀴놀은 기형을 유발할 수 있는 것으로 알려져 있어 임산부에게는 처방되지 않으며, 항결핵제인 스트렙토마이신도 태아의 청력을 손상시킬 수 있어 처방되지 않는다. 다음과 같은 항생제는 케이스에 따라 처방될 수 있다.

- 아목시실린: 방광염, 폐렴 등
- 클린다마이신: 부비동염, 인후염, 기관지염
- 벤질페니실린, 페네티실린: 연쇄상구균 감염
- 에리스로마이신: 성병 등
- 플루클록사실린: 종기, 상처 감염, 그 외 심각한 피부 감염

항생제를 처방받았다면 도중에 항생제 복용을 중단하지 말고 기간을 철저히 지키는 것이 중요하다. 불편 증상이 사라졌다고 도중에 복용을 중단하는 경우, 박테

리아가 생존해 있다가 다시 증식해서, 증상이 도져 다시 약을 복용해야 할 수도 있다.

감염과 전염성 피부 질환

임신해서도 바이러스나 세균에 감염되어 전염병에 걸릴 수 있다. 수두, 홍역, 전염성 홍반, 3일 열병, 풍진. 이 모든 질병은 피부에 붉은 반점이 나타나며 종종 가려움증도 동반한다. 이전에 앓은 적이 없고 예방 접종을 받지 않았다면, 임신해서도 걸릴 수 있다. 그 외에 백일해, 구순포진, 대상 포진, 연쇄상 구균 감염 같은 전염병도 있다. 이중 하나에 걸렸거나, 자녀 중 하나가 피부에 붉은 반점이 나타나면 우선 어떤 질병인지 병원에 가서 확인하라. 그런 다음 산부인과 의사나 조산사와 어떤 조치를 하면 좋을지 상의하도록. 스스로 의사가 되어 인터넷에 올라 있는 사진을 보고서 판단하는 것은 지금은 정말로 권장할 일이 못된다.

CMV 바이러스

CMV(인간 거대세포 바이러스)는 한번 감염되면 몸에 지속적으로 남는 헤르페스 바이러스다. 인구의 절반 이상이 체내에 이 바이러스를 보유하고 있다. 감염 증상은 특정적이지 않다. 열이 날 수도 있고 림프절이 커질 수도 있다. 아주 드물게는 폐렴에 이를 수도 있다. 바이러스는 소변, 비강 분비물, 타액 등 체액을 통해서만 옮겨지고, 공기 전염은 되지 않는다. 어린 아이들은 성인보다 소변에 더 많은 바이러스를 가지고 있다. 많은 여성들이 임신하기 훨씬 전에 이 바이러스에 감염되어 있으며, 그런 경우 그다지 문제가 되지 않는다.

하지만 임신 중 처음 감염되는 경우는 다르다. 그럴 때는 태아도 감염될 가능성이 있고, 적잖은 손상(청력 손상 등)과 정신 장애를 입을 수 있다. 이런 장애는 때로 태어날 때 이미 인지가 되며, 때로는 생후 첫 몇 년 사이에 장애가 생겨나기도 한다. 걱정할 만한 이유가 있는 경우 의사는 혈액이나 21주 이후에는 양수를 통해서도 당신과 태아가 CMV에 감염됐는지를 검사할 수 있다. 출생 뒤에는 소변이나 타액을 채취하여 검사할 수 있다. 산부인과 전문의가 CMV 감염을 확인한 뒤, 태아에게 심각한 장애가 있는 것으로 나타나면 낙태를 결정할 수도 있다. 하지만 임신 중에 이 바이러스에 처음으로 감염될 위험은 매우 낮고, 최초로 감염되는 경우에만 태아에게 바이러스가 옮을 수 있음을 감안하라.

- 체액, 특히 어린 아이들과의 체액 접촉을 피하고, 기저귀, 공갈젖꼭지, 치발기, 숟가락, 포크, 컵 등 체액과 접촉할 수 있는 물건들을 피해라.
- 자녀들의 체액과 접촉을 피하기는 거의 불가능에 가깝다. 감염 위험을 최소화하기 위해 늘 손 위생에 신경써라.
- 모든 사람은 바이러스를 보유하고 있을 가능성이 있다고 봐야 한다. 따라서 지금 막 질병 증상을 보이는 사람을 대할 때만 조심하는 것은 옳지 않다.

독감과 백일해

사람에 따라 독감 예방 접종이 권장된다. 독감에 걸리는 경우 자칫 위험하거나 직업적인 이유로 독감이 걸리지 않는 편이 낫기 때문이다. 알려진 바에 따르면 임신 중에도 독감 예방 주사를 거를 이유가 없다. 임신 3분기에 백일해 백신을 접종하면, 이 심각한 질병에 대한 항체가 태반을 통해 아기에게 전달되어, 생후 2개월에 백일해 예방 접종을 받을 때까지 아기도 이 질병에서 안전해진다.

그밖에 임신 중에 독감에 걸리면 더 오래가고, 심한 증상이 나타나는 건 아주 정상적인 일이다. 임산부의 면역계가 그렇게 강하지 않기 때문이다. 하지만 독감을 앓는 동안 이 바이러스에 대한 방어력을 한층 더 구축하게 된다고 생각하자. 독감에 걸리면 조용히 쉬어주고 안정하는 것이 당신이 할 수 있는 유일한 일이다. 불편 증상이 심한 경우는 코데인과 카페인이 없는 아세트아미노펜 제제를 복용할 수 있다.

구순포진

구순포진은 불쾌하고 아플 뿐 아니라, 신생아에게도 위험할 수 있다. 임신 중에 구순포진에 걸리는 것은 문제가 되지 않는다. 당신이 항체를 형성해서 태아는 감염되지 않기 때문이다. 하지만 출산할 때 하필 처음으로 구순포진에 걸린다면, 그때는 항체가 만들어지지 않았으므로 아기에게 그 항체를 전달해주지도 못하는 상태가 된다.

- 하필 출산할 때 난생 처음으로 구순포진이 생겼는가? 그렇다면 규칙적으로 열심히 손을 닦아라.
- 엄마, 아빠, 손위 남매들에게 적용되는 사항: 구순포진이 있는 경우 아기를 안거나 뽀뽀하면 안 된다.
- 모두에게 적용되는 사항: 구순포진이 다 나을 때까지 방문을 자제하라.
- 구순포진이 있어도 물론 수유할 수 있다. 경우에 따라서는 안전을 위해 마스크를 착용할 수 있을 것이다.

성홍열과 입과 턱의 백선

백선은 수포, 노란 딱지, 입이나 코 주변의 상처와 붉은 반점으로 식별할 수 있다. 백선은 대부분 황색포도상구균에 의해 발생하지만 간혹 화농성 연쇄구균에 의해 발생하기도 한다. 성홍열에 걸리면 전신에 심한 붉은 반점이 생기지만, 가렵지는 않다. 반점이 나타나기 전에는 대부분 며칠간 열이 나고, 속이 메스꺼워 구토를 할 수도 있다. 이런 증상은 독감으로 오해하기 쉽다. 임산부가 성홍열이나 백선에 걸릴 가능성은 임신하지 않은 여성과 비슷하다. 다행히도 A군 연쇄상구균 감염은 아기에게 그리 위험하지 않다. 하지만 갓 출산한 산모는 이런 감염으로 고생할 수도 있다. 성홍열이나 백선에 걸린 상태로 출산을 하게 되면, 산모가 산욕열에 걸릴 위험이 증가한다. 회음부 파열, 회음부 절개, 또는 제왕절개를 한 뒤에는 특히 그렇다.

- 백선 또는 성홍열에 걸린 사람과 밀접 접촉(하루 4시간 또는 일주일에 20시간 이상)을 피해라.
- 백선 또는 성홍열 환자와 같은 방에서 자지 마라.
- 성홍열이나 백선이 의심되는 경우 의사와 상의하라.

대상포진과 수두

대상포진은 엄청나게 아픈 병이므로 임신 중에 걸리게 되면 정말 고생이지만, 그래도 좋은 소식은 대상포진은 당신이나 아기에게 별로 해를 끼치지 않는다는 것이다. 예방 접종을 받지 않았거나, 수두에 걸려본 적이 없다면 임신 중에 수두를 앓을 수도 있다. 수두는 임산부와 아기에게 심각한 위험이 될 수 있다. 아직 수두를 앓은 적이 없는 상태에서 수두환자와 접촉했다면, 즉시 산부인과 의사에게 연락을 취하라. 그러면 감염의 위험이 얼마나 크며, 어떤 조치를 취해야 하는지 함께 상의할 수 있을 것이다.

임산부를 처음 만나면 우리는 전에 수두에 걸린 적이 있는지 묻습니다. "아뇨"라거나 "잘 모르겠어요"라는 답이 나오는 경우 혈액을 채취하여 항체 검사를 하지요. 그러면 90퍼센트 이상이 항체가 있는 것으로 나옵니다.

홍역, 풍진, 볼거리

거의 모든 사람들이 MMR 예방접종으로 홍역, 볼거리, 풍진에 면역이 된다. 그러나 예방 접종을 받지 않았고, 임신 전에 이런 질병에 걸린 적이 없다면, 위험할 수 있다. MMR 예방 접종을 받지 않았다면, 조산사와 산부인과 의사에게 그 사실을 알려야 한다.

홍역: 산모가 홍역에 걸려도 태아에게는 부정적인 영향이 없는 것으로 보인다. 그러나 이런 경우 자녀가 아기 적에 홍역에 걸리면 합병증이 나타날 확률이 많다. 예방 접종을 받지 않은 상태에서 홍역 환자와 접촉했다면, 즉시 조산사나 산부인과 의사와 상의하라.

풍진: 풍진은 임산부에게는 위험하지 않으며, 그 자체로 별로 나쁘지 않다. 하지만 아기는 다르다. 임산부가 풍진에 걸리면, 선천성 풍진 증후군이 발생하여 태아의 장기가 손상될 수 있다. 어떤 장기가 그 영향을 입을 것인지는 임산부가 어느 시기에 풍진에 걸렸는지에 따라 달라진다. 무엇보다 엄마가 풍진에 걸린 시기에 아기의 어느 장기가 발달하고 있었는지에 좌우되는 것이다. 여기에서도 마찬가지로 풍진 예방 접종을 받지 않은 상태에서 풍진에 걸린 사람과 접촉했다면, 즉시 조산사에게 연락해야 한다. 그밖에도 출산 후 6주가 지난 뒤 접종을 하는 것이 좋을 것이다. 그러면 새롭게 임신을 해도 풍진으로 인한 걱정을 덜 수 있다.

볼거리(유행성 이하선염): 볼거리에 걸리면 독감과 비슷한 증상이 나타나고, 림프절이 심하게 부어오른다. 유행성 이하선염은 합병증을 유발하는 경우가 아주 드물다. 임신하고 몇 주 안 되어 볼거리에 걸리면 유산의 위험이 증가한다는 암시가 있지만, 그 가능성은 매우 낮다. 임신 중기에 들어섰다면 볼거리는 더 이상 엄마와 아기에게 위험을 초래하지 않는다.

고초열(건초열)과 치료제

꽃가루가 날리면 재채기와 콧물이 나고 눈이 충혈되는 사람들이 많다. 꽃가루 알레르기 시즌이 시작된 것이다. 임신 중에는 꽃가루에 대한 반응이 달라질 수 있다. 예전에는 꽃가루 알레르기로 고생했는데 임신하니 괜찮아지는 사람도 있고, 임신하지 않았을 때와 증상이 비슷한 사람도 있다. 하지만 대부분은 임신하면 꽃가루 알레르기를 더 심하게 겪게 된다. 전에 복용했던 알레르기 비염 약을 복용해도 되는지 의사와 상의하라. 그럴 수 없는 경우 의사는 대체 약품을 처방해줄 것이다. 처방전 없이 살 수 있는 약으로 충분히 견딜 수 있는 경우, 약품 사용 설명서를 숙지하라. 대부분은 걱정 없이 복용해도 되겠지만, 조심하는 것이 백번 낫다. 다음 조언을 따름으로써 약을 복용할 필요가 없으면 더 좋고 말이다.

- 풀밭을 조심하고, 풀을 갓 깎은 경우는 특히 조심해라.
- 침실의 창문과 문을 닫아라. 신선한 공기는 건강에 좋지만, 환기할 때 꽃가루가 너무 많이 들어오면 역효과가 난다.
- 별 필요성을 못 느끼더라도 야외에서 선글라스를 착용해라. 그러면 당신의 눈을 약간이나마 지켜줄 것이다.
- 눈을 비비지 마라. 눈을 문지르면 꽃가루가 눈 안으로 들어온다.
- 꽃가루가 많이 날리는 계절에는 공기가 잘 통하는 곳에서 빨래를 말리지 마라.
- 생리 식염수로 눈을 헹궈주기. 이것은 해롭지 않다. 식염수는 눈물과 비슷해서, 눈을 헹구어도 된다.

• 비밀 팁을 하나 공개하자면, 네블라이저를 사용해 공기 중에 소금을 분무해주면 좋다.

엑스레이

휴대폰이나, 전자레인지, 무선 라우터에서 나오는 방사선(복사선)과 달리 X선은 이온화되는 전리방사선(203쪽 참조)이므로, 임신 중 엑스레이 검사는 가능한 한 피하는 것이 좋다. 복부와 밀접해있지 않은 신체 부위의 X선 촬영은 몇 가지 추가 안전 조치를 취해주는 가운데 실행할 수 있다. 그러면 방사선이 아기에게 도달하지 않아 부정적인 영향을 미치지 않는다.

복부에서 가까운 신체 부위를 X선 촬영해야 한다면, 우선 엑스레이를 찍지 않고는 확실한 진단이 내려질 수 없는 것인지, 검사를 출산 뒤로 미룰 수 있는지 생각해야 한다. 그럼에도 엑스레이 검사가 필요한 경우 의사들은 임신을 고려하여 촬영할 것이다. 그런 경우 위험은 미미하다. 당신이 해야 하는 유일한 것은 방사선과에 임신 사실을 알리는 것이다. 물론 의료 차트에 기록되어 있겠지만, 다시 한번 언급해도 전혀 나쁠 것이 없다.

CT 촬영

CT 촬영(컴퓨터 단층 촬영)을 하면 X선 촬영을 할 때보다 훨씬 더 많은 방사선에 노출된다. 그래서 임신 중에는 보통 CT 촬영을 하지 않는다. 하지만 때로는 의학적으로 필요한 경우도 있을 것이다. 예를 들면 생명이 위험한 경우라면 CT 촬영을 하게 될 것이다.

MRI

일반적인 생각과는 달리 MRI는 방사선이 아니라 자기장을 이용하는 검사이다. 하지만 보통은 예방 차원에서 임신 12주 이하의 초기 임산부를 대상으로 해서는 MRI를 찍지 않는다. 그 뒤에도 불가피한 경우가 아니라면 찍지 않는 것이 가장 좋다.

임산부들이 가장 많이 물어보는 질문들

알렉산드라 보우먼은 남편과 함께 네덜란드에서 가정의학과를 운영한다. 보우먼은 많은 임산부들이 비슷비슷한 질문을 하는 것을 경험했으며, 그밖에도 자가 치료를 할 때처럼 임산부들의 각별한 주의가 요망되는 경우가 있음을 알고 있다.

"임신한 줄 모르고 담배를 피우거나 술을 마셨다면 안 좋겠지요?"

곧잘 받는 질문이에요. 시간을 되돌릴 수는 없지요. 종류와 횟수, 양에 따라 다르겠지만 대부분은 그렇게 해롭지는 않아요. 걱정될 만큼의 중독 수준이라면 산부인과 의사와 상의해야 할 겁니다.

"규칙적으로 복용하는 약을 고지해야 하는 이유는 무엇인가요?"

임신 중에 복용해도 되는 약도 많지만 모든 약이 그런 건 아니에요. 예를 들면 습진 연고에는 호르몬이 들어 있는 경우가 많거든요. 항우울제와 같은 약도 임의로 끊어서는 안 되고요. 그러므로 약을 복용하는 것과 끊는 것 중 어느 것이 당신과 당신의 아기에게 더 나은지 의사와 상의하는 것이 좋습니다.

"진통제 등 통용되는 약물을 그냥 복용해도 되나요?"

먼저 의사나 약사에게 문의해야지요. 모든 것이 아기에게 도달하니까요. 진통제도 조심해야 해요. 임신 중에 안전하게 복용할 수 있는 진통제는 코데인이나 카페인 성분이 들어 있지 않은 아세트아미노펜 정도거든요. 그나마도 일일 복용량을 초과하면 안 됩니다.

"임신 중에 독감이나 감기에 걸리면 해가 될까요?"

독감은 그 자체로는 많은 해를 야기하지 않습니다. 하지만 고열이 나면 병원에 가야합니다. 고열이 난다는 건 폐렴이나 편도선염이 있을 수도 있다는 뜻이거든요. 임신 중에 이런 질병에는 걸리지 않는 것이 좋고, 걸린 경우 얼른 치료해서 몸이 다시 회복되어 면역력을 발휘하도록 해야 합니다.

"소아질환을 특히 조심해야 하나요?"

대부분의 여성들은 소아 질환들을 이미 앓았거나, 예방접종을 받은 상태예요. 하지만 풍진과 같은 질환은 특히 조심해야 하지요. 혈액에 항체가 있는지 확인이 필요합니다.

"감염 위험이 높은 지역을 피해야 하나요?"

제가 임산부라면 지카 바이러스가 발생하거나 말라리아 예방이 필요한 지역에는 가지 않을 것 같아요. 예약하기 전에 보건소나 가정의학과에 알아보기 바랍니다.

"가정의학과 전문의는 불안증이나 우울감 같은 심리적 불편에 도움을 줄 수 있을까요?"

심리적인 문제가 있는 경우 만성이 되거나 악화되지 않도록 가능한 한 빠르게 도움을 구해야 합니다. 우선 주치의에게 문의해서, 어떤 조치를 취해야 할지 상의할 수 있을 거예요. 낯선 신경정신과에 가기보다 평소 다녔던 친숙한 병원에 가는 것이 더 쉬운 일이니까요. 그러면 의사가 후속 조치를 취할 수 있도록 도움을 줄 수 있을 겁니다.

"성병에 걸렸다면 어떻게 해야 해요?"

물론 산부인과나 가정의학과에 상의해야 하죠. 전에 그런 질환에 감염됐거나 아니면 막 감염된 것이 아닌지 의심이 드는 경우, (가정의학과에서) 일단 검사를 하고 종종은 치료도 할 수 있습니다. 특히 생식기 헤르페스를 조심하세요. 출산 시 엄마가 걸려 있는 경우, 아기에게도 옮을 수 있으니까요.

"임신 중에 칸디다증도 치료할 수 있을까요?"

네, 원칙적으로 가능합니다. 칸디다증(효모 감염)은 임신 중에 비교적 흔하게 발생하고, 다행히도 간단히 치료할 수 있습니다.

12

시시각각 달라지는
자신의 몸에 잘 적응하기

임신을 하면 몸 여기저기에 무리가 가는 것이 당연하다. 특히 등과 허리는 호르몬의 영향으로 더 약해지며 추가적인 무게를 지탱해야 해서 임신 중에는 신체 자세도 달라지게 된다. 여기서는 임신 중 자연스럽게 나타나는 신체 변화와 그로 인해 당신이 느끼는 통증과 불편들을 완화해주는 방법을 소개하려고 한다.

허리와 등에 오는 통증

요통은 보통 관절, 힘줄, 근육이 느슨해지는 데서 비롯하며, 등 윗부분의 통증은 대부분 잘못된 신체 자세로 인한 것이다.

요통을 완화하는 좋은 생활습관

- 몸에 귀를 기울여라. 쉼이 필요하다는 느낌이 들면 휴식을 취할 것.
- 규칙적으로 운동을 해라. 매일 운동을 하지 않으면 등 근육이 느슨해져 통증이 심해진다.
- 운동은 수영이 적격이다. 배가 무거워져도 할 수 있기 때문이다.

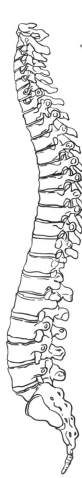

- 앉아 있는 시간이 많다면, 편안한 의자를 선택하고, 자세를 자꾸 바꾸어 줘라.
  - 다리를 꼬지 말고, 무릎을 딱 붙이고 앉지도 마라. 그리고 한쪽 엉덩이에 체중이 치우치게 앉지 말고 양쪽 엉덩이에 체중이 고르게 분산되도록 앉으라.
    - 너무 오래 서 있지 마라.
    - 걸음을 걸을 때는 발을 끌지 말고, 발뒤꿈치, 발바닥, 발가락 순서로 부하가 분산되도록 해라.
    - 등을 대고 똑바로 누운 자세로 자지 말고 옆으로 누워서 자라. 무릎 사이에 쿠션을 하나 끼우고 자도 좋다.
  - 물건을 들어 올리거나 몸을 구부려야 할 때는 무릎을 구부린 자세로 하라. 등 근육을 써서 들어 올리면 허리에 불필요한 하중을 가하게 된다.
- 임신 중에는 하이힐을 신지 마라. 최대 3cm 이내의 굽이 좋다.
- 발바닥이 편안한 신발을 신고 걸어라.
- 허리를 따뜻하게 해줄 것. 따뜻한 목욕, 핫팩, 마사지 등으로 허리를 풀어주면 좋다.

허리가 자주 또는 심하게 아프다면 조산사와 상의를 하거나 (척추나 골반에 문제가 있는 경우) 카이로프랙틱, 또는 임신 물리치료, 또는 다른 전문적인 치료를 받을 수 있는지 알아보라.

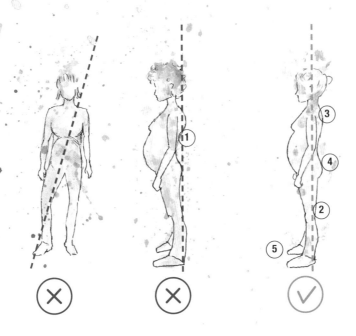

의식적으로 바른 자세 유지하기

1. 몸이 축 늘어진 자세가 되지 않도록 주의하라. 피곤하면 배가 앞으로 쑥 나오고, 등이 안쪽으로 아치형으로 말려 들어가며, 어깨 부분이 둥그레지는 자세를 취하기가 쉬울 것이다. 그런 자세는 잠시 동안은 편안한 것처럼 느껴지지만, 등에 무척 안 좋고 요통이 생기기 쉽다. 바른 자세를 취하도록 신경 쓸 것.

2. 무릎을 쫙 펴지 말고, 서 있을 때는 늘 살짝 구부린 자세를 취해라.

3. 등을 앞으로 밀지 말고(등이 지나치게 움푹 들어가게 하지 말 것) 배 근육을 이용해 배가 당신 쪽으로 좀 더 당겨지도록 하라.

4. 서있을 때 엉덩이를 긴장시켜, 허리가 약간 앞으로 굽어지도록(기울어지도록) 하라. 당당한 자세, 즉 어깨를 치켜올리지 않고 뒤로 젖힌 채 편안히 아래로 향하게 하는 자세는 도움이 된다.

5. 다리를 약간 벌리고 서라(정확히 골반 너비만큼 벌려라).

임신과 가슴

유방은 임신기간 동안 중량이 평균 250그램 늘어 난다. 그러므로 적잖이 부풀어 오를 것이다. 하지 만 많이 커지는 만큼 나중에 모유수유에 더 유리 한 것은 아니다.

· **유두가 더 커진다:** 유두가 더 커지고 더 튀어나오 면서 모유수유를 할 준비를 갖춘다.

· **혈관:** 유방의 혈류량이 늘어 혈관이 더 분명히 도 드라진다.

· **유륜 색이 짙어짐:** 대자연의 영리한 책략이다. 신 생아는 명암의 대비를 가장 잘 구별한다. 그러므 로 유두 색이 검어지면 아기는 젖을 먹기 위해 어 디로 향해야 할지 쉽게 분간할 수 있다.

· **유륜 돌기:** 이런 돌기는 몽고메리선 또는 몽고메 리샘이라 불리며, 이 선에서 기름기 있는 분비물 이 나온다. 유륜 부분을 부드럽게 유지시키려는 대자연의 또 하나의 전략이다.

· **튼살:** 유방(그리고 결합 조직과 피부)이 빠르게 부풀 어 오르다 보니 유방에도 튼살이 생길 수 있다.

유방에는 각각 15~25개의 유선(젖샘)이 있다. 이런 선에 유관이 연결되어 있어 아 기가 태어나면 유관에 젖이 채워진다. 유관은 젖 저장고이다.

  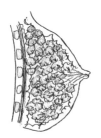

임신과 태동

16~22주

당신은 처음으로 아기를 느낀다. 출산 경험이 있는 경우 태동을 더 쉽게 분간할 수 있다. 배 속에서 뭔가 뽀글뽀글하고 꾸르륵거리고 꿈틀거리는 느낌이 난다면, 그것이 바로 아기의 움직임이다!

0 1 2 3 4 5 6 7 8 9 10 11 12 13 14 15 16 17 18 19 20 21

조산사 카롤리네 푸터만의 조언

아기가 움직이는 것에 늘 주의를 기울이세요. 그러면 아기가 너무 조용한 경우 쉽게 감지할 수 있답니다. 태동이 너무 적거나, 이상하게 움직이는 듯한 느낌이 든다면 산부인과 의사에게 연락해 상의하세요.

27주

벌써 아기가 튼튼하다는 게 느껴질 것이다. 아기는 발로 차고, 회전하고, 밀친다. 이제 이런 움직임이 느껴진다. 때로는 외부에서도 분간할 수 있을 정도다. 종종은 밤낮으로 그런 움직임이 느껴질 것이다. 이 시기에는 매일 태동을 느낄 수 있어야 한다. 아기가 너무 오래 움직이지 않는 것 같으면, 2시간 정도 왼편으로 누워 아기가 움직이는 횟수를 세어 보라. 태동이 너무 약하거나, 열 번 이하라면 의사나 조산사에게 연락해야 한다.

28주

태반이 쿠션처럼 복벽에 바짝 붙어 있는 경우 태동을 느끼기가 어려웠을 것이다.

| 21 | 22 | 23 | 24 | 25 | 26 | 27 | 28 | 29 | 30 | 31 | 32 | 33 | 34 | 35 | 36 | 37 | 38 | 39 | 40 | 41 | 42 |

32주까지

태동은 매일 더 강해지고, 더 다양해진다. 아기가 '자세를 바꾸는' 느낌이 날 것이다.

32~40주

이전보다 섬세하고, 미끄러지듯 슬며시 움직이는 느낌이 날 것이다. 움직일 자리가 점점 좁아지기 때문이다. 하지만 평소보다 훨씬 덜 움직인다고 생각되는 경우 의사나 조산사에게 즉시 연락해라. 아기의 상태가 좋지 않다는 표시일 수도 있다.

연구에 따르면 아기는 임신 3분기에 움직임을 통해 굉장히 많은 것을 학습한다! 아기도 자신의 몸에 대해 알아간다. 움직임은 아기의 뇌에서 감각기관을 관장하는 영역과도 연결된다.

임신과 몸무게

평균적으로 임산부는 임신 3분기에 추가적으로 하루 191kcal가 필요하며, 임신 1, 2분기에는 추가 칼로리가 전혀 필요하지 않다. 임신해서 아무래도 덜 움직이다 보니 하루에 연소하는 칼로리가 적어지기 때문이다.

임신기간에 체중은 평균 10~15킬로그램 정도 불어난다. 임신 40주가 지났을 때 불어난 체중은 다음 것들이 합쳐진 것이다. 아기 3.5킬로그램, 자궁 1킬로그램, 태반 0.5킬로그램, 혈액 1.5킬로그램, 유방 0.5킬로그램, 추가 지방 비축량 3킬로그램, 체액과 양수 2킬로그램.
임신 첫 분기에는 몸무게가 약 1킬로그램 증가한다. 21주에서 30주 사이에 체중이 가장 많이 증가한다. 임신 중 체중 증가분의 약 50퍼센트가 이 시기에 증가한다. 출산 직후 약 6킬로그램이 빠지고, 나머지는 서서히 빠진다. 9개월 동안 체중이 증가하고, 9개월 동안 감소한다. 임신하지 않았던 상태로 건강하게 돌아가는 데는 시간이 걸린다.

체중 증가는 BMI에 따라 달라진다.

－BMI 18.5 미만(저체중)의 경우 12.5~18킬로그램 증가한다.

－BMI 18.5~25(정상 체중)의 경우 11.5~16킬로그램 증가한다.

－BMI 25~30(과체중)의 경우 7~11.5킬로그램 증가한다.

－BMI 30 이상(고도비만)의 경우 5~9킬로그램 증가한다.

임신과 배

배에서 나타나는 다음과 같은 증상은 당신이 임신했음을 보여준다.

• 가려움증, 배꼽이 튀어나옴, 튼살, 임신선

당신의 배는 이제 '공공의 산물'이 된 듯 모든 사람이 당신의 배를 만져보려 할 것이다. 심지어 모르는 사람도 만져보려고 한다! 달갑지 않다면 선을 분명히 그을 것.

배 모양은 임산부에 따라 다르다. 어떤 사람은 더 빨리 커지고, 어떤 사람은 더 둥근 모양이며, 어떤 사람은 앞으로 더 뽈똑 튀어나오고, 어떤 사람은 옆으로 퍼진다. 어떤 모양이 다른 모양보다 더 낫지는 않다. 저마다 다른 모양일 뿐이다.

임신과 자궁

임신기간은 4주간씩 10사이클로 이뤄진다. 열 번째 사이클(36주에서 40주+a 사이)의 어느 순간에 아기는 골반으로 내려오며, 그와 함께 당신의 자궁이 하강한다.

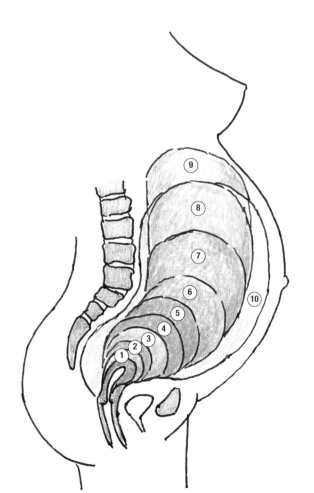

태반은 체내 기관 중 당신의 몸이 사용하고 버리는 유일한 기관이다. 태반 Placenta은 라틴어로 '케이크'라는 뜻이다.

혈관과 융모가 있는 스폰지

태반은 많은 돌기(융모)가 있는 핏빛 기관으로, 혈관 네트워크로 이뤄진 일종의 스펀지라 할 수 있다. 임신 말기가 되면 태반은 무게가 약 500그램에, 두께는 2.5센티미터, 지름은 20센티미터 정도가 된다. 융모에는 아기의 DNA가 들어 있어서 융모막 융모 검사를 할 때는 융모를 채취한다. 태반은 임신 약 12주가 지나면 완전히 자리잡으며, 다음과 같은 여러 가지 과제를 담당한다.

- 영양소, 산소, 다양한 항체가 태반을 통해 아기에게 도달한다.
- 아기는 태반을 통해 노폐물과 이산화탄소를 배출한다.
- 당신은 태반을 통해 아기와 호르몬을 교환하며, 태반은 자체로도 호르몬을 생산한다.
- 태반은 아기를 박테리아와 유해 물질로부터 보호해준다.

두 개의 혈액순환

엄마와 아기는 각자의 혈액순환을 가진다. 태반은 엄마 쪽 부분과 아기 쪽 부분, 이렇게 두 부분이 합쳐진 것이다. 엄마쪽 태반은 자궁으로부터 자라나고, 아이쪽 태반은 수정란(접합체, 수정된 직후의 상태)에서 생겨난다. 이 두 부분은 두 개의 막으로 서로 분리된다. 이런 막들은 영리한 필터 기능을 하는 굉장히 정교한 구조로 되어 있어, 중요한 특정 물질들은 통과시키고, 유해한 물질은 차단한다. 하지만 알코올, 바이러스, 니코틴 같은 몇몇 유해 물질은 태반을 통과한다.

공급과 배출

영양 공급과 노폐물 배출은 탯줄을 통해 이뤄지는데, 탯줄은 태반에서 시작해서 나중에 아기의 배꼽이 생겨날 부분까지 이어진다.

추가적인 호르몬 공장

태반은 에스트로겐, 프로게스테론, hCG, HPL 같은 호르몬도 만들어낸다. 이런 호르몬은 자궁에도 유익하다. 에스트로겐은 자궁의 성장을 돕고 프로게스테론은 자궁이 너무 강하게 수축하지 않도록 한다. 임신 말기에는 자궁 수축이 일어나도록 프로게스테론이 적게 분비되면서 진통이 시작된다. hCG는 아기의 성장을 뒷받침하며, HPL은 모체가 아기 아빠의 유전자를 받아들이고 아기를 물리치지 않도록 해준다.

태반의 위치

임신 첫 몇 주 간에 걸쳐 자궁 안에서 배아 모체와 자궁내막으로부터 태반이 만들어진다. 착상이 일어난 곳 가까이에 만들어진다. 그러므로 태반은 늘 같은 자리에 있는 것이 아니다. 앞쪽에 위치할 수도 있고, 등 쪽에 위치할 수도 있다. 태반이 위치한 높이도 각각 다르다. 너무 낮은 곳에 자리 잡은 태반은 종종 자궁과 더불어 위쪽으로 자란다.

태반이 어디에 위치하든 간에, 임신 말기에 태반이 너무 낮은 곳에 있거나, 자궁 경부 바로 위쪽에 놓여 자궁경부를 덮은 상태가 되어서는 안 된다(전치태반). 다행히 태반의 위치가 출산에서 문제가 되는 경우는 아주 드물다. 임신 28주 차부터 태반이 자궁경부를 덮고 있는지를 확인할 수 있다. 전치태반인 경우 질 분만을 할 수 없고, 제왕절개를 해야 한다.

태반이 지궁경부를 막고 있지는 않아도 자궁경부 근처 낮은 곳에 놓인 경우, 아기는 골반으로 내려와야 하는데 그럴 자리가 별로 없다. 그럼에도 때로는 여전히 자연분만이 가능하다. 하지만 분만 시 출혈이 너무 심하거나, 아기가 나올 자리가 너무 적으면 역시 제왕절개를 시행한다. 낮은 태반과 자궁경부를 덮은 전치태반 모두 임신 중 출혈이 생길 수 있다. 그러므로 하혈이 있을 때는 태반의 위치를 검사하게 될 것이다.

후진통과 후산

아기가 나오고 나면, 자궁은 즉시 강한 수축을 통해 원래 크기로 돌아오고자 한다. 이때 태반이 분리되어 배출된다.

탯줄을 늦게 자르는 것
(즉, 탯줄을 끊기 전에 2~3분 간
탯줄이 맥동하도록 두는 것)은 몇몇
장점이 있다. 그렇게 하면 태반의 혈액이
아기에게 더 많이 도달해서 아이가 적혈구,
산소, 영양소를 더 공급받게 되어
빈혈이 생길 위험이 줄어든다.

탯줄은 태반으로부터
아기의 배 중간 부분으로 이어져,
임신기에 아기의 공급 통로가 되어준다.
탯줄은 세 개의 혈관으로 이뤄진다. 하나는
산소가 풍부한 혈액과 영양소를 공급해주는 것
(제대 정맥)이고, 두 개는 산소가 부족한 혈액을
운반하는 혈관(제대 동맥)이다. 혈관들은
젤과 비슷한 성분으로 보호된다.

출산 시 아기가 목에
탯줄을 감고 나오는 일이 종종 있다.
때로는 한 번 이상 감겨져 있어,
아기가 질식할까봐 걱정이 될지도 모른다.
하지만 조산사나 산부인과 의사는
늘 그것에 유의하고 있으므로
아기가 호흡을 시작하기 전에
탯줄을 제거할 것이다.

먼 훗날 당신의 아기가
다 자라 집을 떠나게 될 때,
당신은 탯줄을 다시 한 번
끊게 될 것이다….

때로 탯줄 줄기세포를
기증할 수도 있다.
이것으로 예를 들면
백혈병 환자가 도움을
받을 수 있다.

탯줄과 태반을 그대로 두고,
탯줄이 저절로 분리되기까지
기다리기로 할 수도 있다.
연꽃출산이라 불리는
자연출산에서는
보통 그렇게 한다.

출생 후 탯줄은 더 이상 기능하지 않는다.
조산사나 의사는 아기의 배 가까이에
집게(클램프)를 놓아둔다. 아기 아빠가
탯줄을 절단할 수도 있다. 걱정하지 마라.
아기는 탯줄을 자르는 걸 느끼지 못한다.
탯줄과 신경이 연결되어 있지 않기
때문이다.

탯줄은 일찌감치 만들어져서,
다 자란 태아의 경우
탯줄의 길이가 0.5미터 정도이고,
두께는 약 1.5센티미터이다.

임신기간 동안
아기는 탯줄을
가지고 논다.

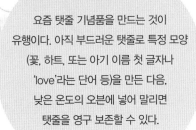

요즘 탯줄 기념품을 만드는 것이
유행이다. 아직 부드러운 탯줄로 특정 모양
(꽃, 하트, 또는 아기 이름 첫 글자나
'love'라는 단어 등)을 만든 다음,
낮은 온도의 오븐에 넣어 말리면
탯줄을 영구 보존할 수 있다.

탯줄을 늦게 자르면
아기에게 황달이 올 수 있다.
이것은 적혈구의 과잉에서
비롯된다. 하지만 다른 이유로
황달이 생길 수도 있다.

모든 영양분은
탯줄을 통해 아기에게
전달되고, 모든 노폐물도
탯줄을 통해 아기에게서
배출된다.

다태아 임신은
단태아 임신보다
훨씬 더 힘들다.
그러니 무리하지 말고
편안하게 보내라.

산부인과 의사는
당신뿐 아니라 아기들도
매우 유심히
관찰한다.

당신의 피부가
더 심하게 늘어나기 때문에
쌍둥이 임신의 경우는
튼살이 생길 확률이
더 높다.

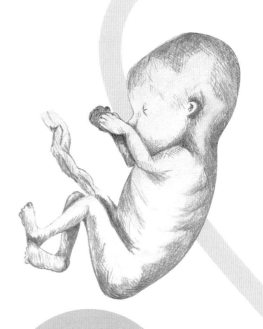

쌍둥이들은 각각
자신의 태반을 가질 수도 있고
태반 하나를 나누어 쓸 수도 있다.
다태아임신의 경우 평균 출생 체중은
단태아보다 1킬로그램 적은
2,500그램 정도다.

쌍둥이들은
평균 37주가 지나면
세상에 나온다.

분만 시 아기들은 종종
연달아 나온다. 때로는 5~10분
간격만 두고 태어나기도 하고,
시간이 더 걸리는 경우도 있다.
두 번째 아기가 안전하다면
걱정할 필요는 없다.

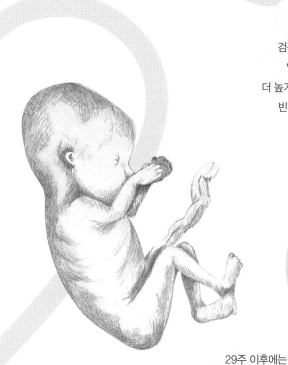

고민의 순간 늘
산부인과 의사가
함께할 것이다.

쌍둥이 임신인 경우
체중이 평균 12~18킬로
증가한다.

단태아 임신보다
검진에 더 자주 가게 될 것이다.
임신 합병증에 걸릴 위험이
더 높기 때문이다. 고혈압, 임신성 당뇨,
빈혈, 임신 중독, 조산의 위험이
더 증가한다.

26주까지는 한 달에 한 번
산부인과 검진을 받고,
26~32주까지는 한 달에 두 번,
32주부터는 매주 검진을
받게 될 것이다. 하지만 횟수는
상황에 따라 달라진다.

29주 이후에는
다태아들이 대부분 단태아보다
더딘 성장을 보인다.
쌍둥이 중 하나가 다른 하나보다
더 빨리 성장하는
경우도 있다.

다태아는 대부분
이르게 태어나므로,
출생 뒤 인큐베이터에
들어가 좀 더 자라서 퇴원하는
경우가 종종 발생한다.

아기를 둘러싼 양수

아기의 DNA가 들어 있는
느슨한 세포들을 가지고 있어,
만일의 경우 양수천자 검사를
할 수 있다.

양수는 일종의 크럼플 존과
에어백 역할을 하여
태아의 안전을 지켜주며,
감염으로부터도
보호해준다.

탯줄이 짓이겨지거나
납작하게 눌리지 않도록
해준다.

98퍼센트는 물로,
2퍼센트는 나트륨, 염화물,
크레아틴, 요소 같은
유기, 무기 물질로 이뤄진다.

아기가 춥거나
덥지 않도록
일정한 온도를 유지한다.

양막이
양수를 감싼다.

수정된 뒤
2주 동안
만들어진다.

양막이 파열되어도
대부분은 몸 안에 남는다.
아기의 머리가
코르크 역할을 하기 때문이다.

2분기부터 아기는
양수를 꼴깍꼴깍 들이키고,
소변으로 내보낸 뒤
다시 마신다.

임신기간 동안
양수가 늘 새롭게
만들어진다.

13

아무도 들려주지 않은
현실의 출산, 수면, 성생활에 관하여

임신 후 기대와 두려움이 교차하는 지점이 바로 출산일 것이다. 임신 중에도 자연스럽게 출산 준비 프로그램을 듣게 되지만 막상 분만이 시작되면 배운 것들이 전혀 떠오르지 않을 것이다. 이건 아주 정상적인 일이다. 배우자, 조산사, 의사는 무엇 때문에 있겠는가? 그들이 모든 것을 상기시켜줄 것이다.

아기가 나오는 단계에서 대변도 나올 수 있다. 온힘을 다해 아이를 밀어내다 보면 장 내용물도 딸려 나오는 게 자연스럽다. 아기의 머리가 대장의 마지막 부분인 직장을 누르게 되기 때문이다. 그러니 대변이 나온다 해도 부끄러워 할 필요가 없다. 예기치 않게 가벼운 방귀나 커다란 방귀가 나올 수 있다. 드물긴 하지만 역시나 압력 때문이다. 모든 것을 밀어내다 보니 장 가스까지도 밀려 나오는 것이다.

첫 출산이고 아기가 완전히 발달한 경우 자궁이 열린 상태에서 아기가 나오는 데 걸리는 시간은 평균 1시간 정도 소요된다. 아기의 작은 머리가 나올 때 엄청나게 화끈거리는 느낌이 들 것이다. 출산 경험이 있는 산모의 경우는 힘주어 밀어내는 데 걸리는 시간이 첫 출산 때보다 훨씬 적게 소요된다.

출산할 때 흔히 겪는 현실적인 반응

- 출산하는 동안과 출산 뒤에 이가 딱딱 부딪힐 정도로 몸이 덜덜 떨리며 오한이 날 수 있다. 이것은 기온과는 상관이 없고, 전신을 흐르는 아드레날린에 대한 신체적 반응이다. 어쨌든 출산하는 당신은 지금 엄청나게 힘든 스포츠를 하고 있는 것이다.
- 출산 중 속이 안 좋아서 토할 수도 있다. 구토가 나오면 토하면 된다.

출산 후: 몸은 어떻게 회복될까?

- 출산 후 소변을 볼 때 통증이 있고 타는 듯한 느낌이 들 수 있다. 샤워를 하면서 소변을 흐르게 하거나, 변기에 앉은 상태에서 따뜻한 물을 흘려주면서 소변을 보아도 좋다.
- 회음부가 파열됐거나 회음부 절개를 해서 봉합한 경우 큰 것을 볼 때도 아플 수 있다. 힘을 줘야 하니 말이다. 하지만 그렇다고 봉합 부분이 손상되지는 않는다. 다시 터지거나 하는 일은 없을 것이다.
- 당신은 막 멋진 아기를 출산했다. 그리하여 갑자기 울음이 북받쳐 오를지도 모른다. 격한 오열이 터질 수도 있다. 그냥 그러도록 스스로에게 허락하자. 산후에 갑자기 눈물이 나고 기분이 다운되는 것은 호르몬 대사가 다시금 변하기 때문이다. 그냥 엉엉 울어버려라. 그리고 이것이 다른 이유가 아닌 단지 호르몬 때문임을 의식하면 된다.
- 질과 질 주변에 무거운 느낌이 발생할 수 있다. 음순에 무슨 피 주머니라도 매달고 있는 듯 부어오른 느낌이 든다. 이런 느낌은 시간이 흐르면서 점점 적어지다 저절로 사라질 것이다.

- 오로(출산 뒤 자궁에서 나오는 분비물)가 나오기 시작해 한 달여간 계속된다. 처음에는 아마 일반 패드로는 감당이 되지 않아 산모용 패드가 필요할 것이다.
- 때로는 꽤 커다란 핏덩이가 나올 수도 있다. 나쁘지 않다. 잠깐 사이에 그런 핏덩이가 두 개 이상 나오는 경우에만 조산사와 상의해라.
- 주변 여성들 중 출산을 하고 번개같이 빠르게 옛 몸매를 되찾은 사람들도 있을 것이다. 하지만 예전의 몸으로 돌아가기까지는 최소 9개월이 필요하다. 여러 호르몬과 비축 지방의 경우는 더 오래 걸리기도 한다. 그러나 9개월간 아무것도 안하고 있어도 저절로 몸이 예전 상태로 돌아간다는 뜻은 아니다. 관리를 해주되, 너무 안달복달하지는 말 것.
- 출산을 자랑스러워해도 된다…! 이제 당신의 회복된 몸에서 당신이 아기를 출산했다는 사실이 엿보일 것이다. 피부는 처졌고 임신선이 남았다. 회음부 절개나 제왕절개의 흔적도 있다. 당신의 몸이 생명을 배출했다는 데 자랑스러워하라.
- 일시적으로 머리카락이 많이 빠지는 것처럼 느껴지지만 그렇지 않다. 임신기간에 빠져야 했지만, 호르몬의 영양 때문에 머리에 남아 있던 것들만 빠지는 것이다.
- 실용적인 부분을 집고 넘어가자면, 아기는 자동적으로 건강 보험이 적용되지 않는다. 국민건강보험공단에 별도로 등록해야 한다.

임신의 경험은 모두 다르다

단도직입적으로 말해, 모든 임신은 다르다. 그러므로 당신의 임신을 다른 여성의 임신이나 당신의 예전 임신과 비교하면 곤란하다. 하지만 거의 모두가 그렇게 비교하고는 한다. 배우자들도 종종 비교한다. 물론 그것도 자연스러운 일이긴 하다. 새 생명을 잉태한다는 것은 엄청난 사건이자 무척 긴장되는 일이니까. 불안감이 엄습하기도 한다. 모든 면에서 미심쩍다. 임신부터 출산까지 문제없이 잘 흘러갈까? 내 경우는 왜 다를까? 친구는 되는데, 나는 왜 안 될까…? 어떤 차이들은 쉽게 설명할 수 있고, 어떤 차이들은 호르몬과 상황의 협연을 통해 생겨난다.

이미 출산을 경험한 적이 있다면, 이제 닥칠 일들에 대해 약간 더 잘 알 것이다. 그리하여 경산부들은 임신을 더 편안하고 안정감 있게 받아들인다. 그러나 그들 역시 달갑지 않은 비교를 하곤 한다. 자동적으로 예전 임신을 돌아보게 되는 것이다. 두 경우가 서로 같다면 뭐 별 문제가 없다. 하지만 이번에는 지난번과 모든 것이 다를 수도 있다. 명심하라. 더 좋거나 나쁜 것은 없다. 다를 뿐이다.

지난번에는 9개월 간 속이 메슥거렸는데 이번엔 그런 증상이 전혀 없을 수도 있다. 첫 임신 때는 임신 사실을 한동안 전혀 알아차리지 못했는데, 이번에는 모든 증상을 느낄지도 모른다. 당신이 느끼는 냄새를 비롯한 불편들 모두가 다시금 호르몬 대사에서 비롯되고, 당신은 호르몬 변화에 반응하는 것이다. 좋은 일 아닌가. 모든 임신은 신비하고 또 유일하니까.

두 번째 임신을 하는 경우 자주 느껴지는 차이

1. 임신 경험이 있다면, 다시 임신하는 경우 더 빨리 알아차리는 경우가 많다. 임신 신호들을 더 민감하게 인지할 수 있기 때문이다.

2. 첫 임신 때보다 배가 더 빨리 불러오는 경우가 많다. 이것은 배근육 때문이다. 배 근육이 한번 강하게 늘어나면, 옛날의 탄력 있는 상태로 돌아가지는 못하고 약간 느슨해져 있게 마련이다. 그래서 두 번째 임신의 경우는 평균 임신 3개월 차에 벌써 배가 불러온다. 첫 임신 때는 4개월이나 되어서야 그 정도 나왔는데 말이다. 하지만 조심해라. 이 역시 평균적으로 그렇다는 것이고, 당신의 배에 대해 구체적으로 말해주지는 못한다.

3. 둘째 아기의 경우 태동을 더 일찍 더 자주 느낄 수 있다. 두 번째 임신에서는 16주 부터 태동을 느끼는 여성들도 많다. 첫 번째 임신에서는 평균적으로 19주에 느끼는데 말이다. 복벽이 이미 한번 늘어났던 적이 있어 더 느슨하고, 자궁도 더 커서 피부를 압박한다. 첫 임신 때는 느낌을 완화시켜 주었던 탄탄한 층이 지금은 더 느슨해진 것이다.

4. 두 번째 임신에서는 배근육, 자궁, 인대가 첫 아이 때만큼 탄력 있지 않다. 한번 강하게 늘어났었기 때문이다. 그밖에 임신 후 배근육이 더 이상 정확히 나란히 놓여 있지 않고 벌어져 있는 경우도 있다. 이를 '복직근 이개(배곧은근 이개)'라 부르며, 임신 뒤에 스스로 촉진하여 판단할 수 있다. 등을 바닥에 대고 똑바로 누운 상태에서 가슴에서 정확히 배 중앙을 지나 치골까지 이어지는 상상의 직선을 그어보라. 그러고 나서 고개를 약간 들어 배근육을 긴장시켜 보라. 이때 임신 뒤에는 근육들 사이에서 틈이 느껴질 것이다. 배근육이 다시 완벽하게 돌아오지 않는 경우가 종종 있다.

5. 첫 임신 동안에 특별한 혈관들이 자궁을 지나게 된다. 두 번째 임신에서는 그 혈관들이 이미 놓여 있으므로, 자궁이 더 빨리 커진다.

6. 두 번째 임신에서는 임신에 대한 책을 잘 읽지 않고 인터넷 검색도 덜 하는 등, 이것저것 알아보는 일에 그렇게 몰두하지 않을 것이다. 그러다 보니 곧잘 양심의 가책을 느낄지도 모른다. 하지만 그럴 이유는 없다. 이미 돌봐야 할 아이가 하나 있으니 그 아이에게도 신경을 써줘야 할 것이다. 그러므로 오히려 자신이 잘하고 있다고 생각하라. 이제 임신과정에 대해 모든 걸 궁금해 하며 일일이 뒤져 볼 필요가 없을 정도의 베테랑이 된 것이다. 그렇게 생각하면 마음이 편하며, 안정감을 느끼는 것은 임산부에게 언제나 도움이 된다.

7. 한편으로 이미 한번 경험했으니 덜 불안하고 덜 미심쩍을 것이다. 하지만 어떤 여성들은 경험해보았기에 더 불안해하고 마음을 놓지 못한다! 뭔가가 잘못될까 봐, 또는 태어날 아이를 지금 아이처럼 사랑해주지 못할까 봐 두려워한다. 하지만 사랑에 관한 한, 당신은 놀라게 될 것이다. 아기가 태어나면 갑자기 당신의 마음이

더 넓어지고 사랑이 많아진 듯한 상태가 되기 때문이다. 그리고 건강에 관한 한, 순수 확률적으로 볼 때 뭔가가 잘못될 확률은 첫 임신 때와 비슷하다. 따라서 예전보다 더 많이 불안해 할 이유가 없다.

8. 많은 여성들은 두 번째 임신에서 더 쉽게 지치고 피곤해 한다. 임신한 상태에서 손위 아이도 돌봐야 하는 등, 첫 임신 때보다 할 일이 더 많기 때문이다. 어린 아이들은 정말 손이 많이 간다! 저녁 8시에 이미 녹초가 되는 엄마가 당신만은 아니다.

9. 두 번째 임신부터는 아기들이 더 늦게 골반으로 내려간다. 배에 자리가 더 많고, 골반이 더 넓기 때문이다.

10. 두 번째 아기는 첫 번째 아기보다 통상 더 큰 경우가 많다. 이 역시 자궁에 처음부터 혈액 공급이 잘되기 때문이다.

11. 치질과 정맥류처럼 몸이 느슨해져서 나타나는 불편들, 방광과 허리를 중심으로 근육이 약해져서 나타나는 불편들이 첫 임신 때보다 더 일찌감치 시작되기 쉽다. 이 역시 모든 것이 더 이상 그리 탄력 있지 않고 프로게스테론 호르몬에 더 빨리 반응하기 때문이다.

12. 첫 임신이 아닌 경우 배 뭉침이 더 자주, 더 심하게 나타날 수 있다.

> **조산사 에스더 반 델프트 조언**
>
> 임산부들을 대하다 보면 배 뭉침이 종종 일상의 스트레스와 관련되어 있는 걸 보게 돼요. 예를 들면 직장 일을 하고, 첫 아이를 돌보며 힘들게 지내는 임산부들에게서 이런 증상을 더 많이 볼 수 있죠. 배 뭉침 현상이 잦다면 일을 줄이고 외부의 도움을 받는 등, 일상의 속도를 늦춰야 한다는 뚜렷한 신호로 여기세요. 무리하면 안 됩니다.

첫 임신이 아닌 경우 아기용품을 다는 아니라도 집에 대략 갖추고 있기에 수고와 비용을 덜 수 있다. 하지만 필요한 휴식을 제대로 취할 수 없다는 점은 자못 큰 단점이 아닐 수 없다. 특히 허리를 조심해라. 첫 아이를 더 이상 안아 올리지 말라는 건 비현실적인 요구겠지만, 안아 올리다가 허리를 삐끗하지 않도록 조심해야 한다. 대신에 아이로 하여금 당신의 무릎으로 스스로 기어오르도록 해라. 안아 올리지 않을 수 없다고? 그러면 허리를 사용하지 말고 무릎을 굽히고 다리를 사용할 것을 권장한다.

TIP 팁: 마마 스툴˚(엄마 의자)

● 이미 하나 가지고 있을지도 모른다. 없다면 하나 마련하라. 이름하여 마마 스툴. 아이가 엄마 무릎 높이로 기어오르기 위해 언제든지 사용할 수 있다. 아이를 안아줄 수 있기 위한 특별한 스툴로 가족이 함께 스툴을 예쁘게 꾸미면 더 좋을 것이다.

● 자신에게 쉼을 허락하라…! 그렇다. 역시나 말은 쉽다. 쉴 수 있는 유일한 가능성은 휴식 시간을 미리 고정된 일과로 잡아놓는 것이다. (막내)아이가 아직 낮잠을 자는가? 그 시간에 당신도 무조건 눕도록 해라. 15분 정도만 집안일을 하고 쉬겠다고? 그래선 안 된다. 아기가 침대에 있는 시간=쉬는 시간이 되게 할 필요가 있다. 그렇게 엄격하게 해야 매일 규칙적으로 쉬는 시간을 놓치지 않을 수 있다.

● 이번에는 좀 더 일찍 출산휴가에 들어가는 것을 고려해보는 게 어떤가? 최소한 그럴 필요성을 느낀다면 말이다. 두 번째 임신에서는 그렇게 하고 싶어 하는 여성들이 많다. 손위 아이에게 생각보다 손이 많이 가기 때문이다.

˚ 유럽에서 많이 쓰는 동그랗고 낮은 스툴. 쿠션이 들어가 있어 엄마가 안아 올리지 않아도 아이 스스로 기어오를 수 있다. – 옮긴이

● 한 번 이상 임신 경험이 있는 경산부라면 이제 무슨 일을 겪게 될지 알 테고, 임산부 프로그램에 다닐 필요가 없을 것이다. 그럼에도 다니는 것을 권하고 싶다. 요가나 수영처럼 좀 더 능동적으로 출산을 준비하는 프로그램을 선택하면, 그 시간은 오롯이 당신과 배 속 아기를 위해 할애할 수 있다. 무엇이 당신과 맞는지 살펴보고, 그중 끌리는 프로그램에 참여해라.

예전의 임신이 좋게 끝나지 않았다면
예전의 임신이 성공적이지 못했다면 자꾸 그 생각이 떠오르고, 상황을 비교하게 될 것이다. 심정적으로는 충분히 이해할 수 있는 일이다. 하지만 객관적으로 볼 때 이번 임신이 지난번 임신과 같을 이유는 없다. 이번에는 건강한 아기를 출산할 확률이 크다.

임신 중: 남의 경험과 비교하지 말 것

임신하자마자 다른 사람들의 이야기를 듣게 될 것이다. 묻든 안 묻든 그들은 자신의 임신 경험을 이야기하고 당신에게 무엇을 해야 하고 무엇을 하지 말아야 하는지 조언할 것이다. 그들의 경험에 기초한 조언이다. 중요한 것은 그들의 경험이지 당신의 경험이 아니라는 것! 당신의 경험은 다른 사람의 경험과 같을 수 없다. 임산부마다 보물을 하나씩 배 속에 가지고 있다는 점에서는 같더라도, 모든 배는 다르기 마련이다.

눈에 보이는 차이로 시작해보자. 어떤 사람은 4개월에 이미 배가 많이 나오는데, 어떤 사람은 별로 표시가 나지 않는다. 임신 후 비슷한 개월 수에 찍은 친구들의 사진들을 비교해보면 굉장히 다를 것이다. 배 사이즈로부터 유추할 수 있는 것은 아무것도 없다. 배의 크기는 아기의 발달에 대해 아무것도 말해주지 않는다. 배는 커다란데 아기는 작을 수도 있고, 배는 작은데 아기는 클 수도 있다. 커다란 배는 기껏해야 엄마의 몸에 대해서만, 그리고 엄마의 몸이 임신에 어떻게 반응하는지에 대해서만 이야기해줄 수 있을 따름이다. 여기서도 중요한 것은 모든 것이 가능하고, 꼭 이러저러해야 한다는 법은 없다는 사실이다. 차이는 임신의 질적 차이에서 오는 것이 아니라, 이전에 임신 경험이 있는가(경산부는 배가 더 일찍 커진다), 배근육의 힘이 어떠한가(배근육이 탄력이 있을수록 배가 쉽게 커지지 않는다), 체격 조건이 어떤가(내부에 자리가 많은가, 그렇지 않은가)에 좌우된다.

물론 기준선은 있다. 임신기간에 많이 먹어서 빠르게 몸무게가 불어나는 여성들도 있는 반면, 당신은 몸무게가 너무 조금 증가할 수도 있다. 조산사와 의사는 몸무게가 순조롭게 늘고 있는지 수시할 것이다. 배의 크기나 형태를 보고 판단하는 것이 아니라 진단과 촉진, 초음파검사 결과만을 가지고 판단할 것이다.

예전에는 달랐다는 말

예전에는 달랐다. 사실이다. 하지만 요즘이 예전과 다른 것에는 늘 이유가 있다. 예전의 이야기는 그다지 마음에 두지 마라. 그것은 과거에 속한 일이다. 예전의 이야기를 들으면 재미있긴 하다. 때로는 요즘의 임신에 대해 어른들이 하는 말들에서 약간 배울 점을 찾게 되기도 한다. 요즘에는 뭐 그리 '해서는 안 되는 게' 많고, '먹으면 안 되는 게' 많으냐는 어른들의 말은 일리가 있다.

예전에는 요즘보다 훨씬 간단했다. 임신한 상태에서도 계속 술, 담배를 할 수 있었으며 간을 제외하고는 거의 모든 것을 먹어도 됐다. 여자가 직장생활을 하는 경우도 드물었고, 임신 중에까지 예뻐 보이려고 노력할 필요도 없었으며, 임신을 상맛빛 안경을 끼고 바라볼 이유도 없었다. 한마디로 압박감이 훨씬 덜했다. 우리는 이런 면으로부터 좀 배울 수 있다. 임신 동안에 슈퍼우먼이 되려고 하지 마라. 그리고 새내기 부모로서 자신들에게 너무 높은 기대를 갖지 마라.

자신의 기대 외에 사회가 부여하는 기대도 있다. 요즘 사회는 예전과 같지 않다. 우리는 예전에는 전혀 고려할 필요가 없었던 문제에 봉착하기도 한다. 아기가 태어난 뒤 부부 둘 다 풀타임으로 일할 것인가? 둘 중 한 사람은 파트타임으로 옮겨갈 것인가? 아니면 둘 모두 파트타임으로 바꿀 것인가? 이 모두 임신기간에 생각해야 하는 문제들이다. 하지만 배 크기나 이전에는 해도 됐던 일들과 마찬가지로, 이 역시 어디까지나 나름대로 알아서 결정하면 된다. 다른 사람들의 의견에 휘둘리지 마라.

수면: 쉼에서 희한한 꿈에 이르기까지

잘 자는 사람도 있고, 잠을 잘 못 자는 사람도 있다. 임신기간에 수면행동이 변화하는 건 아주 정상적인 일이며, 짐작하겠지만 그 이유는 호르몬 때문이다(그렇다. 또다시 호르몬이 문제다.) 하지만 다음 요인들도 영향을 미친다.

- 스트레스와 긴장 때문에(임신 중의 그 모든 좋은 것들을 통해서도 긴장과 스트레스가 유발될 수 있다).
- 경우에 따라 임신으로 말미암은 불편 증상 때문에.
- 불러오는 배가 거추장스러워서.

잠은 당신과 아기를 위한 슈퍼 푸드
충분한 수면은 당신과 아기에게 너무나도 좋다. 그 모든 호르몬의 변화, 심신의 변화로 말미암아 임산부는 평소보다 수면 필요량이 증가한다(잠이 더 많이 필요하다). 눈 좀 붙일 수 있는 시간을 고대하는 이가 당신만은 아니다. 충분한 수면은 늘 중요하지만, 임신 중에는 더더욱 중요하다. 하루의 활동을 처리하고 다시 휴식에 들어가기 위해 심신은 충분한 잠을 필요로 한다. 잠을 잘 자는 건 면역계에도 중요하다. 당신과 아기에게 유익하다. 10시간 내지 11시간 자는 것도 임신 중에는 이상하지 않고 아주 정상적인 일이다.

걱정 많은 임산부의 잠들기

임신하면 처리할 일, 생각할 일들이 많다. 임신해 아이를 갖게 됐다는 사실만으로도 긍정적인 형태의 스트레스가 된다. 임신과 출산, 그리고 육아는 만만하게 볼 일이 아니니 당연하다. 그래서 이것저것 걱정이 되기 마련이다. 신체적으로 모든 것이 잘 진행될까? 아기는 건강할까? 어떤 것을 준비하고 조율해놓아야 할까? 금전적으로 잘 버텨나갈 수 있을까? 이 모든 생각에 심란해지면 밤에 잠들기가 어렵고, 잠자다가도 불쑥 불쑥 깨어날 수 있다. 따라서 쉽게 잠들 수 없는 경우가 많은데, 잠이 오지 않는다고 신경을 쓰다 보면 잠들기는 더 힘들어진다. 잠이 쉬이 들지 않을 때 다음과 같은 행동을 해보자.

- 잠이 오지 않는다고 스트레스를 받는 것은 역효과가 난다. 그러므로 상황을 그 자체로 받아들이려고 노력해라. 그렇지 않으면 잠자기가 더 힘들어진다.

- 꼬리를 물고 이어지는 생각을 멈추려고 해볼 것. 골똘히 생각한다고 상황이 더 좋아지는 게 아님을 감안해라. 이런 행동은 소중한 잠만 앗아갈 따름이며, 잠을 못자면 낮 동안에 생각을 잘할 수 없다.

- 다른 것에 집중해보자. 예를 들면 당신의 호흡이라든가(고요히 배가 올라갔다 내려왔다 하는 것을 의식해보라) 당신의 몸을 한 부분 한 부분 느낄 수 있다. 그렇게 당신의 몸과 다시 접점을 찾는 가운데 생각의 소용돌이를 벗어나라. 명상을 하거나, 잠이 잘 오는 음악을 듣는 등 여러 전략이 있다. 자신에게 맞는 것을 개발하여 스트레스가 수면을

방해할 여지를 가능한 한 주지 마라.

- 산책 또는 운동을 하는 등 낮 동안에 충분히 움직여주면 밤잠이 잘 온다. 매일 최소 20분간은 집중적으로 운동을 해줘라. 운동은 근육에도 좋을 뿐 아니라, 스트레스 수준도 낮추어준다. 자연 속에서 몸을 움직여주면 특히나 수면을 촉진하는 효과가 있다는 것이 최신 연구 결과다.

- 낮 동안 많이 움직이고, 저녁에는 움직임을 줄여라. 특히 잠들기 직전에는 움직이지 마라. 그러지 않으면 몸이 다시 깬다.

- 잠자리에 들 때는 자명종이 보이지 않게 해라. 잠이 오지 않는데 그게 보이면 공연히 더 초조해진다.

- 성관계를 하면 행복 호르몬이 분비되므로 긴장이 풀려서 수면에 도움이 된다.

잠 들지 못하게 만드는 8가지 요인들

배 속 아기가 밤에 움직이고, 배는 너무 커서 거추장스럽고, 임신 중 불편 증상들이 밤잠을 방해한다. 게다가 밤에 화장실을 들락날락거리게 되고, 속이 쓰리고, 다리가 불편하고, 허리와 등이 아프고…. 수면은 소중한데 어떻게 하면 좋을까? 다음 팁이 도움이 되기를 바란다.

1. **자꾸 화장실이 가고 싶다:** 물을 많이 마시는 건 임신 중에 중요하지만, 주로 낮에 마시도록 할 것. 잠들기 한두 시간 전에는 물을 마셔서는 안 된다. 그러면 밤에 자꾸 화장실에 들락거리는 일을 막을 수 있다.

2. **메스꺼움:** 밤에 속이 메슥거린다면, 쌀 과자나 크래커 같은 간식을 침대 곁에 놓아두어라. 배가 좀 차 있으면 메스꺼움이 줄어든다.

3. **속쓰림:** 밤에 상체가 약간 높은 위치가 되도록 누워라. 그러면 위산이 위로 역류하기가 쉽지 않다. 베개를 활용해 머리 쪽을 약간 높여라. 왼쪽으로 누워

서 자는 것도 도움이 될 것이다. 약간의 간식도 도움이 된다.

4. **다리 저림:** 피곤해서 기지개를 켜다보면, 갑자기 종아리에 통증이 느껴지면서 다리에 경련이 일어난다. 이럴 때는 따뜻하게 해주는 게 도움이 될 것이다. 잠자기 전에 목욕을 하거나, 종아리 마사지를 하거나, 탕파(보온 물주머니)를 대주면 효과가 있을 것이다. 쥐가 난 동안에 발가락을 힘껏 코가 있는 방향으로(배 쪽으로) 당겨주는 것도 효과가 있다. 그렇게 하면 금세 괜찮아지는 경우가 많다.

5. **골반통 또는 요통:** 밤에 골반통이나 요통이 나타나는 것을 막기 위해 수유 쿠션에 다리를 편안하게 올리고 있는 것도 도움이 된다. 엎드린 자세(배를 바닥에 대고 이쪽저쪽으로 몸을 굴리는 것)도 통증을 완화시킨다. 베개도 점검해라. 목 부분의 움푹 들어간 공간을 잘 받쳐주는 베개가 좋다. 그래야 목에서 척추까지 일직선이 된다.

6. **하지불안:** 다리를 자꾸 움직이고 싶은가? 약간만 움직여줘도 불안이 사라질 수 있다. 잠자기 전 침대에 누워 '자전거 타기'를 하거나 스트레칭을 해주는 것도 도움이 된다. 다리를 마사지해주거나 따뜻한 목욕을 해주어도 좋다.

7. **배 속 아기의 활동성:** 활발한 아기가 밤잠을 망칠 수도 있다. 당신이 아, 이제 자야지 하며 잠자리에 들자마자, 아기가 '아하, 이제 내가 편안히 움직일 수 있네!'하면서 축구, 창 던지기, 트램펄린을 하는 인상이다. 아기가 온갖 스포츠를 다 섭렵하는 느낌! 밤에는 이것이 아주 극명하게 느껴진다. 카페인을 가능하면 줄이는 것(콜라에도 카페인이 들어 있다.) 외에는 별수가 없을 것이다.

8. **육아에 돌입할 준비를 하는 신체 변화:** 출산 전 몇 주간 잠을 잘 못 잘지도 모른다. 출산 후 육아를 위해 밤에 잘 깨어나도록 하려는 대자연의 트릭이다.

총체적 난국이다! 임신으로 말미암은 불편들이 당신에게서 잠을 앗아가는데, 동시에 이런 불편들은 푹 자야 줄어들거나 예방할 수 있으니 말이다. 밤에 잘 쉬어주면 심신이 훨씬 더 조화로워진다. 충분한 운동, 건강한 식사와 함께 밤잠은 당신과 아기에게 꼭 필요한 것이다.

조산사 카롤리네 푸터만의 조언

저녁에 모니터(텔레비전, 컴퓨터, 스마트폰) 앞에서 시간을 보내는 것은 상당히 유혹적인 일이지만, 그렇게 하고 나면 정신 사나운 꿈을 꿀 가능성이 높아진답니다. 그러므로 저녁에는 차라리 책을 읽으며 시간을 보내세요. 아니면 간만에 친구에게 안부 전화를 하거나 목욕을 하거나 산책을 해도 좋고요.

조산사 킴 반 데어 베르프의 조언

임신 3분기에 들어가면 밤잠을 설치고, 낮에 잠이 쏟아지는 일이 많지요. 밤 수면이 부족한 경우 낮에 잠시 눈을 붙이는 것은 쓸데없는 사치가 아니랍니다. 밤에 잘 못 자는 게 낮에 잠깐 눈을 붙였기 때문도 아니고요. 몸의 리듬이 바뀌기 때문이죠. 바뀐 리듬에 잘 적응해보세요.

완벽한 수면 자세: 옆으로 눕기

배가 커져서 똑바로 눕거나 엎드려 누울 수 없게 되면, 옆으로 누워서 잘 수밖에 없다. 혈액순환을 위해서는 어차피 옆으로 눕는 것이 가장 좋은 자세이며, 임산부들에게는 가장 편안한 자세이기도 하다. 왼쪽으로 눕는 것이 가장 좋다. 임신 말기에는 특히 그렇다. 왼쪽으로 누우면 산소와 영양소 공급이 가장 많이 이뤄진다. 이런 자세로 있을 때 태반에 혈액이 가장 잘 통하기 때문이다. 오른쪽으로 누우면 혈관이 눌릴 수 있으며, 그밖에도 간이 자궁 아래에 놓이지 않게 된다. 옆으로 누워서 무릎을 굽히는 것이 좋다. 하지만 그렇게 하지 말라고 해도 아마 그런 자세가 편해서 저절로 그렇게 될 것이다.

특히 똑바로 누워서 자는 것은 좋지 않다. 똑바로 누워서 자는 임산부들은 조심하라! 아기의 자세 및 자궁의 위치에 따라 척추의 중요한 동맥이 눌릴 수 있다. 무엇보다 이것은 임신 말기에 문제가 될 수 있다. 아기는 아무것도 느끼지 못하지만, 당신은 어지러움을 느끼게 될 것이다. 자다가 자신이 똑바로 누워 자고 있다는 걸 느끼면, 옆으로 돌아누워라. 똑바로 누운 자세에서는 요통도 악화될 수 있다.

임신 말기에 보다 편안하게 자고 일어나는 법

임신 말기가 되면 침대에서 잠시 돌아눕는 것, 침대에 눕는 것, 침대에서 일어나는 것도 만만치 않은 도전거리가 된다. 어떻게 하면 근육을 적절히 사용하여, 가능하면 골반에 무리를 가하지 않을 수 있을까?

- 돌아누울 때는 우선 양다리를 당기거나, 회전하는 데 중심축이 되지 않는 다리만 당겨라.
- 침대에서 나올 때는 우선 옆으로 돌아누워 무릎을 당긴 다음, 팔꿈치에 체중을 실어 몸을 일으킨 뒤 침대 가장 자리에 잠시 앉아 있다가 일어서라. 이렇게 해서 어깨와 골반이 하나의 블록을 이뤄 움직이도록 하자(둘을 따로따로 움직이지 않는다).
- 누울 때는 이런 과정을 반대로 실행하라.
- 일어서거나 누울 때 다리 사이에 쿠션이나 베개를 끼우고 있어서는 안 된다. 누운 상태에서만 베개를 끼우면 편할 것이다.
- 해보면 도움이 될 수도 있는 팁: 침대 발치에 발판 사다리를 놓고, 그 위에 발을 디디고 올라간 뒤 손발을 활용해 잠자리로 기어 올라가 보라. 그렇게 하면 몸을 회전시키지 않아도 되어 때로는 편하게 느껴질 수 있다.

- 이리저리 돌아눕는 것은 장기적으로 불편하거나 아플 수 있다. 그러므로 바닥에 등을 굴리는 식으로 돌아눕지 말고, 배를 살짝 들어주며 배 쪽으로 돌아누워 보라. 몇 번 의식적으로 해보면 잠자면서 무의식적으로도 할 수 있게 될 것이고, 그렇게 하여 인대와 골반에 부담을 주지 않아도 될 것이다.

수면 자세가 성별을 결정한다고?

어떤 사람들은 머리를 북쪽으로 두고 자면 아들을 임신하고, 남쪽으로 향하고 자면 딸을 임신하게 된다고 믿는다. 터무니없는 속설이다. 그렇다면 머리를 서쪽이나 동쪽으로 두고 자면 어떤 일이 일어날까?

특이한 꿈과 악몽

많은 여성들은 임신하니 꿈도 예전과 다른 꿈을 꾼다고 말한다. 최악의 재난을 당하는 꿈을 꾼다던가, 전 애인과 성교를 하는 꿈을 꾼다던가, 아기를 어디에선가 잃어버리는 꿈을 꾼다든가 하는 식이다. 이는 아주 정상적인 것이고, 부끄러워할 필요가 없는 일이다. 많은 여성들이 그런 꿈을 꾼다. 9개월 동안에 많은 일이 일어나고, 이런 일들을 소화해야 하므로 약간 정신 사나운 꿈을 꿀 수도 있다. 호르몬도 꿈에 영향을 미친다는 말도 있지만 아직 입증된 건 아니다. 그리고 꿈이 더 잘 기억나기도 한다. 전에는 그런 일이 없었던 사람도 꿈이 시시콜콜하게 기억이 난다. 무엇보다 밤에 깨어날 때면 꿈이 더 자주, 더 잘 떠오른다.

- 꿈에 아기를 목욕시키려 하는데, 아기가 손에서 미끄러져 물에 빠져 버렸어요. 물에서 건져 올려서 보니 아들이었죠. 다행히 나는 다시 깨어났어요. 그런 다음 우리는 딸을 얻었답니다.
- 무시무시한 꿈을 꾸곤 했어요. 모든 사람이 다 죽는 꿈 같은 거요. 어느 날은 꿈에 세

상이 멸망했고, 나는 텔레파시로 남편과 딸에게 이별을 고했어요(우리는 배 속의 아기가 딸이라는 걸 알고 있었지요). 정말 끔찍했어요….

• 쌍둥이가 태어났는데, 둘을 구별하지 못하는 꿈을 꾸곤 했어요. 일란성 쌍둥이를 임신했기에, 임신기간 나의 최대의 공포가 바로 그것이었거든요. 다행히 그런 두려움은 전혀 근거가 없었어요. 낳자마자 둘을 쉽게 구별할 수 있었지요.

더 나은 잠을 위한 팁

• 잠자리에 들기 전에 잠시 산책을 해주어라.

• 침실의 공기가 가급적 신선하고 서늘하게끔 하라. 그런 상태에서 가장 쾌적하게 잘 수 있다.

• 침실은 자는 용도로만 사용하라. 그러면 당신은 (또는 당신의 뇌는) 그 공간을 곧장 잠과 연결시킨다.

• 잠자기 직전, 무엇보다 밤에 잠이 잘 안 오는 사람은 모니터에서 나오는 빛을 보지 않도록 하라. 휴대폰으로 이것저것 새 소식을 체크하거나 잠시 텔레비전을 켜거나 하지 말 것…!

• 잠자기 전에 무겁게 먹지 마라.

• 저녁에는 물을 조금만 마시고, 커피나 홍차를 마셔서는 안 된다.

• 저녁에 소파에 기댔는데 너무 피곤해서 눈이 감기는가? 그러면 곧장 잠자리에 들라. 그러면 잠 때를 놓쳐서 다시 쌩쌩해지는 것을 막을 수 있다.

• 고정된 시간에 잠자리에 드는 습관을 가져라. 그렇게 하면 신체가 언제가 밤잠을 잘 시간인지 입력한다.

• 낮에도 곧잘 휴식을 취하도록 할 것. 물론 언제나 가능하지는 않을 것이다. 하지만 일정이 없는 날이나 쉬는 날에 밀렸던 잠을 보충하는 것도 좋을 것이다. 모든 임산부가 낮잠을 필요로 하는 것은 아니다. 어떤 것이 자신에게 좋게 느껴지는지 살필 필요가 있다. 하지만 낮잠을 너무 길게 자서는 안 될 것이다. 너무 오래 자면 자칫 밤에 잠

이 안 올 수 있으니 말이다.

• 화장실이 침실과 같은 층에 있지 않다면 침실에 요강을 하나 들여놓으면 좋을 것이다. 잠자다 일어나 계단을 오르락내리락하다 보면, 잠이 홀딱 깨서 다시 잠을 이루기가 쉽지 않을 수도 있기 때문이다.

질 좋은 수면은 엄마와 아이에게 가장 좋은 약

위니 호프만 박사는 암스테르담대학에서 수면 및 수면장애에 대해 강의한다. 임신 중의 수면 문제에 대해 무엇을 알려주고, 어떤 조언을 줄지 귀를 기울여 보자. 수면은 건강한 영양 및 운동과 마찬가지로 아주 중요하다. 잠을 잘 자면 면역계가 튼튼해지고, 스트레스에 대한 저항력이 올라가며, 심혈관 질환을 예방할 수 있는 등 유익한 점이 많다. 수면 부족은 빠르게 표시가 난다. 얼마만큼의 수면이 충분한지는 사람마다 다르다.

"임신 중에 어떤 요인이 수면을 힘들게 하나요?"

임신의 단계에 따라 달라져요. 초기에는 방광이 눌려서 밤에 자주 화장실을 가야 할 거예요. 화장실에 다녀오고 금방 다시 잠들 수 있다면 나쁘지 않습니다. 하지만 많은 임산부들은 자꾸 이것저것 골똘히 생각하곤 해요. 무엇보다 첫 임신인 경우는 더 그렇지요. 모든 것들이 새로우니까요. 게다가 밤에는 모든 것이 더 비관적으로 보이고, 낮에 생각할 때보다 문제들이 더 커 보이게 마련이죠. 그러다 보니 이런 생각, 저런 생각에 다시 잠을 이루지 못하는 경우가 많아요.

잠시 깨어나는 것은 나쁘지 않아요. 수면 주기는 한 시간 반 정도로 이뤄지거든요. 이 주기를 이루는 마지막 수면 단계인 렘수면 뒤에는 간혹 깨어나곤 하지요. 하지만 '어머나, 깨어버렸네. 이제 어떡하지?'라고 생각하는 순간 문제가 됩니다. 무엇보다 그런 다음 생각들이 꼬리를 물고 돌아가기 시작한다면 말이에요. 임신 후반기에는 배 때문에 불편해지고, 아기가 야행성이라 밤에 움직인다던지, 근육 경련이 생기는 등 여타 요인들도 끼어들어 잠을 방해할 수 있어요.

"수면제를 복용해도 될까요? 아니면 천연 멜라토닌을 복용해야 할까요?"

수면제는 권하지 않습니다. 빠르게 중독이 되어 점점 용량을 높여야 할 수 있거든요. 부작용도 종종 나타나고요. 멜라토닌은 원래 수면제가 아니라 신체가 스스로 분비하는 '시계 호르몬'이죠. 시차 증후군을 겪은 뒤 적응하기 위해 분비하기도 하고요. 멜라토닌을 잘못 복용하거나, 잘못된 시간에 복용하거나 하면, 생체 시계를 교란할 수 있어요. 그밖에 멜라토닌은 태반을 통해 아기에게 전달되므로, 임신 중에는 복용하지 않는 것이 좋습니다.

잠 못 드는 임산부를 위한 실용적인 조언

1 빨간 신호등에 걸렸다고? 잠시 쉬어가라. 밤잠을 개선하고자 한다면, 낮 동안의 별것 아닌 소소한 순간들도 중요한 휴식의 시간으로 만들면 좋을 것이다. 스트레스를 받거나 쫓기지 않도록 신경을 쓰라. 일하는 중에 잠시 커피타임이나 티타임을 가지며 의식적으로 쉼을 허락하라. 길을 가다가 빨간 신호등에 멈추어야 할 때면 '아, 걸렸네' 하면서 억지로 발이 묶였다고 생각하지 말고 '잠시 아무것도 하지 않고 있을 수 있네'라고 생각하며 그 순간을 누려라.

2 잠시 눈을 붙인다고? 하지만 너무 늦은 시간에 낮잠을 자지 않도록 하라. 밤에 잠을 충분히 자지 못한 경우, 낮에 잠시 눈을 붙여주는 것은 기본적으로 좋은 일이다. 하지만 오후 3시 이전에 하는 것이 좋다. 그렇지 않으면 밤잠에 영향을 미칠 수 있으니 말이다. 낮에 잠시 눈을 붙여주면 컨디션 회복에 아주 도움이 될 것이다. 지금으로서는 정말로 필요한 시간이다.

하지만 이후에 뭔가 집중을 해야 하는 중요한 일정이 있다면 낮잠을 너무 오래 자는 건 좋지 않다. 그런 경우는 기껏해야 20분 정도의 파워냅Power-nap(20분에서 40분 정도의 짧고 깊은 낮잠)을 취해주는 것이 더 좋다. 파워냅은 당신에게 에너지 부스터가 되어줄 수 있을 것이며, 이 정도 눈을 붙이면 깊은 잠까지 가지 않으므로 잠에 취하는 일이 발생하지 않는다.

3 지속적으로 숙면을 취하기 위해서는 잠자는 시간을 일정하게 하는 것이 중요하다. 그렇게 하면 수면 및 바이오리듬을 담당하는 생체 시계를 뒷받침해줄 수 있다. 수면 문제가 있다면 주말에도 이런 리듬을 고수해야 할 것이다.

4 커피를 마시지 말고, 무거운 식사도 하지 마라. 스트레스와 임신으로 인한 신체적 불편 외에 알코올, 카페인, 니코틴 같은 각성시키는 성분도 잠을 방해한다. 수면장애가 있다면 임신 중이 아니어도 이런 것들을 피해야 할 것이다. 그밖에 잠자기 직전에는 무겁게 먹어서는 안 된다. 하지만 균형 잡힌 건강한 식사도 숙면을 촉진할 수 있다. 콩과 계란처럼 트립토판을 함유한 식품은 수면에 도움이 된다.

임신해도 멋진 성생활을 즐길 수 있다

다행히 임신했다고 성생활까지 포기할 필요는 없다. 그동안 임신을 위해 배란 때에 맞추어 울며 겨자 먹기로 성관계를 해야 했다면, 이제는 그냥 하고 싶을 때 할 수 있어 더 좋을 수도 있다. 나아가 자연은 당신이 더 많은 것을 느낄 수 있게 혈액순환을 더 좋게 만들어주지 않았는가? 그럼에도 많은 커플들에게 임신 중 성관계는 조심스러운 주제다. 의학적으로 성관계를 갖지 말아야 할 이유가 있지 않는 한, 평소처럼 자연스럽게 몸과 마음이 원하는 대로 하면 된다. 아기는 안전하다. 페니스나 바이브레이터가 아무리 커도 아기에게 방해가 될 정도는 아니다.

성관계가 주는 장점

- 섹스는 골반을 튼튼하게 해줄 수 있다.
- 오르가슴을 통해 자궁이 훈련된다.
- 섹스는 스트레스 감소에도 도움이 된다.
- 임신 중에는 온갖 군데에 혈류량이 증가하다 보니, 섹스를 할 때 더 많이 느낄 수 있다.
- 계속해서 자신이 매력적이라고 느끼게 된다.
- 많은 파트너들은 임신해서 부풀어 오른 가슴을 섹시하다고 생각한다.
- 개선된 혈액순환 덕분에 오르가슴에 도달하기도 더 쉬워진다.
- 성관계를 하고 나면 잠도 잘 온다.

섹스를 그만해야 할 때

물론 섹스를 하는 것이 좋지 않은 상황들도 있다. 다음과 같은 때는 섹스를 하지 않는 것이 좋다.

- 37주 이전에 조기 진통이 발생했을 때

- 하혈이 있을 때

- 조산 위험이 높을 때

- 파트너가 성적 접촉으로 전염될 수 있는 질병이 있을 때(이때는 콘돔을 사용한 성행위는 해도 된다.)

- 양막이 파열됐을 때

- 전치태반일 때

- 조산사나 의사가 금할 때

- 자궁경부가 이미 열렸을 때

- 복통이 있을 때

임신하면 당신 몸의 모든 부분에 혈류량이 증가하며, 클리토리스도 마찬가지다. 이를 통해 당신은 더 많이 느낄 수 있다. 이제 임산부로서 오르가슴 뒤 자궁과 골반기저근(골반바닥근육)이 수축하는 것을 느낄 지도 모른다. 하지만 걱정하지 마라. 수축하는 건 아주 정상적인 일이다. 섹스 중이나 섹스 후에 통증이 있더라도 걱정할 필요는 없다. 성관계 후 가벼운 출혈이 나타날 수도 있는데, 이것은 자궁경부의 점막은 더 얇아진 상황에서 동시에 혈류량은 증가했기 때문이다. 성관계 뒤의 그런 출혈은 3일간 계속될 수 있다.

임신 동안에도 성관계 시 젤 형태의 윤활제를 사용해도 무방하다. 이것은 아기에게까지 이르지 않는다. 자궁경부는 두터워서, 아무것도 안쪽으로 들어갈 수 없다. 그러나 임신한 여성은 젤이 필요 없는 경우가 많다. 임신기간 중 질이 더 촉촉하기 때문이다.

임신 중의 성욕은 사람에 따라, 분기에 따라 달라진다. 임신 첫 분기에는 입덧 증상이 심해서 성욕이 저하된다. 1분기에는 이런 불편 증상이, 3분기에는 무거운 배가 걸림돌이 된다. 그리하여 임산부가 섹스를 잘 즐길 수 있는 시기는 2분기라 할 것이다.

임신기간 중의 성관계: 1분기

임신 초반에는 성욕이 별로 없거나, 반대로 성욕이 미친 듯이 상승하기도 한다. 그래서 한순간 성욕이 발동하다가, 다시금 섹스 생각이 완전히 없어진다. 이것은 호르몬의 영향으로 나타나는 전형적인 증상이다. 속이 메스껍거나 너무 피곤한 경우에는 진짜 수면 외의 다른 '잠자리'는 안중에도 없을 것이다. 두 번째 달에는 많은 여성이 스킨십과 안정감에 대한 욕구가 늘어난다. 파트너들이 애무를 해주거나 서로 마사지를 해주면, 성관계를 하지 않아도 친밀감을 느낄 수 있다.

어쨌든 몸의 소리에 늘 귀를 기울여라. 당신의 몸은 아직 임신한 것처럼 보이지는 않겠지만, 첫 분기에도 임신은 성생활에 굉장히 걸림돌이 될 수 있다. 2분기에는 대부분 노곤함이 줄어들고 다른 입덧 증상도 좋아지므로 다시 성생활을 활발하게 할 수 있을 것이다.

첫 임신이라면 섹스에 대한 막연한 두려움을 느낄 수 있다. 그러다가 아기가 잘못되지 않을까? 삽입한 것 때문에 유산이라도 하면 어떡하지? 그러나 이런 걱정은 근거 없는 것이다. 뭔가가 잘못된다면, 그것은 섹스 때문이 아니다. 성관계 뒤에 가벼운 출혈이 있을 수 있다. 어떤 여성들은 임신기간 내내 섹스를 하고 나면 피를 볼지도 모른다. 그런 소량의 출혈은 거의 무해하다.

- 피곤하거나 다른 불편 때문에 성관계를 하고 싶은 마음이 없다면 파트너에게 솔직하게 이야기하라. 그러지 않으면 상대는 거부당한 기분이 될 수 있다.
- 성생활의 다른 변화에 대해서도 파트너와 함께 이야기해야 할 것이다. 마음이 찜찜

한 채로 허락하지는 말 것.

- 아침에는 속이 메스꺼운 것을 달래야 하고 밤에는 피곤해서 섹스할 시간이 없다? 섹스의 만족도는 양이 아니라 질이라는 것을 잊지 마라.

임신기간 중의 성관계: 2분기

2분기에 들어서면 많은 예비부모들의 성생활에 다시 활기가 생긴다. 아기에게 위험하지 않을까 하는 걱정이 줄어들 뿐 아니라, 대부분의 임산부가 다시 에너지가 생기기 때문이다. 뿐만 아니라 2분기에 들어 임신에 익숙해지면, 임신 초기보다 성욕이 더 증가한다. 호르몬 변화의 긍정적인 결과다.

하지만 배가 불러오기에 더 이상 모든 체위가 가능하지는 않다. 그밖에 혈류 관계상 2분기에 임산부는 똑바로 눕지 않는 것이 좋다. 그러므로 측위나 후배위 같은 체위를 시도해 볼 수 있다! 방광에 문제가 있는가? 그렇다면 측위나 여성이 남성 위에 올라가 앉는 아마존 체위가 이상적일 것이다. 섹스 뒤에 골반 통증이 더 감소한다는 걸 알고 있었는가? 사랑을 나눌 때(부드럽게 스킨십을 할 때에도) 이완시키는 호르몬이 분비되어 불편을 한결 감소시켜준다.

2분기부터는 오르가슴이 배 뭉침을 유발할 수 있다. 임신 후기로 갈수록 그럴 확률이 더 커진다. 다행히 걱정하지 않아도 된다. 이것은 아기에게 전혀 해롭지 않다. 재미있는 사실은 3분기부터는 아기가 당신의 오르가슴을 느낄 수 있다는 것이다(리듬 있는 수축). 아기가 자궁벽 가까이에 있기 때문이다. 그러면 아기는 어루만져 주는 느낌을 받을 것이며 이런 느낌은 섹스와는 관계가 없다.

임신기간 중의 성관계: 3분기

3분기 동안에 섹스를 하는 건 상당히 힘들 수 있다. 점점 커지는 배가 방해가 되고 피곤함, 속쓰림, 가진통(연습 진통)이 점점 성욕을 떨어뜨린다. 그리고 출산이 가까이 다가오면 오르가슴 직후 가진통을 느낄 수 있다. 이것은 나쁘지 않다. 아기가 이미 골반으로 내려갔더라도 계속 섹스를 할 수 있다. 아기는 양막 안에서 양수와 함께 아주 안전하게 보호받고 있으니 말이다.

아기가 아직 다 성숙하지 않은 경우 섹스가 출산을 유도할 수는 없다. 하지만 아기가 곧 나올 예정인 경우는 섹스가 출산을 유발하는 요인이 될 수도 있다. 섹스를 하면 프로스타글란딘과 옥시토신이 분비되기 때문이다. 단 양막이 터진 경우에는 섹스를 해서는 안 된다. 어차피 하고 싶은 생각이 들지 않을 확률이 높지만, 설사 욕구가 생긴다 해도 말이다. 감염의 위험이 있기 때문이다.

이때 특히 주의할 점은,

- 콘돔을 반드시 착용해야 한다. 성병에 감염될 위험을 배제할 수 없기 때문이다.
- 삽입 시 페니스(또는 바이브레이터)는 깨끗해야 한다.
- 임신하면 질 칸디다증에 걸릴 위험이 높아진다. 이 질환은 위험하지는 않지만, 반드시 치료받아야 한다. (감염된 질을 통해 태어나면) 아기가 구강칸디다증(아구창)에 걸리기 때문이다.

스트레스는 늘 함께하는 자연스러운 것

누구나 때때로 스트레스와 긴장 속에 살아간다. 하지만 임신한 상태에서 스트레스를 많이 받는 일이 생기면 특히나 괴롭다. 스트레스 자체는 몸의 건강한 반응이다. 스트레스를 받으면 몸은 아드레날린과 코르티솔을 많이 분비한다. 이를 통해 근육, 심장, 뇌에 산소가 풍부한 혈액이 공급되고, 혈당치가 올라가고, 신진대사가 활성화된다. 이 모든 반응은 싸움 또는 도피를 준비하는 것이다. 하지만 싸우거나 도망갈 필요가 없을 때 이런 스트레스 반응은 쓸모가 없다. 그럼에도 당신의 몸에 스트레스 호르몬이 남는다. 이런 반응은 모두에게 해롭지만, 임산부와 태아에게는 특히 해롭다. 예비 아빠 역시 이 9개월간 인생의 다른 시기보다 더 많이 스트레스를 받는다.

스트레스를 유발하는 요인과 증상

스트레스를 받는 데는 원인이 있다. 한 가지 요인만이 아니라, 여러 요인이 합쳐져서 스트레스가 될 때가 많다. 곧 아기가 태어난다는 것뿐 아니라, 종종은 더 많은 변화가 작용한다. 이사, 직장 내에서의 변화, 가까운 사람의 죽음, 또는 가족의 중병 등. 그리고 호르몬 변화는 당신의 심신에 영향을 미치며, 임신 중의 불편 증상으로 나타나 에너지를 앗아가기도 한다. 게다가 직업 활동과 각종 의무들도 스트레스를 유발한다(무엇보다 임신에 대한 수많은 정보도 삶을 압박한다).

또한 출산할 일도 두렵고, 아기의 건강이 걱정되기도 한다. 정말 무사히 부모가 되기는 할 수 있는 걸까? 그렇게 자문하는 사람이 당신만은 아니다. 이러니저러니 해도, 임신은 그 자체로 스트레스가 될 수밖에 없다. 스트레스는 꼭 나쁘지만은 않으며, 어느 정도 자연스러운 것이다. 스트레스를 너무 자주 받거나 스트레스가 너무 오래 지속될 때 비로소 문제가 된다.

신체적 불편으로는,

- 더 많이 자려고 애쓰는데도 계속 피로를 느낀다.
- 통증: (긴장성) 두통, 근육통, 복통
- 배 뭉침
- 고혈압
- 식은 땀, 떨림이 자주 일어난다.
- 소화 장애가 자주 생긴다.
- 면역력이 약해져서 큰 병에 취약해진다.
- 심장이 두근거린다.

심리적 불편으로는,

- 쉽게 화가 나거나 안절부절 못한다.

- 감정적으로 빠르게 반응하고 자주 울음을 터뜨린다.

- 잠을 잘 못 잔다.

- 집중력이나 기억력이 저하된다.

- 우유부단해진다.

- 긴장감이 계속된다.

- 불안 또는 우울감에 휩싸인다.

행동의 변화로는,

- 식욕이 증가하거나 식욕이 떨어진다.

- 사람들을 만나는 것이 싫어진다.

이런 증상 중 여럿은 임신 후 증상의 일환으로도 나타날 수 있으므로 산부인과 의사와 상의하기 바란다. 불편 증상이 정말로 스트레스로 인한 것이라면 곰곰이 그 원인에 대해 생각해보고, 그런 상황을 피하거나 줄일 방법을 모색해보자. 혼자 고민하지 말고 가족이나 친구와 함께 이야기해보는 것도 좋다.

언제 도움을 구할까?

기차를 놓치지 않으려고, 또는 마감을 지키기 위해 한 번씩 스트레스를 받는 것은 나쁘지 않다. 그러나 스트레스를 받는 상태가 2주 이상 지속되는 것은 위험 신호다. 스트레스가 오래 지속될수록, 아기에 대한 영향이 더 커진다. 그런 경우는 조산사나 산부인과 의사에게 알려야 한다. 그러면 도움을 받을 수 있고, 어떤 조치를 취하는 것이 효과가 있을지 상의할 수 있을 것이다. 다음과 같은 증상이 있으면 조산사나 산부인과 의사와 상의해라.

- 규칙적으로 나타나는 공포발작 또는 공황발작
- 긴장이나 걱정으로 인한 불면증
- 일상생활의 불편
- 지속되는 우울한 생각, 우울감
- 화를 벌컥 내거나 공격적인 태도를 보이는 등 급발진 행동 또는 반대로 아주 수동적이고 의욕 저하
- 당신이 잘 지내지 못하는 것 같다는(도움이 필요해 보인다는) 주변 사람들의 경고
- 아래에 소개하는 팁으로도 전혀 또는 거의 좋아지지 않을 때

스트레스를 다스리는 10가지 방법

1. 우선 스트레스를 받는 원인(한 가지 또는 여러 가지 원인)을 찾아보라. 원인을 정확히 명명할 수 있다면, 각 원인과 관련하여 스트레스를 줄이기 위해 무엇을 할 수 있을지 모색해보라. 시간 압박에 시달린다면, 일정을 취소할 수 있을 것이다. 나쁜 경험을 했다면, 누군가와 이야기하거나 전문적인 도움을 구할 수 있다.

2. 배우자, 친구, 친척 등 가까운 사람에게 무슨 일이 있는지 이야기하고, 마음에 걸리는 일을 허심탄회하게 털어놓아라.

3. 충분한 휴식과 긴장 이완에 힘써라.

4. 일정표에 고요한 시간, 쉼의 시간을 기입해 넣어라. 하루 일정을 빡빡하게 짜지 말고, 예기치 못한 것이 끼어들 여지를 두어라(예를 들면 차량 정체나 뜻밖에 찾아온 친구 등). 너무 빡빡한 스케줄도 스트레스를 유발할 수 있다.

5. 휴대폰이나 태블릿을 붙잡고 있는 시간을 줄여라. (처음에는 변화에 적응하는 시간을 가져야겠지만, 그 시간이 지나고 나면) 낮이고 밤이고 연락 가능한 상태로 살아가지 않고, 늘 모든 '채널'을 관리하느라 전전긍긍하지 않는 생활이 정말 좋다고 느끼게 될 것이다.

6. 잠자리에 들 때면 휴대폰은 침대에서 되도록 멀리 둬라.

7. 일, 생활, 관계 등에서 정말로 그렇게 되어야 하는(또는 그렇게 해야 하는) 것들의 목록과 원래는 꼭 그렇게 될 필요가 없는데(또는 꼭 그렇게 해야 할 필요가 없는데) 당신이 그렇게 되어야 한다고(그렇게 해야 한다고) 생각하는 것들의 목록을 작성해라. 그런 다음 그 목록을 쭉 읽어보면서 삭제해도 좋은 것, 적응해야 하는 것, 누군가에게 도움을 구할 것을 구분하라.

8. 몸을 충분히 움직여 줘라. 숲, 호수, 공원 같은 더 편안한 환경에서 움직이면 가장 좋다.

9. 호흡 연습, 요가, 명상 등 자신에게 맞는 이완 기법을 활용해라.

10. 충분한 수면을 취해라. 숙면을 취하면 여러모로 유익한 점이 많다. 임신으로 말미암아 (일시적으로) 수면 습관이 바뀔 수도 있음을 생각해라.

만성 스트레스가 빚을 수 있는 결과

루벤대학교 비아 판 덴 베르흐 팀의 연구와 기타 국제 연구에 따르면 임신 중 엄마의 스트레스와 나중에 자녀에게서 나타나는 과잉행동 장애(ADHD, 남아에게서 더 빈번히 볼 수 있다), 정서적 문제, 우울증(특히 여아의 경우) 사이에 연관성이 있는 것으로 드러났다. 임신 중 만성 스트레스에 노출된 엄마의 자녀들은 훗날 스트레스에 더 많이 시달리는 것으로 나타난 것이다. 그러나 모든 아이들에게서 문제가 나타나는 것은 아니며, 또 이런 문제들이 단지 스트레스에서만 기인하는 것은 아니다. 여러 국제 연구에 따르면 스트레스는 가슴이 철렁 내려앉으며 놀라는 증상, 장 경련, 예민함, 행동장애, 인지장애, 과잉행동장애, 공격성, 우울증, 기분 변조, 집중력 저하, 언어발달장애, 운동발달장애로 이어질 수 있다.

모체 안에서 만성 스트레스에 노출된 아기들은 태어난 뒤에도 스트레스에 민감하게 반응하는 경향이 있다. 그들은 주변이 안전하다고 느끼지 못하며, 갑작스러운 소음 같은 것에 화들짝 놀라기를 잘한다. 또한 정서적으로 불안정하고, 식사와 수면 리듬이 불규칙하다.

이런 후유증은 저절로 사라지지 않고, 훗날 예민한 사람이 될 가능성이 높다. 이것은 그 자체로는 문제가 되지 않지만 과잉행동장애와 정서적 문제 등을 초래할 수 있다. 모든 과잉행동장애가 임신 중 엄마의 만성 스트레스에서 비롯되는 것은 아니다. 다만 임신 중 엄마가 만성 스트레스에 시달리는 경우 아이가 과잉행동장애를 갖게 될 위험성이 상승한다는 것이다.

모든 연구는 공통된 방향을 가리킨다. 엄마가 스트레스에 시달린 기간이 길고, 스트레스가 심했을수록 아이에게 더 문제가 있는 것으로 보인다. 아이는 훗날 스트레스에 민감해질 뿐 아니라, 아기의 면역계, 배 속 아기의 성장, 지능지수 등에도 스트레스의 영향이 있을 수 있다. 아기의 뇌 발달을 촉진하기 위해 아기 앞에서 음악을 연주해 주는 등 수준 높은 태교에 신경을 쓰는 부모들도 있다. 그러나 아이는 A부터 Z까지 계획할 수 있는 '프로젝트'가 아니다. 아이의 개성을 존중하고 아이를 잘 보살피는 것이 훨씬 중요하다.

엄마가 되는 과정은 불안할 수밖에 없다

아드리안 호니흐 박사는 UMC 암스테르담 임상정신의학 강사이자 암스테르담 OLVG West 상담센터 소장을 맡고 있다.

예비 엄마로서의 삶은 충분히 힘들 수 있다. 임신 전, 임신 중, 임신 후에 심리적 문제를 겪고 항우울제를 복용하거나 우울증에 시달리는 임산부가 당신만은 아니다.

"얼마나 많은 여성들이 심리 질환으로 고생하나요?"

임산부와 젊은 엄마의 약 15퍼센트가 우울증이나 불안장애에 시달립니다. 그중 일부는 항우울제를 복용하다 임신 중에 의사의 권고로 약을 끊은 여성들이죠. 약을 끊었을 때의 부작용이나, 대체할 수 있는 약물 같은 걸 생각하지 않은 상태로 말이죠.

스트레스 많은 임산부를 위한 실용적인 조언

• 심리적으로 힘들다면 도움을 구해라. 심리 질환을 처음 경험하는 여성들은 증상을 너무 오래 방치한다. 주치의와 조산사들도 증상을 잘 눈치 채지 못할 수도 있다. 우울감이 지속되면, '이러다 또 괜찮아지겠지.' 하는 경우가 많다. 하지만 증상이 더 심해지지 않도록 스트레스와 긴장을 가능하면 잘 극복하는 것이 중요하다. 우울증에 걸린 것 같은가? 전문가의 도움을 구해라. 준비된 많은 사람들이 당신을 기다리고 있다. 부끄러워할 필

요가 없다.

- 심리 질환이 아기에게 영향을 미칠 수 있음을 알아야 한다. 그러므로 아이를 생각해서라도 도움을 구하는 것이 현명하다. 유튜브의 많은 영상들에서 몇 개월 되지 않은 신생아가 엄마가 그에게 반응을 해주면 어떤 태도를 보이는지, 엄마가 우울하거나 불안해서 아이를 무시하거나 별로 관심을 주지 않으면 무슨 일이 일어나는지를 볼 수 있다.

- 좋은 일뿐 아니라 안 좋은 일도 파트너와 나눠라. 마음을 터놓고 솔직하게 의사소통을 하라. 파트너가 당신을 이해하고 당신이 도움을 필요로 할 때 뒷받침해주는 것이 정말로 중요하다.

만성 스트레스가 예비 부모에게 미치는 결과들

비아 판 덴 베르흐 교수는 루벤대학교의 심리학과, 교육학과와 브뤼셀의 보건가족부에서 활발히 연구 활동을 하고 있다. 30년 전부터 어머니가 임신 중에 만성 스트레스에 노출됐던 아이들 그룹과 스트레스에 노출되지 않았던 아이들 그룹을 관찰해왔고, 지금은 예비 부모의 스트레스 저항력을 연구하고 있다.

"만성 스트레스란 무엇인가요?"

단순하게 정의하기 힘듭니다. 직장에서 똑같이 힘든 직책을 맡아도 어떤 사람은 엄청나게 스트레스를 받고, 어떤 사람은 그다지 스트레스를 받지 않는 경우도 있으니까요. 물론 자연재해나 전쟁 같은 상황은 극명한 스트레스가 되지요. 하지만 파트너나 가족과의 갈등, 또는 건강이나 금전 걱정도 만만치 않은 스트레스를 유발합니다.

"아기가 나중에 스트레스에 취약해질지가 출생 전에 결정되나요?"

임신 중에 엄마가 스트레스가 심했는지, 그런 스트레스에 어떻게 대처했는지가 아이에게 영향을 미치는 건 사실이에요. 오랫동안 사회적으로 낮은 계층의 아이들이 취약할 거라는 의견이 지배적이었죠. 하지만 완벽주의 성향을 가진 고학력 부모를 둔 아이들도 스트레스에 취약할 수 있습니다. 이런 부모들은 자신들의 완벽주의로 말미암아 과도한 스트레스를 받곤 하니까요. 엄마 아빠가 긍정적이고 열린 마음으로 자신들의 삶을 마주하고 자녀를 대할 때 아이는 스트레스에 대처하는 법을 가장 잘 배울 수 있어요.

"임신기간에는 어떤 마음가짐을 가져야 할까요?"

요즘 시대에는 임신기간과 육아를 막 시작하는 시기가 뭐랄까, 굉장한 파라다이스처럼 되어야 할 것으로 생각하는 듯합니다. 하지만 어떤 영역에서는 좀 더 천천히 융통성 있게 나아가야 할 것입니다. 임신 중에는 호르몬 변화와 신체적 문제도 겪게 되므로 너무 이상적으로 접근하지 않는 게 좋습니다.

14

운동은 지금
내 몸이 원하는 것!

운동이 어마어마하게 중요하다는 소리가 곳곳에서 들린다. 임신 중에 적절히 운동을 해주면 당신과 아기의 건강에 좋다는 것은 두말하면 잔소리다. 이런 조언을 명심해라. 매일 몸을 움직여주는 것은 임산부가 겪을 많은 불편을 예방하고 건강에 아주 유익하다.

임신 중 운동을 해야 하는 이유는,

- 기분이 좋아진다.
- 임신으로 인한 불편 증상을 예방하거나 감소시킬 수 있다.
- 스트레스를 덜 받는다.
- 잠이 잘 온다.
- 숙면을 취하고 개운하게 깨어난다.
- 순산을 하는 데 도움이 된다.
- 분만 뒤 회복이 더 빠르다.
- 소화가 더 잘된다.
- 고혈압에 걸릴 위험이 줄어든다.
- 골반 불안정성이 생길 가능성이 적어진다.

- 요통이 생길 가능성이 적어진다.
- 임신성 당뇨에 걸릴 위험이 줄어든다.
- 아기에게 영양을 공급하는 태반에 혈액순환이 더 잘된다. 이것은 아기가 더디게 성장할 위험을 줄여준다.
- 아기가 비만이 될 확률이 줄어든다.
- 엄마가 일주일에 3번 20분 이상 운동을 한 경우 신생아 시기에 두뇌가 더 활성화되는 것으로 나타났다.

풍부한 영양, 양질의 수면과 더불어 운동은 임신 중 기본 필요 사항에 속한다. 임신 9개월째에는 기본 필요 사항을 넘어 두 배로 중요해진다. 여기서 멋진 사실은 영양, 수면, 운동, 이 세 기둥이 서로를 더 강화하고 뒷받침해준다는 것이다. 여기서는 1+1=3이라는 공식이 통한다. 움직이고 운동을 해줘야 할 이유는 많다. 하지만 과욕을 부리려 해서는 안 된다. 운동을 너무 격하게 하거나 많이 하면 해로울 수도 있다.

조산사 네미크 스텔링베르프의 조언
임신 중에 좋은 컨디션을 유지해야 최적의 상태로 출산에 임할 수 있지요. 되도록 몸을 자주 움직여 주고 몸의 신호에 귀를 기울여 신체를 혹사시키지 않도록 하세요.

충분히 운동하기: 적지도 많지도 않게

충분한 정도는 사람마다 다르다. 사람에 따라 조금만 움직여도 적정한 경우가 있다. 그러므로 어느 정도가 충분한지 기준으로 삼을 수 있도록 150분 원칙과 세 가지(임신 중에는 네 가지) 황금 규칙을 소개한다. 좋은 소식은 생각보다 빠르게 충분한 정도에 도달할 수 있다는 것이다.

150분 운동 원칙

좋은 컨디션을 위한 일반적인 기준은 일주일에 최소 150분을 여러 날로 쪼개어서 집중적으로 운동을 해주는 것이다. 적절한 근육과 컨디션을 유지하기 위해 최소 이 정도의 양은 필요하다. 이런 양은 임신기에도 역시 좋은 시금석이다. 이 시간을 3~4회로 분산시켜서 하면 가장 좋다. 운동이라고 하면 일상적인 움직임은 고려하지 않는 경우가 많다. 하지만 당신은 일상 속에서 자전거를 자주 타고, 규칙적으로 강아지를 산책시키고, 집안일도 하는 등 몸을 자주 움직일 것이다. 이런 시간도 운동에 포함시켜 계산해도 된다. 무엇보다 한번에 20분 이상을 움직이기만 한다면 말이다.

4가지 황금 원칙

임신기간 동안 운동할 때 지켜야 할 네 가지 황금원칙은 다음과 같다.

1. 숨 가쁠 정도로 하지 않기.
2. 한 번에 너무 많이 움직이지 않기.
3. 충분한 수분 섭취하기.
4. 임신 첫 분기에는 절대로 무리해서 운동하지 않기.

얼마만큼의 운동을 하던 간에 임신했을 때는 몇 가지를 염두에 둬야 한다. 마라톤은 좋지 않다. 몸은 짧은 시간에 엄청나게 변화한다. 모든 활동에서 공통적으로 적용되는 것은 부지런히 움직이되, 숨 가쁠 정도로는 하지 말라는 것이다. 적절한 강도의 운동이 핵심이다. 운동을 하면서 여전히 누군가와 이야기할 수 있는 정도라고 생각하면 될 것이다. 한 시간 내지 한 시간 반 이상 운동하지 마라. 충분한 수분 섭취에 유의하라. 운동을 하는 동안 땀이 나므로 임산부가 아닌 경우에도 체액이 손실되는데, 임신기간에는 신진대사가 훨씬 더 빠르기 때문에 체액이 더 많이 손실된다. 그러므로 마실 물을 가지고 다니며 미리미리 수분을 섭취해줘라.

그런데 만약 운동량이 150분에 한참 못 미친다면? 그것 때문에 양심의 가책을 느낄 필요는 없다. 사실 말은 쉽지만 실천은 어려울 때가 많다. 하지만 당신과 당신의 아기를 위한 것이므로 핑계는 통하지 않는다. 이제 시작해도 결코 늦지 않다. 모든 운동은 중요하다. 스스로를 위한다는 명목만으로는 의욕이 발동하지 않는다면, 아기를 생각해서라도 꼭 하도록!

150분 운동을 잘 지키는 방법

- **(조심스럽게) 시작하라.** 임신 첫 분기에 많은 여성들이 아주 피곤하겠지만, 그럼에도 슬슬 몸을 움직이며 운동하는 습관을 만드는 것이 중요하다.

- **조금씩 늘려가라.** 보통 사람도 그렇지만, 임산부 역시 처음에는 무리하지 않는 것이 좋다. 일주일에 세 번 15분 산책, 자전거 타기, 또는 수영으로 시작하라. 그런 다음 매주 시간을 5분씩 늘려가라. 금세 충분한 운동량에 도달할 수 있을 것이다.

- **가장 컨디션이 좋은 순간들을 활용하라.** 대부분은 오후 4시 정도까지가 가장 쌩쌩하다. 풀타임으로 일한다면, 걸어서 또는 자전거를 타고 출퇴근할 수도 있다. 점심시간을 이용해 잠시 산책을 해도 좋을 것이다. 혹은 다른 시간에 더 활력이 넘친다면 그 시간을 활용해라.

- **편안하게 움직일 수 있는 옷을 입어라.** 너무 꼭 끼어서 숨쉬기 힘든 옷은 안 된다. 또

운동을 할 때 너무 더운 옷차림은 거추장스럽다. 산책을 하거나 걸을 때는 굽이 없고 깔창이 충격을 흡수해줄 수 있는 신발을 신어야 한다.

• **함께 운동할 사람을 구하라.** 다른 사람과 함께 운동하면 더 꾸준히 할 수 있다. 함께 어울려서 하니 즐거울 뿐 아니라, 움직이기 싫은 갖가지 이유가 생각나더라도 이미 약속했으니 게으름을 피울 수 없기 때문이다.

• **몸의 신호에 귀를 기울여라.** 대부분 몸이 알아서 어디까지 할 수 있는지 한계를 보여줄 것이다. 약간 불편하거나 어지럽거나 숨이 가쁘면, 한계에 도달한 것이니 운동을 중단하거나 속도를 줄여라. 운동을 한 뒤 배가 뭉치거나 꼭꼭 찌르는 등의 불편 증상이 나타나는가? 이것은 좀 조심해서 살살해야 한다는 표시다. 무리하지 말고, 경우에 따라서는 힘을 덜 들이고 더 잘할 수 있는 운동을 찾아보자.

• **좋은 날들을 활용하라.** 더 기운이 넘치는 날도 있고, 처져서 누가 불러도 나갈 수 없는 날들도 있을 것이다. 컨디션이 좋은 날에 운동을 하러 나가고, 몸이 휴식이 필요하다고 이야기하는 날들에는 쉬어줘라.

• **임산부를 위한 요가나 수중체조 같은 것을 찾아보라.** 임산부를 위한 프로그램이 점점 늘어나고 있다. 임산부 프로그램에서 그 외에는 별다른 운동을 하지 않는 여성들을 많이 만날 수 있을 것이다. 임산부 프로그램은 무거운 몸을 고려한 것이며, 프로그램에 참가하면서 다른 임산부들과도 친분을 쌓을 수 있다. 임신과 운동을 잘 아는 전문가가 프로그램을 이끌 것이다.

• 주변에 임산부 프로그램이 전혀 없다면, 아는 사람들 중에 함께 운동을 하고 싶어 하는 사람을 찾아(예를 들면 규칙적으로 걷거나 자전거를 함께 탈 사람을 찾으면 된다), 고정적으로 스케줄을 잡아놓아라. 단, 템포는 임신한 당신에게 맞추어 당신이 기분 좋은 정도로만 할 것.

꼭 순수한 운동이 아니어도 된다

농사를 짓거나 청소노동자로 일하면서 온종일 몸을 바쁘게 움직이는 사람은, 자동차로 출퇴근을 하고 온종일 사무실에 앉아 일하며 일주일에 기껏 두 번 피트니스센터에 가는 사람보다 더 컨디션이 좋고 운동량이 많을 것이다.

현기증

임신 중에는 몸이 혈액을 더 많이 생산해서, 혈관을 통해 펌프질을 한다. 그밖에도 혈관이 넓어진다. 혈압은 내려간다. 임신 중반기에는 특히 그렇다. 그래서 컨디션이 전보다 더 저하될 수 있다. 때로는 워밍업을 하는 중에 이미 어지러움을 느낄 것이다. 게다가 임신 중에는 심장도 더 빨리 뛰며, 체온이 약간 상승해 있는 임산부도 많다. 운동을 하다보면 이런 변화로 말미암아 나타나는 현상을 빠르게 감지할 수 있을 것이다. 현기증을 느끼거나 현기증이 올 것 같은 느낌이 들면 곧장 쉬어라. 어지럼증은 당 부족(저혈당증), 염분 부족, 또는 과호흡에서 비롯된다. 몇 번 코로 깊게 숨을 들이쉰 다음 서서히 입으로 내쉬라(이것은 과호흡에 도움이 된다). 물을 마시고, 가볍게 요기를 하라. 혈액 속에 당분이나 염분이 너무 적다는 생각이 든다면, 단 것이나 짠 것을 약간 먹어라. 불편이 느껴지면 속도를 늦춰야 한다. 혈액 속 농도가 쉽게 떨어진다면 운동하러 나서기 전 먼저 따뜻한 국이나 수프를 마셔주어도 좋을 것이다.

부상

임신 중에는 부상의 위험이 평소보다 높다. 이것은 신체가 '새롭게 만들어지기' 때문이다. 여러 호르몬이 당신의 몸을 계속 부드럽게 만들어, 아기의 자리를 만들어주고, 출산이 순조롭게 진행되게끔 한다. 힘줄, 근육, 인대가 느슨해지고 유연해진다. 그리하여 당신은 전체적으로 약간 약해지는데, 근육과 관절은 상대적으로 더 많은 무게를 견뎌야 한다. 이 무게는 9개월 간 12킬로그램으로 늘어난다. 이런 이완으로 말미암아 2분기부터는 부상 위험이 증가할 수 있다. 운동하다가 생긴 불편 때문에 일상생활에 영향이 있다면, (임신) 물리 치료사 등 전문가에게 의뢰해야 한다.

운동할 때 주의할 점

- 심박동 측정기를 활용하라. 140bpm(분당 140번)을 넘지 않게 하여, 최대 40분 간 운동하라.

- 스포츠 브라를 착용하라. 그러면 부풀어 오르는 가슴을 더 잘 받쳐줄 수 있다.

- 낮 동안에 운동을 하라. 그러면 신체가 잠자기 직전에 코르티솔을 분비하지 않게 되어 잠이 더 잘 온다. 보통은 낮에 쌩쌩하므로, 낮 시간을 적절히 활용하라.

- 효과적인 워밍업과 몸 풀기는 운동을 할 때 늘 중요하지만 특히 임신한 몸은 부상을 입기 쉬워 이 두 가지가 꼭 필요하다.

- 한 번에 운동을 너무 오래 하지 마라. 자주, 짧게 하는 것이 드문드문 길게 하는 것보다 좋다.

- 더위가 심할 때는 운동하지 마라. 임신 중에는 몸이 과열되기 쉽다. 그러므로 바깥(또는 안)이 더울 때는 운동을 하지 않는 게 좋다. 그보다는 수영장에 가서 시원하게 보내는 편이 더 좋다(트랙을 몇 바퀴 돌면 운동도 많이 될 것이다).

일상에서 야금야금 체력 키우기

우리는 일상을 보내면서도 자연스레 움직인다. 화장실에 왔다 갔다 하고, 마트에 가기도 하고, 자전거를 타고 볼일을 보러 가기도 하고, 세탁기에 빨래를 넣고 빼기도 하고, 요리하고, 계단을 오르내리고, 아이를 안아 올리거나 서 있기도 한다.

임신하면 어떤 동작은 더 이상 잘할 수 없다. 몸이 몇 킬로그램 더 무거워져서, 쉽게 하던 동작도 쉽지가 않다.

바른 자세로 서 있기

무게 중심이 점점 앞으로 쏠리기 때문에, 자꾸 자세를 그에 맞추게 될 것이다. 그러다 보면 등이 움푹 들어가는 자세를 취하기 쉬운데, 이런 자세는 골반과 허리에 좋지 않다. 그러므로 고개를 약간 앞으로 기울이는 식으로 하면, 허리가 앞쪽으로 휘는 불균형한 자세(요추전만)를 보완할 수 있다. 요추전만 자세가 되면 골반에 가해지는 압력이 커진다. 그러므로 임신기간 내내 의식적으로 자연스럽게 등을 똑바로 펴는 자세를 취하라. 발목, 무릎, 허리, 어깨, 머리가 일직선으로 놓이는 자세가 좋은 자세다. 거울로 자세를 점검하고, 필요한 경우 자세를 교정하라.

임신 중에는 오랜 시간 서 있지 않도록 하라. 그래야 인대 통증, 정맥류, 부종을 예방하거나 완화할 수 있다.

- 서 있을 때는 양쪽 다리에 체중을 고르게 분산시키고, 발을 약간 벌려라.
- 무릎을 곧게 펴지 말고 약간 구부려라.
- 서 있는 동안 될 수 있는 대로 목과 어깨를 이완시켜라.
- 허리가 앞으로 휘어진 자세로 서 있지 말고, 허리를 곧게 해라.
- 직립 자세에 유의해라. 발목 관절, 무릎, 엉덩이, 어깨, 머리가 실에 매달린 것처럼 정확히 일직선이 되게 할 것.
- 발과 무릎을 안쪽으로 비틀지 말고, 발을 똑바로 앞으로 향하게 하라. 그러면 골반에 적절한 하중을 가할 수 있다.

> **요추전만 자세를 취하지 않기 위한 조산사 루시아 시몬스의 조언**
> 때로는 한 발을 앞으로 하여 약간 높은 곳을 디디는 게 도움이 될 거예요. 그러면 골반이 비스듬해지면서 배의 무게가 좀 더 중심 쪽으로 옮겨지죠.

걷기

장시간 앉아 있는 것은 좋지 않으며, 장시간 서 있는 것도 좋지 않다. 임신 말기가 되면 장시간 걷는 것 역시 무리가 된다. 하지만 정기적으로 짧은 코스를 걸어주는 것은 매일의 운동량을 채우기 위해서라도 꼭 필요하다. 그렇게 하여 근육을 튼튼하게 할 수 있다. 규칙적으로 걸어주면 하지불안, 요통, 근육 경련 등을 완화시키거나 막을 수 있다. 물론 임산부 개개인에 따라 가능한 것과 불가능한 게 다를 것이다. 무엇이 몸에 좋은지 판단할 수 있는 유일한 전문가는 바로 당신이다. 그럼에도 적절하게 걸어주는 것은 중요하다.

- 발을 안쪽으로 향한 채 걷지 않도록 하라. 걸으면서 골반과 허리의 회전운동을 위해 종아리를 잘 돌려주면 좋을 것이다.
- 밑창이 편안하고 조이지 않으며 굽이 없는 신발을 신어라(굽이 높으면 허리가 앞쪽으로 휘어진다). (특히 임신 말기에 들어서는) 장시간 걸어서는 안 되며, 일주일에 여러 번 30분~1시간 정도 걸어주는 게 좋다.
- 걸을 때는 허리가 앞으로 휘지 않게 하고, 어깨는 편안하게 늘어뜨리는 등 자세를 의식하라.
- 숲이나 공원 등 야외에서 산책을 하는 게 가장 좋다. 숲은 안식을 줄 뿐 아니라, 포장이 안 된 땅은 폭신폭신해서 발에 충격을 줄여준다.
- 임산부의 몸은 수분을 저장하고자 하므로, 저녁에 되면 발이 붓기 쉽다. 걸을 때는 너무 꼭 끼지 않고 볼에 여유가 있거나 잘 늘어나는 신발을 신어라.
- (특히 임신 말기에는) 걷다가 버스 정류장이나 놀이터에서 휴식을 취해주면 좋을 것이다. 이런 시설을 적절히 활용하면 몸을 움직여주고 신선한 공기를 마시는 데 도움이 될 것이다.
- 산책을 할 때는 갑자기 당이 떨어져서 몸이 힘들어질 수 있으므로, 늘 가벼운 먹거리를 지참하라. 휴대폰도 가지고 나갈 것. 너무 힘들면 누군가에게 데리러 오라고 전화

를 할 수 있도록 말이다.

앉기

앉아 있는 자세는 체중이 분산되어 굉장히 안정적이고 편안한 상태가 된다. 자주 앉아 있는 편이라면, 올바른 자세로 앉아 있는 것이 임신으로 인한 불편을 예방하거나 줄여줄 수 있을 것이다.

- 앉아 있을 때는 체중을 양쪽 엉덩이에 고르게 분산시키고 두 발은 바닥에 대라.
- 다리를 꼭 붙이지 말고, 다리 사이에 공간을 둔 채로 무릎은 약간 바깥쪽을 향하게 해라.
- 다리를 꼬지 마라. 특히 임신 마지막 주들에는 골반에 아기가 내려올 자리를 마련해주는 것이 좋다.
- 무릎이 엉덩이와 같은 높이에 있도록 해라.
- 뒤로 젖혀진 상태가 되지 않게 등을 똑바로 해라. 그러면 목과 머리도 편안한 상태가 된다. 등을 뒤로 젖히면 골반도 너무 뒤로 기울어진다.
- 너무 장시간 앉아 있지 말고, 중간중간 움직여줄 것. 30분에 한 번씩 일어나서 골반을 앞뒤로 움직여주고, 한 시간에 한 번 정도는 화장실까지 가는 등 잠시 걸어주어라. 그러면 등과 골반뿐 아니라 혈액 순환에도 좋다. 중간 중간 움직여 줌으로써 수분이 발과 발목 쪽으로 가라앉는 것을 막을 수 있다.
- 적절한 자세로 앉도록 하고, 한 번에 너무 장시간 앉아 있지 않도록 해라. 같은 작업도 앉아서 하지 말고 일어서서 해보길.
- 책상 앞에서 일한다면 책상과 의자 높이를 조절하여 책상 앞에 편안한 상태로 앉을 수 있도록 해라. 등이 너무 앞으로 구부정해지지 않게 해라.
- 너무 낮은 의자에 앉으면 일어날 때 힘들 수 있다.
- 뒤로 너무 기대지 말고 똑바로 앉을 것. 그러지 않으면 엉덩이가 아플 수도 있다.

- 짐볼은 당신이 어떤 자세에서 편안하고도 바르게 앉을 수 있는지 알아내는 데 도움을 줄 것이다. 앉아 있을 때의 불편함을 덜어주기 위해 특별 제작된 특수 쿠션을 사용해도 좋을 것이다.

일어서기

특히 임신 막달에 접어들면 일어서는 게 굉장히 힘들 수 있다. 때로는 일어서기가 힘들어서 그냥 앉아 있는 사람들도 많을 것이다. 하지만 짐작한 대로 그건 좋은 생각이 아니다. 여기 일어서는 걸 쉽게 해주는 몇몇 팁을 제공한다.

- 팔걸이가 높은 의자나 소파에 앉아라.
- 의자에 앉은 상태에서 일단 엉덩이를 앞으로 민 다음, 발을 살짝 벌리고 의자나 소파의 앉는 면에 가까이 간다. 그런 다음 상체를 앞으로 빼고 팔걸이를 활용해 엉덩이에 힘을 주며 일어나라.
- 발을 걷기에 좋게끔 (한 발을 다른 발보다 좀 더 앞으로 빼고) 바닥에 놓아라. 그러면 일어나자마자 더 쉽게 걸음을 내디딜 수 있을 것이다.
- 자동차 같은 곳에서 내리는 것이 어려우면, 매끈한 스카프 같은 것을 깔고 앉으면 쉽게 몸을 돌릴 수 있다. 일단 두 발을 바닥에 디딘 다음, 일어나라.

계단 오르기

임신 초기에 체력 관리를 하고 싶다면, 계단을 오르는 것도 좋은 방법이다. 거뜬히 오를 수 있다는 생각이 드는 한 계단을 올라라. 골반통이 있거나, 임신 막달이 가까워지면 계단을 가급적 오르지 않는 것이 좋다. 배가 많이 불러지면 계단을 오르기가 매우 힘들어질 것이며 안정감 있게 다니지 못할 것이다.

- 안전한 난간이 있는 계단을 이용하고(난간이 있어야 안전하고, 신체적인 부담이 덜하다.)

미끄러운 계단은 피해라. 하지만 난간에 매달리다시피 하는 것도 이상적이지 않다. 난간은 그저 보조수단으로만 활용해라.

- 우선 골반을 반듯하게 하라.
- 똑바로 올라가라(비스듬하지 않게).
- (통증이 느껴지는 경우) 계단을 옆쪽으로 한 발 한 발 올라가라(한 발 오르고, 그 옆에 두 번째 발을 놓은 뒤 다시 다음 계단으로 올라가라).
- 내려가는 것이 힘든가? 뒤로 내려가 보라. 하지만 안전한 계단에서만 그렇게 해야 한다(튼튼한 난간이 있고 발판이 미끄럽지 않고 널찍한 계단에서만 그렇게 해라).
- 발을 잘 디딜 수 있도록 유의해라. 커다란 슬리퍼를 신거나, 미끄러운 양말을 신어서는 안 된다.
- 나중에 들고 올라가겠다는 생각으로 계단에 물건을 올려놓지 마라. 무거운 배 때문에 자칫하면 잘 보지 못해 넘어지거나 미끄러질 위험이 있다.

들어 올리기

임신 중의 (복부) 근육은 느슨하기에 등 근육은 더 많이 일을 해야 한다. 뭔가를 들어 올릴 때는 무엇보다 복부와 등 근육을 사용하게 되는데, 배가 무거워질수록 점점 많은 무게를 매달고 다녀야 하기에 등 근육은 많은 하중을 감당해야 한다. 그렇다 보니 짐 같은 것을 잘못 들어 올리다가 몸에 무리를 주거나 부상이 따를 수 있다. 이제 절대로 무리를 해서는 안 되는 몸이므로, 무거운 걸 들어 올려서는 안 된다. 물론 뭔가를 들어 올릴 수는 있지만, 가능한 한 빈도와 무게를 제한하라.

- (특히 마지막 분기에는) 되도록 들어 올리지 말거나, 무거운 것은 들지 말아야 한다.
- 임신 20주부터는 하루 최대 10회, 5킬로그램까지, 30주부터는 최대 5회, 5킬로그램까지 정도를 기준으로 보라.
- 구입한 물건을 비슷한 무게의 두 봉지로 나누어 들어라.

- 너무 무겁게 생각되는 것은 들지 마라.
- 들어 올리려는 물건이 다리 사이(몸 앞쪽)에 있어야 들어올리기가 쉽다.
- 물건을 들어 올려야 할 때는 우선 무릎을 약간 구부리고 허리가 아닌 다리를 활용해서 똑바로 들어 올려라.
- 손위 아이를 안아야 한다면 가능한 한 몸에 밀착해서 안고, 무게를 분산시켜라(한쪽 허리에만 하중을 실어서는 안 된다).
- 들어야 할 물건이 너무 무겁다면 다른 사람에게 부탁하라. '이 정도는 할 수 있어'라고 생각하지 마라.
- 필요한 경우 상체를 돌리지 말고 조금씩 전신을 돌려라.
- 몸을 구부리지 않는 것이 좋다. 무엇보다 마지막 분기에는 그렇게 해서는 안 된다.
- 불가피하게 구부려야 한다면 대신에 쪼그려 앉아라. 그런 다음 다시 일어설 때는 무겁고 튼튼한 가구를 짚고 그곳에 체중을 실으며 일어나라.
- 물건을 들어 올리는 게 힘들다고 발로 물건을 앞으로 밀어서는 안 된다. 그런 움직임 역시 요통과 골반통을 유발할 수 있다.

임신 중 피해야 할 운동은 무엇일까?

임신 중에는 너무 모험적인 운동을 해서는 안 될 것이다. 스킨스쿠버는 엄격히 금지된다. 스키를 탄다거나 해발 2,000미터가 넘는 고산지대에서 하이킹을 하는 일도 없어야 한다. 고산지대에서는 혈액 속의 산소 함량이 줄어들며, 스키는 자칫 넘어져서 배를 다칠 위험이 있다. 복싱이나 씨름, 스카이다이빙, 패러글라이딩, 번지점프, 알파인 클라이밍도 출산 뒤에 해야 한다. 불필요한 위험을 감수하지 마라. 어떤 운동을 할 수 있고, 어떤 운동을 할 수 없는지, 운동할 때 어떤 점에 주의해야 하는지는 임신 분기에 따라 달라진다.

임신기간 중의 운동

어떤 운동을 얼마나 오래 할 수 있을지, 어떤 운동이 좋고, 어떤 운동이 나쁜지는 임신 시기별로 달라진다. 입덧 증상 때문에 잘하지 못하게 되는 운동도 생기고, 배가 커져서 못하게 되는 운동도 생긴다. 부은 발목으로 무거운 배의 균형을 잡아야 하기 때문이다.

임신 1분기

1분기에는 나른하고 메스꺼운 등 전형적인 입덧 증상에 시달리는 경우가 많다. 이런 경우 운동에도 영향을 미친다. 이 시기에는 움직여주되 절대 무리가 안 되도록 느릿하게 해야 한다. 피곤하면 몸의 소리를 들어야 한다.

공을 활용한 운동이나 운동을 하면서 신체 접촉이 생길 수 있는 운동 모두 계속할 수 있다. 승마에 숙련된 경우 승마도 가능하다. 지금 중요한 것은 무엇보다 무리하지 않는 것이다. 운동할 때는 주변 온도가 22도 이하에서 체온이 39.2도를 넘지 않도록 해야 한다. 아기의 세포 분열에 부정적인 영향을 미칠 수 있기 때문이다. 물론 운동할 때 일일이 체온을 잴 수는 없기에 불쾌하게 더울 정도로 하는 것은 좋지 않다는 것만 기억하라.

임신 2분기

2분기가 되면 대부분의 여성들은 다시 컨디션이 좋아지지만, 대신 몸이 점점 무거워지기 시작한다. 횡격막이 평소보다 더 높은 위치에 위치하기에 호흡이 복식호흡에서 흉식호흡으로 변하는데, 그로 말미암아 산소가 부족해져 숨이 더 빠르게 찰 것이다. 신진대사도 변화하여, 몸은 음식을 더 빠르게 연소시킨다. 그러므로 공복에 운동하지 말고, 운동하기 한 시간 반 전에 탄수화물을 섭취해줘야 한다. 통밀 빵, 통곡물 파스타, 현미밥처럼 몸이 천천히 흡수할 수 있는 음식이 좋다. 하지만 한꺼번에 많은 양을 먹지는 마라. 그러지 않으면 소화를 위해 몸이 많은 혈액을 필요로 하므로, 운동할 때 어지럽거나 숨이 더 빠르게 찰 수 있다.

이번 분기에는 원칙적으로 평소 늘 하던 운동을 계속할 수 있다. 하지만 다음을 주의하라.

- 공을 가지고 하는 운동이나 사람들과 신체 접촉이 발생할 수 있는 운동은 중단하라. 사람과 충돌하거나, 불룩한 배에 공이 세게 맞을 위험이 높다. 몸이 점점 느슨해지고 부드러워져서 부상을 당하기도 쉽다.
- 뜀뛰기나 전력 질주처럼 갑작스러운 움직임을 요하는 운동은 더 이상 안 된다.
- 등을 대고 똑바로 누워서 하는 운동은 하지 않는 것이 좋다. 이런 자세를 취하면 척추의 중요한 혈관이 눌릴 수 있다(오른쪽 허리 아래에 쿠션이나 수건을 돌돌 말아 넣으면 이런 문제를 상쇄할 수 있다).
- 무거운 것을 머리 위로 들어 올리는 운동도 피하는 것이 좋다. 척추에 너무 많은 하중이 가해질 수 있기 때문이다.

임신 3분기

임신 마지막 3개월간은 운동이 아주 힘들어진다. 배가 더 무거워져서 운동을 방해할 것이고, 균형도 변하며, 운동 중간중간에 점점 더 많이 쉬어줘야 한다. 그 밖에 자궁과 더불어 배가 점점 더 횡격막을 눌러서, 폐가 있을 자리가 더 줄어들고 심호흡을 하기가 힘들다.

그럼에도 계속 운동은 해줘야 한다. 3분기에도 운동이 주는 유익한 점이 많다. 운동은 마지막 달 동안에 요통이 생기지 않도록 도와준다. 수영, 걷기, 자전거 타기는 여전히 도움이 된다. 물론 임산부를 위한 요가처럼 특별히 임산부를 대상으로 한 운동 프로그램도 있다.

가장 좋은 운동 방법은 무리하지 않는 것

직업 운동선수라 해도 임신기간에는 무리를 해서는 안 된다. 물론 늘 말처럼 쉽지는 않을 것이다. 한창 시합을 하는 중간에 한계가 느껴진다고 해서 금방 발을 뺄 수도 없는 노릇이다. 하지만 더 큰 문제를 예방하려면 한계를 준수해야 한다. 예를 들면 임신 첫 분기에는 훈련을 쉬거나 시합에 빠지는 것이 좋지 않을지 생각해보아라.

근력 운동

임신 중에 근력 운동을 전혀 하지 말아야 하는 것은 아니지만, 조절이 필요하다. 유산소 운동도 너무 많이 해서는 안 된다. 임신 중에는 근육과 힘줄이 점점 부드러워지기에 근력 운동을 하면 부상의 위험이 높아진다. 한편 가벼운 무게의 아령(덤벨)을 가지고 운동하면(그냥 맨몸운동도 좋다.) 요통을 줄일 수 있다. 척추가 똑바른 자세가 되고, 척추를 잘 지지해줄 수 있는 운동을 선택해라. 다리에 힘을 주어 밀어야 하는 피트니스 기구는 사용하지 마라. 골반에 무리가 될 수 있기 때문이다. 어떤 운동을 해도 될지 안 될지 잘 모르겠는 경우, 임산부 전문 물리치료사나 피트니스 코치 등 전문가에게 조언을 구하라.

복부 근육

날씬하고 탄탄한 근육질의 배를 원하는가? 유감스럽게도 임신을 하면 그런 배와는 안녕이다. 이제 당신의 배는 엄청 커질 뿐 아니라, 근육도 늘어나서 탄력이 떨어진다. 수직 방향으로 곧게 배열된 복직근은 서로의 간격이 좀 더 멀어진다. 이런 증상은 출산 후에 다시 원래 상태로 돌아온다.

임신 중, 특히 임신 첫 분기가 지난 다음에는 복직근 운동을 하지 않는 것이 좋을 것이다. 윗몸 일으키기, 크런치, 플랭크는 임신 중에는 좋지 않은 운동이다. 이런 운동을 하여 복부 근육이 튼튼해진 경우, 만약 아기가 배 속에서 거꾸로 있으면(둔위) 아기 스스로 올바른 위치(두정위)로 회전하기가 더 힘들 수 있다. 하지만 가로 상태로 놓인 복횡근은 계속 운동을 해줘야 자세가 좋아지고, 요통을 막을 수 있다. 이 근육은 분만 시 힘을 줄 때도 유용할 수 있다. 복근을 훈련할 때는 등근육 운동도 겸해줘야 할 것이다. 올바른 방법으로 하고 있는지 잘 모르겠다면 전문가의 조언을 구해라.

부담 없는 조깅

조깅을 하는 사람들이 점점 더 많아지는 추세다. 물론 좋은 일이지만 임신한 상태로 조깅을 하려면 속도를 조절하고, 몸이 너무 많이 더워지지 않게 해야 할 것이다. 평소에 조깅을 하고 들어오면 볼이 발그레해진 채 일단 30분 정도 열을 식혔다면, 이젠 그런 속도로 해서는 안 될 것이다. 좀 더 느리고 조용하게 조깅을 해주는 것이 좋다. 일주일에 두 번, 한 시간이나 한 시간 반 조깅을 하기보다는 일주일에 다섯 번 30분씩 해주는 것이 더 좋다. 스마트워치로 심박동을 점검하여, 일분에 140회 이상이 넘지 않게 해라.

단, 일시적으로 운동을 중단해야 더 나은 경우들이 있다. 조산사나 산부인과 의사는 다음의 경우 운동을 자제하라고 할 것이다.

- 하혈이 있다(생리 때보다 양이 더 많다).
- 조산 위험이 있다.
- 태아의 성장이 더디다.
- 다태임신이다.
- 전신 피로감. 몸이 아프고 약해진 느낌이 나고, 메스꺼움이나 통증이 느껴지고, 어지럽거나 숨이 가쁜 것으로 이를 알 수 있다. 가장 중요한 것은 자신의 몸을 알고, 몸의 신호를 듣는 것이다.

임산부에게 운동을 코칭할 때 꼭 알려주는 것

루츠 더므는 임신과 출산 전후 시기의 운동치료와 아기 마사지 전문가다. 겐트대학병원 소속으로 일하고 있으며, 별도로 자신의 센터도 운영하며 임산부들에게 도움을 주고 있다.

"몸의 '대칭'이 왜 중요한가요?"

몸은 움직일 때도, 쉴 때도 균형을 잘 잡아줘야 해요. 하중이 한쪽으로 치우치면 안 됩니다. 운동에 대한 두려움을 줄이기 위해서도 대칭이 중요해요. 너무 적게 움직이면 불편 증상이 더 심해지거든요. 우리 센터에서는 임산부들과 운동을 같이 하며, 운동을 가르쳐 주고 집에서 연습해 오라고 하지요. 일상생활과 관련한 실용적인 조언도 해줍니다. 침대에 누웠다가 어떻게 일어날 것인가, 어떤 자세로 누울 것인가, 진공청소기를 어떻게 들 것인가 등등을 말이죠. 늘 같은 조언을 하는 건 아니고, 불편 증상과 그 원인에 따라 개인에게 각기 다른 조언을 하지요.

"그룹 프로그램에 참여하면 어떤 면에서 좋은가요?"

산부인과 의사들이 임산부들에게 프로그램에 참가하라는 조언을 하는 경우가 많습니다. 프로그램에 참가하는 임산부 수가 증가한 것도 그런 이유 때문인 듯해요. 함께 운동을 하고 연습을 하면 정말로 도움이 되니까요. 뿐만 아니라 그룹 활동에 참가하면서 임산부들은 서로 경험을 공유하지요. 프로그램에 함께 참여하며 그렇게 상호작용 하는 것은 좋은 일입니다. 질문을 많이 하는 사람들도 있고, 그렇지 않은 사람들도 있지만 질문을 하지 않는 사람들도 다른 사람들의 질문에 대한 답변을 들으며 유익한 정보를 얻거든요.

출산이 가까워지면 배우자들에게 산모의 통증을 줄여주는 데 도움이 되는 마사지도 가르친답니다. 힘주는 법에 대해서도 함께 배우고요. 물론 출산마다 각기 달라요. 음악이 도움이 되는 사람도 있고, 마사지가 도움이 되는 사람도 있고, 최면이 도움이 되는 사람도 있습니다. 어쨌든 목표는 마취하지 않고 출산하는 것입니다. 그밖에 우리는 출산 후 6주까지 의도적으로 산모의 골반기저근을 훈련시켜줘요. 그런 다음에야 복부근육 운동이나 조깅 같은 것을 시키지요. 골반기저근이 약하면 복근이 튼튼해도 소용이 없어요. 임신 전에 했던 모든 것을 할 수 있으려면 우선 골반기저근이 강해져야 합니다.

임산부를 위한 운동 팁

- 대칭에 유의해라. 예를 들면 다리를 꼬고 앉지 마라.
- 다리 사이에(무릎과 복사뼈 사이에) 수유쿠션을 끼고 자라. 그렇게 함으로써 골반의 균형을 맞추어줄 수 있다.

임신 체력을 키워주는 운동들

라우런스 미슈너는 임신 중, 임신 후의 트레이닝 전문가다. 특히나 쉽게 적용할 수 있는 방법을 개발하여 '엄마, 나는 자라고 있어요-해피 서비스 상'을 받은 바 있다.

운동을 조금만 조절한다면 임신 중에도 계속 운동을 할 수 있어요. 임산부 프로그램이 저녁 시간에 열리는 경우가 많은데, 사실 그 시간이면 이미 피곤하기에 운동하다가 금방 지칠 수 있지요. 그래서 다음 세 가지 운동이 좋아요. 합쳐서 5분도 걸리지 않는 데다 하루 중 골고루 분산시켜서 하면 되니까요.

1. 몸통 근육, 코어(등, 복부, 엉덩이, 골반에 걸친 근육) 트레이닝

큰 맘 먹고 짐볼을 하나 구입해라. 짐볼이 있으면 앉아서도 몸통을 운동해줄 수 있어 유연성을 유지할 수 있다. 발을 약간 벌리고 짐볼 위에 앉아라. 그러고는 머리를 되도록 고정시킨 상태에서 엉덩이를 돌려 천천히 원을 그려라. 기분 좋게 느껴질 만큼 원을 크게 만들어라. 이런 운동을 해주면 요통도 완화될 것이다! 엉덩이로 8자를 그리며 운동하는 것은 좀 더 힘들 것이다. 이런 연습으로 골반에 아기의 머리가 내려올 수 있는 자리를 마련해줄 수 있다.

2. 팔 근육 트레이닝

많은 여성들이 팔 근육이 흐물흐물해지는 걸 느낄 것이다. 이것은 임신 중 운동

부족으로 말미암은 것이다. 이제 바닥에서 팔굽혀 펴기를 하면 몸이 너무 무겁게 느껴지고, 어느 순간에는 더 이상 할 수 없게 될 것이다. 이 운동을 대체할 수 있는 가장 완벽한 대안은 바로 싱크대 가장자리에 손을 집고 팔굽혀 펴기를 하는 것이다. 손을 어깨너비로 벌리고, 싱크대 가장자리에 몸을 기댄 채 몸을 곧게 펴고 용이하게 할 수 있는 선에서 뒷걸음질을 쳐 보자. 그런 다음 이제 몸을 손 쪽으로 기울이며 어깨를 아래로 숙여라. 손이 서로 붙어 있을수록 더 어려울 것이다. 너무 힘든가? 그렇다면 벽에 대고 이 연습을 해보라. 이때는 손을 어깨 높이로 벽에 짚어라.

3. 다리 근육 트레이닝

스쿼트는 다리 근육을 쉽고 빠르게 단련하는 가장 효과적인 방법이다. 임신 중에도 스쿼트 자세로 얼마나 오래 있을 수 있는지 안다면 놀랄 것이다. 스쿼트를 매일 최소 10개 해보라. 힘들면 몸을 너무 아래로 내리지 않아도 된다. 몸통을 꼿꼿이 세우고 무릎이 발가락을 향하도록 하라. 임신 중에는 특히 허리를 조심해야 한다. 스쿼트가 너무 힘든가? 그렇다면 다리를 허리 너비로 벌린 상태에서 의자에 앉았다가 일어나라. 이때 일어나는 힘은 다리에서 나온다. 천천히 다시 앉아서 이 동작을 10번 반복하라. 하이파이브!

15

일, 살림, 육아…
삶은 평범하게 계속된다

9개월의 임신기간에도 삶은 계속된다. 그러나 문제가 없지는 않다. 임신 전에 당연하게 했던 일들이 호락호락하게 되지 않는 경우가 있을 것이다. 다른 한편으로는 임신했다는 이유로 모든 것에 대해 벽을 치고 임신기간이 '대기 상태'인 것처럼 될 위험도 있다. 그러므로 중요한 것은 바로 일상의 균형을 잡는 것이다.

업무를 등한시하지 않는 가운데, 일에서 한계와 권리를 의식하는 것이 중요하다. 임신 중에는 집 안 살림에서도, 육아에서도 몇 가지를 조율해야 할 것이다.

일과 임신

당신은 임산부로서 몇 가지 권리가 있다. 당신과 아기의 건강한 출발을 가능케 하는 권리들이다. 물론 이런 권리에는 의무도 따른다. 일상에서 당신은 모든 것에 해결책이 있으며, 고용주와 솔직하게 대화하는 것이 중요하다는 것을 알게 될 것이다. 당신에게 어떤 권리가 있고, 당신의 (도덕적인) 의무는 무엇인지 여기에서 읽어보도록.

언제 임신했다는 이야기를 할까?

임신 사실을 확실히 알고 난 뒤에는, 회사에 가능하면 빠르게 그 사실을 알려야 한다. 고용주 측에서 임신진단서를 요청하는 경우 산부인과에서 진단서를 발급받아야 할 것이다. 고용주 측에 공식적으로 임신 사실을 알리자마자, 법적으로 모성보호를 받을 수 있다. 고용주 입장에서는 임신 사실을 가능하면 일찌감치 아는 편을 선호할 것이다. 당신을 당분간 대리할 임시직원을 알아봐야 하니까 말이다. 임신을 오랫동안 알리지 않는 것은 스스로에게도 잘하는 일이 아니다. 임산부가 정정당당하게 누릴 수 있는 권리들이 있기 때문이다.

상사에게 어느 시점에 이야기하는 것이 가장 좋은지는 스스로 알아서 판단해야 한다. 하지만 경험상 너무 오래 끄는 것은 좋지 않다. 대부분의 여성들은 첫 분기가 지나서 임신 사실을 이야기한다. 그 시기에는 유산의 위험이 대폭 줄어들고 첫 번째 초음파검사도 이미 마친 상태이기 때문이다.

일할 때 나와 아기에게 위험한 요소는 없을까?

고용주는 당신이 임신 사실을 알린 뒤 무거운 물건을 들거나 위험 물질을 취급하거나, 너무 오래 서 있는 것처럼 업무로 말미암는 위험에 대해 당신에게 알릴 의무가 있다.

업무 중에 방출되는 방사선과 화학 물질의 위험에 대해 고용주나 담당 부서는 어떤 조절이 필요할지를 정확히 알고 있다. 물건을 들어 올리거나, 서 있거나, 장시간 앉아 있는 것의 위험과 관련해서는 대부분 상황이 더 복잡하다. 무엇보다 임신 후반기에는 무거운 걸 더 이상 들어 올려서는 안 된다. 고용주는 그것을 이해할 것이다. 무거운 것을 들어 올리는 것이 좋지 않다는 것은 과학적으로 입증되어 있기 때문이다.

온종일 몸을 구부려 물건을 들고, 나르고 하는 일에서는 빠르게 업무 조건을 변화시켜야 한다. 무거운 물건을 드는 일이 이따금만 발생하는가? 허심탄회하게 대화를 함으로써 해결할 수 있을 때가 많을 것이다. 고용주와 함께 의논해서 해결책을 찾아보라. 당신 스스로 해결책을 생각해본 뒤 제안을 한다면, 고용주에게도 도움이 될 것이다.

방사선 관련 직종

전리방사선을 취급한다면 아기에게 해로울 수 있다. 그러므로 고용주는 당신의 아기가 방사선에 노출되지 않도록 곧장 대책을 취해야 할 의무가 있다. 보통 병원, 원자력 발전소, 실험실에 근무하는 경우일 것이고, 그런 곳에서 근무하는 사람들은 자신들의 업무에 동반되는 위험에 대해 잘 알고 있다. 따라서 방사선 관련 직종에 종사하다면 위험이 동반되는 업무인 경우 곧장 필요한 안전 대책을 강구할 수 있도록 가능하면 빠르게 임신 사실을 알려야 할 것이다.

초음파 관련 직종

초음파는 (이름이 말해주듯이) 들을 수 없는 음파다. 하지만 그럼에도 아기에게 해로울 수도 있다. 특히 특정한 레이저기기에서도 초음파를 사용한다. 이런 기기를 취급한다면, 고용주에게 이야기해 빨리 필요한 조치를 취해야 할 것이다.

컴퓨터 앞에서 하는 일

컴퓨터 앞에서 하는 일은 별 고민 없이 안전하게 종일 근무할 수 있다. 물론 어느 순간이 되면 오랫동안 앉아 있는 것이 힘들어질 수 있다. 규칙적으로 휴식 시간을 정해 몸을 움직이는 것이 좋다.

일로 인한 스트레스

임신을 했든 안했든 스트레스는 그 누구에게도 좋지 않다. 유감스럽게도 임신으로 인한 호르몬 변화와 불안으로 같은 일이라도 더 빠르게 스트레스가 될 수 있다. 스트레스가 너무 심할 때에는 고용주와 함께 대처 방안을 상의해야 할 것이다. 고용주가 상황을 곧장 핑크빛으로 만들어줄 수는 없겠지만 최소한 당신의 마음을 알아주고, 더 많이 쉴 수 있게 해주고, 당신과 상의하에 업무 일부를 다른 동료에게 이관해줄 수 있을 것이다.

살충제를 취급하는 일

살충제와 제초제는 주로 농업 분야에서 활용되며, 생식능력에 영향을 미치고, 임신 중에는 아기에게 해를 끼칠 수 있다. 그러므로 살충제 사용을 피해야 하며, 불가피한 경우 특별한 보호복, 장갑, 마스크를 착용해야 할 것이다.

일과 소음

80데시벨 이상의 소음은 아기의 청력을 손상시킬 수 있다. 그러므로 직장에서든, 집에서든 이 정도의 시끄러운 소음은 피해야 한다. 근무 환경에서 들리는 소음이 어느 정도 수준인지 모른다고? 스마트폰을 활용해 쉽게 소음 정도를 측정할 수 있다. 번번이 80데시벨 한도를 초과한다면, 고용주와 상의하여 상황의 해결을 모색해야 할 것이다.

간혹 80데시벨을 넘는 것은 어쩔 수 없을 것이다. 80데시벨은 그다지 높은 수준이 아니기 때문이다. 바람이 부는 전철 승강장에서 목소리를 높여서 대화하는 경우는 이미 그 한도를 초과한 것이다. 그러므로 매우 잦은 빈도로 이런 수준의 소음에 둘러싸이는 경우에만 예방책을 강구하면 될 것이다.

근무 시간

거의 모든 나라에서 임산부는 정규 근로시간과 휴게 시간을 준수하고 초과 근무, 교대 근무, 야간 근무는 하지 않아도 된다. 야간 근무는 20시에서 새벽 6시 사이에 근무하는 것을 말한다. 한국의 경우 임산부에게 시간 외 근로를 시키는 것을 금지하고 있으며 산후 1년간은 하루 2시간, 1주일에 6시간, 1년에 150시간 이상의 시간 외 근로를 금지한다.

경우에 따라서는 20시에서 22시 사이에 일하는 것에 동의할 수 있다. 하지만 임신 20주 이후에는 그런 시간에 근무하지 않는 걸 권장한다. 임신 20주 이전에는 불규칙한 근무 시간이 아기에게 영향을 미치지 않는다. 하지만 야간 근무를 계속하는 것은 예외다. 야간 근무는 생체 리듬은 상당히 교란시키기 때문이다. 고용주는 당신을 주간 근무에 투입시키고, 매일 규칙적인 근무를 하게 할 의무가 있다.

월 평균 근로 시간은 정해진 시간을 초과해서는 안 되며 하루 근무가 끝난 다음에는 최소 11시간의 중단 없는 휴식을 취할 권리가 있다. 그밖에도 낮 시간을 이용해 조산사나 산부인과 의사를 만날 권리가 있다.

일과 모성보호

모성보호는 임신 중이거나 모유수유 중인 여성 근로자를 특별히 보호하는 법적 조처들이다. 당신과 아기는 출산 전과 출산 후에 보호받을 권리를 지닌다. 모성보호에는 무엇보다 다음이 포함된다.

- 일터에서 엄마와 아기의 건강 보호
- 해고로부터의 특별한 보호
- 출산 전후 산모의 휴가
- 출산휴가 동안의 수입 보장

대부분의 나라에서 시행 중인 모성보호법은 당신이 고용주에게 공식적으로 (가장 좋게는 서면으로) 임신 사실을 알린 순간부터 적용된다. 출산휴가 기간은 당신이 쉬어야 하는 기간이며, 이것은 엄마와 아이의 건강을 위한 것이다. 한국의 경우 근로기준법에 따라 회사는 임산부에게 출산 전과 출산 휴가를 통해 90일(한 번에 둘 이상의 자녀를 임신한 경우에는 120일)의 출산휴가를 줘야 한다. 이 경우 휴가기간은 출산 후 45일(한 번에 둘 이상의 자녀를 임신한 경우에는 60일) 이상이 되어야한다.

또한 휴가 기간 중 최소 60일(한 번에 둘 이상의 자녀를 임신한 경우에는 75일) 동안은 계속 급여가 나오는데 회사 유형에 따라 다르므로 거주 지역에 있는 직장맘지원센터 등에 문의해서 현명하게 활용해보자.

출산지원금

출산 전후 일을 하지 않는 기간에 대해 출산지원금을 신청할 수 있다. 한국의 경우 출생 3개월 내에 여성가족과 출산장려팀(전화번호 02-3396-5432)으로 문의하면 거주지와 자녀 수에 따른 수당 및 혜택을 안내받을 수 있다. 참고로 출산지원금은 '첫만남 꾸러미 제도'로, 2022년 1월 이후 출생한 아기부터 한 명당 200만 원(쌍둥이 400만 원, 세쌍둥이 600만 원 등)을 지원하는데, 지자체별로 추가 지원 금액이 다르기 때문에 확인이 필요하다.

조산사 카롤리나 푸터만의 조언

출장이 잦거나 일로 인해 장거리를 오가야 하는 경우, 임신 중에는 아주 힘들수 있지요. 재택근무를 늘리거나, 예를 들면 이틀 동안 거주지에서 멀리 떨어진곳으로 일하러 가야 한다면 친구나 친척의 집, 또는 호텔에서 묵는 게 좋아요. 더 편하게 생활하세요!

육아휴직과 육아수당

한국의 경우 출산휴가 기간이 끝난 뒤 육아휴직을 신청하고 싶다면 고용보험 사이트(https://www.ei.go.kr)를 통해 쉽게 신청할 수 있다. 육아휴직과 육아수당에 대한 모든 정보는 보건복지부의 임신 육아 종합 포털사이트 '아이사랑(https://www.childcare.go.kr)'을 참조할 것.

적절한 시기에 아이를 맡길 곳을 알아보라.

출산휴가에 이어 육아 휴직까지 한 다음에는 아이를 어린이집에 맡기고자 할 것이다. 그렇다면 임신 중에 일찌감치 주거지 근처나 직장 근처의 여러 어린이집을 돌아보라. 적절한 시기에 선택해서 미리미리 등록을 해놓는 것이 좋다. 대부분의 경우 대기자 명단이 있기 때문이다. 개인적으로 집에서 아기를 보아줄 보모나 베이비시터를 구하는 경우에도 서둘러 알아봐야 한다.

> **조산사 아네미크 스텔링베르프의 조언**
> 아직 아기가 나오지 않아, 배우자나 손위 아이들과만 보낼 수 있는 임신 후반기를 의식적으로 즐기세요. 출산하고 나서 얼마간은 정말 고된 나날이 펼쳐질 테니까요. 태어난 아기에게 온갖 신경과 시간을 할애해야 하기 때문이죠.

살림과 육아

임신했어도 집 안 살림은 계속해야 할 것이다. 때로는 더 편한 방법을 찾거나 배우자와 분담하는 등 조율이 필요하다. 다행히 고양이 화장실을 치우거나, 무거운 물건을 들거나, 살충제를 사용하는 것처럼 안전상의 이유로 하지 말아야 할 일은 몇 되지 않는다. 대부분의 집안일은 계속할 수 있다. 물론 임신 중에는 그 일들을 감당하는 것이 더 힘들겠지만 말이다.

힘의 한계

체력의 한계가 느껴진다면, 더 이상 왈가왈부할 필요가 없다. 지금은 근력운동을 할 시기가 아니다. 그러므로 몸의 소리에 귀를 기울여라. 마트에서 산 물건들을 들어 올려 차 트렁크에 실으려 한다고? 안 된다. 더 이상 할 수 없는 일은 '잠시'라 해서 가능한 게 아니다. 무리를 했다가 나중에 후회할지도 모른다. 한도를 넘지 않는 선에서 생활해야 더 오래 무리 없이 일상을 영위할 수 있다. 다른 사람에게 도움을 구하고, 물건은 온라인으로 주문해 배달시켜라. 무거운 진공청소기를 꺼낼 때에도 누군가의 도움을 받아라.

하필 지금? 지금은 권장하지 않는 것

평소에는 아무렇지 않게 하던 일들이 어느 순간부터는 몸을 위협하는 사고가 될 수 있다. 예컨대 사다리에 서 있는 것은 넘어지지 않고 서 있는 한은 안전하겠지만 무거운 배를 하고 넘어진다면 큰일이다. 이처럼 임신 중에는 엄두를 내지 말아야 하는 일들이 몇 가지 있다. 어떤 일들이 그것에 속하는지는 건강한 이성이 있으면 스스로 생각할 수 있을 것이다. 사다리 오르기, 커튼 걸기, 테이블 위 또는 의자 위로 올라가 화환 걸기, 어린 아이 데리고 스케이트 타기… 이 모든 것은 지금은 좀 삼가야 한다.

당신은 임신한 것이지, 아픈 것이 아니다

임금 노동이든 돌봄 노동이든, 더도 덜도 말고 할 수 있는 선에서 하라. 자신의 한도를 초과하지 말되, 그 이하로 하지도 마라. 임산부로서 많은 권리를 누려야겠지만, 노파심에서 필요 이상으로 휴식을 취하거나 어려운 프로젝트를 모두 동료에게 떠넘길 필요는 없다. 임신 중에도 가능한 한 능동적으로 사는 것이 좋다. 능동적으로 지내지 않으면, 임신해서 보내는 9개월이 너무나 지루하게 느껴질 것이다. 기억하라. 당신은 임신한 것이지 아픈 게 아니다.

> **조산사 시몬 미힐슨-판 헤르크의 조언**
>
> (모성) 본능을 따르면 언제나 옳을 겁니다. 꽤 진부하게 들리지만 이 말은 사실이랍니다.

임신과 반려동물

반려동물이 있다면 임신 중에는 생각을 해봐야 할 것이다. 동물마다 아기가 태어나는 것에 다르게 반응할 것이다(주눅이 들거나, 보호하고자 하거나, 시큰둥하거나, 관심을 끌려고 하거나, 무관심하거나, 유순하게 대하거나). 질투를 보이는 경우도 많다. 곧 새 인간이 태어나므로 개들 관점에서의 '무리(떼)'에 대한 변화가 생길 뿐 아니라, 동물에게 아무래도 관심이 덜 주어지게 되니까 말이다. 반려동물이 아기를 물거나, 공격적으로 대하거나, 달아나버리는 등 혹시 모를 위험 상황을 예측하고 대비를 하는 것이 바람직하다.

- 많은 동물은 당신이 임신했음을 정확히 느끼는 듯하다.
- 갑자기 임산부와 아기를 위한 '헬리콥터' 개로 변신하여, 어디든 함께 가는 강아지들

도 있다.

- 개는 사람보다 냄새를 1,000배는 더 잘 맡는다. 그리하여 어떤 여성들은 강아지가 자신이 임신했다는 것을 '냄새로 알았다'고 주장한다.

출산 전후 반려동물과 함께 살아가는 법

- 반려동물이 아기에게 어떤 반응을 보일지 결코 알지 못하지만, 최악의 경우 질투하고 공격적인 태도를 보일 수 있다. 그러므로 반려동물이 이제 몇 가지 새로운 것들에 익숙해지게 하고, 무엇보다 말을 잘 듣게 만들어라. 최근에는 개를 훈련시키는 전문가나 영상을 쉽게 접할 수 있다.

- 반려동물이 허락 없이 당신의 무릎이나 소파에 뛰어오르는 버릇이 있다면 일찌감치 그런 버릇을 고치게 할 것.

- 강아지가 특정한 일에 우선 익숙해지게끔 하는 것은 (예를 들면 유모차와 함께 산책을 나가는 것) 종종 그리 어렵지 않다. 그렇게 당신 스스로도 강아지와 유모차와 더불어 산책하는 것에 익숙해질 수 있다. 그밖에도 일찌감치 아기 물건 냄새를 맡게해서 개와 아기의 유대감을 형성할 수 있다.

- 임신기간부터 반려동물이 아이 방에 가까이 오지 못하게 하라. 개도 변화된 상황에 익숙해질 시간이 필요하다.

- 강아지나 고양이의 물건을 미리미리 새로운 장소에 배치함으로써 그들에게 새로운 장소를 마련해주자. 그러면 새 자리에 익숙해질 것이다. 변화를 좋아하지 않는 반려동물이 많다.

- 반려동물에게 미리 관심의 정도를 좀 줄일 필요가 있다. 아기가 태어난 뒤에는 결국 관심을 덜 받게 될 것이기 때문이다. 괜한 잔소리일 수도 있지만 아기가 태어난 뒤에도 반려동물을 등한시 해서는 안 되며, 특히 아기와 가까이 있을 때는 반려동물에게 주의를 기울여야 한다.

- 아기가 태어난 뒤에는 반려동물을 아기와만 있게 해서는 안 된다. 부모가 안고 있거

나 눈앞에서 지켜보고 있는 경우에만 함께 하는 것이 바람직하다. 꼭 반려동물을 주시하는 상황에서만 그렇게 해라.

- 아기의 건강에 신경을 쓰라. 반려동물의 기생충이나 감염도 간혹 아기에게 위험이 될 수 있다.

법과 세금

아이방을 꾸미는 것이나 아기 이름을 짓는 것처럼 근사한 일은 아니지만 아기가 태어나면 법적으로 처리할 일들이 있다. 그런 것들을 적절한 시기에 조율해야 할 것이다.

이번 장에서는 아기가 태어나 살아가기 위한 법적 틀에 대해 살펴보고자 한다. 미성년 부모 또는 통상적인 것과 달리 생물학적 아버지와 어머니가 아이를 기르지 않는 경우는 여러 모로 다른 법과 규칙이 적용된다. 그렇지 않을 때보다 상황이 복잡할 수 있고, 법률과 조례가 빠르게 변할 수 있으므로 이런 경우라면 임신 전에 법률공증인에게 문의하여 필요한 정보를 얻어야 할 것이다.

친권 인정

아기 엄마가 기혼인 경우, 남편은 자동적으로 아이의 법적 아버지가 된다. 결혼하지 않은 커플이라면 아빠가 자신이 친부임을 인정해야 한다. 즉 자신이 생물학적 아버지임을 공개적으로 선언해야 하는 것이다. 아이의 출생신고를 마친 후, 아이의 아버지가 시, 도, 읍, 면의 관할 사무소를 찾아 인지신고서를 작성 및 제출하면 법률상 아버지로 인정받을 수 있다.

친권: 부양의무와 상속권리

아기 아빠로서 자녀를 친자로 인정했다면, 아빠는 법적으로 아이와 연결이 되므로, 공식적으로 아기의 '아버지'가 되어 자녀가 성년이 될 때까지 내지 교육을 마칠 때까지 자녀를 재정적으로 부양할 의무를 지닌다. 이런 절차와 더불어 아이는 곧장 법적 상속자가 된다. 하지만 친권과 양육권은 다르다. 양육권을 갖는다는 것은 자녀의 '법적 대리인'이 된다는 의미다. 당신이 양육권을 가지고 있어야만, 아이를 어떻게 양육할 것인지를 결정할 수 있다. 공동 양육권을 원한다면 별도로 신청해야 한다.

양육권

양육권은 양육의 의무이기도 하다. 나라마다 차이가 있지만 대부분의 경우에는 아이가 만 18세가 될 때까지, 대학 공부를 한다면 대학을 졸업할 때까지 아이를 먹이고 돌볼 의무다. 그밖에 아이의 재산을 관리할 권리와 의무를 지니며, 여권이나 신분증 신청 등 공적인 일에서의 법적 대리인이 된다. 양육권자는 자동적으로 후견인이기도 하다.

> **법률회사의 공증인 크리스텔 슈미트의 조언**
>
> • 등록된 동거 관계거나 법적으로 결혼한 부부라도 모든 것이 예상대로 조율됐는지 확인해봐야 한다. 서류에 뭔가 변경하고 싶은 사항이 들어 있을 수도 있다. 예를 들면 이제 아기가 태어나는 만큼, 생계비와 관련하여 바꾸고 싶은 조항이 있을 수도 있다. 부모 중 한쪽이 아이들을 돌보기 위해 근로시간을 단축한 상태에서(일하는 시간을 줄인 상태에서) 어느 순간 두 사람이 갈라서게 된다면, 양육비를 어떻게 조율할 것인지 등은 현재 법적으로 결혼한 상태라 하여도 꼼꼼히 살펴야 할 것이다.

- 상속법에 대해서도 알아보라. 특히 첫 아이를 임신한 경우 상속법도 두루 살 피는 것이 좋을 것이다. 그럴 일은 없어야겠지만, 아이가 부모 중 한쪽, 또는 부모 모두를 잃을 가능성도 배제할 수 없기 때문이다. 혹시 그런 일이 있을 때 어떤 결과가 빚어질지 살펴봐야 한다. 혼인 관계나 등록된 동거 관계일지 라도, 법적으로 어떤 부분들을 조율해놓을 수 있는지 점검해야 한다. 경우에 따라서는 유언장을 작성해놓는 것도 좋다. 유언장은 법적 효력이 있기에 통상 적인 법대로 하지 않을 수 있다. 그리하여 사업가는 원한다면, 사망한 뒤 자녀 에게 사업을 물려줄 수 있다. 유언장에 자녀에게 직접 양도한다고 명시해놓으 면 된다.

성은 선택의 문제?

당신이나 파트너가 외국 시민권자라면 상황에 따라 이름을 지을 때 외국법을 따를 수도 있어, 아이가 엄마 아빠 성 모두를 받을 수도 있다. 스페인에서 이것은 아주 통 상적인 일이고, 프랑스, 벨기에에서도 선택에 따라 엄마 아빠 성 모두를 물려받을 수 있다. 이런 경우 호적사무소의 조언을 구하면 좋을 것이다.

출생신고

태어난 지 1개월 이내에 태어난 지역의 주민센터에서 출생신고를 해야 한다. 시청, 군청, 구청은 물론 정부24 홈페이지에서도 출생신고가 가능하다. 보통은 이를 위해 병원에서 발급한 출생확인서, 혼인관계증명서(가족관계증명서) 내지 (결혼 하지 않은 경우) 부모 각자의 출생증명서와 신분증이 필요하다.

한국에서 미혼부의 경우 출생신고를 위해 서류를 준비해야 한다. 친생자 출생 신고를 위한 확인 신청서(대법원 전자민원센터 다운로드 가능), 친모 성명, 등록기준지, 주민등록번호를 알 수 없는 사유 소명자료, 아동과의 혈연관계 입증자료(유전자 검사 자료 등), 신청인의 주민등록등(초)본 등이 필요하다. 서류를 구비한 후 주소지 관할 가정법원에 친생자 출생신고를 위한 확인 신청서와 첨부자료를 제출해라. 가정법원의 확인서를 받으면 신분증을 지참하고 시, 군, 구청이나 주민센터를 방문해 출생신고를 하면 된다.

> ### 세무사 욜란다 판 흐튼의 조언
>
> 나라마다 다르겠지만 세법으로 인한 결과를 체크하세요. 조건 변경을 하면 세금이 얼마나 공제되는지 잘 살펴보시고요. 법적으로 어떤 결과가 빚어지나요? 당신 부부는 상당히 빠르게 공동으로 세금을 심사받고, 세금을 공제받을 수 있게 될 겁니다. 세금 문제를 적절한 시기에 명확하게 해놓는 것이 중요해요. 만에 하나 당신 부부가 헤어지게 될 수도 있으니까요. 헤어지는 경우 파트너와 자녀 양육비와 관련하여 세금에 어떤 변화가 있을지 점검할 필요가 있습니다. 이것은 유언장에도 적용되지요. 유언장을 작성해보면 상속세를 관심 있게 살필 수 있고, 부분적으로는 법을 피해갈 수도 있답니다. 패치워크 패밀리에게도 유언장을 강력 추천하는 바입니다. 유언장은 파트너 중 하나가 사망하는 경우 가족 구성원들 사이의 갈등을 줄여줄 수 있어요. 여기서도 동일하게 적용되는 원칙은 안 좋은 일에도 적절한 시간에 대비를 하는 편이 좋다는 거예요.

• 모든 법적인 절차는 미리미리 조율해놓아라.

• 친권 인정과 같은 법률적인 문제는 적절한 시기에, 가급적 임신 37주 이전에 해결하라.

• 건강 보험 외에 사고보험, 여행 보험과 같은 다른 보험들도 잊지 마라. 모든 보험에

자녀를 피보험자로 명기하라.

• 자녀수당을 얼마만큼 받을 수 있는지 임신기간에 세무서에 문의하라.

• 소득이 낮다면, 자녀지원금 등 추가적인 재정보조를 받을 수 있는지 주민센터에 문의하라.

• 아기의 탄생은 주택 보조금과 다른 지원에도 영향을 미칠 수 있다. 지원 제도를 미리미리 알아보거나, 기존의 지원금을 좀 늘리거나 할 수 있다. 세무서에서 알아볼 수 있을 것이다.

• 출생 신고를 할 때 필요한 서류와 신분증을 모두 지참하도록 유의하라.

임신부터 출산, 육아까지 무수한 일들이 일어난다.

모든 문제를 혼자 해결하려 하지 말고

가족 또는 전문가와 공유하고 함께한다면

그 어떤 어려움도 슬기롭게 이겨낼 수 있을 것이다.

PART
3

※

출산 D-Day,
아이와 만날 준비를 해요

: 기본 준비물부터
출산 과정 미리보기

01

어디에서
어떻게 출산할까?

　당신은 슬슬 출산을 준비하고 있을 것이다. 9개월간의 긴 기다림 끝에 마침내 아기를 품에 안을 수 있는 순간이 왔다! 대부분의 사람들은 출산에 대해 상당히 공포심을 갖는다. 공포를 자극하는 이야기들이 난무하기 때문이다. 텔레비전 드라마에서도 출산이 어렵게 묘사된다. 긴장감이 없는 쉬운 출산은 재미가 없기 때문이다. 이제 이런 이미지를 바로잡을 때가 됐다. 대부분의 출산은 순조롭게 진행된다는 것을 알고 있는지? 당신은 출산을 최대한 잘 준비할 수 있다. 분만 방식부터 진통 경감에 이르기까지 여러 가지 선택이 가능하다.

　집에서 분만할까? 산부인과 병원에서 분만할까? 조산원에서 분만하는 것이 좋을까? 더 안전하고 좋은 곳은 없다. 그러므로 자신이 원하는 곳에서 분만하면 된다. 하지만 가정 출산은 하고 싶어도 안 되는 경우가 있다. 고위험군의 임산부는 병원 소속 조산사나 산부인과 의사의 감독 하에 병원에서 출산을 해야 할 것이다. 다행히 우리의 의료 시스템은 리스크 제로 원칙을 지향하므로 만일의 경우는 안전을 위해 병원에서 아이를 낳아야 할 것이다.

집, 병원 또는 아직 못 정했다고?

사실 진통이 이미 시작된 상태에서도 집에서 분만할지, 병원에서 분만할지 선택할 수 있다. 병원의 분만실에서 아기를 낳기로 계획했는데, 진통이 시작된 이후 절대로 집을 떠나고 싶지 않은 마음이 들 수도 있다. 그럴 경우 집이 분만하기에 무리가 없는 환경이고, 당신의 상태도 그다지 위험하지 않아 순산이 예상된다면 집에서 분만하는 것도 가능하다.

집에서 출산하기

임신 진행 과정이 순조롭고, 최소한 37주 이상 되어 조산할 염려가 없으며, 여타 임신 합병증도 없는 경우는 가정에서도 분만할 수 있다. 가정 출산은 조산사의 지도하에 이뤄지며, 둘라가 참여하여 분만이 이뤄지는 내내 도움을 줄 수도 있다. 조산사는 가정 출산을 주재하도록 훈련되며, 집에서도 가능한 의료 개입을 해줄 수 있다. 뜻밖의 응급상황이 발생하는 경우 응급 의사가 도착할 때까지 필요한 의료적 조치를 취하게 될 것이다. 하지만 대부분은 응급의사를 불러야 하는 상황까지는 가지 않는다. 출산이 순조롭게 진행되지 못할 기미가 보이자마자 조산사가 당신을 병원으로 보낼 것이기 때문이다. 그러므로 가정 출산을 두려워할 필요는 없다.

가정 출산의 가장 큰 이점은 친숙한 환경에서 출산할 수 있다는 점이다. 병원과 달리 편안한 분위기에서 출산할 수 있도록 환경을 자신의 바람대로 미리 조율해 놓을 수 있다. 샤워를 할 수도 있고, 욕조에 들어갈 수도 있으며, 이완 연습을 하는 등 자신에게 좋은 것들을 할 수 있다. 출산에 누구와 함께할지도 선택할 수 있다. 냉장고에는 힘을 북돋워주는 맛있는 간식들이 들어 있고, 진통하는 내내 병원 침대에 콕 박혀 있을 필요가 없이 더 넓은 공간을 누릴 수 있으며, 최대한 원하는 대로 할 수 있다. 가정 분만은 진통제를 투여하거나 제왕절개를 하지 않고 자연분만을 할 수 있는 가능성을 높여주며, 출산이 끝난 다음 번거롭게 자동차를 타고 집으로 돌아갈 필요도 없다.

가정 출산에서 더 주체적으로 출산에 임할 수 있다고 느끼는 여성들이 있다. 그리하여 방해를 받지 않는 상태에서 자연스럽게 출산을 하고 싶다는 소망도 가정 출산을 선호하는 이유다. 자연스러운 출산. 이것이 가정 출산의 핵심이다. 물론 가정 출산에는 장단점이 있다. 우선은 진통을 경감시키는 조치가 시행될 수 없으며, 두 번째로 겸자분만이나 흡입분만 같은 의료적 개입도 불가능하다. 세 번째 단점은 분만이 예상대로 진행되지 않아 가정 출산에 성공하지 못하고 진통 도중 병원으로 옮겨야 하는 경우 자못 실망할 수 있다는 점이다. 가정 출산을 원했던 여성들은 이런 일이 발생하면 종종 개인적인 실패로 받아들인다. 전혀 그럴 필요가 없는데도 말이다.

출산은 계획할 수 없다. 때로는 과정이 예상과는 다르게 진행된다. 그러므로 가정 출산을 원하더라도 분만실 견학에 참여하는 것이 좋다. 혹시 모르므로 언제라도 병원에 입원할 수 있게 가방을 꾸려 놓아야 한다. 병원에 갈 만반의 준비를 갖춰놓아라.

가정 분만이 불가능한 경우
- 아기나 태반이 자연분만이 불가능하거나 어려운 상태로 놓여있는 경우
- 아기가 양수에 태변을 본 경우
- 출혈이 심한 경우
- 이전 출산에서 합병증이 있었던 경우
- 제왕절개 수술을 받은 이력이 있는 경우

- 거주 환경이 가정 출산을 허락하지 않는 경우(예컨대 난방이 고장 났다든가 계단을 드나들 수 없는 상태 등)
- 임신 말기에 체중이 120킬로그램 이상인 경우
- 임신이나 출산 중에 다른 의학적 적응증이 나타난 경우

가정 출산 준비

가정 출산을 원한다면 37주에 접어들면서부터 집에서 출산이 가능하도록 준비를 해야 한다. 아기가 37주 이전에 나온다면 병원으로 가야 한다. 집에서 안전하게 분만하려면 다음 준비를 갖춰라.

- 침대를 받침대(80cm) 위에 올려놓아 침대 높이를 높이면 좋을 것이다. 침대가 알맞은 높이에 있어야 조산사가 출산 중에 허리의 불편을 느끼지 않고 산모의 모든 것을 보살피고, 필요한 조치들을 취할 수 있으며, 출산 뒤 몸조리를 할 때도 산모의 상태를 더 쉽게 진단할 수 있다.
- 실내용 변기를 마련하라. 의료용품점에서 빌려 주기도 한다.
- 침대에 매트리스 보호 패드를 깔아라. 솔직히 가정 출산을 할 때는 침대가 더 예뻐질 수는 없다. 매트리스 보호 패드를 까는 것이 예쁘지는 않겠지만, 이것은 깔아도 되고 안 깔아도 되는 그런 사치품이 아니다.
- 방에 난방을 하고, 최대한 외풍이 들어오지 않도록 해라.
- 조명이 문제없이 작동하여 조산사가 한밤중에도 편하게 일을 할 수 있겠는지를 점검해라. 그렇다고 아주 밝은 조명 속에서 분만해야 한다는 뜻은 아니다. 은은한 조명 속에서 출산하는 쪽이 심적으로 더 편안할 것이다. 다만 회음부를 봉합하는 등 필요할 때는 그 부위를 밝은 조명으로 비출 수 있어야 한다.

- 회전계단을 빙빙 돌아 올라가야 한다거나 가파른 계단을 이용해 침실에 들어와야 하는 등 침실이 드나들기 힘든 구조라면 1층에 있는 방 하나를 분만실로 활용하여 필요한 것들을 갖춰놓으면 좋을 것이다.
- 임신 말기에 체중이 100킬로그램 이상이라면 1층에서 출산하는 것이 좋다. 그래야 불가피하게 구급차 신세를 져야 하는 경우, 구급대원들이 좀 더 수월하게 일할 수 있다.
- 위생이 절대적으로 중요한 것은 물론이다. 깨끗한 환경에서 출산하는 것이 여러모로 더 유쾌하다.

출산 전 미리 준비하면 좋은 물건들

• 카메라: 분만 중에 사진을 찍기를 원하는가? 누가, 언제 찍었으면 하는가?

• 머리끈: 땀으로 범벅된 이마에 긴 머리가 자꾸 달라붙으면 정말 불편하다.

• 충분한 양의 수건, 깨끗한 침대보를 준비하자.

• 물을 잘 흡수하는 수건(모슬린 천, 거즈 수건)도 굉장히 쓸모가 있다. 이 수건으로 출산 직후 아기도 말려줄 수 있으며, 그 뒤에도 두고두고 쓰임새가 많을 것이다.

• 플라스틱 통을 두 개 준비하여 하나는 빨래거리를 넣어두는 용으로, 하나는 쓰레기를 버리는 용으로 사용하면 유용할 것이다.

• 진통을 감당하려면 에너지가 많이 필요하다. 포도당 같은 에너지를 얻을 수 있는 건강한 간식을 준비해놓아라.

• 분위기를 편안하게 하는 음악과 소품들을 준비하라. 음악 재생 목록을 만들고, 원하는 경우 불을 붙일 수 있도록 양초를 준비하라. 좋아하는 것이면 무엇을 고르든 상관없다.

• 아기를 위한 물품: 기저귀, 크림, 보온병 등을 미리 구비해두자.

• 따뜻한 양말, 슬리퍼, 목욕 가운: 몸과 마음이 편안할수록 출산은 쉬워진다. 추우면 더 힘들어진다. 그러므로 몸을 따뜻하게 하고 차가운 복도를 걸어 화장실에 드나들 때면 털 슬리퍼를 신어라.

• 다리미판: 공간을 많이 점유하지 않은 채, 각종 물건들을 올려놓을 수 있어 굉장히 실용적이다.

• 아기의 첫 옷가지들을 준비하라. 무엇보다 모자를 잊지 마라. 아기는 머리 위쪽으로 상당히 열을 빨리 빼앗기므로, 모자를 씌워줘야 한다. 하지만 아기가 당신의 따뜻한 (맨살) 배 위에 누워 있는 한, 그런 일은 쉽게 일어나지 않는다.

• 병원에 갈 경우를 대비해 가방을 꾸려 놓아라. 당신이 거주하는 지역이 여전히 종이 차트를 사용하는 경우 그간 조산원에서 검사한 결과지 등 제반 서류도 함께 챙겨 놓아서 병원 측이 곧장 당신에 대한 모든 정보를 파악할 수 있도록 해라.

병원에서 출산하기

병원에서 출산을 하고 싶은가? 그렇다면 외래 출산 또는 입원 출산 중에서 선택할 수 있다. 반드시 병원에서 출산해야 하는 것은 아니다. 병원 출산은 여러 출산 형태 중 하나다. 하지만 다태아 출산이나 기타 의학적 적응증이 있는 경우 불가피하게 병원 출산을 해야 할 수도 있다.

병원에서 출산을 한다면 진통이 시작되고 나서 한동안 시간이 흐른 뒤에 병원으로 가게 될 것이며, 분만을 한 뒤에는 즉각 집으로 돌아오거나 입원을 해서 며칠 간 아기와 함께 병원에 머물 것이다. 입원 기간은 출산 방식(예를 들면 제왕절개)과 경과(합병증 가능성), 산모 및 아기의 건강 상태에 따라 달라진다.

분만실 견학과 설명회에 참여하여 미리 여러 병원을 알아 본 뒤, 분만 예정일 약 6주 전에 병원에 등록해야 한다. 하지만 인기 있는 병원은 늘 예약이 꽉 차 있으므로 임신 초기에 등록을 하는 것이 좋을 수도 있다. 하지만 걱정하지 마라. 이미 진통이 시작된 경우는 병원에서 당신을 거부할 수 없다.

조산원

자연스러운 출산을 하고 싶지만 집에서 출산하고 싶지는 않다면 조산원이 좋은 대안이다. 조산원에서는 믿음직한 조산사의 돌봄하에 출산을 하게 될 것이다. 조산원의 분위기는 따뜻하고 안정감이 있고, 출산 과정도 가정 출산과 비슷하다. 게다가 조산원에는 이미 모든 것이 준비되어 있기에, 가정 출산에서처럼 따로 수고해서 출산을 준비할 필요가 없다.

조산원에서의 출산은 대부분 외래로 이뤄진다. 그리하여 출산을 한 뒤 서너 시간이면 귀가하게 된다. 하지만 일부 조산원에서는 며칠 간 입원하여 몸을 회복하고 집에 갈 수도 있다.

출산호텔

출산호텔의 존재는 아직 시행하는 나라가 별로 없다 보니 그리 많이 알려져 있지 않다. 간혹 해외에서 출산하게 되는 일이 있을지 모르니 소개하자면, 출산호텔은 이름에서 짐작할 수 있듯이 아기를 분만하고, 며칠 간 산후 조리를 할 수 있는 호텔이다. 호텔에서 24시간 내내 보살핌을 받으며, 산후조리 도우미가 곁에서 서비스를 해준다. 보통 호텔에서처럼 출산호텔에서는 방 청소는 물론이고, 식사와 음료도 원하는 대로 서비스를 받을 수 있다. 손님 방문도 허용되고, 손님에 대해서도 서비스가 제공된다.

새내기 엄마 아빠는 이곳에서 완벽한 휴식을 취하며, 출산 뒤 지친 몸을 회복할 수 있다. 남편도 (물론) 함께 체류할 수 있다. 당신이 온종일 보살핌을 받기에 파트너는 아기를 위해 시간을 더 많이 가질 수 있을 것이다. 출산 후 첫 며칠 간 가족이 함께 평온한 시간을 가질 수 있는 것이다.

거주하는 집이 아주 작거나 하필이면 막 리모델링 중인 경우에도 출산호텔에 묵으면 좋을 것이다. 출산호텔은 가정 출산과 비슷하다. 의료장비도 의사도 없다. 기존에 함께 했던 조산사가 가정 대신 이곳에서 출산을 도울 수 있다.

> **조산사 시몬 스티븐스의 조언**
> 당신의 몸은 분만을 어떻게 해야 하는지 이미 알고 있어요. 그래서 따로 배울 필요는 없지요. 당신의 몸이 무엇을 해야 하는지 알고 있으며, 자연이 출산과정을 심사숙고해서 고안했다는 걸 믿어도 좋아요. 하지만 준비를 잘하면 이미 절반은 먹고 들어가므로, 자연의 계획을 미리 정확히 알고 있으면 도움이 된답니다. 출산하는 동안 무슨 일이 일어나는지 알면 훨씬 마음이 든든할 거예요.

다양한 출산 방식

아기를 잉태하기 위한 사랑의 체위가 많은 것처럼, 아기를 낳을 때의 체위도 여러 가지다. 다리를 벌리고 침대에 누워서 분만할 수도 있고, 물속에서도 분만할 수 있으며, 거의 똑바로 선 자세나 옆으로 누운 자세로도 분만할 수 있다. 손과 무릎을 바닥에 대고 엎드린 자세로도, 쪼그려 앉은 자세로도, 매달린 자세로도, 분만의자에 앉아서도 출산할 수 있다.

누워서 분만하기
많은 여성이 누운 자세로 출산한다. 등을 대고 누워 다리를 몸 쪽으로 당긴 자세로 말이다. 다리를 잡고 자기 쪽으로 끌어당기면 더 힘을 받을 수 있어 아기를 밖으로 밀어낼 수 있다. 등을 대고 누운 자세의 커다란 이점은 진통 사이사이에 베개를 베고 뒤로 철퍼덕 누워 휴식을 취할 수 있다는 점이다. 그밖에 조산사나 산부인과 의사가 자궁문이 열린 것, 아기가 내려온 것을 살피기에 좋고 회음부(질과 항문 사이의 장소)를 잘 볼 수 있어, 만일의 경우 의료적 개입을 할 때에도 수평 자세가 이상적이다.

하지만 이렇듯 누운 자세(앙와위 자세)에서 진통을 겪을 때는 개구기(힘주기가 시작되기 전 자궁 문이 열리는 단계)에 시간이 더 많이 소요된다(앙와위가 아닌 자세보다 평균적으로 1시간 더 소요된다). 그러니 자궁수축이 너무 빠르게 진행되는 경우에는 이런 자세가 이로울 수 있다. 출산이 너무 빠르게 진행되면 회음부 열상이 생길 가능성이 더 높아지기 때문이다. 반면 출산이 더디게 진행되면 앙와위 자세가 안 좋을 수 있으며, 전반적으로 볼 때 이런 자세는 장점보다 단점이 더 많다. 해부학적인 관점에서 볼 때 이렇게 누운 자세에서는 아기를 약간 '위로' 밀어내야 하는 형국이 되기 때문이다.

따라서 중력의 도움을 받지 못하고, 중력을 거슬러 아이를 낳아야 하는 것이다. 수직 자세로 있으면 중력의 도움을 받을 수 있기에, 누워서 분만을 하더라도 침대 헤드 부분을 약간 경사지게 해서, 복부 근육을 팽팽하게 하는 것이 좋다. 그렇게 하면 힘주기 진통에서 온 힘을 아기를 밀어내는 데 쓸 수 있다.

서서 분만하기

서서 분만하는 것은 가장 자연스러운 자세로서 여러 이점이 있다. 서서 분만한다고 하여 내내 서있어야 한다는 뜻은 아니다. 어디엔가 매달릴 수도 있고, 쪼그려 앉거나 의자에 앉아 있을 수도 있다. 좀 더 수월한 분만을 위해 분만의자 같은 것도 출시되어 있다.

- 진통이 덜 고통스러워서, 진통제를 투여할 필요성이 줄어든다.

- 누운 자세로 분만할 때보다 분만시간이 평균 1시간 단축된다.

- 자신의 몸과 느낌을 더 잘 통제할 수 있다.

- 누운 자세에서 출산하는 것보다 힘을 주기가 더 쉽고, 아기를 더 빨리 밀어낼 수 있다.

- 의료 개입이나 제왕절개를 할 확률이 줄어든다.

- 몸을 많이 안 드러내도 되어, 출산할 때 수치심을 덜 느낀다.

- 중력이 어느 정도 수고를 덜어준다.

> **조산사 일세 판 클라프런의 조언**
> 수직 자세로 출산하는 것, 옆으로 누운 상태로 출산하는 것, 손발을 바닥에 대고 엎드린 자세로 출산하는 것은 단점보다는 장점이 더 많습니다. 여러 자세를 알고 선택할 수 있을 때 산모는 보통 곧추 선 자세(직립자세)를 선택한답니다.

수중분만

대부분은 병원에서 수중분만을 선택할 수 있다. 수중분만은 자궁이 열리는 단계와 힘을 주는 단계에서 이점이 있다. 아기에게도 유익할 거라고 보는 사람들도 있다. 분만용 욕조는 특수 형태로 되어 있고, 보통 욕조보다 훨씬 크다. 가정 출산에서는 이런 욕조를 빌려 간단히 설치해서 사용할 수 있다. 분만용 욕조는 둥글어서 조산사가 당신에게 접근하기 좋도록 되어 있으며, 테두리도 진통 중에 편하게 팔을 걸고 매달릴 수 있도록 되어 있다.

수중 분만의 또 다른 장점은 진통 중에 따뜻한 물속에서 휴식을 취할 수 있다는 점이다. 자궁문이 열리는 중에도 이미 물속에 들어갈 수 있다. 하지만 물은 그 이상의 것을 허락해준다. 부력이 골반에 가해지는 압력을 감소시켜주는 것. 그래서 한번 수중분만을 경험했던 여성이 다시 출산을 할 때 단연 수중분만을 원하는 경우가 많아 수중분만의 인기는 날로 높아지는 추세다.

완전한 수중 분만에서 아기는 물속에서 태어난다. 아기는 엄마 배 속에서 나온 다음에도 문제없이 물속에 있을 수 있다. 탯줄이 계속해서 산소를 공급해 주기 때문이다. 그런 다음 아기의 입이 공기와 처음 접촉하자마자, 아기는 반사적으로 최초로 공기를 들이마시게 되고, 공기로부터 산소를 얻게 된다. 물론 아기를 곧장 당신의 배 위에 눕혀 놓을 수 있다. 다른 사람이 욕조에 들어와 당신의 몸을 잘 받쳐줄 수 있다. 어떤 여성은 배우자가 욕조에 들어와 함께 아기와 만나는 것을 좋게 생각하고, 어떤 여성은 배우자가 욕조에는 들어오지 않은 상태에서 밖에서 돕는 편을 선호한다.

하지만 출산을 둘러싼 모든 일이 그렇듯이 여기서도 일이 예상과 다르게 될 수도 있다. 위험 요소가 있어 보이거나 조산사가 산모를 더 잘 살피기를 원할 때는, 산모에게 욕조에서 나와 침대에 누우라고 할 것이다. 그러므로 욕조 가까이에 (높은) 침대도 있어야 한다. 또한 분만은 수중에서 하더라도 태반은 대부분 침대에 누운 채 배출되는 경우가 대부분이다. 그리하여 가정에서 수중분만을 하고자 한다면 욕조와 침대를 함께 설치할 수 있는 널찍한 공간이 있어야 한다는 것이 난점으로 작용한다. 게다가 분만용 욕조를 대여하는 비용은 보험이 되지 않는 경우도 있다. 그러므로 수중분만을 원한다면 일찌감치 조산사와 이런 부분들을 상의해야 할 것이다.

의자분만

분만 의자에 앉아 출산할 수 있다. 매달리기와 앉기, 둘 다 의자에 앉아서 가능하다. 분만용 의자는 U자형으로 되어 있어 다리를 벌리고 앉을 수 있도록 되어 있다. 원한다면 당신이 분만을 볼 수 있도록 조산사가 아래에 거울을 놓아줄 것이다. 의자에 앉아서 분만하는 것은 최근에 고안된 아이디어가 아니다. 물론 요즘처럼 편하게 분만할 수 있도록 설계되어 있지는 않았지만 이런 의자는 수백 년 전부터 사용되어 왔다. 분만용 의자는 자궁문이 열리는 시기보다는 힘주는 시기에 주로 사용된다.

예전에는 지금과 달리 수직 자세로 출산하는 것이 일반적이었다!

조산사 일세 판 클라프런의 조언

분만 자세에는 여러 가지가 있습니다. 많은 여성들이 아예 모르는 자세도 있지요. 등을 뒤에 기대고 눕는 앙와위 자세가 가장 잘 알려져 있고, 가장 일반적인 자세예요. 나는 임산부들에게 어떤 자세로 분만하고 싶은지를 묻고, 수평 자세와 수직 자세의 장단점을 설명해줍니다. 임산부가 다양한 가능성을 알고, 어떤 것이 자신에게 가장 좋을지 스스로 선택하는 것이 중요한 것 같습니다.

옆으로 눕거나 쪼그려 앉거나 네 발로 엎드린 자세로 분만할 수도 있어요. 이런 자세들은 진통을 처리하고 힘을 주기 좋도록 되어 있습니다. 하지만 실전에서는 여성들이 자궁문이 열리는 단계에서는 스스로 어떤 자세가 가장 좋을지를 선택하지만, 힘주기 진통이 시작되자마자 침대로 가고 싶어 하는 모습을 많이 보게 됩니다.

하지만 침대에 눕는다 해도, 그냥 등을 대고 똑바로 누워 있는 것만이 아닌 더 많은 자세가 가능합니다. 오른쪽, 왼쪽으로 번갈아 누울 수도 있고, 의학적 적응증이 있어서 서 있을 수 없는 경우 손과 발을 땅에 대고 엎드리는 자세도 가능합니다. 분만용 침대의 경사를 변화시켜서 분만용 의자에서처럼 수직 자세로 분만하는 것도 가능합니다.

내가 원하는 방식으로 출산 계획 세우기

출산 계획서를 만들면 자신이 출산에서 원하는 바를 꼼꼼히 생각하고 원하는 바를 기록해서 출산에 참여하는 모든 사람들과 공유할 수 있어서 좋다. 그런 계획서에 당신 또는 당신 부부의 희망 사항과 특이 사항을 기록해놓아라. 모든 사람은 서로 다르며, 서로 다른 것을 원한다. 그러므로 명확하게 기록해놓으면 모두가 당신이 중요하게 생각하는 것이 무엇인지를 알 수 있다.

그밖에 출산 계획서를 쓰면 평소 생각하지 못한 문제들까지도 고려할 수 있다. 예를 들면 마지막 힘주기 진통에서 아기가 나올 때 조산사나 의사가 아니라, 엄마 아빠가 손수 아기를 받을 수도 있다. 예전에는 보통 조산사가 아기를 받아 그 뒤에 곧장 산모에게 아기를 넘겨주었다. 하지만 요즘에는 경우에 따라 당신 부부 둘 중 한 사람이 직접 아기를 받도록 정해놓을 수 있다. 어떤 사람들은 이런 일을 매우 낭만적이라고 생각하고, 어떤 사람들은 무리라며 혀를 내두른다.

조산사는 당신이 원하는 것을 미리 알아서 예견하지 못한다. 그러므로 당신이 원하는 것을 알려 놓는 것이 좋다. 하지만 실제로 출산에서 당신의 바람이 얼마나 실현될지는 의사나 조산사 등 의료진이 정한다. 조금이라도 위험이 있어 보이는 경우 아기의 안전을 우선적으로 고려하게 될 것이다. 출산에서는 위험을 감수할 수 없기 때문이다.

예를 들면 아기의 팔이 머리 옆에 놓여 있어서 아기가 빨리 나오지 못하는 일이 발생할 수도 있다. 그런 경우는 아기를 어떻게 꺼낼 것인지 정확히 알고 있어야 한다. 조산사나 의사는 그것을 알고 있고, 아기에게 안전한 방법을 시행할 것이다. 그러므로 두려워하지 말고 맡겨야 한다. 당신은 경험이 절대적으로 부족하기 때문이다. 출산 계획서에 명시한 희망 사항은 꼭 이뤄지지는 않는다는 점을 감안해야 한다. 아기의 건강과 안전이 우선이기 때문이다.

출산 계획서: 무엇을, 어떻게, 왜

출산 계획서는 개인적이며 개성이 반영된 것이므로, 사람마다 매우 다른 내용이 담겨 있다. 그럼에도 구조와 주제는 유사하다. 출산 계획서를 작성할 때는 다음 지침을 따르자.

- A4 용지 한두 장 정도 분량으로 각각의 사안을 간략하게 정리하라. 그러면 모든 관계자들이 계획서를 한눈에 빠르게 파악할 수 있고, 출산 전에 한번 일별하기만 해도 기억하기가 쉽다.
- 희망사항과 희망하지 않는 사항을 열거해라.
- 당신이 바라는 출산이 어떤 모습인지(계획 A)를 기록할 뿐 아니라, 일이 예상대로 되지 않을 경우 어떤 생각을 하고 있는지도 적어라(계획 B, C).
- 어디서 분만하기를 원하는지, 그리고 진통 중, 분만 중, 분만 직후의 희망사항을 기입해라. 산후 조리에 대한 희망사항도 기입해도 된다.
- 조산사나 산부인과 의사와 상의해라. 그래야 그들이 당신이 원하는 것을 알고, 필요

한 경우 당신과 더불어 계획을 조정할 수 있다. 당신이 희망하는 것이 불가능하거나 의학적으로 권장되지 않는 것일 수도 있기 때문이다. 그런 것들은 개인적인 상담을 통해 수정할 수 있다.

• 출산 계획서는 역동적인 플랜이다. 출산 계획서를 작성할 때는 이 점을 염두에 둬야 한다. 출산 도중에 갑자기 출산 계획서에 쓴 것과 다르게 하고 싶을 수도 있고, 진행 상황이 다르게 흘러갈 수도 있다. 그러면 주저하지 말고 조산사에게 자신의 마음이 바뀌었다고 이야기하고, 조율이 가능한지 함께 상의해 결정하라.

출산 계획서: 할 수 있는 것과 할 수 없는 것

꼭 출산 계획서대로만 고집하는 것은 좋지 않다. 바라는 것들이 아무리 환상적인 생각들일지라도, 그것들에 너무 집착해서는 안 된다. 출산은 완벽하게 계획할 수 없는 성질의 것이다. 모든 것이 계획과는 다르게 흘러갈 수도 있다. 이 사실을 받아들이지 못하고 거부할수록, 출산은 더 힘들어진다. 프로그램 변경의 경우에도 자신의 몸을 신뢰하고 몸이 원하는 대로 맡겨두는 것이 가장 좋은 전략이다.

때로는 계획과 다르게 진통하는 중에 그렇게 하고 싶은 마음이 들지 않을 수도 있다. 진통하는 동안 들으면 좋을 것으로 보였던 음악이 갑자기 신경을 거스를 수도 있다. 파트너와 함께 욕조에 들어가 수중분만을 하면 좋겠다는 낭만적인 계획을 세웠는데, 진통이 시작되자마자 이것저것 다 귀찮아지는 경우도 있다. 그런 마음이 들어도 괜찮다. 모든 것이 가능하다. 그러면 그냥 계획을 변경하여, 자신의 바람을 이야기하면 된다. 산모가 기분이 좋을수록, 출산이 더 자연스럽고 수월하게 진행이 된다. 잊지 말아야 할 것은 분만은 당신에게도 그렇지만, 아기에게도 쉬운 일은 아니라는 것이다.

> **계획과 현실이 다르다면 출산 계획서는 쓸모가 없는 것일까?**
> 실제로 그렇게 생각할 수도 있다. 계획서를 작성하는 것이 제한적이고 억지스럽게 느껴져 불편하다면 계획서를 작성하지 않아도 좋다. 꼭 만들어야 하는 것이 아니다. 좋고 유용하게 느껴질 경우에만 출산 계획서를 작성하라.

완벽한 계획으로 한 걸음, 한 걸음

출산 계획서를 작성할 때 생각하고 결정할 수 있는 주제들이 다양하다. 시간을 내어, 배우자와 계획을 상의해라. 배우자나 허심탄회하게 함께 이야기할 사람과 상의해보라. 혼자서만이 아니라 둘이 함께 볼 때 더 많은 것을 볼 수 있다. 둘라를 참여시킬 계획이라면 둘라와 함께 작성하는 것도 좋다. 둘라는 각 사안에 대한 장단점을 볼 수 있도록 도와줄 것이며, 자신의 경험도 나누어줄 것이다.

출산 계획서를 작성하다 보면 자신이 생각하기에는 왜 이런 점들이 이 목록에 포함되는지, 그것들이 왜 중요한지 고개를 갸우뚱하게 되는 부분들을 만나게 될지도 모른다. 그런 부분들은 건너뛰면 된다. 그런 점들을 중요하게 생각하는 사람도 있고 그렇지 않은 사람도 있다. 모두 오케이다. 그냥 자신의 직감에 귀를 기울이면 된다. 그밖에 목록에 제시되는 것들을 읽으면서, 여기에 없는 새로운 생각들이 떠오를 수도 있다. 그러면 그런 생각들을 적으면 된다. 출산 계획서는 정답이 없다. 그저 당신이 마음에 들 때까지 다듬으면 된다.

이미 출산 경험이 있는 당신이라면 그때를 돌이켜 보아라. 당시 싫었던 점들이 있었나? 이번에는 좀 다르게 하고 싶은가? 이렇게 하면 굉장히 좋겠다는 생각이 드는 경우가 있는가? 그런 것들을 기록해보아라. 조산사나 의사는 출산 계획서의 의료적 측면들에 대해 관심이 있을 것이다. 일반적인 출산 계획서의 대부분의 사안은 그런 것들에 속하지 않는다. 당신과 파트너 또는 당신에게 도움을 주기 위해 출산에 참여하는 사람들을 위한 내용들이 많이 포함되어 있을 것이다.

한 가지는 확실하다. 출산 계획서는 그냥 바쁜 와중에 잠시 짬을 내어 후딱 작성해버려선 안 된다! 꼼꼼히 생각할 시간을 내어야 한다. 시간을 들여 작성하는 것에는 또 다른 유익한 점이 있다. 그렇게 하면 출산과 아기를 품에 안는 순간을 더 의식적으로 준비할 수 있다.

출산 계획서에 원하는 것을 얼마든지 기록할 수 있다. 하지만 항목이 너무 많아지지 않도록 조심하라. 의사는 당신이 진통 중에 단백질 볼을 먹고 싶은지를 알 필요가 없다. 조산사는 당신의 머리끈이 어디에 있고, 당신의 좋아하는 음악 플레이리스트에 어떤 곡들이 들어 있는지 알 필요가 없다. 그런 것들은 그냥 자신과 파트너, 둘라 또는 출산에 참여하는 다른 이들만 볼 수 있게 기록해두는 것이 좋다. 조산사, 의사, 간호사들은 당신이 의학적으로 원하는 것을 알고 싶어 할 것이다. 그들의 일을 수월하게 해주기 위해 의료적인 면에서 중요한 것들을 따로 적어서 인쇄해두는 것이 좋다.

- 출산 계획서는 '위시리스트'에 가깝다는 사실을 염두에 두어라. 출산은 원래는 계획할 수 있는 성질의 것이 아니다.
- 계획을 세움으로써 출산을 구체적으로 의식하게 되고, 자동적으로 더 잘 준비할 수 있게 된다.
- 다양한 가능성에 대해 알게 되면 출산 도중에 조정 가능한 역동적인 계획을 세울 수 있다.
- 준비를 잘해놓으면 두려움과 불안이 줄어들어 더 평온하게 분만에 임할 수 있다.
- 출산 계획서가 늘 중요하게 고려되는 것은 아니다. 다소 분주하게 돌아가는 큰 병원에서는 그런 것들까지 시시콜콜 신경을 써줄 수 없다. 임의로 변경할 수 없거나 루틴으로 고정된 사항들도 있다. 회음부 절개와 수액을 맞는 것과 관련한 사항들이 그러하다.

출산 계획서의 기본 질문들

임산부가 각각 다르므로, 출산 계획서도 각각 다르다. 다음 페이지에 기본적인 부분들을 규정해놓을 수 있는 표준 질문을 실어놓았다.

출산 계획서의 추가적인 정보

기본 질문 외에 여러 가지 추가적인 정보를 보충해 넣을 수 있다. 표준적인 질문 외에 언급해 넣을 수 있는 몇몇 질문은 다음과 같다.

• 동영상이나 사진은 언제 찍을까? 누가 찍을까?

- 특정한 음악을 듣기를 원하는가?

- 가정 출산을 하는 경우, 에센셜 오일을 분무할까? 촛불을 켜놓기를 원하는가? 아니면 당신에게 완벽한 분위기를 선사하게끔 고려할 수 있는 기타 사항들이 있을까?

- 분만 중에 먹을 수 있는 음식을 충분히 구비해놓아야 할까?

- 진통 중에 어떤 자세로 있기를 원하는가?

- 출산 전에 하고 싶은 일들이 있는가?

출산 계획서

1   **어디에서 출산을 하고 싶은가?**

☐ 집에서   ☐ 병원에서   ☐ 다른 곳에서

2   **진통을 어떻게 이겨내기를 원하는가?**

3   **어떻게 분만을 하고 싶은가?**

☐ 수중분만   ☐ 분만 의자에 앉아서

4   **분만 중에는 누구와 함께 있고 싶은가?**

5   **교육 중에 있는 조산사나 인턴, 레지던트들이 지켜보는 가운데 분만해도 될까?**

☐ 예   ☐ 아니오

6   **진통 경감을 위해 어떤 방법을 사용하고 싶은가?**

7 진통제를 투여받기를 원하는가?

   ☐ 예   ☐ 아니오

8 당신이나 가족이 직접 아기를 받아 당신의 배 위에 올려놓기를 원하는가? 아니면
   조산사나 의사가 받아주기를 원하는가?

9 누가 탯줄을 자를 것인가?

10 태반을 보기 원하는가? 또는 병원에서 분만하는 경우 태반을 집에 가져가기를 원
   하는가?

11 모유수유를 원하는가?

   ☐ 예   ☐ 아니오

12 당신과 배우자 관계에 특이사항이 있는가? 그가 분만할 때 한 걸음 옆으로 비켜
   나 있기를 원하는가?

13 당신이 결정을 내릴 수 없을 때 대신 결정을 내릴 사람은 누구인가?

02

진통에서 아기를 안기까지의
힘겨운 과정

9개월의 기다림 끝에 또 다른 기다림이 시작된다. 정확히 언제 시작될지는 아무도 모른다. 요즘에는 최신 기술로 배 속을 3D 사진으로 찍을 수 있고, 성별도 다 분별할 수 있지만, 아직도 확실히 예측하지 못하는 것이 한 가지 있다. 바로 아기가 나오는 시점이다.

출산일이 점점 가까워온다. 매년 축하하게 될 아기의 생일! 물론 유도분만이나 제왕절개를 하는 경우에는 출산일을 미리 잡아놓기도 한다. 그럴 경우 분만일은 더 이상 예기치 않게 닥치지는 않는다. 대신에 더 잘 준비할 수 있다. 자, 이제 실제 진통에서 출산까지의 과정을 미리 알아보고 마음의 준비를 해보자.

몸이 스스로 준비하기 시작한다

출산이 시작되기 몇 주 전부터 이미 몸은 근본적으로 변화한다. 몸은 서서히 출산을 준비한다. 그래서 당신은 여러 증상을 느낄 수 있다. 예를 들면 배 뭉침과 가진통이 더 빈번해지고, 더 강하게 나타나며 아기가 골반으로 내려온다. 조산사나 의사도 아기가 내려왔는지 점검할 것이다. 아기가 내려온다는 것은 아기의 머리가 골반 깊숙이 자리 잡는다는 뜻이다. 대부분 이 과정은 30주에서 38주 사이에 시작된다. 하지만 출산하는 도중에 비로소 그런 일이 일어날 수도 있다. 둘째 아기는 보통 첫 아기보다 더 늦게 내려온다. 경산부의 경우 엄마의 복부 근육과 인대가 이미 약간 늘어나 있어, 아기가 있을 자리가 더 많기 때문이다.

아기가 골반으로 내려오면 출산하기에 이상적인 상황이 된다. 머리가 아래쪽, 엉덩이가 위쪽으로 향한 자세다. 머리가 더 아래쪽에 놓여 있을수록 아기는 더 깊이 골반 아래로 내려가고, 머리가 골반에 더 단단히 자리 잡는다. 아기의 머리가 골반으로 내려온다고 하여 절대로 아기가 통증을 느낀다거나 하는 것은 아니다. 골반으로 내려오는 것은 아주 정상적인 과정이다. 하지만 이렇게 아기가 아래로 내려오면 당신은 때로 힘들 수 있다. 질에 압력이 느껴지고, 아기가 골반 아래로 내려오므로 골반과 치골이 아플 수도 있다. 대신 배 위쪽에 자리가 많이 생겨서, 숨쉬기가 더 편해지고 심호흡을 할 수 있다. 자, 조금만 더 견뎌라! 그러면 곧 아이가 태어날 것이고, 당신 몸은 서서히 예전의 상태로 돌아가게 될 것이다.

팬티에 끈적끈적하고 때로는 붉은 빛을 띠는 분비물이 묻어나는가? 아주 정상적인 일이다. 마지막 주 동안 자궁경부는 구성이 변하고, 호르몬의 영향으로 더 부드러워지기에 자궁경부 점액이 더 많이 나올 수 있다. 임신 막달이 되면 어떤 여성들은 변이 묽어지거나 설사를 한다. 이것은 잘못된 식사나 다른 질환 때문일 수도 있지만, 몸에서 분비되는 프로스타글란딘 때문일 수도 있다. 프로스타글란딘은 자궁을 부드럽게 해주지만(자궁 연화), 설사를 유발하기도 한다.

진통, 언제 시작될까?

임신기간은 보통 37주에서 42주 정도다. 쌍둥이는 보통 38주 정도에 분만일을 잡고, 세쌍둥이는 더 일찍 잡는다. 시간이 흐를수록 합병증이 생길 위험이 커지기 때문이다. 쌍둥이들은 38주 이전에 알아서 나오기도 한다. 하지만 아무것도 확실한 것은 없다. 세심하게 준비 태세를 갖추되, 계속 시계만 쳐다보며 안달복달하지는 마라. 부지불식중에 아기가 나오는 날이 닥칠 수도 있지만, 5주 동안 이제나저제나 하고 기다리면 시간이 정말 더디게 간다….

계속 보통의 일상을 살아가되, 무리하지 말고 늘 충분히 쉬어주도록(매일 밤이 출산 전 마지막 밤이 될 수도 있다). 건강한 식사를 하고(매 식사가 출산을 위한 에너지를 얻어야 하는 마지막 식사가 될 수 있다), 너무 멀리 외출하지는 마라. 다른 가족을 방문하는 중에 출산이 시작되어, 진통을 겪으며 2시간 동안 자동차를 타고 돌아오고 싶지는 않을 것이다.

양수 터뜨리기: 출산이 더디게 찾아올 때

출산이 도무지 시작될 기미가 없을 때도 있다. 당신은 이제나저제나 첫 번째 징후가 느껴지기를 바란다. 배에 움직임이 느껴지거나 싸하게 아플 때마다 '진통이 시작되는 건 아닐까?' 기대를 한다. 그럴수록 출산이 느릿느릿 더디게 진행이 되면 실망이 크다. 그러면 조산사나 산부인과 의사는 경우에 따라 양수를 터뜨리는 게 어떨지 당신과 상의할 것이다. 때로 양수를 터뜨리면 출산이 시작되기도 한다.

조산사나 산부인과 의사는 이제 내진을 통해 자궁이 출산할 준비가 됐는지, 자궁문이 약간 열렸는지를 촉진하고, 약간 열린 경우 열린 자궁경부를 통해 손가락으로 양막을 잡아채어 터뜨릴 수 있다. 그리고 이것이 당신의 몸이 진통을 시작하기 위해 필요로 하는 자극이 될 수 있다. 그러면 그 뒤 약간의 분비물이나 피가 나오거나 배가 엄청 아프게 뭉치는 것은 아주 정상적인 일이다. 양막을 잡아채 터뜨리는 일은 오래 걸리지 않지만, 아랫배가 당기는 것을 느낄지도 모른다. 이렇듯 양수를 터뜨리는 것은 몸이 출산할 준비가 됐을 때만 효과를 발휘한다. 그래서 임신 중에 너무 일찍 양수를 터뜨리지는 않는다. 양수를 터뜨리는 것이 적절히 이뤄지면 다음 날 멋진 아기를 품에 안을 가능성이 크다.

출산이 임박했음을 감지할 수 있는 증상들

곧 출산이 시작되리라는 신호는 사실 단 하나, 바로 진짜 진통이 시작되는 것이다. 양막이 파열되고 자궁경부 점액 마개가 떨어져 나와 이슬이 비치는 것 자체는 출산이 곧 시작된다는 것을 의미하지는 않는다.

대부분의 여성은 양수가 파수되면 진통이 시작되지만, 언제나 그런 것은 아니다. 양막이 37주 이전에 파열되고 감염의 징후가 없는 경우 가능하면 37주까지 기다렸다가 비로소 출산을 유도한다. 37주가 지나 양수가 파수된 경우는 조산사의 관찰 하에 24시간 정도 출산이 시작되기를 기다릴 수 있다. 그런 다음에는 조산사가 당신을 병원에 의뢰할 것이고, 그곳에서 곧장 유도분만을 하거나 24시간을 더 기다린다. 구체적으로 어떻게 할지는 지역에 따라 차이가 난다. 이슬만 비치고 다른 증상으로 진전되지 않는 여성들도 많다. 그러면 이슬이 비친 뒤 아기를 품에 안기까지 2주가 더 걸릴 수도 있다.

양수 파수

여성 10명 중 1명은 양막이 파열되어 양수가 파수하면서 출산이 시작된다. 갑자기 많은 양의 액체가 다리 사이로 흘러내리는 것으로 양막이 파열됐음을 느낄 수 있다. 하지만 흘러내리는 양이 적으면 양수가 터졌는지 잘 느끼지 못한다. 양수는 아기가 9개월 동안 살았던 액체다. 약간 들척지근한 냄새가 나고, 노랗거나 주황빛이 아닌 무색의 맑은 액체다. 이런 점에서 소변과 구별할 수 있다. 양수에는 피부세포, 솜털, 나아가 아기의 소변도 들어 있다…. 하지만 그것들을 분별할 수는 없다.

그럼에도 양수를 봐야 할 것이다. 다리에 유리컵을 댐으로써 쉽게 볼 수 있다. 아기가 골반으로 내려오고 양수가 맑고 투명하게 보이며, 하얗게 떠다니는 조각이나 발그레한 색(한 방울의 피 때문에)이 엿보인다면 모든 것이 정상이니 걱정하지 않아도 되고, 밤 시간이라면 굳이 조산사에게 연락을 하여 깨울 필요는 없다. 눈을 붙이려고 해보라. 이어서 힘을 써야 하므로 약간 쉬어둘 필요가 있다. 그러고는 아침에 전화를 걸어 양수가 파수됐다고 알려라. 양수가 낮에 터진 경우는 조산사에게 곧장 알려야 한다. 그러면 조산사는 조산원으로 오게 하든가 병원으로 보내든가 할 것이다. 곧 출산이 시작될 것이기 때문이다. 70퍼센트의 임산부가 양수가 터진 뒤 24시간 이내에 출산을 시작한다.

양수가 맑지 않고 갈색이나 녹색을 띠거나 아기가 아직 골반으로 내려오지 않은 상태에서 양수가 터졌다면 즉시 조산사에게 전화를 해야 한다. 녹색이나 갈색을 띠는 양수는 아기가 양수에 태변(첫 대변)을 쌌다는 의미이다. 이런 경우 아기를 특히나 주의 깊게 지켜봐야 하며, 당신의 상태에 따라 가능하면 빠르게 유도분만을 하게 될 것이다.

점액 마개가 떨어지다(이슬이 비치다)

점액 마개가 떨어져 나오는 걸 우리 말로는 '이슬이 비친다'고 한다. 점액 마개는 9개월 간 자궁경부를 막아 외부세계로부터 차단해주었다. 즉 박테리아, 바이러스, 정자 등 외부에서 자궁으로 침투할 수 있는 모든 것으로부터 아기를 지켜주는 역할을 했다. 점액 마개는 끈끈하고 하얀 점액질로 되어 있으며, 크기가 2~3센티미터 정도다. 점액 마개가 떨어지면 가벼운 출혈이 발생해, 분홍색이나 갈색의 이슬이 비친다. 때로는 속옷에 약간의 피가 묻어나기도 한다.

점액 마개가 떨어지는 것은 대부분 출산을 앞두고 며칠 또는 몇 주 전부터 자궁경관이 넓어지기 때문이다. 갑작스레 점액 마개가 떨어져 속옷에 이슬이 비치거나 샤워 중에 이슬이 비치는 경우도 있다. 하지만 때로는 점액 마개가 한꺼번에 나오지 않고 작은 조각으로 나와서 일반적인 분비물과 잘 구별되지 않는 바람에, 이슬이 비치는 걸 잘 인지하지 못하고 넘어가는 수도 있다. 이슬이 비치는 경우 조산사나 산부인과 의사에게 전화할 필요는 없다. 약간의 출혈이 있더라도 상관없다.

하지만 몇 방울 정도가 아니라 출혈 양이 꽤 많다면 연락을 취해야 할 것이다.

양수가 너무 일찍 터지는 경우

양수가 37주 이전에 터지는 경우를 '조기 양막 파열'이라 부른다. 이런 경우 우선 양막이 진짜 파열되어 양수가 흘러나오고 있는지 진찰을 한다. 이를 위해 현미경으로 액체 방울을 분석한다. 액체가 다른 것일 수도 있기 때문이다. 진짜 양수인 경우 아기와 태반을 초음파검사를 하여, 자궁 안에 양수가 아직 있는지도 확인한다. 그밖에 질 면봉 검체와 혈액 채취도 한다. 아기가 이제 더 이상 외부 세계와 차단되어 있지 않으므로, 감염에도 주의해야 한다. 그리하여 양수가 일찍 파수된 경우 다음과 같은 조치가 이뤄진다.

- 당신과 아기를 CTG(태아심박동모니터링)로 면밀히 관찰한다.
- 되도록 안정을 취하기 위해 입원할 가능성이 높다.
- 34주 이전에는 24시간 간격으로 두 번 코르티코스테로이드 주사를 맞는다. 이것은 아기의 폐가 더 빠르게 성숙하여, 조산하는 경우에도 무리 없이 기능하게끔 하기 위함이다. 이 주사를 한 번 더 맞기도 한다. 중반기 일찌감치 조기 수축이 있었고, 이제 진통이 다시 시작되는 경우에는 그렇게 한다.
- 진통이 찾아오면 출산예정일에 따라 다르지만 일단 진통억제제를 투여하게 된다. 진통억제제는 코르티코스테로이드 주사가 효과를 발휘하게 하는 역할도 한다.
- 감염의 우려가 있으므로 목욕, 수영장, 사우나, 노천탕 등은 금지다.
- 더 이상 성관계를 가져서는 안 된다.
- 체액이 나온다고 탐폰을 착용해서는 안 된다.
- 일단 집에서 대기하는 경우 하루 세 번 체온을 측정하고 조금이라도 열이 나는 것 같으면 곧장 진료를 받아라.
- 태동이 덜 느껴지거나 전혀 느껴지지 않는 경우도 마찬가지다. 즉시 병원에 연락해라!

한편, 당신의 몸은 계속해서 새롭게 양수를 만들어낸다. 그러므로 양수를 약간 잃어버린다 해도 아기가 곧장 양수가 하나도 없는 상태에 처하게 되는 것은 아니다. 양막이 조기 파열되는 경우 곧장 진통이 찾아올 수도 있지만, 진통이 시작되기까지 며칠 또는 두세 주가 걸릴 수도 있다.

첫 단계, 진통이 시작되다

진통이 시작되면 진짜로 아기가 나오는 시간이 된 것이다. 진통은 무엇일까? 이미 출산을 경험해본 여성이라면 진짜 진통이 찾아오면 이를 간과할 수 없음을 알 것이다. 그러므로 당신도 잘 느낄 수 있을 것이다. 하지만 첫 번째 진통들은 때로는 분간하기가 쉽지 않다. 또한 가진통이란 것도 있다. 가진통은 출산을 위해 몸을 준비시키지만, 출산의 시작을 알리는 신호는 전혀 아니다. 진통에는 가진통, 개구 진통, 힘주기 진통, 후진통이 있다.

가진통

임신 6주부터 자궁이 특정한 방식으로 수축한다는 걸 알고 있었는가? 이런 수축을 '진통'이라 부른다. 어떤 임산부는 가진통을 종종 느끼고, 어떤 임산부는 아예 느끼지 못한다. 가진통은 물론 진짜 진통과는 비교가 되지 않게 약하다. 가진통은 배 뭉침, 연습 진통, 브락스톤 힉스 수축이라고도 불린다. 가진통은 임신 24주부터, 때로는 더 일찍부터 나타나고 때로 30초에서 40초 동안 지속된다. 두세 시간 동안 몇 분에 한 번씩 반복될 수도 있다.

연습 진통은 임신 5개월부터는 더 자주 나타나며, 특정한 기능을 한다. 자궁은 커다란 근육이며, 출산에서 힘든 노동을 하려면 훈련되어야 한다. 모든 연습 진통과 배 뭉침은 나중을 위한 트레이닝이다. 가진통은 또 다른 의미가 있다. 아기가 적절한 시기에 골반으로 미끄러져 내려가기 쉽게 해준다. 또한 가진통은 다른 질환의 영향을 받을 수도 있어서 방광염, 변비, 질 칸디다증이 있는 경우는 가진통이 보통 더 잦다.

배 뭉침은 저절로 자연스럽게 발생하지만, 무리한 경우에 더 자주 나타날 수 있다. 갑자기 몸을 일으켰거나 너무 무거운 것을 들었거나 스트레스를 많이 받거나 했을 때 말이다. 자궁은 주변의 장기와 신체 부위의 운동을 넘겨받아 수축으로 반응하기도 한다. 예를 들면 방광이 꽉 차 있을 때 수축하는 방광괄약근이나 오르가즘을 느낄 때 수축하는 여러 근육으로부터 운동을 넘겨받을 수 있다. 그러므로 늘 자문해보라. 이것이 그냥 정상적으로 나타나는 가진통일까, 아니면 너무 무리를 하고 있다는 신호일까?

진통을 구분할 수 있는가?
밑이 빠질 것 같은 느낌은 일종의 가진통이다. 아기가 골반으로 하강할 때 이런 가진통을 느낄 수 있다.

가진통인가, 진짜 진통인가?

임신 말기에 나타나는 심한 가진통은 자궁구가 열릴 때의 개구진통과 구별하기가 쉽지 않다. 개구진통은 더 규칙적으로 찾아오고, 더 오래 지속된다(대부분 1분 이상 지속된다. 가진통은 약 30초밖에 되지 않는다). 그밖에 개구진통은 시간이 갈수록 더 오래 계속되고 더 심해진다. 반면 가진통은 늘 똑같다. 따라서 가진통은 매번 더 아파지지는 않지만, 개구진통은 점점 아파진다. 가진통이 진짜 진통으로 옮아가자마자 출산은 정말로 시작되는 것이다…!

언제 병원에 가야 할까?

의사나 조산사는 이미 어느 때 연락하거나 병원에 가야 하는지 알려주었을 것이다. 일반적으로 다음과 같다.

임신 37주 이전인 경우

- 진통이 시작됐을 때
- 양수가 터졌을 때
- 출혈이 있을 때

임신 37주 이후인 경우

- 생리 패드 한 개 이상이 선홍색 피로 흥건해졌을 때. 끈적끈적하고 붉은 혈액 내지 갈색 혈액이라면 정상적인 것이다(이것은 오래된 피다). 하지만 끈적이지 않는 선홍색 피는 정상적인 것이 아니다.
- 양수가 파수됐는데, 양수가 갈색이나 녹색인 경우. 이것은 아기가 양수에 태변을 보았음을 의미한다. 대부분은 태변을 보았더라도 해롭지 않다. 하지만 태변이 신생아의 폐로 들어가면 MAS(태변흡인증후군)와 같은 호흡 곤란이 일어날 수 있다. 그래서 이런 경우는 병원에 가서 CTG로 아기를 지속적으로 관찰해야 한다. 아기가 위험하다는 소견이 나오면 아기의 두피에서 혈액 한 방울을 채취하여 pH 수치를 확인할 것이다. 그런 다음 촉진제로 진통을 자극할 것이고, 곧 아기를 품에 안을 수 있을 것이다.
- 초산은 진통이 1시간 이상 4분에 한 번씩 찾아와 1분 이상 지속될 때
- 경산은 진통이 1분에 한 번씩 규칙적으로 찾아와 약 1분간 지속될 때
- 어지럽거나 구토가 나올 때
- 윗배 또는 어깨뼈 사이에 통증이 있을 때
- 태동이 거의 없거나 평소보다 확연히 적을 때

임신 중에 의학적 적응증이 있어, 병원에서 치료를 받거나 관찰 중인 경우는 언제 산부인과에 연락해야 할지 기존의 병원에서 알 수 있을 것이다. 보통은 위에서 말한 기준이 동일하게 적용되겠지만, 특별한 경우에는 약간 달라질 수도 있다. 물론 불안하고 걱정이 된다면 언제든 전화해도 좋을 것이다. 그러므로 조산사나 병원 전화번호를 당신과 배우자 휴대폰의 단축 번호로 저장해놓아라.

본격적으로 시작된 분만 진통과의 싸움

때로는 분만이 더 빨리 시작되도록 하는 것이 좋다. 아기가 배 속에 조금 더 오래 머무르는 것보다는 세상에 나오는 것이 산모와 아기에게 더 안전하다고 판단되는 경우 의사는 유도분만을 결정할 것이다. 대부분 다음과 같은 이유에서 유도분만을 하게 된다.

- 아기가 기대만큼 자라지 않는다. 성장 지연이 관찰되어, 아기가 더 일찍 태어나는 편이 더 안전하고 건강하겠다고 판단될 때 산부인과 의사는 진통을 촉진하게 된다.
- 태반이 제대로 기능하지 않아서 산모에게서 고혈압이 생기거나 아기에게 성장 지연이 나타나는 경우. 그런 경우는 아기가 필요한 산소와 영양소를 제대로 공급받지 못하게 되므로, 빨리 태어나는 편이 아기에게 좋다.
- 임신중독증 등 의학적으로 유도분만을 시행하는 것이 산모와 아이에게 안전할 때 결정한다.
- CTG 상으로 아기의 상태가 전반적으로 악화되고 있는 것이 관찰될 때 결정한다.
- 양막이 파열되고, 아기가 태어나도 되는 상태인데, 진통이 오지 않을 때. 아직 37주가 되지 않았다면 의사들은 가능하면 아기가 배 속에 오래있게 하고자 할 것이다. 37주 이상이라면 양막이 파열되고 나서 48시간 이내에 진통을 촉진할 것이다. 이제는 감

염의 위험이 아기가 일찍 태어나는 위험보다 더 크기 때문이다. 아기는 이미 세상에 태어날 준비가 된 상태다.

- 출산예정일에서 2주나 시간이 지났을 때. 임신 42주가 넘은 뒤에 태어나는 아기를 '과숙아'라고 부른다. 이 경우는 지난주에 이미 한두 번 CTC나 초음파검사를 시행했을 것이다. 42주가 됐으니 이제는 출산을 해야 할 시간이다. 42주까지 기다리지 않고 41주에 유도분만을 할 수도 있다.

유도분만을 할 때는 산부인과 의사와 병원 조산사가 함께하게 될 것이다. 유도분만은 다음 세 단계로 구성된다.

1. 자궁경부 숙화
2. 양수 터뜨리기
3. 진통 촉진하기

자궁경부 숙화

아기가 태어날 수 있기 위해서는 자궁경부가 열려야 한다. 그러려면 자궁경부가 더 얇아지고 부드러워져야 한다. 이런 일이 자연적으로 일어나지 않으면 정제나 젤 형태의 프로스타글란딘 호르몬을 투여하여 자궁경부를 부드럽게 만들 수 있다.

양수 터뜨리기

양막이 아직 파열되지 않은 경우 의사나 조산사는 특별한 상황에서 양수를 터뜨리는 것이 좋을지 고려할 것이다. 다행히 당신이나 아기는 양수를 터뜨렸는지 잘 알아채지 못한다. 사실 '파열'이라는 단어는 너무 강하다. 의사나 조산사는 양막에 작은 구멍을 내어 양수가 흘러나올 수 있게 할 뿐이며, 양막에 구멍을 내는 것은 느껴지지 않는다. 양수를 터뜨림으로써 아기 머리는 방광으로 더 깊숙이 미끄러져 내려와 자궁경부에 이르게 된다. 이때 부드러워진 자궁경부에 가해지는 압력이 자연스러운 진통을 유발할 수 있다.

진통 촉진

옥시토신은 일반적으로 사랑 호르몬으로 알려져 있지만, 동시에 출산을 하는데 가장 중요한 호르몬이기도 하다. 진통이 저절로 진행되지 않으면 진통을 촉진하기 위해 옥시토신을 투여한다. 신체는 분만을 시작할 때 스스로도 이런 호르몬을 분비하며, 그동안 아기는 CTG로 관찰된다.

인위적으로 촉진한 진통은 때로 자연적인 진통보다 더 격할 수도 있다. 그리하여 원하는 효과를 얻기 위해 얼마나 많은 옥시토신이 필요한지 가늠하기 힘들다. 폭풍 같이 몰려와 중단 없이 계속되는 것이 아니라, 중간중간 휴지기와 함께 주기적으로 찾아오도록 해야 하기 때문이다. 다행히 진통이 너무 갑자기 심해지지 않도록 용량을 빠르게 조절할 수 있다. 그럼에도 유도분만에서는 인위적으로 출산에 개입해야하는 경우가 더 많다. 일반적으로 출산하는 동안 당신의 팔은 언제든 링거를 맞을 수 있도록 되어 있을 것이다. 힘주기 진통도 뒷받침을 해줘야 하기 때문이다. 더 이상 문제나 위험이 없이 진행될 수 있다고 확신할 때만 '링거를 맞을 수 있는 부분'을 제거한다. 일반적으로는 태반이 나오고 검사가 끝나고 샤워를 하고자 할 때나 그렇게 된다.

개구진통

자궁 입구가 열리는 단계인 개구진통은 출산이 시작되고 나서 느끼는 첫 진진통이다. 옥시토신 호르몬이 이런 아픈 진통을 유발하며, 서서히 자궁구가 열린다. 진통이 거듭될 때마다 자궁경부가 넓어져서, 드디어 그 열린 부분으로 아기가 나올 수 있을 정도까지 열린다. 이것은 약 10센티 정도. 진통이 심할수록, 더 많이 열리고 있다고 생각하면 된다. 첫 몇 센티미터가 열릴 때까지는 잘 견딜 수 있을 것이다. 하지만 자궁경부가 더 넓게 열릴수록 호흡을 실시해주고, 진통 사이사이에 쉬어주도록 해야 한다.

진통을 시각화하면 도움이 될 것이다. 비유하자면 '당신을 격하게 들어 올려서 흔들어대다가 다시 고요히 땅에 내려놓는 물결'처럼 생각하라. 또는 자전거를 타고 힘들게 페달을 밟으며 올라갔다가 다른 쪽으로 여유 있게 내려온 뒤 또다시 올라가야 하는 언덕으로 상상하라. 진통이 와서 격해지다가 다시 약화된다는 걸 명심하라. 다음 진통이 오기 전에 잠시 쉴 수 있다. 용기를 잃지 않기 위해 매번 진통이 올 때마다 자궁경부가 더 넓게 열리고 아기를 품에 안을 수 있는 순간이 더 가까이 온다는 것을 생각하자.

- 진통이 시종일관 1분 30초 동안 지속된다는 것을 알고 있었는가? 하지만 그런 평균치는 그다지 맞아 떨어지지 않는다. 처음에는 진통이 짧았다가 아기가 태어나기 직전에 더 길어지는 수도 있다. 그밖에도 진통은 사람마다, 출산마다 다르다.
- 진짜 진통에는 오프닝 크레디트, 클라이맥스, 엔딩 크레디트가 있다.
- 초산의 경우 진통을 하는 가운데 자궁문이 열리는 시간은 평균 8~24시간이고, 경산은 2~10시간이다.

자궁경부가 어느 정도 열렸는지 알기 위해 조산사는 두 손가락으로 내진을 할 것이다. 이때 임산부의 프라이버시를 위해 배우자가 아닌 출산 참여자들은 한 발자국 옆으로 물러나 있는 것이 좋다.

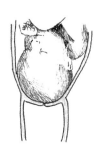

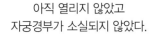

아직 열리지 않았고   소실됐다.   열렸다.
자궁경부가 소실되지 않았다.

복부 진통, 다리 진통, 허리 진통

진통은 배에서 일어나지만, 천골 신경이 골반뿐만 아니라 신체의 다른 부분에도 연결되어 있으며, 아기가 이제 정확히 이 신경 중 하나를 누를 수 있기 때문에 등과 다리에서도 진통이 느껴질 것이다. 많은 여성들은 복부의 진통보다 허리 쪽 진통을 더 고통스럽게 느낀다. 그 부분에 마사지를 받거나 여러 가지 자세로 바꾸며 가장 편안한 자세를 찾아보고, 따뜻한 샤워나 따뜻한 목욕을 하여 진통을 견디도록 해보라.

개구기

자궁문이 열리기 전, 자궁문은 부드럽고 약해져야 하고, 자궁경부가 완전히 소실되어야(얇아져야) 한다. 자궁이 아이를 밀어낼 준비를 하는 것이다. 자궁문이 열리기 전에는 자궁이 닫힌 상태다. 외부의 모든 부정적인 영향에서 안쪽을 보호하고, 양수가 흘러내리지 않게끔 꽉 닫혀 있다. 그러다가 자궁문이 거의 열린 단계가 되면 자궁문은 10센티가 된다. 0센티미터에서 10센티미터로 자궁문이 열리는 과정을 '개구기(개대기 또는 분만 1기)'라고 하고 분만 1기는 다시 사전수축기, 잠재기, 활동기로 나뉜다(우리나라에서는 잠재기, 활동기, 이행기로 나눈다 – 옮긴이).

- **사전수축기**: 진통이 불규칙하게 찾아오고, 강도와 지속 시간이 일정하지 않다. 처음에는 자궁문이 열리고 있다는 걸 잘 인지하지 못할 수도 있다. 자궁경부가 부드러워지고 소실되기 시작한다. 가진통 단계에서 이미 소실이 시작됐다면 이 단계에서도 계속 진행된다.
- **잠재기**: 진통이 5~6분 간격으로 규칙적으로 온다. 이 단계는 평균 6시간 걸린다. 물론 이것은 평균치이므로, 시간이 훨씬 덜 걸릴 수도 있고, 훨씬 더 걸릴 수도 있다. 활동기가 지나가면 자궁경부는 완전히 소실되고, 자궁문은 약 3센티미터 정도 열린다.
- **활동기**: 힘주기 진통이 시작되기 전, 개구기의 마지막 단계다. 이 단계에서 자궁문은 최대 10센티미터까지 열린다. 평균적으로 자궁문은 1시간에 1센티미터 열린다. 생산적인 진통이라는 전제 하에 말이다. 그 과정에서 아기의 머리는 점점 아래로 내려오고, 이 단계의 마지막이 되면 때로 아기가 치골을 누르는 것이(압박하는 것이) 느껴진다. 그러면 급하게 화장실에 가고 싶은 느낌이 든다. 아기가 당신의 장에 아주 가까이 놓여 있기 때문이다. 통증의 강도는 이 단계에서 가장 극심하며 점점 심해진다. 진통은 2, 3분에 한 번씩 규칙적으로 찾아와 약 1분간 지속된다. 이 단계의 마지막이 되면 호흡으로 진통을 다스리는 것이 힘들어지고, 자꾸 힘을 주고 싶은 충동이 생긴다. 조산사가 언제 힘주기를 시작해야 할지 알려줄 것이다. 하지만 최대한으로 열리는 그 순간까지는 호흡을 계속해야 할 것이다.

활동기의 마지막에 이르면 자궁은 완전히 열려서, 조산사는 자궁경부를 더 이상 느낄 수 없을 것이다. 아기 머리가 충분히 아래에 위치하고 힘주고 싶은 충동을 느낀다면 이제 힘을 주어도 된다. 때로는 10센티미터가 열려도 힘을 주지 말고 약간 더 호흡으로 진통을 다스려야 할 수도 있다. 아기 머리가 더 아래로 내려온 다음 힘을 줄 수 있도록 말이다.

엄마, 나는 자라고 있어요: 임신·출산 가이드북

진통을 다스리기 위한 팁

- 소음, 눈부신 조명, 전화벨 소리 등의 외부 자극을 가능한 한 차단해라. 작은 외부 자극에도 임산부는 힘들어질 수 있다.
- 진통이 온다고 해서 곧장 눕지는 마라. 누워 있으면 때로 자궁수축이 잘 일어나지 않아 개구기가 더 길어질 수도 있다.
- 신음을 하며 올바른 호흡법으로 진통을 다스려라. 심호흡으로 코로 숨을 들이 쉬고 입으로 내쉬되 들이쉴 때보다 내쉴 때 천천히 내쉬기.
- 파트너에게 마사지를 해달라고 하라.
- 의식적으로 숨을 쉬며, 호흡으로 함께하라.
- 몸의 소리에 귀를 기울여라. 강도의 물결을 따라가자. 진통을 거부하거나 그에 맞서 싸우면 상황이 악화될 따름이다.
- 진통은 왔다가 다시 간다는 것을 명심해라. 될 수 있는 대로 진통 중간중간의 쉼을 누리고, 잠시 이완을 해줘라.
- 지금 이 순간 당신에게 가장 좋은 자세를 찾아라. 몇 번 진통을 겪은 뒤에는 다시금 다른 자세를 취해줄 수 있다. 한편 규칙적으로 자세를 바꾸어주는 것 또한 권장사항이다.
- 이마(또는 몸, 자신이 원하는 곳)에 차가운 물수건을 대주면 도움이 될 것이다.
- 진통 중에는 충분한 수분을 섭취해라. 진통이 심할 때는 유리컵을 입술에 대고 마시는 것이 불편할 수도 있으므로, 빨대를 사용하는 게 편하다. 스포츠 물병을 활용해도 좋다.
- 춥지 않게 할 것. 여러 번 말했듯이 따뜻함은 몸을 편안하게 해준다. 탕파(핫보틀)도 가져가라.
- 한여름에 분만을 하는가? 그렇다면 100퍼센트 면소재로 된 파자마나 셔츠를 입어라. 땀을 많이 흘리게 될 터이므로, 합성 섬유가 피부에 달라붙는 건 싫을 것이다.
- 내면의 소리에 귀를 기울이고 자신이 좋다고 생각하는 것을 말해라. 당신이 중요하

다. 주변 사람들을 귀찮게 하는 건 아닌지 너무 신경 쓰지 마라. 다른 사람들도 당신을 돕고 싶어 한다. 하지만 원하는 것을 말하지 않으면 마음을 읽는 초능력이 없는 이상 당신을 돕기가 힘들다. 그러므로 말해라. 그러면 모두가 더 수월하다.

- 규칙적으로 소변을 보아라. 마렵지 않더라도 그렇게 하라. 방광이 비어 있을수록, 아기가 내려올 자리가 더 많아진다.
- 출산은 고통이 심할수록 더 많이 진척되며, 아기를 품에 안는 순간도 더 가까워진다는 걸 명심하자.
- 진통이 유익하다는 것을 의식해라. 진통 덕분에 몸은 출산을 더 쉽게 해주는 물질을 분비하는 것이다.
- 상황의 전개를 받아들이고, 자신의 몸과 자기 자신을 믿어라. 그리고 파트너와 전문가들의 도움을 신뢰해라.

진통이 완화되는 자세

- 손바닥과 무릎을 바닥에 대고 엎드려서, 등을 아래쪽을 끌어내리는 동작과 위쪽으로 올려 등이 둥글게 만드는 동작을 번갈아 해라.
- 다리를 쫙 벌린 채 철퍼덕 바닥에 앉아 머리와 팔이 가능한 한 평평하게 바닥에 닿도록 해보아라.
- 의자 등받이나 (출산) 파트너의 어깨, 등에 매달려 보아라.
- 이쪽저쪽으로 번갈아가며 돌아누워 보아라. 때로는 무릎이나 발 아래 쿠션을 받치는 것도 도움이 된다.
- 시소를 타듯 한 다리에서 다른 다리로 번갈아 체중을 실어보아라. 그렇게 하면서 팔로 배를 들어 올리면 도움이 될 것이다.
- (출산) 파트너에게 부탁하여 다리를 벌린 채 바닥에 앉아 서로 등을 맞대고 기대도록 해보아라. 그렇게 하면서 다리를 몸 쪽으로 당기면 기분이 좋을 수 있다. 파트너에게 등을 돌린 채 쪼그려 앉아 파트너의 무릎을 붙잡을 수도 있다.

- 짐볼 위에 눕거나 앉거나 몸을 앞으로 숙이고 공에 체중을 지탱해도 좋다.
- 변기 뚜껑을 덮은 상태에서 변기에 앉는 것도 도움이 될 것이다. 이때 발은 변기뚜껑 위로 올리는 편이 더 좋다.
- 크고 긴 숄처럼 생긴 빳빳한 면 소재의 천 레보조^{Rebozo}도 도움이 될 수 있다. 출산 때에 레보조를 여러 가지 방법으로 활용할 수 있다. 예를 들면 손과 무릎을 바닥에 대고 네발 자세로 엎드린 다음 레보조를 배에 감아라. 그런 다음 출산 파트너에게 계속해서 부드럽고 리드미컬하게 레보조의 끝을 번갈아가며 당겨주도록 부탁해라. 그렇게 하면 당신의 배가 살며시 흔들리며 배 근육, 허리 근육, 골반 바닥, 인대가 이완된다.

또는 레보조 위에 등을 대고 누워 무릎을 당긴 다음, 출산 파트너에게 부탁하여 당신의 좌우에서 천의 끝을 잡고 골반을 약간 위쪽으로 들어달라고 요청해라. 파트너가 천을 이리저리 움직이고, 흔들고 위아래로 움직이면 당신이 느끼는 압력이 더 적어지고, 통증이 감소한다. 또는 파트너에게 일어서서 레보조를 어깨에 두르고 가슴 앞에서 끝을 단단히 묶어달라고 부탁해라. 그런 다음 그의 앞에 서서 레보조 끝을 잡고 매달려라. 이런 것들을 출산 전에 연습해둘 필요가 있다. 임신 중에는 허리나 골반이 아플 때 레보조를 활용하고, 출산 후에는 레보조를 포대기(아기띠)로 활용할 수도 있다.

속설일까, 사실일까?

어떻게 하면 진통을 유발할 수 있는지에 대한 여러 가지 이야기와 조언이 있다. 하지만 아기는 준비가 되어야 비로소 나온다. 그럼에도 그런 이야기들은 종종 일리가 있다.

맹신은 금물! 분산을 유도하는 다양한 대체요법들

- **파인애플, 쓴 레몬 또는 토닉워터**: 파인애플 줄기에는 키니네라고도 불리는 퀴닌 성분이 함유되어 있는데, 이것이 출산을 유발할 수 있다. 퀴닌은 토닉워터와 쓴 레몬에도 들어 있어 쓴맛을 낸다. 하지만 이런 성분으로 진통을 유발하려면 파인애플과 쓴 레몬, 토닉워터를 굉장히 많이 먹어야 할 것이므로, 진통을 유발하는 양에 근접하지도 못한 상태에서 속이 안 좋아서 더 이상 먹지 못할 것이다.

- **피마자유**: '기적의 오일'이라 불리는 피마자유는 장을 자극한다. 피마자유는 장에서 심한 연동(수축) 운동을 유발하는데, 장은 자궁과 맞닿아 있으므로, 자궁이 이런 운동을 넘겨받을 수 있다. 그리하여 자궁이 수축을 하게 되면 진통이 시작된다. 피마자유는 때로 임산부들에게 기적을 일으켰으나 바람직하지 않은 결과를 초래할 수도 있다. 격한 장운동으로 말미암아 설사가 날 수 있는데, 출산을 할 때 설사가 나면 좋지는 않을 것이다. 그밖에 자궁이 너무 자극을 받아, 자극이 쉽게 가라앉지 않을 수도 있다.

- **매운 음식**: 장은 매운 음식을 먹었을 때도 경련을 일으키며 수축운동으로 반응한다. 그리고 이런 운동이 기적의 오일의 경우와 마찬가지로 자궁으로 옮아갈 수도 있다. 하지만 매운 음식도 기적의 기름과 마찬가지로 부작용으로 설사를 유발할 수 있다.

- **발 반사 마사지**: 발 반사 마사지는 신체의 각 부분이 하나의 신경경로로 연결되어 있고, 이런 신경이 발에서 끝난다는 인식에 착안한다. 발에 위치하는 일부 반사점들은 임신 중에는 자극해서는 안 된다. 진통을 유발할 수 있기 때문이다. 이 반사점 중 하나는 발목 안쪽 부분에서 아래로 2센티미터, 안쪽으로 2센티미터 떨어진 지점에 있다. 하지만 진통을 유발하려면 그 지점을 아주 오래 잘 마사지해야 한다.

- **침 요법**: 유능한 한의사는 침으로 특정 지점을 자극하여 자궁구를 준비시켜 출산이 더 쉽게 시작되도록 할 수 있다. 과학적으로 입증된 방법은 아니니 참고만 할 것.

- **성관계**: 아기를 만드는 섹스에서 아기를 이 세상에 데려오는 섹스로! 오르가슴을

느끼면 무엇보다 자궁이 수축하는데 자궁이 이런 움직임을 계속하면 진통이 시작된다. 그밖에 남성의 정자에는 프로스타글란딘이 함유되어 있는데, 이것이 출산을 유발할 수도 있다. 하지만 양수가 터진 상태에서의 섹스는 금기다!

- 유두 자극: 유두를 자극하면 옥시토신이 분비되어 출산이 진행될 수도 있다. 옥시토신 호르몬이 달리 '출산 호르몬'이라고 불리는 것이 아니다. 하지만 이것이 효과를 나타내려면 굉장히 참을성이 있어야 한다. 이론적으로 볼 때 여러 시간 자극해야 겨우 출산을 유도할 수 있는 정도의 옥시토신이 방출될 것이기 때문이다.
- 라즈베리 잎 차 또는 레이디스 맨틀 차: 이 두 종류의 차는 자궁을 자극한다. 레이디스 맨틀은 자궁이 수축하도록 하고, 라즈베리 잎 차는 자궁 근육의 힘을 강하게 한다. 차를 마시는 것의 커다란 이점은 그것이 별다른 효력을 내지 않을지라도 일단은 수분을 충분히 섭취할 수 있어서 좋다는 것이다.

거의 다왔다! 자궁문이 열리는 동안의 진통

자궁문이 열리는 과정은 상당히 아프고, 피할 수 없는 고통이다. 하지만 이완법을 실행하거나 진통제를 투여하거나 훈련한 호흡법을 실행하거나 또는 무통분만에 이르기까지 통증을 경감시키는 여러 방법이 있다.

자연적인 통증 완화 방법

- **분만호흡(호흡기법):** 숨을 헐떡이거나 신음 소리를 내는 등, 출산을 묘사하는 영화에서도 출산 시에 호흡법을 실행하는 것을 볼 수 있다. 올바른 호흡법으로 안정과 힘을 얻을 수 있다. 신음 소리를 통제함으로써 일종의 리듬을 탈 수 있고, 이를 통해 진통을 경감해주는 엔도르핀이 분비된다.

호흡을 배우는 프로그램에 파트너와 함께 참여하면 좋을 것이다. 그러면 파트너는 출산 시에 당신과 함께 미리 연습한 리듬으로 호흡을 할 수 있어서, 힘든 가운데서도 당신이 연습한 호흡법을 실행하는 데 도움이 될 것이다. 파트너가 없다면 조산사나 다른 출산 동반자들이 호흡법을 통해 진통을 잘 견딜 수 있도록 도울 수 있다. 이를 위한 앱도 출시되어 있다.

- **마사지**: 자궁 문이 열리면서 당신의 몸이 여러 가지로 변화한다. 몸은 (말 그대로) 아기를 위해 스스로를 열고, 아기는 점점 아래로 내려온다. 이런 변화는 아주 급격히 일어나므로, 몸이 적응하는 데에도 시간이 걸린다. 이때 가능하면 몸을 최대한 이완한 채 긴장을 풀어줌으로써 근육의 일을 도울 수 있다.

적절한 부위를 마사지하는 것도 굉장히 도움이 된다. 무엇보다 진통할 때 허리가 많이 아픈 경우는 마사지가 정말 효과를 발휘할 수 있다. 어떤 부분을 어떻게 마사지 할지 배워보아라. 파트너가 마사지를 배우면 적절한 부분을 마사지해주기가 용이하다.

- **샤워 또는 목욕**: 따뜻한 물은 몸을 이완시켜준다. 샤워나 욕조 목욕을 좋아하지 않는 여성은 거의 없을 것이다. 하지만 추위를 느끼지 않도록 조심하고, 샤워나 목욕을 한 뒤에는 곧장 수건으로 몸의 물기를 제거하라. 따뜻한 물이 주는 이완 효과는 최신의 연구에서 확인된 바 있는데, 따뜻한 물을 활용하는 여성은 무통분만 같은 추가적인 진통 경감조치에 대해 그리 빠르게 문의하지 않는 것으로 나타났으며, 무난하게 질 출산을 할 확률도 더 높았다.

- **최면**: 최면 요법은 통증 경감에 도움이 되며, 나아가 통증을 거의 느끼지 못하게 만들 수도 있다. 몇 시간만 투자하면 당신은 스스로 최면을 거는 법을 배울 수 있고 집에서도 연습할 수 있다. 이런 연습으로 어느 정도 자신을 마비시킬 수 있다. 임신 동안에 연습을 잘해둔다면 진통이 극심해질 때 의식적으로 고통을 이겨낼 수 있을 것이다.

자기 최면이라니 으스스하게 들릴지도 모르지만, 이것은 영화나 텔레비전에서 최면에 걸린 사람이 자신의 이름을 더 이상 알지 못하거나 갑자기 닭처럼 꼬꼬댁대는 식의 최면이 아니다. 진통하는 동안 자기 최면을 실시해도 의식은 여전히 평소대로다. 단 전문가와 상의 후 시도해야 한다.

- **TENS 치료:** TENS는 '경피적 전기 신경 자극'의 약자로, 이름으로 이미 알 수 있듯이 TENS 기기가 피부를 통해 당신의 몸에 미세한 전기 자극을 주어, 엔도르핀을 분비하게 한다.

약물을 사용한 통증 완화

통증이 극심해서 견딜 수 없거나 몸이 너무 기진하거나 출산과정이 지지부진하게 진행되어 말할 수 없는 공포에 시달릴 때는 약물로 진통을 경감시킬 수도 있다. 하지만 이것은 병원에서만 가능하다. 통증을 완화시키는 방법은 웃음가스라 불리는 아산화질소에서 페티딘이나 모르핀 주사 또는 레미펜타닐, 경막외 마취에 이르기까지 다양하다.

약물을 통해 통증을 완화시켜야 하는 경우, 그 약물을 투여하면 무슨 일이 일어나는지 사전 지식이 있는 것이 좋다. 물론 병원에서 다시 한 번 설명해주겠지만, 수 시간째 진통하는 와중에서는 머리가 더 이상 잘 돌아가지 않을 수도 있기 때문이다. 그러므로 분만 전에 미리 알아놓는 것이 좋을 것이다.

- **아산화질소:** 웃음가스라 불리는 아산화질소는 이산화질소와 산소가 합쳐진 것으로, 충분히 환기가 잘 되는 공간에서 훈련된 조산사가 투여할 수 있다. 아산화질소를 사용하는 조산원이 점점 늘어나고 있어 굳이 병원이 아니라도 이런 형태의 진통경감 조치를 받을 수 있다.

출산 마지막 단계에서 가장 심하게 오는 진통을 좀 경감하기 위해 마스크로 코와 입을 가린 채 웃음가스를 흡입하면 통증을 좀 더 쉽게 견딜 수 있고, 진통 사이에 몸을 더 이완시킬 수 있다. 간혹 제기되는 주장과는 달리, 웃음가스는 아기에게 해가 없다. 가스는 빠르게 다시금 임산부의 몸에서 빠져나가며, 웃음가스 투여는 아기가 나오기 이전에 적시에 중단된다.

- **페티딘:** 페티딘은 마약성 진통제로 근육에 주사하는데, 효과가 경막외 마취만큼 강하지는 않다. 페티딘을 진통제로 사용하는 빈도는 점점 줄고 있는데, 그것은 페티딘을 투여한 직후 아기가 태어나게 되면 아기의 호흡에 부정적인 영향을 줄 수 있기 때문이다. 즉 페티딘은 신체에서 천천히 빠져나가기 때문에 몇 시간 뒤에도 그 효과가 남아 있어 출산 2~4시간 전에는 사용하지 말아야 한다. 자칫 아기에게 영향이 갈 수 있기 때문이다.

  페티딘 주사를 맞은 뒤 15분가량 지나면 약간 몽롱한 느낌이 들 것이다. 바로 이것을 의도하고 주사를 놓은 것이다. 몽롱해지면서 약간 긴장이 이완되기 때문이다. 어떤 산모들은 페티딘 주사를 맞고 1시간 정도 잠을 자기도 한다. 한번 주사를 맞으면 2~4시간 효과가 지속되며, 산모나 아기에게 지속적인 후유증을 남기지는 않는다.

  하지만 최근 페티딘을 사용하지 않는 추세로 가는 또 다른 이유는 페티딘이 감각이 무디어지는 효과를 유발하여, 똘망똘망한 의식으로 출산을 경험할 수 없게 만들기 때문이다. 때문에 나중에 많은 산모들이 이런 면을 아쉬워할 수 있다.

- **레미펜타닐:** 레미펜타닐도 모르핀인데, 페티딘과 달리 링거(정맥주사)로 투여되며, 효과가 훨씬 강력하다. 펌프를 활용해 용량을 스스로 정할 수도 있다. 단추를 눌러 통증완화를 스스로 조절하는 것이다. 물론 펌프는 당신이 과량을 투여할 수 없도록 설정이 되어 있다. 레미펜타닐은 페티딘보다 더 효과적이며 빠르게 작용하지만, 효과를 내는 시간은 약 3~5분으로 짧다. 그리하여 레미펜타닐은 아기가 앞으로 2~4시간 이내에 태어날 예정이라 PDA가 가능하지 않을 때 종종 사용된다. 즉 레미펜타닐은 마지막 고통스러운 진통을 잠시만이라도 신속하고 효과적으로 줄여주는 수단이다.

  물론 이 제제도 단점이 있다. 레미펜타닐은 호흡에 영향을 미쳐서, 호흡이 느려지거나 심지어 멈출 수도 있다. 그래서 간호 인력이 시종일관 당신을 잘 관찰해야 한다. 호흡이 멈출 수도 있는 위험성 때문에 여러 병원에서는 레미펜타닐을 성급하게 투여하지 않는다. 레미펜타닐을 투여하는 경우 혈압, 혈중 산소함량, 심박동을 지속적으로 관찰하며, CTG를 통해 아기의 상태도 지속적으로 체크한다. 레미펜타닐은 출산의 경과가 아주 빠를 것으로 예상되거나 PDA가 불가능할 때 주로 사용된다.

- **경막외 마취:** 경막외 마취^{PDA}는 우리가 흔히 '무통분만'이라 부르는, 출산 중 가장 효과적인 진통경감법이다. 경막외 마취는 마취과 전문의만이 시행할 수 있다. 바늘로 얇은 도관을 척추뼈 사이 공간(경막외강 또는 경막주위강)에 삽입하는 시술로 마취과 의사만이 시행할 수 있다. 경막외강은 자궁과 바닥으로부터 통증 자극을 전달하는 신경과 연결되어 있으며, 도관을 통해 투여되는 약물이 이런 자극을 마비시켜, 더 이상 진통을 느끼지 않게 된다. PDA를 사용하면 다리가 무거워지는 느낌이 들면서 출산 후까지 침대에 누워 있어야 한다.

경막외 마취는 아주 효과적이고, 즉각 효력을 발휘한다. 하지만 단점들도 있다. 열이 나고, 분만하는 데 시간이 좀 더 오래 걸릴 수도 있다. 일부는 여러 번 마취약을 주입해야 하는 경우도 있으며, 때로는 약이 호흡을 관장하는 근육에 영향을 미칠 수도 있다. 혈압이 떨어질 수도 있고, 카테터(가는 관)가 피하로 들어가는 곳에 멍이 생길 수도 있다.

경막외 마취를 한 경우 산모의 상태가 면밀히 관찰될 것이며, 아기도 CTG로 상태를 모니터링할 것이다. 산모가 열이 나는 경우, 아기에게 항생제를 투여한다. 열이 나는 것이 경막외 마취로 인한 것인지 감염으로 인한 것인지 정확하지 않으며, 감염 때문이라면 아기에게도 전염될 수 있기 때문이다. 한편 제왕절개를 하는 경우, 카테터는 이미 삽입되어 있을 것이다.

PDA의 가장 불쾌한 부작용은 심한 두통(요추천자 후 두통)과 현기증이다. 이것은 관이 피하로 들어가는 구멍이 완전히 막히지 않아 척수액이 새어나와서 발생한다. 물론 두통이 생기면 진통제를 복용할 수 있다.

통증, 피로 및 스트레스

통증은 여러 가지 상황에 따라 달라지지만, 피로와 불안이 커다란 역할을 한다. 그러므로 출산을 할 때는 모든 걸 '내맡기고' 편안하게 임하라. 세상은 무너지지 않는다. 약간 아이러니하게 들리겠지만, 긴장을 풀고 약간이라도 스트레스를 날려 버리도록 하라.

다리와 허리에 진통이…?

허리에서 진통을 느끼는 경우가 많은데, 허리와 골반이 긴밀히 연결되어 있기 때문이다. 배 부분의 진통보다 허리 진통을 더 심하게 느끼는 사람들도 많다. 계속 움직여주고, 아픈 부분에 따뜻한 팩을 대어주거나 누군가의 도움으로 마사지를 해주면 많은 도움이 될 것이다.

때로는 진통이 다리까지 확산된다. 수축하는 건 자궁인데 다리가 아플 건 뭐란 말인가. 여기서도 따뜻하게 해주고, 마사지를 해주고, 움직여주는 것이 도움이 된다.

조산사 요네크 보이스텐의 조언

우리 시대에는 여성도 자신의 삶을 계획하고 모든 걸 통제하고자 하죠. 하지만 출산 중에는 진통에 스스로를 내어주고, 몸이 주도하는 자연스러운 과정에 맡기는 것이 중요합니다. 스스로 통제하려고 하는 마음을 내려놓고, 플로우 상태로 들어가 출산이 자연스럽게 진행되도록 하세요.

출산 임박, 힘주기 진통!

개구진통은 서서히 자연스럽게 힘주기 진통으로 옮겨간다. 아기를 밀어내는 데 도움이 되는 진통이다. 큰 것(대변)을 봐야 할 것 같은 느낌! 이것이 바로 힘주기 진통의 전형적인 느낌이다. 진통 중에 있는 산모들은 바야흐로 힘주기 진통이 시작됐다는 걸 스스로는 잘 의식하지 못하는 경우가 많다. 조산사가 곁에 있다면 당신의 행동을 보고 힘주기 진통이 시작됐음을 감지하게 될 것이다.

이런 상황에서는 (출산) 파트너가 중요한 역할을 한다. 조산사가 곁에 없거나 출산이 생각보다 빨리 진행되고, 산모가 진통 중에 (무의식적으로) 힘을 주기 시작하는 걸 본다면 파트너는 즉시 조산사에게 전화를 해야 한다. 힘주기 진통은 커다란 이점이 있다. 제어할 수 없이 저절로 힘이 주어지는 것이다. 자신의 힘으로 이 과정을 약간 단축할 수 있다. 하지만 그렇게 하려면 힘이 필요한데, 자궁문이 열리는 내내 진통을 해온 당신으로서는 그런 힘이 더 이상 많이 남아 있지 않을 수도 있다. 그러므로 힘주기 진통 사이사이에 정말로 쉬어줘야 한다. 힘주기 진통이 오지 않을 때는 힘을 주지 마라. 의미가 없기 때문이다. 공연히 남아 있는 힘만 날아가 버린다.

힘주기 진통이 오는 동안에 몸이 협력할 것이다. 당신이 애쓰지 않아도 자궁은 아기를 알아서 밑으로 밀어낸다. 때로는 마치 보이지 않는 힘이 배 전체를 밑으로 누르는 듯한 느낌이 들 것이다. 첫 아기의 경우 힘주기 진통 단계는 평균 1시간이 걸리지만, (평균치가 다 그렇듯이) 더 걸릴 수도 있고 덜 걸릴 수도 있다. 둘째나 셋째 아기의 경우는 더 빨리 진행되어, 평균 15~30분 정도 걸린다.

힘주기 진통이 막바지에 달할 무렵 아기의 머리가 보인다. 진통이 올 때마다 머리는 조금씩 더 밖으로 나온다. 진통이 왔다가 가면 머리는 도로 약간 들어가 버리지만, 그래도 지난번 수축 때만큼 원상복구 되지는 않는다. 그리하여 힘주기 진통 때마다 아기는 조금씩 더 앞으로 나오고 출산이 진척된다. 힘주기 진통의 막판이 되면 머리가 계속 보이는 상태로 남고, 다시 안으로 들어가지 않는다. 정말 아플 것이다. 당연하다. 아기의 머리 전체가 질을 통과하고 있기 때문이다.

회음부에 따뜻한 물수건을 대어주면 큰 도움이 될 것이다. 아픈 것에 집중하지 말고 현재 가장 힘든 지점을 통과하고 있으며, 이후에는 더 수월해진다는 사실에 집중하라. 휴식을 취하고, 다음 힘주기 진통을 기다리며, 될 수 있는 한 힘주기 진통에 자연스럽게 함께하라. 다음 번 진통에서 아기 머리의 가장 넓은 부분이 빠져나오고, 이어 어깨와 몸이 저절로 나올 수도 있다.

그 순간을 의식적으로 경험하라. 그때부터는 모든 것이 아주 빠르게 진행된다. 1초 사이에 아기가 내려오며 불의 고리ring of fire *가 타오르고, 몇 초 사이에 아이가 당신의 배 위에 안겨 있게 될 것이다. 9개월 만에 마침내 아기를 품에 안게 된 것이다. 새 생명이 탄생했다. 당신의 생명과 영원히 연결된 생명이 말이다.

> **조산사 힐케 헤르만스의 조언**
> 처음에는 진통에 갑자기 다르게 대처하는 게 어려울 거예요. 몇 시간 동안 호흡으로 진통을 다스려야 했는데, 이제 갑자기 능동적으로 힘을 줘야 하니 말이죠. 몇몇 진통 뒤에 당신은 저절로 새로운 리듬으로 들어가게 될 거예요. 자궁문이 열리는 동안에 이미 많은 힘을 써버렸더라도, 아드레날린이 분비되는 덕에 힘주기를 할 수 있는 에너지가 생길 거예요.

* 아기 머리가 나올 때의 화끈거리는 느낌을 빗대어 부르는 말. – 옮긴이

후진통

아기가 태어나자마자 자궁이 다시 원래 상태로 돌아가기 위해 수축한다. 이런 운동을 '후진통(훗배앓이)'라고 한다. 이제 예정대로라면 30분 이내에 태반이 나올 것이다. 그밖에도 후진통은 자궁의 열려 있던 혈관들이 닫히게 하여 혈액이 손실되지 않도록 해주며, 경우에 따라 남아 있던 피가 밖으로 배출되게 해준다. 태반이 잘 나오게끔 하고 혈액 손실을 줄이기 위해 점점 많은 조산사들이 출산 뒤 옥시토신 주사를 투여하여 산모의 자궁수축을 뒷받침하는 추세다. 분만 시 의료적 개입을 한 경우에는 더더욱 옥시토신 주사가 표준적으로 시행되고 있다.

아기용품 체크리스트

다음 목록은 출산 전 미리 준비해둬야 할 아기용품들이다. 물론 모든 용품을 갖출 필요는 없으며, 필요에 따라 다른 것으로 대신할 수도 있다. 예를 들면 아기 전용 욕조를 구입할 수도 있지만, 그냥 깨끗한 플라스틱 통이나 일반 욕조를 사용해도 된다.

아기 돌보기 용품

- [ ] 플란넬 타월 6장
- [ ] 아기 턱받이 6개
- [ ] 흡수력이 좋은 수건 6장
- [ ] 흡수력이 좋은 기저귀 10~12개
- [ ] 기저귀 갈 때 쓰는 방수 매트 1개
- [ ] 기저귀 갈 때 쓰는 방수 매트 커버 2개
- [ ] 아기 욕조 또는 신생아 전용 타미타브® 욕조(스탠드 포함) 1개
- [ ] 목욕용 온도계 1개
- [ ] 세숫대야 1개
- [ ] 기저귀 버리는 통 1개
- [ ] 아기목욕 가운 2장
- [ ] 신생아용 일회용 기저귀 1팩

엄마 자궁 모양의 욕조. 양수 속에 떠다니는 느낌을 주어 신생아가 안정감을 느끼게 한다. - 옮긴이

☐ 아기용 디지털 체온계 1개
☐ 세면도구(상처 연고, 베이비비누, 베이비오일 또는 베이비로션)
☐ 부드러운 빗 1개
☐ 끝이 둥근 손톱 가위 1개(6주 후부터 사용 가능)

수면 용품
☐ 신생아 요람 또는 유아 침대 1개
☐ 매트리스 1개
☐ 매트리스 프로텍터 1개
☐ 아기 침대 시트 3장
☐ 거즈 손수건 1세트
☐ 아기 침대 패드 3장
☐ 모직 또는 면 이불 2개 또는 누비이불 1개
☐ 탕파(핫보틀) 2개
☐ 침낭 2개
☐ 베이비 모니터 1개 또는 《엄마, 나는 자라고 있어요》 수면 앱 (베이비 모니터 기능 포함)

의류
☐ 우주복 6벌(50 사이즈 2개, 56 사이즈 4개)
☐ 상하의 세트 3벌
☐ 모자 2개
☐ 양말

수유 용품
☐ 수유용 브래지어 2개
☐ 수유 패드
☐ 수유 베개

모유대용식

- [ ] 젖꼭지(신생아용) 4개
- [ ] 젖병 4개
- [ ] 젖병 보온기 1개
- [ ] 젖병 솔 1개
- [ ] 분유

천기저귀를 사용하고 싶다면

- [ ] 천기저귀
- [ ] 기저귀 보관통 1개

거실 및 방에 필요한 물품

- [ ] 아기놀이울(안전 펜스)
- [ ] 아기용 매트
- [ ] 흔들의자
- [ ] 따뜻한 담요
- [ ] 옷장
- [ ] 선반
- [ ] 서랍장

외출 용품

- [ ] 신생아 카시트
- [ ] 유모차
- [ ] 여행용 침대

병원 가방 체크리스트

문서

☐ 출산 계획서
☐ 건강보험증
☐ 신분증
☐ (복용 중인) 약 리스트
☐ 산모수첩

아기를 위한 준비물

☐ 배냇저고리 2벌
☐ 옷 2벌(신축성이 있거나 여러 사이즈의 옷)
☐ 양말 2켤레
☐ 경우에 따라 조끼 2개
☐ 모자 2개
☐ 겉싸개

집으로 돌아올 때 준비물

☐ 이불
☐ 신생아 카시트

산모 개인 용품

- [ ] 잠옷이나 티셔츠
- [ ] 따뜻한 조끼
- [ ] 따뜻한 양말
- [ ] 실내화
- [ ] 트레이닝 바지
- [ ] 목욕 가운
- [ ] 욕실 슬리퍼
- [ ] 수유용 브래지어
- [ ] 깨끗한 팬티(오로 패드를 차도 될 만큼 커다란 사이즈)
- [ ] 메이크업 리무버(아기와 함께한 첫 사진들에 눈이 판다 눈처럼 보이는 걸 원치 않을 것이다), 메이크업, 머리끈, 브러시, 치약, 칫솔, 크림 등 세면도구
- [ ] 건강에 좋은 간식(출산에 참여하는 다른 사람들을 위해서도)
- [ ] 출산 후 입을 수 있는 깨끗하고 편안한 옷

생활용품

- [ ] 휴대폰
- [ ] 충전 케이블
- [ ] 카메라와 부속품
- [ ] 헤어드라이어
- [ ] 머리끈과 머리핀
- [ ] 빨랫감을 담을 비닐 봉투

03

출산 전, 출산 중 알아야 할 최소한의 지식

산부인과 의사는 출산을 수월하게 하고, 출산과 관련된 위험을 최소화하거나 배제하기 위해 특정한 개입을 할 수 있다. 그런 개입을 상세히 묘사해놓은 것을 읽으면 두려운 마음이 들 때가 많지만, 경험자들이라면 이론은 실제보다 늘 더 안 좋게 들린다는 걸 알 것이다. 그러므로 설명을 읽되, 스트레스를 받지는 마라. 단순히 스트레스를 받지 말라니, 말하기는 참 쉽다 생각할지 모르지만 중요한 조언이다.

출산 전: 아기의 자세

36주 경에 아기가 배 속에 어떤 자세로 있는지를 확인한 다음, 둔위나 횡위로 있는 경우 산부인과 전문의나 역아 회전술 전문가가 아기의 자세를 교정해줄 수 있다. 이상적인 자세는 머리를 아래로 향한 자세다. 머리의 최종 위치는 종종 출산 중에 결정되기도 한다. 진통하는 중에 수축의 영향으로 아기는 두 바퀴 회전을 한다. 그렇기 때문에 초음파로 출산할 때 아기의 머리가 어떤 위치에 놓일지 아직 확인할 수가 없다. 확인할 수 있는 것은 현재 시점에 아기가 머리를 아래로 하고 있는지(두정위, 후두위), 위로 들고 있는지(둔위 또는 역아), 수평으로 하고 있는지(횡위) 하는 것뿐이다.

아기의 위치가 36주 이후에도 계속 변화될 수 있으므로 병원에서는 아기의 자세를 계속적으로 점검할 것이다.

전방후두위

아기가 다리를 위로 당긴 상태에서 뒷머리를 아래쪽으로 향한 자세다. 이것은 분만시 가장 흔히 볼 수 있는 이상적인 자세다. 5퍼센트의 아기만이 이와 다른 자세를 취한다. 전방후두위에서 머리는 골반에 잘 맞는다. 때문에 최대한 작은 직경으로 골반을 통과할 수 있다.

후방후두위

후방후두위는 특별한 형태의 후두위다. 대부분의 경우 아기는 얼굴을 엄마의 등 쪽으로 돌리고 있는데, 그렇지 않고 반대로 얼굴을 배 쪽으로 향하고 있을 때 이를 후방후두위라고 부른다. 이런 자세는 출산을 약간 더 힘들게 만든다. 하지만 대부분은 질을 통한 자연분만을 할 수 있다. 대신 자궁이 열리고, 아기가 내려오고, 힘을 주어 아기가 나오는 단계가 더 오래 걸릴 수 있다.

전액위

몇몇 아기들은 후두위에서처럼 뒤통수를 아래쪽으로 향하지 않고, 이마가 가장 아래쪽에 오는 자세를 하고 있다. 이것은 아주 어려운 출산 자세이다. 이런 머리 자세로 나오기에는 골반이 대부분 너무 작다. 아기 자세가 이러하면 거의는 제왕절개를 시행한다.

아기가 비정상 자세를 하고 있는 경우 엄마가 때로는 손바닥과 무릎을 바닥에 대고 엎드리거나 옆으로 눕는 등 특정 자세를 취해줌으로써 아기를 정상 자세로 돌릴 수도 있다. 하지만 그것은 세로축을 중심으로 한 회전, 즉 아기가 이미 머리를 아래로 향하고 있어서 세로축을 중심으로 약간 더 회전하면 되는 경우에만 가능하다.

전정위

전정위는 전액위와 마찬가지로 출산이 어려운 자세다. 전정위에서 아기는 뒤통수 부분이 아닌 양숫구멍이 있는 부분을 가장 아래로 하고 있어, 분만단계에서 머리가 커브를 돌아 골반으로 미끄러져 들어가기가 어려워진다. 전정위는 출산 도중에야 비로소 확인이 되며 두정위(후두위) 자세로 교정될 때도 종종 있다. 아기가 나오는 단계에서 아기가 커브를 돌지 못하는 것이 확실해지는 경우 보통 제왕절개를 시행한다.

안면위

안면위도 이상적이지 않다. 안면위에서 아기는 얼굴을 아래로 하고 있어, 자궁경부에 충분한 압력이 행사되지 않다 보니 자궁문이 열리는 과정이 더디게 진행된다. 안면위에서 아기가 턱을 앞으로 내밀고 있는 경우 질을 통한 '질식 분만'이 쉽지 않지만, 드물게는 가능하다. 하지만 아기가 턱을 뒤쪽, 즉 엄마의 등쪽을 향해 두고 있으면 질식 분만이 불가능하여 제왕절개를 해야 한다.

안면위에서는 아기의 얼굴에 압력이 많이 행사되어, 출생 뒤 아기의 얼굴이 상당히 부어 있을 것이다. 그러나 부기는 곧 빠진다. 그밖에 안면위로 태어난 아기는 목소리가 때로 약간 더 높다. 성문, 즉 성대와 그 사이의 구멍이 골반을 다르게 통과했기 때문이다. 하지만 고음은 저절로 낮아진다.

횡위

횡위는 드물게 나타나며, 대부분은 아기를 출산한 경험이 있거나 복벽이 처져 있을 때 발생한다. 횡위에서 아기는 자궁 안에서 옆으로 있다. 횡위에서는 질식 분만은 불가능하여, 제왕절개만이 유일한 방법이다. 하지만 우선 출생 전 몇 주를 이용해 아기를 돌리려는 노력을 기울이게 될 것이다.

둔위 또는 역아

둔위에서는 아기 머리 대신에 엉덩이나 발이 아래쪽에 위치한다. 둔위는 임신 중에 교정이 되는 수가 많다. 아기가 계속 둔위 자세로 있으면 질식 분만과 제왕절개 중에 선택할 수 있다.

쌍둥이의 자세

대부분의 쌍둥이는 같은 자세로 있지 않다. 하나는 후두위로, 하나는 둔위로 있다. 먼저 나올 아기가 후두위로 있는 경우 질식분만이 가능하다. 하지만 그렇지 않은 경우 일반적으로 제왕절개를 한다. 그리하여 쌍둥이 출산에서는 한 아기 출산에서보다 제왕절개를 할 확률이 더 높다. 두 아이 모두 후두위(두정위)로 있는 경우는 자연분만 확률이 가장 높다.

역아 돌리기

아기가 둔위로 있는 경우 난산이 예상되므로 제왕절개가 시행되는 경우가 많다. 하지만 둔위뿐 아니라 제왕절개도 위험이 없지는 않다. 그러므로 이 두 선택에 대해 정확한 정보를 얻은 다음 하나를 선택해야 할 것이다. 의사나 병원 조산사 또는 역아 회전술에 탁월한 산부인과 의사가 임신 마지막 주들을 이용해 아기를 돌려보려고 할 것이다. 물론 이것은 태반이 정상위치에 있는 경우라야 가능하다.

역아 회전에서는 손으로 아기를 180도 돌려서, 발과 엉덩이 대신 머리가 골반에 놓이게끔 한다. 이런 방법은 대개 절반은 성공한다. 하지만 아기가 돌아오지 않고 계속 역아로 남아 있다면 산부인과 의사와 함께 어디서 분만하는 것이 좋을지, 이제 어떤 가능성이 남아 있는지 상의하게 될 것이다.

뜸 요법

역아를 돌리는 또 다른 대안은 뜸(열 요법)이다. 말린 쑥 잎으로 만든 시가 모양의 스틱을 활용한 치료로, 한방에서 널리 활용되는 치료다. 대개 한의사가 뜸 치료와 침술을 겸한다. 여기서 한의사는 '시가'에 불을 붙여 새끼발가락 바깥쪽에 뜸을 뜰 것이다. 생각보다 뜨겁지 않아서 무서워할 필요는 없다. 그러나 반드시 전문가에게 시술받아야 한다.

한의학에서 새끼발가락 끝은 자궁이 놓인 부위와 연결된다. 쑥뜸은 자궁의 혈액순환을 촉진해 아이가 더 잘 움직일 수 있게 한다. 많은 산모와 조산사가 이 방법으로 효험을 보았다. 연구에 따르면 아기가 자발적으로 돌아서 두정위 자세를 취할 가능성은 뜸요법을 통해 배가 된다. 하지만 원하는 결과를 얻기 위해서는 33주에 뜸뜨기를 시작해야 한다. 뜸 스틱이 피부에 직접 닿지 않는 한, 뜸 치료는 임산부와 아기 모두에게 안전하다.

출산 중: 의료 개입

때로는 분만 시간이 너무 오래 걸리거나, 머리가 잠시 보였는데 아기가 영 나오지 않는 상황이 빚어질 수도 있다. 아기에게 산소가 결핍될 위험이 조금이라도 있어 보이면 개입이 이뤄 질 것이다. 조산사가 절개를 하거나 산부인과 의사나 보조 의사가 겸자분만이나 흡입분만을 시행할 것이다.

자연의 개입: 파열

분만 중에는 질과 질 주변에 압력이 많이 가해지므로, 피부가 찢어질 수 있다. 이렇듯 파열되는 것을 '열상'이라 부른다. 조금 파열되는 것은 나쁘지 않으며, 꿰맬 필요조차 없는 경우도 있다. 하지만 많이 찢어지면 꿰매야 하는데, 대부분은 꿰매는 것을 느끼지도 못할 것이다. 열상에는 여러 종류가 있다.

1. 회음 열상: 회음부는 질과 항문 사이의 부분이며, 파열의 정도는 다양할 수 있다.

- 1도 회음 열상: 종종은 출혈도 없이 회음부의 피부와 점막만 찢어지는 경우. 출혈이 있으면 찢어진 부위를 봉합한다. 산모의 약 3분의 1이 1도 회음 열상을 입는다.

- 2도 회음 열상: 회음부 피부와 골반바닥 근육이 찢어져, 안쪽과 바깥쪽 모두를 봉합해야 하는 경우. 다행히 2도 회음 열상은 훨씬 드물게 발생한다. 회음 열상을 입은 산모 중 10퍼센트 정도만이 2도 열상에 해당한다.

- 3도 회음 열상: 회음부, 골반저근육(골반바닥근육), 항문괄약근이 부분적으로 또는 완전히 파열된 경우. 의사가 봉합할 것이며, 분만실에서 할 것인지, 아니면 수술실에서 경막외 마취를 하고 할 것인지도 의사가 결정한다. 다행히 이런 열상은 아주 드물게 발생한다. 열상을 당하는 산모 50명 중 한 사람만이 3도 열상을 입는다.

- 4도 회음 열상: 괄약근도 내부에서 찢어지고 장 점막도 손상되는 경우.

2. 질 열상: 질 안쪽에 열상을 입을 수도 있다. 이것은 외부에서는 보이지 않는다. 때로는 봉합이 이뤄질 수도 있다. 조산사가 당신을 면밀히 관찰하고 있으므로, 그런 열상에도 주의할 것이다.

3. 음순 파열: 음순도 긴장되어 있기 때문에 파열이 생길 수 있다. 크기에 따라 봉합할 수도 있고, 그냥 둘 수도 있다. 음순은 다른 부위보다 민감하다. 대신 빠르게 치유되어, 며칠 뒤에는 별 느낌이 없어질 것이다.

4. 자궁경부 열상: 이런 열상은 대부분 유도 분만을 할 때 자궁경부가 아직 완전히 열리지 않은 상태에서 이미 힘을 세게 주는 산모에게서 발생한다. 이런 열상은 늘 수술

실에서 산부인과 의사나 어시스턴트 의사가 봉합한다. 찢어진 부분이 몸속에 위치하고, 출혈량도 많을 수 있기 때문이다.

절개하기

의학적으로는 이런 개입을 '회음 절개'라고 부른다. 아플 것 같지만, 중요한 사실을 미리 발설하자면 당신은 절개 자체를 느끼지 못할 것이며, 늘 국소 마취를 한 상태에서 절개가 이뤄질 것이다. 회음 절개는 말 그대로 회음부를 칼로 자르는 것이다. 질에서 항문 쪽을 향해 아래쪽으로 직선으로 절개하는 것이 아니라, 비스듬히 아래로 절개를 한다.

회음 절개를 하는 이유는 짐작할 수 있듯이 아기가 더 쉽게 통과할 수 있도록 피부와 근육을 절개해주는 것이다. 예전에는 이런 절개가 더 자주 시행됐다. 요즘에는 아기가 산소 부족이 될 위험이 있거나 질 입구가 너무 좁고 피부가 잘 늘어나지 않거나 겸자분만이나 흡입분만을 시행할 때만 회음 절개를 한다. 겸자분만이나 흡입분만을 할 때는 (외음부로부터 항문까지) 완전 파열이 일어날 위험이 높아, 회음 절개로 이를 예방할 수 있기 때문이다.

회음 절개는 필요에 따라 5~7.5센티미터 길이를 자른다. 자를 때 감각은 느껴지지 않아도, 소리는 들릴 것이다 그 소리는 가죽을 자를 때 나는 소리와 비슷하다. 피부가 굉장히 늘어나 있다 보니, 그곳의 신경이 자극을 더 이상 전달하지 못하며 피부가 가죽처럼 뻣뻣해져 있기 때문이다. 회음부가 충분히 늘어나 있는 상태에서 절개를 하면 상처에서 피도 거의 나지 않는다.

봉합과 부기

출산 중 절개를 한 경우 추후 국소마취를 하고 절개 부분을 봉합하게 된다. 10일에서 3주 후에 저절로 녹아 없어지는 실로 봉합을 하기에 별도로 실밥을 뽑을 필요는 없다. 조산사가 정기적으로 봉합 부분을 확인할 것이다. 출산하고 며칠간은 절개한 부분 주변으로 회음부가 부어 있어, 앉으면 아플 수 있다. 그럼에도 가능한 한 쿠션을 대지 말고 똑바로 앉으라. 보통은 단단한 바닥에 앉는 것이 더 좋다. 그러면 회음부의 부기가 빠르게 가라앉을 것이다. 통증이 너무 심하면 타이레놀 등 아세트아미노펜을 복용할 수 있다. 회음부를 시원하게 해주고 공기가 잘 통하게 해주면 도움이 될 것이다.

화장실에서

출산 후 대변이나 소변을 볼 때 통증이 느껴질 수 있다. 절개를 했거나 열상을 입은 경우는 특히 그렇다. 하지만 통증은 점차 줄어들어 대부분 3일 정도 지나면 사라질 것이다. 다음과 같이 하면 도움이 될 것이다.

- 물을 충분히 마시기. 물을 많이 마실수록 소변이 더 묽어지고 화끈거리는 느낌이 덜하다. 수분을 충분히 섭취하는 것은 또한 대변이 단단해지는 걸 막아준다.
- 규칙적으로 편안하게 소변을 보라. 시간적으로 여유 있게 임하고, 힘을 주지 말고, 방해를 받지 마라.
- 변기 옆에 물이 담긴 페트병 하나를 놓아두었다가, 그것으로 소변을 보는 동안 밑을 헹궈주어라.
- 대변을 보기 전에 심신을 편안히 하라. 봉합 부분이 대변을 볼 때 다시 터질까봐 걱정을 하는데, 그런 걱정은 하지 않아도 된다. 힘을 주는 건 고사하고, 대변을 볼 엄두가 안 나는 것은 아주 정상적인 일이다. 당신만 그런 것이 아니다. 온갖 군데

가 욱신거리고, 부어 있는 데다, 출산 때 힘주기를 한 탓에 힘주는 것에 약간 트라우마가 생긴 상태다. 변기에 앉아 마음 놓고 밀어내기를 하려면 우선 몸에 대한 신뢰를 회복해야 한다. 이것은 시간이 걸리므로, 화장실에 가면 서두르지 말고 시간적, 심적 여유를 가져라. 편안하게 임하라. 대변을 보는 경험이 쌓이면 몸에 대한 신뢰가 돌아온다.

- 건강에 좋고 섬유질이 풍부한 음식을 먹어라. 섬유질이 많은 음식은 대변이 부드럽고 매끈해져 나오기가 쉽도록 만들어준다.
- 생 사과주스와 말린 자두는 출산 후 소화를 다시 원활하게 해준다.
- 공복에 미지근한 물 한잔과 잘 익은 키위를 먹어라. 이것이 합쳐져 종종 기적을 일으킨다.
- 필요에 따라 의사는 약한 변비약을 처방해줄 것이다. 완전 파열이 되는 등 열상이 심한 경우에도 처방될 수 있다. 하지만 걱정하지 마라. 이 약을 복용해도 설사를 하지는 않을 것이다.

상처 관리
볼일을 보고 난 뒤에는 미지근한 물로 뒷물을 해줘라. 그렇게 하면 감염을 예방할 수 있다.

- 하루 두 번 샤워기로 상처 부위를 헹구어내라. 수압을 너무 세게 하지 말고 온도도 미지근하게 하라. 그런 다음 깨끗한 수건으로 상처 부위를 톡톡 두드려 말리는 게 좋다. 문질러서는 안 된다!
- 상처는 공기에 노출되어야 더 빨리 낫는다. 물론 온종일 다리를 벌린 채 옷을 벗고 앉아 있을 수는 없지만, 그럼에도 시종일관 두꺼운 오로 패드를 차고 상처 부위에 공기가 통하지 않게 하는 것은 좋지 않다.

조산사 에스테르 판 델프트의 조언

속옷을 입지 않은 채 펄프 매트나 침대에 눕거나 앉으세요. 이불로 몸을 가리고 있어도 좋아요. 그러고 있으면 상처 부위에 통풍이 잘될 겁니다.

그리고 출산 직후에는 아무 생각이 없겠지만, 어느 순간엔가 다시 성욕이 생길 거예요. 출혈이 멈추고 상처가 더 이상 아프지 않고 다 아물고 나면 다시 성관계를 가져도 된답니다.

하지만 처음에는 아플 거예요. 질이 더 건조해서 페니스가 들어올 때 아플 수 있어요. 당연한 일입니다. 질은 중요한 과업을 막 이뤄낸 참이잖아요. 어쨌든 다시 곧장 성관계를 즐길 수 없는 것이 당신만은 아니랍니다. 여기서도 먼저 심신이 회복되어야 하고, 약간의 시간이 필요해요. 모유수유를 하는 경우 호르몬의 영향으로 수분 생성이 덜 돼서 질이 특히 건조한 경우가 많아요.

열상이 있었거나 절개를 한 경우 흉터 조직은 처음에는 약간 더 단단합니다. 다시 부드러워지기까지는 시간이 걸려요. 회음부 마사지 오일을 구입하여 사용하면 흉터가 더 빨리 부드러워질 겁니다. 많은 여성들이 이런 오일을 유용하다고 느끼는 것으로 조사됐죠.

조산사 카롤리네 푸터만의 조언

• 스스로를 새롭게 발견하세요. 물론 질 안을 만질 때는 깨끗한 손으로 해야 하고요. 그러면 몸에 다시 자신감이 생길 거예요.

• 성관계에서 질 건조 윤활제를 사용해보세요. 그러면 다시 미끌미끌해질 거예요.

• 체위에 따라 더 불쾌하게 느껴지는 것들이 있고 괜찮은 것들이 있습니다. 시험해봐야 알 수 있겠죠.

다음과 같은 일이 있어도 놀라지 말 것.

- 성관계 중에 질 방귀가 나올 수 있다. 질이 약간 넓어진 탓이다.
- 흥분하면 가슴에서 젖이 새어나온다.
- 엄마 아빠가 성관계를 하려 할 때 하필 아기가 깨어 울지도 모른다. 아기가 최고의 피임 수단이라는 말이 공연히 나온 게 아니다.

출산 중: 제왕절개, 겸자분만, 흡입분만

때로 출산이 진전이 되지 않고, 절개도 도움이 되지 않으면 의료적 개입을 통해 아기를 꺼내야 한다. 이런 조처는 병원에서만 가능하다. 이런 경우 산부인과 전문의 또는 어시스턴트 의사가 겸자분만이나 흡입분만 또는 제왕절개를 시행하게 될 것이다.

출산에 의료적 개입이 들어가면 많은 여성이 스스로를 탓한다.

"더 이상 힘이 없었어.", "그냥 포기해 버렸지 뭐야!", "결국 못해냈어."

이 모든 말은 사실이 아니다. 그럴싸하게 생각된다 해도 사실이 아니다. 스스로 탓을 하거나 실패한 것 같은 느낌을 받을 이유가 없다. 의료 개입을 하는 것이 나은 쪽으로 상황이 전개됐던 것뿐이다. 다시 한 번 말하건대, 당신 탓이 아니다. 다른 여성들은 잘해내지 않았느냐는 논지도 중요하지 않다. 다른 여성들의 몸은 당신의 몸과 다르며, 배 속 아기도 각각 다르다. 당신의 질을 비난할 수도 없다. 당신이 영향을 미칠 수 없는 많은 요인에 좌우되기 때문이다.

흡입분만

흡입분만은 아기의 두피에 종모양의 진공 흡입컵을 부착하고 연결된 호스로 음압을 가해 아기의 머리를 견인해내는 것이다. 흡입기가 태아의 머리에 꽉 부착되고, 흡입기 윗부분에는 손잡이가 달려 있어 당신이 힘주기 진통을 하는 동안 잡아당길 수 있도록 되어 있다. 아기의 머리가 나오자마자, 진공이 풀리고, 흡입기가 다시 빠진다. 그러면 아기의 나머지 몸은 스스로 빠져나올 수도 있고, 계속적으로 도움을 받을 수도 있다.

아기의 머리에 무리한 힘이 가해질까봐 두려워할 필요는 없다. 그런 일은 불가능하다. 흡입기는 힘이 너무 많이 들어가면 곧 빠지도록 만들어져 있다. 이런 개입은 아기에게 해롭지 않고, 아프지도 않다. 흡입으로 말미암아 출산 뒤에 아기의 머리가 약간 '일그러져' 보이기는 하지만 머리 모양은 얼마 안 가 되돌아온다.

겸자분만

겸자분만에서는 분만 집게가 아기의 머리에 놓인다. 숟가락 두 개가 연결된 것처럼 생긴 집게로, 숟가락을 아기의 머리에 대고, 산모가 힘을 주는 동안 의사가 그것으로 아기를 꺼내게 된다. 머리가 나오자마자, 집게를 떼어내므로 산모는 이제 힘을 주어 아기의 몸을 밀어낼 수 있다. 그러나 겸자분만을 시행하는 빈도는 점점 줄고, 흡입분만이 더 자주 시행되는 추세다.

제왕절개

때로 질 분만이 불가능할 때는 제왕절개를 해야 한다. 이미 임신 중에 자연분만이 가능하지 않다는 말을 듣게 되는 경우도 있고, 스스로 제왕절개를 결정하는 경우도 있다. 이 두 가지 경우에는 의사와 상의하여 제왕절개 수술 날짜를 잡게 될 것이다.

원래는 자연분만을 계획했으나 양수가 갈색이나 녹색을 띠는 바람에 아기가 예정일보다 빠르게 세상에 나오는 것이 좋을 것으로 보일 때도 제왕절개를 한다. 또는 진통이 시작됐으나 분만이 너무 느리게 진행되어 아기의 건강이 자칫 우려되는 때에도 제왕절개를 결정할 수 있다. 겸자분만이나 흡입분만도 해결책이 되지 못해 아기를 얼른 꺼내야 할 때도 제왕절개를 시행한다.

제왕절개는 두 가지 면이 있다. 한편으로는 이런 개입이 생각보다 나쁘지 않다. 경막외 마취를 하기에 당신은 아무것도 느끼지 못한다. 수술실 분위기도 수술을 한다기보다는 축제 분위기다. 누군가에게 부탁해 사진을 찍을 수도 있다. 배우자도 그곳에 함께할 수 있고 밝은 분위기 속에서 모든 것이 진행된다. 하지만 다른 한편 제왕절개는 어엿한 진짜 수술이므로 가볍게 여겨서는 안 된다(무엇보다 수술 뒤 회복하는 과정도 다른 수술과 같다).

제왕절개 수술 뒤 유의할 점

- 제왕절개 수술을 하면 며칠 병원에 입원을 한다. 수술한 뒤 혈압, 심박수, 출혈, 소변량(수술 전 삽입한 카테터로 채취)을 관찰한다.
- 대부분 제왕절개 수술을 하고 나서 하루가 지나 카테터를 빼고 나면 스스로 독립적으로 소변을 봐야 한다. 대소변 모두 고통스러울 수도 있다. 최대한 긴장을 풀고 편안하게 하려고 노력하라. 소변을 볼 때는 최대한 소변줄기를 끊지 말고 한 번에 소변을 보는 것이 중요하다. 방광을 완전히 비워야 방광염의 위험이 줄어든다. 대변의 경우는 몸을 앞으로 숙이면 도움이 될 것이다.
- 마취과 의사가 안전하다고 말하자마자 다시 먹고 마실 수 있다. 상당히 빠르게 다시 취식이 가능할 것이다.
- 간호사나 조산사가 언제 다시 똑바로 앉아도 되는지 말해줄 것이다. 몸의 소리에 귀를 기울이라.
- 수술 부위 근처가 아프거나 당길 수 있다. 정상적인 현상이다. (저절로 녹는) 실로 수술 부위를 봉합했기 때문이다.
- 수술 중에 배에 공기가 들어가면 장이 경련을 일으킬 것이다. 이 역시 정상적인 일이며, 장이 예전처럼 기능하기까지 약간 시간이 걸린다.

- 제왕절개를 했음에도 질 출혈이 있을 수 있다. 이것은 태반을 제거하는데서 비롯한 상처에서 기인하는 것이다. 그러므로 걱정할 필요는 없으며, 출혈량도 많지 않을 것이다.
- 녹는 실은 저절로 사라지고, 복부를 봉합한 스테이플러는 1주일 뒤에 제거한다. 제거는 빠르게 이뤄지며, 그다지 아프지 않다.
- 흉터 부분이 가려울 수 있다. 대부분 이것은 치료가 되고 있다는 표시이다.
- 수술 흉터 윗 피부의 감각이 한동안 이상하게 느껴질 수 있다. 때로는 마비된 것처럼, 때로는 둔한 것처럼 느껴진다. 제왕절개 수술을 하면서 신경이 절단됐기 때문에 다시 아물기까지는 그럴 수 있다. 정상적인 감각이 완전히 돌아오기까지는 최대 1년 정도가 걸린다.
- 제왕절개 수술을 하고 나서 8주간은 운동을 해서는 안 된다.
- 배가 아프기 때문에 당장은 모유수유가 힘들 수도 있다. 상처로 말미암아 누워서 수유를 하는 편이 쉬울 것이다.
- 제왕절개 수술 뒤 몸을 씻고자 한다면 침대에 누운 채 간략하게 해야 하며, 12시간 내지 24시간이 지나야 다시 샤워를 할 수 있다.
- 제왕절개 수술을 하고 나서 6주간은 힘든 일을 해서는 안 된다. 힘을 써야 하는 가사일도 해서는 안 된다. 진공청소기를 돌리는 것이나 걸레질을 하는 것도 좋지 않다. 수술 직후에는 운전도 해서는 안 된다. 운전하는 중에 발이나 복부를 갑자기 움직여야 할 수도 있고, 몸을 한껏 돌려야 할 수도 있기 때문이다. 그밖에도 흉터 위로 안전벨트를 매는 것은 기분 좋은 일이 아닐 것이다. 언제 다시 운전할 수 있을지 의사나 조산사와 상의하라. 조수석에 타고 갈 때도 바른 자세로 앉아, 최소 2시간에 한 번씩은 휴식을 취해줘야 한다.
- 가능한 한 복부 근육에 부담을 주지 마라. 앉을 때와 일어날 때에도 복부 근육에 힘이 들어가지 않도록 주의하라. 너무 서두르지 말고 조심조심 움직여라.
- 기침을 하거나 소리 내어 웃으면 복부 근육을 움직이게 되어 아플 수 있다. 웃거나

기침을 할 때 배를 잡고 하면 도움이 된다.

- 조깅이나 산책은 좋지만, 너무 오래 하지는 말 것.
- 무거운 물건을 드는 것은 절대 하지 말아야 할 일이다. 무거움의 기준은 태어난 아기보다 무거운 것이다. 예를 들면 가득 찬 장바구니를 들거나 손위 아이를 안아 올리는 일은 하지 마라. 아이 옆에 앉아 스킨십을 해주되, 아이를 들어 올려 안지는 마라.
- 최소 6주간, 오로가 다 멈출 때까지는 성관계를 갖지 말 것.

04

드디어 아이를 품 안에!
출산 후 일어나는 일

언제 봐도 감격의 순간이다. 드디어 아이가 태어났고 당신은 아이를 품에 안고 있다. 너무나 뿌듯하고 홀가분한 기분이 들 것이다. 그러나 동시에 완전히 어리둥절하고 멍한 기분이 들지도 모른다. 하지만 아이가 나오고 나서도 몇 가지 일이 더 진행이 된다. 태반이 나올 것이고, 경우에 따라 (국소마취를 하는 가운데) 절개나 파열된 부분을 봉합해야 할 것이고, 아기를 배 위에 올려 스킨십을 한 다음에는 아기가 삶의 첫발을 잘 디딜 준비가 됐는지를 확인하는 검사가 이뤄질 것이다.

아프가 테스트

아기가 태어난 직후 조산사나 의사가 아프가APGAR 지수에 따라 아기를 평가할 것이다. 이 평가는 1분후, 5분 후, 10분 후, 이렇게 세 번 시행될 것이다. 아프가 지수란 태어난 아기를 호흡, 심박수, 근긴장, 피부색, 반사를 도구로 평가하는 방법으로 출산 직후 아기의 건강을 평가하는 빠르고 단순한 방법이다. 조산사나 의사는 이 5가지 기준을 평가하고, 각 항목당 아기에게 최대 2점을 준다. 하지만 세 번에 걸친 검사에서 모두 만점(10점)을 받지 못한다 해도, 아기는 아주 건강할 수 있다.

후산

아기가 태어난 후에는 탯줄이 박동을 멈출 때까지 기다린다. 그렇게 하여 아기는 산소, 철, 혈소판 및 줄기 세포를 조금 더 추가적으로 받는다. 그런 다음 당신이나 배우자 또는 다른 사람이 탯줄을 절단하고 나면 태반은 여전히 배 속에 남아 있어 후산에서 태반을 배출시켜야 한다. 물론 태반 배출은 아기를 낳는 것보다는 백배는 더 쉽다. 조산사가 당신의 배를 눌러주며 배출을 도울 것이다. 태반은 훨씬 작고 미끌미끌해서, 쉽게 미끄러져 나온다. 하지만 쉽게 되지 않는 경우 옥시토신 주사를 놓아줄 것이다. 당신 스스로도 이미 분비한 호르몬을 말이다. 옥시토신 호르몬은 자궁이 잘 수축하여 태반이 커다란 출혈 없이 떨어져 나오게끔 해준다.

원한다면 태반을 볼 수 있다. 태반을 보여 달라고 요청하면 조산사가 태반을 높이 들어 보일 것이다. 그렇게 당신은 아기의 '보급센터'를 스스로도 한 번 볼 수 있을 것이다. 태반의 구조는 붉은 양배추 잎을 연상시키며, 핏빛이다. 당연하다. 아기는 피를 통해 영양공급을 받았으니 말이다. 그러므로 피를 보고 싶은 마음이 없다면 태반을 보여 달라고 하지 않는 것이 좋다. 때로는 부부가 의견이 다르다면 굳이 둘 다 볼 필요는 없다. 사진을 찍어놓고 나중에 볼 수도 있다.

조산사나 의사는 태반이 완전히 나왔는지 주의 깊게 점검할 것이다. 태반의 일부가 자궁 속에 남아 있는 일이 없어야 하기 때문이다. 태반이 자궁에 남아 있는 상태를 '잔류태반'이라고 하는데 잔류태반이 되면 갑자기 많은 출혈을 일으키거나 감염의 원인이 될 수 있다. 당신이 가정 출산을 했는데 조산사가 보기에 태반이 다 나오지 않고 일부 배 속에 남아 있는 것으로 판단된다면 당신은 구급차나 자신의 차로 병원에 이송될 것이다. 남아 있는 태반의 크기나 발견한 시점에 따라 처치는 달라지는데, 병원에 가면 산부인과 의사가 초음파로 상태를 살펴 본 뒤, 필요한 경우 수술로 자궁을 깨끗하게 할 수도 있다. 잔류태반 수술은 마취 상태에서 이뤄지므로, 출산 직후에 아무것도 먹거나 마셔서는 안 된다.

피부 접촉

조산사나 의사는 가능한 한 신속하게 아기를 당신의 상체 위에 눕혀줄 것이다. 물론 이불을 덮고 있어서 상체는 따뜻할 것이다. 당신의 맨살과 아기의 맨살이 닿는 피부 접촉은 엄마와 아기의 유대에 너무나도 중요하다. 예전에 출산을 할 때는 유감스럽게도 이런 디테일에 신경을 쓰지 않았다. 예전에는 아기가 태어나면 곧장 아기를 데리고 가서 옷을 입혔다. 의학이 발달하며 엄마와 아기의 이런 직접적인 신체 접촉이 유익하다는 것을 알게 됐으며, 그 유익은 속속 더 드러나고 있다.

대부분은 아기를 엄마의 상체 위에 눕힌다. 하지만 그것이 불가능한 경우는 아빠가 엄마 역할을 해도 된다. 출산 후 피부 접촉은 너무나 중요하다. 우리는 맨살을 대고 나란히 누워 있는 일이 극히 드문 시대를 살고 있다. 하지만 피부를 맞대는 것은 아주 자연스러운 일이다. 이것은 아기의 감정적, 사회적 발달, 나아가 신체적 발달에 기여한다.

아기 기본 검사

조산사는 출생 후 아프가 검사를 마치고, 엄마 가슴에 잠시 누워 있던 아기를 데려가서 다시 한 번 꼼꼼히 검사를 할 것이다. 아기의 체중과 신장을 측정하고, 가슴 소리를 들어보고, 아기 아빠에게 첫 기저귀를 채우고 옷을 입혀 달라고 부탁할 것이다. 그러고 나서 아기에게 모자도 씌울 것이다. 아기에게 모자를 씌우는 것은 아기들은 머리를 통해 열을 잘 빼앗기기 때문이다.

소아과 의사도 아기를 검사할 것이다. 그러나 소아과 의사는 아기가 양수에 태변을 보았다거나 또는 출산이 순조롭게 진행되지 않았거나 아기 체중이 너무 무겁거나 적은 등 그럴 만한 이유가 있을 때에만 검사를 할 것이다.

비타민 K 근육주사

출산 후에는 아기에게 비타민 K 근육주사를 놓는다. 이것은 일주일 분량으로 충분한 양이다. 모유에는 비타민 K가 충분히 함유되어 있지 않지만, 비타민 K는 혈액 응고에 중요하기 때문에 이런 조치를 취한다. 아기가 몇 주 있어야 비로소 충분한 양을 합성할 수 있기 때문이다.

지금까지 말한 모든 것은 출산 후 첫 몇 시간에 일어나는 일이다. 이런 시간은 아주 빠르게 지나가서, 마치 10분 정도 밖에 안 되는 것처럼 짧게 느껴질 것이다. 어떤 여성들은 나중에 거의 아무것도 기억하지 못한다. 파트너에겐 이런 시간들이 아기를 실제로 경험하는 첫 시간이므로 종종 가슴이 벅차서 어디를 봐야 하고 무엇을 해야 하는지 우왕좌왕하기 십상이다. 이런 상황을 받아들이고 조산사를 신뢰하라. 조산사는 필요한 모든 조치를 할 것이고, 모든 것이 잘 진행되면 당신들은 휴식을 취할 수 있다.

산욕기 증상

잘 알려진 임신기 불편 증상과 마찬가지로 각종 호르몬 수치가 오르락내리락하고, 갑자기 변하다 보니 임신 전의 상태로 돌아가기까지의 기간, 즉 '산욕기' 불편 증상도 발생할 수 있다. 그렇다고 억지로 뭔가를 할 수는 없다. 인정하고 받아들여라. 좋은 조언을 적극 받아들이되 모든 것이 금세 지나간다는 것을 잊지 말 것.

몸이 덜덜 떨리고 이가 딱딱 부딪힌다

출산 직후 근육이 다시 진정되면 때로 몸이 덜덜 떨리고, 이가 딱딱 부딪치는 증상이 나타날 수 있다. 이것은 극도로 힘을 쓴 데다, 호르몬 대사가 다시 바뀌는 것에 대한 근육의 반응이며, 떨림은 저절로 다시 멈춘다. 이런 증상에 유일하게 도움이 되는 것은 바로 몸을 따뜻하게 해주는 것이다.

산후우울증

출산하고 나서 약 3일 정도가 지나고 나면 감정에 압도되어 눈물을 펑펑 쏟는 자신을 발견하게 될 지도 모른다. 이에 대성통곡을 할지도 모른다. 대체 이유도 모른 채 말이다. 모두 다 겪지는 않지만, 산모라면 이런 증상을 곧잘 겪는다. 눈물이 마르지를 않고 우울감이 엄습한다면 심리상담사나 정신과 전문의에게 시급하게 도움을 구해야 한다.

땀

미친 듯이 땀을 흘릴지도 모른다. 이 또한 완전히 정상이다. 임신 중에 우리 몸은 추가로 수분을 저장한다. 그리고 이제 신체는 무엇보다 땀샘을 통해, 주로 밤을 이용해 여분의 수분을 내보내고자 한다. 역설적으로 들릴지 모르겠지만, 그럴수록 물을 많이 마셔서, 수분 대사의 균형을 잡아주는 것이 도움이 된다.

혈액, 점액, 혈전 손실

한마디로 말해, 당신은 이전에 본적이 없는 것들을 배설할 것이다. 더 크고, 더 끈끈한 점액성을 띠는 배설물들이다. 좋은 징조다. 자궁이 자정작용을 해야 해서, 안에 있는 모든 것이 나와야 하는 것이다. 때로 탁구공만 한 덩어리가 나오기도 한다. 약 6주가 지나면 출혈이 완전히 없어지는데, 다행히 큰 덩어리가 빨리 나온다. 오로 패드가 생리 때 대용량 패드보다 훨씬 더 큰 이유를 이제 알았을 것이다.

부풀어 오르는 유선 조직

아기가 태어난 지 며칠 되지 않은 시점. 당신의 가슴은 이제 이제껏 보지 못한 크기가 됐을 것이다. 보이는 것만 그럴 뿐 아니라, 정말로 유선이 발달하여 상당히 아프기까지 하다. 가슴은 젖으로 가득차고, 딱딱하고 팽팽한 느낌이 난다. 이를 '젖울혈'이라고 하며, 산욕기 3~4일째에 젖몸살로 고생을 하는 수가 많다.

첫 며칠간은 유방이 초유를 만들어내고, 3일째부터 젖울혈이 증가한다. 유방에서 피가 나오지는 않지만, 이제 더 많은 혈액과 림프액이 흐른다. 울혈은 초유가 만들어질 자리를 만든다. 유방은 성숙한 모유가 형성될 준비를 갖춘다. 4시간보다 더 짧은 간격으로 아기에게 젖을 물리게 될 것이다. 하루에 10번 내지 12번 젖을 물리면 젖몸살을 예방할 수 있다. 아기에게 양쪽 젖을 규칙적으로 번갈아 먹이도록 하라. 물론 분유수유를 하는 경우에도 유선이 부풀어 오를 수 있다.

클리닉 조산사 니키 판 헤어크의 조언

모유수유를 하는데 유선이 부풀어 오른다면 수유 전에 물수건으로 유방을 따뜻하게 해주고, 모유수유를 한 뒤에 시원하게 해주세요. 꽉 끼는 스포츠 브라가 아닌 수유용 브라를 착용하도록 하시고요. 분유수유를 하여 젖병으로 수유를 할 때에는 유방이 땡땡하게 부풀어 오르는 경우 꽉 끼는 스포츠 브라를 착용하는 편이 더 낫죠. 양배춧잎을 차갑게 해두었다가 브래지어 안에 넣어 유방에 대어주는 것도 도움이 돼요.

PART
4

✳

초보 임산부를 위한
응급상황 대처법

: "나 지금 괜찮은 걸까?"

01

불편한 증상,
참지 말고 똑똑하게 대처하자

두 개의 반쪽짜리 세포가 9개월 사이에 완전한 작은 인간으로 자라나는 것은 경이롭고 아름다운 일이지만 당신의 몸에는 결코 녹록하지 않다. 그렇다 보니 전형적인 입덧 증상과 더불어 몸에 몇몇 증상이 나타날 것이다. 증상이 심각하거나 걱정이 되는 경우에는 산부인과 의사에게 즉시 연락해야 한다.

H2O의 힘

앞으로 물을 충분히 마시라는 조언을 자주 접하게 될 것이다. 물은 만능치료제다. 임신하면 체내에 빠르게 수분이 부족해져서 질병에 취약해지고, 회복 속도도 느려진다. 수분이 부족하다는 것을 어떻게 알 수 있을까? 이것을 가늠할 수 있는 간단한 팁이 있다. 엄지와 검지 사이 손 위쪽 피부를 약간 꼬집었다가 잡았던 손가락을 놓아보라. 피부가 원위치로 돌아가기 전에 잠시 꼬집혔던 상태를 유지하는가? 그렇다면 수분이 부족한 것이고, 물을 많이 마셔줘야 한다. 최소 하루 2리터는 마셔라. 입덧으로 인해 구토를 자주 하는 바람에 수분 부족이 될까 걱정되는가? 그렇다면 조산사나 의사와 상의해볼 것. 정말로 탈수 증상이 있는지 소변검사를 통해 확인할 수 있다.

전신성 불편과 질환

- 빈혈 → 532쪽

- 고혈압, 임신중독, 자간증, HELLP 증후군 → 533쪽

- 코쿠닝 → 634쪽

- 혈류량 증가에 따른 피부 변화 → 606쪽

- 임신포진(임신 헤르페스) → 612쪽

- 땀띠와 쓸림 증상 → 613쪽

- 임신우울증(산전우울증) → 630쪽

- 피부 트러블 → 607쪽

- 모반 → 616쪽

- 피로 → 566쪽

- 둥지 짓기 본능 → 639쪽

- 저혈압 → 570쪽

- 색소침착 → 615쪽

- 임신성 당뇨 → 583쪽

- 아토피 → 622쪽

- 발한 및 열감 → 587쪽

- 쥐젖→ 614쪽

- 건조한 피부 → 620쪽

- 부종 → 601쪽

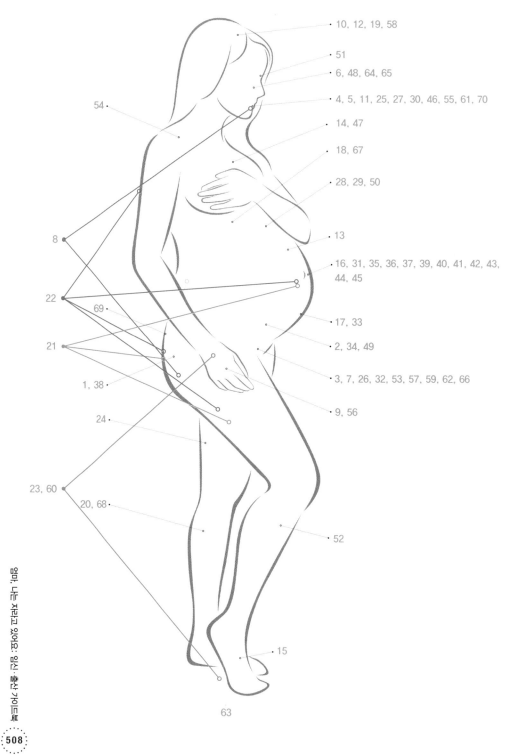

· 10, 12, 19, 58

· 51

· 6, 48, 64, 65

· 4, 5, 11, 25, 27, 30, 46, 55, 61, 70

· 14, 47

· 18, 67

· 28, 29, 50

· 13

· 16, 31, 35, 36, 37, 39, 40, 41, 42, 43,
44, 45

· 17, 33

· 2, 34, 49

· 3, 7, 26, 32, 53, 57, 59, 62, 66

· 9, 56

54 ·

8 ·

22 ·

69 ·

21 ·

1, 38 ·

24 ·

23, 60 ·

20, 68 ·

· 52

· 15

63

국소성 불편과 질환

02

임산부가 자주 겪게 되는
몸의 변화와 질환

알레르기

알레르기가 있다면 임신 중에 알레르기가 더 심해질 수도 있고, 전과 비슷한 상태를 유지할 수도 있고, 좋아질 수도 있다. 세 가지 가능성이 비슷한 확률을 갖는다. 때로는 본인에게 알레르기가 있다는 걸 임신 중에 비로소 알게 될 수도 있다. 알레르기는 출산을 한다고 해서 사라지는 건 아니다. 출산 후에도 마찬가지로 더 좋아질 수도, 심해질 수도, 동일하게 남을 수도 있다. 결론은 알레르기는 예측할 수 없다는 것이다. 주치의나 알레르기 전문의와 상의하여 최선의 해결방안을 찾아야 한다.

위산 역류(속쓰림)

위산이 위에서 식도까지 올라오는 위산 역류는 속쓰림을 유발한다. 속쓰림을 영어로 '하트번^{Heartburn}'이라고 한다. 심장 근처가 타는 것처럼 화끈거리기 때문이다. 대부분은 임신기간이 끝나면 이런 증상도 사라진다. 이후에는 일시적으로 위산이 역류하기도 하지만 신체가 잘 대처하게 될 것이다. 그런데 속쓰림이 너무 오래가거나 음식물을 삼키기 힘들다면, 또는 속쓰림으로 자주 구토를 하거나 토사물에 혈액이 섞여 나오는 경우라면 반드시 주치의와 상의가 필요하다.

증상

- 식도 작열감, 화끈거림, 복부팽만감, 메스꺼움(때로는 구토), 트림, 속쓰림, 앞가슴 통증, 목 이물감

원인과 발병 시점

임신기간 내내 위산이 역류할 수 있는데, 이유는 여러 가지다. 임신 첫 분기의 속쓰림은 호르몬 변화에서 유래하는 일이 많으며, 프로게스테론이 위장 입구의 근육을 느슨하게 만들기 때문에 나타날 수도 있다(평상시에 이 근육은 밀폐되어 있다). 임신 2분기와 3분기에 나타나는 위산 역류는 대부분 자궁 때문이다. 임신해서 위가 느슨해져 있는데 자궁이 커져서 위를 누르기에 위산이 더 쉽게 올라온다.

위산은 절대적으로 필요한 것이지만, 위에 머물러 있어야 한다. 위산은 위에서 소화를 도우며, 위는 위산에 해를 입지 않게끔 되어 있다. 하지만 식도의 신경은 심장에 아주 가깝게 놓여 있기에 위산이 역류하면 가슴까지 아플 수도 있다.

증상 완화 방법

- 섬유질이 풍부한 식사를 하되, 기름지게 먹지는 마라.
- 과식하지 마라.
- 식사를 할 때에는 식사에만 집중해라. 곁다리로 휴대폰을 보거나 다른 일을 하면서 식사하지 마라.

- 식사 전후 30분 동안은 아무것도 마시지 마라.
- 식사 후에는 편안한 자세를 취하고 위가 음식을 소화시킬 시간을 줄 것.
- 잠들기 전 3시간 동안은 아무것도 먹지 마라.
- 커피나 탄산음료를 마시지 마라.
- 오렌지 주스(마트에서 파는 포장용기에 담긴 주스)도 피해라.
- 껌, 매운 향신료, 양파, 초콜릿, 박하사탕도 불편을 유발할 수 있다. 이외 개인적으로 먹으면 소화가 안 되고 속이 불편한 음식을 찾아볼 것.
- 누웠을 때 상체가 약간 높이 위치하도록 하여, 위산이 쉽게 식도까지 올라오지 않도록 해라.
- 물건을 들어 올릴 때는 몸을 앞으로 구부리기보다 쪼그려 앉을 때처럼 무릎을 구부리고 들어라.
- 왼쪽으로 누우면 더 편할 것이다.
- 바닐라푸딩이나 우유가 도움이 될 수 있다.
- 임신 중에 속쓰림에 먹는 약을 문제없이 복용할 수 있지만, 6주 이상 연속 복용하지는 않도록 할 것. 약을 복용하기 전에 조산사나 의사와 미리 상의해라.

눈 관련 불편한 증상

임신 중에는 다양한 방식으로 시력에 변화가 있을 수 있다. 그러나 대부분의 경우 임신기간이 끝나면 눈의 불편함도 사라진다.

증상
- 눈이 흐릿하거나 눈부시거나 복시가 나타난다.
- 눈이 건조하고, 가렵고 눈물이 난다.

- 눈이 쉽게 피로해진다.
- 콘택트렌즈가 더 이상 맞지 않는다. 마찰이 커지거나 자꾸 떨어져 나온다.

원인과 발병 시점

보통 임신 시작부터 눈의 변화를 감지할 수 있는데, 임신 중에는 몸 곳곳에서 수분이 많이 정체되므로 눈에서 이상 반응이 일어날 수 있다. 눈의 모양이 (일시적으로) 변하고 누액의 구성에도 변화가 생겨 시력이 평소보다 떨어지거나 한 개의 물체가 둘로 보이거나 렌즈도 잘 맞지 않을 수 있다.

또한 눈 초점을 맞추는 근육이 호르몬의 영향으로 느슨해지다 보니 갑자기 눈이 부시거나 더 흐릿하게 보일 수도 있으며, 혈압이 오르면 눈이 더 건조하거나 약간 흐릿하게 보일 수 있다. 혈압이 높아지면 눈물이 잘 안 나오고, 눈물의 구성도 변하기 때문이다.

증상 완화 방법

- 눈을 세심하게 보호해라. 모니터를 너무 오래 들여다보지 말고, 찬바람을 맞지 않도록 하며, 에어컨을 많이 가동한다든지 해서 실내 공기가 건조해지지 않게 할 것.
- 충분한 수면을 취해라.
- 안구가 건조할 때는 점안액을 사용해라. 임산부에게 적합한 것인지 설명서를 꼭 확인할 것.
- 안과 의사나 안경점에 방문할 때는 당신이 임신 중이라는 사실을 알려주는 게 좋다.

젖이 새어나옴

. . . .

유두에는 7~14개의 유관이 있는데, 임신 후반기에 들면 저절로 젖이 흘러나온다. 하지만 젖이 전혀 새어나오지 않더라도 걱정하지 마라. 이후에 모유 양이나 질과는 아무런 상관이 없다. 요즘은 임신 중에 초유를 받아 얼려두는 것이 권장되는 추세다. 항체가 풍부한 몇 방울을 (바늘이 없는) 주사기에 모아 얼려놓거나 약간의 젖을 짜놓을 수 있다. 무엇보다 난산이 예상되어 분만 후 곧장 아기에게 젖을 물릴 수 없을 것을 대비해 초유를 준비해두는 것도 좋다.

증상

- 별다른 이유 없이 유두에서 젖이 새어 나온다.
- 유두 자극 중에 젖이 나온다.
- 오르가슴을 느낄 때 젖이 찌익하고 뿜어져 나온다.

원인과 발생 시점

임신 마지막 달쯤 되면 유방은 아기에게 젖을 먹일 준비를 한다. 젖 생산은 이미 시작됐다. 때문에 유두가 어떤 식으로든 자극을 받으면 자연스럽게 젖이 나온다. 처음 나오는 젖은 노랗거나 주황색을 띠는데 이것은 아주 정상적이다. '초유'에는 단백질과 항체가 풍부하다.

증상 완화 방법

- 젖이 새어 나오는 것이 불편하다면 브래지어 안에 수유 패드를 덧대라.
- 유두를 깨끗하게 씻고 늘 건조하게 유지해라.

성관계 후 복부 통증

완전히 정상적인 현상이다. 오르가슴을 느끼면 수축 운동이 지속되어 배 뭉침을 유발할 수 있는데, 크게 걱정하지 않아도 된다.

복통 및 복부 경련

임신 중에도 임신 전처럼 평범한 복통이 생길 수 있다. 물론 임신기간 중에 배가 아프면 더 걱정될 것이다. 평범하게 발생할 수 있는 복통 외에 임신과 관계된 특별한 복통도 있다. 복통과 더불어 다음 증상이 나타난다면 산부인과 의사에게 연락할 것.

• 통증이 점점 심해지고, 쉬어도 줄어들지 않을 때
• 출혈이 있을 때
• 갑자기 체온이 상승하거나 열이 있을 때
• 컨디션이 안 좋을 때
• 오한이 느껴질 때
• 어지럽거나 현기증이 날 때
• 소변을 볼 때 통증이 있거나 화끈거림이 느껴질 때
• 분비물이 변화할 때
• 한쪽 배만 심하게 아프거나 어깨 통증과 복통이 함께 느껴질 때

증상 완화 방법

• 따뜻하게 해주면 몸이 풀린다. 욕조에 들어가 따뜻한 물줄기를 배로 향하게 하

거나 탕파(핫보틀)를 배에 대주어라.
- 누군가에게 허리 마사지를 해달라고 부탁하라. 복통이 있으면 척추 주변의 근육이 경련을 일으켜 통증의 악순환에 빠지는 경우가 종종 있다.
- 옆으로 누워라. 그러면 위가 지지되어 상태가 좀 나아질 수도 있다.
- 정말로 견디기 힘들 때에는 코데인 성분이 들어 있지 않은 아세트아미노펜을 복용하라.
- 긴장을 풀어라! 때때로 복통은 약간 템포를 늦추고 여유 있게 가야 한다는 신호다.

경고: 곧장 유산을 생각하지는 마라

임신 중 복통이 있다고 반드시 유산을 의미하는 증상인 것은 아니다. 물론 갑자기 배가 아플 때 유산을 떠올리는 건 이해할 수 있는 일이다. 결국 유산은 모든 임산부가 두려워하는 시나리오이니 말이다. 다음 열거할 증상들은 유산을 암시한다. 이런 증상이 없다면 복통은 다른 것에서 비롯된다.

- 유산을 할 때는 대부분 분홍색 분비물이나 선홍색 피로 시작한다(유산과 무관한 착상혈일 때는 적갈색의 오래된 피가 보인다).
- 출혈이 점점 심해져서 월경 때를 방불케 하거나 그보다 더 심해진다.
- 때로 출혈이 잠시 멈추지만, 그 뒤에는 더 심해진다.
- 가벼운 또는 심한 경련 형태의 복통이 하복부 깊숙이에서 나타난다.
- 위장의 내용물이 모두 교대된 이후까지 복통과 출혈이 계속된다.

약 임신 7주부터는 유산을 하면 '작은 인간'을 분간할 수 있다. 수정은 4주째에 이미 이뤄지지만 그때는 인간의 형태를 갖추지 않았고, 쌀알만 한 크기밖에 되지 않는다. 유산한 경우 배아를 보고 싶은지 잘 생각하라. 유산 증상이 나타나면 밤낮을 가리지 말고 주말에도 반드시 병원에 가야 한다.

복부 부상

간혹 의도치 않게 배를 차이거나 넘어지거나 어딘가에 배를 부딪치는 일이 일어 난다. 하지만 다행히 아기는 아주 단단한 자궁 속 양수 안에 잘 보호되어 있는 데 다, 임신 초기에는 자궁이 치골 뒤에 안전하게 위치한다. 하지만 충돌 뒤 치골에 통증이 가라앉지 않으면 초음파검사를 받아야 할 것이다.

임신 2분기와 3분기에 복부를 부딪치거나 차이는 경우 자궁에 적잖이 충격이 가 해지지만, 양수 덕분에 아기는 무사할 확률이 높다. 하지만 가볍게 넘어진 것이 아 니라 자동차 사고를 당했다든지 정말 심한 타격을 있었다면 자궁, 태반 또는 아기 가 상해를 입었을 가능성이 있다. 다음과 같은 경우는 의사를 찾아가야 할 것이다.

- 넘어지면서 배에 정면으로 또는 직통으로 충격이 가해진 경우
- 옆쪽에도 충격이 가해진 경우
- 타격이 정말 심했을 때
- 보통 볼 수 있는 퍼런 멍이 아니라 검은 멍이 생겼을 때
- 넘어진 뒤 복부에 경련이 있거나 지속적인 복통이 있을 때
- 넘어지고 나서 진통이 시작된 경우
- 아기의 태동이 더 이상 느껴지지 않을 때
- 전치태반인 상태에서 넘어지거나 타격을 입었을 때
- 그 밖의 미심쩍은 점이 있을 때
- 누군가가 의도적으로 상해를 입혔을 때

자궁 압박 복통

자궁이 계속 커져서 주변의 모든 장기를 누른다. 꽤나 거칠게 들리지만 정말로 그렇다. 모든 장기는 다른 자리로 밀려나고, 더 늘어나거나 압박을 견뎌야 한다. 이 모든 것이 통증을 유발할 수 있다.

설사

설사는 매우 가늘고 묽은 변이다. 변은 원래는 뭉쳐 있어야 하지만 너무 단단해서도 안 된다. 설사를 한다는 것은 장이 특정 이유로 제대로 일하지 못해, 음식에서 필요한 영양소를 흡수할 수 없다는 뜻이다. 걱정까지 해야 하는 경우는 드물지만, 그럼에도 설사를 한다면 주의해야 한다. 또한 설사로 인해 몸에 해로운 탈수증이 생길 수 있으므로 잘 살펴야 한다.

원인과 발병 시점

설사도 호르몬 때문일 수 있다. 장이 느슨해져 제 기능을 하지 못해 설사를 할 수도 있고, 스트레스와 변비 때문에 설사를 할 수도 있다. 바이러스(위장염)나 세균(예를 들면 살모넬라)도 설사를 유발할 수 있다. 임신 중에는 장이 더 약해져서 설사가 날 위험이 높다. 임신하면 비타민과 미네랄 흡수가 떨어져 몸의 저항력 자체가 약해지는 경우가 많다. 때문에 나쁜 음식이 들어왔을 때 잘 대처하지 못하고, 장염에 걸리기 쉽다. 장염은 대부분 구역, 구토, 복통, 위장경련, 장이 꾸르륵거리는 소리, 식욕 저하를 동반한다.

설사 증상은 시기가 따로 없이 임신기간 언제든지 나타날 수 있다. 하지만 장 활동의 변화로 말미암아 2분기부터 더 자주 나타난다.

증상 완화 방법

- 물을 많이 마셔라. 임신 중에는 탈수 증상이 더 빠르게 올 수 있다. 그러므로 늘 충분한 수분을 섭취해줘야 한다. 더운 날씨에 설사가 나면 특히 조심해야 한다. 목이 마를 때 물을 마신다면 이미 늦다. 그 전에 마셔주어야 한다.
- 채소와 과일을 풍부히 섭취한다.
- 설사약은 가급적 먹지 않는 것이 좋다.
- 설사가 오래갈 때는 주치의와 상의해라.
- 무턱대고 약을 먹어서는 안 된다. 약을 먹을 때는 늘 임산부가 복용 가능한 약인지 사용설명서를 찾아보고, 미리 의사나 조산사와 상의해라.
- 혈중 나트륨 수치와 당 수치가 떨어지지 않았는지 확인해라. 혈중 나트륨, 당 농도가 부족한 경우 세계 보건기구 기준에 맞춘 경구수액 또는 전해질음료가 도움이 될 것이다. 하루 네 번 이상 토하거나 여덟 번 이상 묽은 설사를 한다면 마셔주어야 한다.
- 사과를 갈아 약간의 계피를 첨가해 먹어도 좋을 것이다.
- 사우어크라우트 같은 프로바이오틱식품 또는 발효식품을 먹어라.

설사와 동시에 다음과 같은 증상이 나타나면 반드시 주치의를 찾아갈 것. 열, 출혈, 대변 속의 혈액 또는 점액, 심한 복통 또는 경련, 정신의 혼미, 요의가 거의 느껴지지 않음, 이틀 이상 이어지는 설사, 항문 열상(미세하게 찢어진 곳) 또는 상처, 설사에 피가 섞여 나올 때(즉시 연락할 것!), 반복되는 설사, 장거리 여행 뒤에 나타나는 설사(기생충에 감염 검사 필요) 등 다양한 증상이 나타날 수 있다.

착상통

자궁에 수정란이 착상되는 걸 전혀 느끼지 못하는 여성들도 있고 약간의 착상혈이 비치는 여성들도 있다. 어떤 여성들은 착상될 때 가벼운 통증을 느낀다. 착상은 평균적으로 마지막 생리가 시작된 날로부터 23일째 되는 날, 즉 다음 생리 예정일 일주일 전쯤에 이뤄진다. 착상통은 대부분 생리통과 비슷하게 하복부의 짧은 경련으로 느껴진다. 착상통을 정말로 느낄 수 있는지에 대해 회의적으로 보는 의사들도 있지만, 많은 여성들은 그들이 착상을 분명히 느꼈다고 확신한다.

식중독

오염된 음식의 박테리아나 균류가 만들어내는 독소로 인해 급성 위장장애 증상이 나타난다. 식중독은 자체로는 아기에게 거의 해롭지 않지만, 임신하면 탈수 증상이 오기 쉬워지므로 불편에 빠르게 대처하는 것이 중요하다. 삼키거나 말하는 데 문제가 있거나 마비 현상이 있다면 곧장 의사에게 전화해라. 이런 증상은 식중독 중 가장 위험한 형태인 보툴리누스 중독을 암시하는 것일 수 있다. 보툴리누스 중독은 당신과 아기에게 엄청나게 해로울 수 있지만, 다행히 매우 드물게 나타난다.

증상

• 갑작스럽게 나타나는 격렬한 복통, 소화불량(보통 2시간 이내), 장 경련, 메스꺼움, 구토, 설사, 머리가 멍함, 열이 난다.

원인과 발병 시점

식중독은 원칙적으로 임신기간 내내 언제든지 발생할 수 있다. 직접적인 원인은 오염된 음식이다. 임산부는 식중독 증상이 더 심하게 올 수 있다. 면역계가 약해져 있어 식중독에 대한 반응도 평소보다 더 격해지기 때문이다.

증상 완화 방법

- 먹거리를 위생적으로 다루려면 어떻게 해야 하는지 숙지하라.
- 임신 중에 피해야 할 음식을 알아보라.
- 부엌, 냉장고, 식품 저장실의 위생에 유의해라.
- 준비 과정을 알지 못하는 음식(가판대 같은 곳에서 파는 음식)은 되도록 피해라.
- 식품에 대해서는 258쪽을 참고하라.

식중독은 감염과는 다르다. 식중독에서 우리에게 불편을 초래하는 것은 박테리아(세균)나 바이러스가 만들어내는 독소이고, 감염의 경우는 박테리아나 균류, 기생충 자체이다. 식중독은 보통 익히지 않은 동물성 식품이나 오염된 채소와 과일 속의 살모넬라균과 포도상구균에 의해 일어난다. 그러므로 음식은 잘 익혀서 따뜻하게 먹는 것이 좋다.

위장 통증
· ·

위장관의 염증으로 나타나는 복통. 병이 유행하여 많은 사람들이 질병에 걸릴 수 있다. 만약 열이 많이 나거나 너무 기운이 없을 때는 주치의에게 연락을 취해야 한다.

증상

- 설사, 출혈이 없는 복부 경련, 출혈이 없는 발작적 복통, 심한 복통, 메스꺼움, 구토, 열이 난다.

원인과 발병 시점

박테리아나 바이러스에 감염된 시점에 면역계가 제대로 작동하지 않는 경우 빠르게 증상이 나타나며, 바이러스성인 경우는 완전히 낫기까지 더 오래 걸린다. 하지만 위장감염은 당신에게도, 아기에게도 위험하지 않다. 또한 위장감염은 임신기간 언제든 발생할 수 있다.

증상 완화 방법

- 완전히 회복되기까지 시간적 여유를 가지고 안정을 취해라.
- 설사로 말미암은 후유증을 피해라.
- 메스꺼움으로 인한 후유증을 피해라.

스트레스성 복통

스트레스로 배탈이 나는 경우가 많다. 스트레스를 받으면 코르티솔과 아드레날린의 분비가 증가하기 때문이다. 이들 호르몬은 주의력과 반응 속도를 높임으로써 근육을 강하게 긴장시키는데, 이런 긴장이 복통을 유발한다. 그밖에 코르티솔은 위장관에도 영향을 미친다. 그러므로 정신적 스트레스가 복통이나 설사 같은 신체적 불편을 유발할 수 있는 것이다. 하지만 스트레스 때문에 유산을 할 수도 있다는 이야기는 속설이다.

아기가 발로 차는 통증

임신 말기에 아기가 많이 자라 엄마 배 속 자리를 전부 차지하게 되면 아기가 장기가 있는 쪽을 발로 차거나 복벽을 발로 차서 복통이 오기도 한다. 아기가 골반 쪽으로 내려가면 대부분 괜찮아진다.

변비와 복부팽만감

배변 횟수가 일주일에 세 번 이하인 경우 장에 숙변이 쌓여 복통이나 다른 불편을 유발할 수 있다.

증상

- 배변 시 항문 통증, 변비로 인한 복통(특히 왼쪽 하복부), 딱딱하고 건조한 변, 치질 또는 치열(항문 내지 항문 안쪽의 파열), 복부팽만감

원인과 발병 시점

변비는 임신기간 동안 언제든지 생길 수 있다. 하지만 특히 2분기와 3분기에 많은 여성들이 변비로 고생한다. 프로게스테론 때문에 장운동이 느려져, 대변을 자주 보지 못한다. 장이 약간 게을러진다고 말할 수 있다. 게다가 장이 대변에서 수분을 제거하기 때문에, 배설물이 체내에 오래 머무를수록 더 건조하고 단단해진다. 차츰 자궁이 장을 압박하게 되기에 장운동이 더 느려질 수도 있다.

증상 완화 방법

- 섬유소가 풍부한 음식을 먹어라. 섬유질은 배변을 원활하게 해준다. 섬유질은 (생) 채소, 과일, 통곡물 제품에 많이 들어 있다. 유기농 식품점에서 이런 식품을 구입해서 식사에 활용해도 좋을 것이다. 섬유질을 추가적으로 섭취할 때는 물을 많이 마셔야 한다. 그렇지 않으면 역효과가 난다.

- 매일 최소 2리터의 물을 마셔라. 체내에 수분이 부족하지 않아야, 장에 수분이 부족해져도 신체 전체에 별로 영향을 미치지 않는다.
- 커피, 콜라, 차에 함유된 카페인을 피해라.
- 운동을 충분히 하라. 움직임이 적을수록 장 기능이 저하된다.
- 화장실에 갈 때는 시간적 여유를 가져라. 조금이라도 변의가 느껴지면 얼른 화장실로 직행해라.
- 올바른 자세로 변기에 앉아라. 등을 90도 각도로 세우지 말고 그보다 적은 각도가 되도록 하고, 작은 발판에 발을 올리면 좋은 조건이 된다.
- 애써 힘을 주지 마라. 억지로 힘을 주는 건 아무 도움이 되지 않으며 치질의 위험만 높아진다.
- 아침에 기상하자마자 미지근한 물을 한 컵 마시는 습관을 들여라.
- 프룬 주스와 말린 살구도 변비에 효과가 있다.

방광염

··

방광염은 그 자체로 위험하지는 않지만 그래도 주치의나 산부인과 의사를 방문하여 임산부가 복용 가능한 항생제를 처방받아야 한다. 방광염을 치료하지 않고 방치하면 신우염으로 발전할 수 있다. 신우염은 굉장히 고통스러울 뿐 아니라, 당신과 아기에게 해가 될 수도 있다.

방광염은 방광 점막과 하부 요로에 염증이 생기는 것을 말한다. 임신하지 않았을 때도 방광염에 걸릴 수 있지만 그럴 때는 통증이 생기기에 더 빨리 알아차릴 수 있다. 하지만 임신 중 방광염에 걸리면 통증이 없을 수도 있으므로 다른 증상들에 유의해야 한다.

증상

- (종종은 소변을 본 뒤) 아랫배가 아프다.
- 배뇨 시 통증이나 작열감이 느껴진다(경고: 임신 중에 이런 증상이 늘 나타나는 건 아니다!).
- 소변이 줄기로 나오지 않고 방울방울 떨어진다.
- 요의가 자주 느껴지지만, 막상 소변을 보면 양이 적다.
- 소변 색깔과 냄새가 변한다.
- 갈비뼈 아래쪽 등을 두드리면 통증이 있다.
- 소변에 혈액이 섞여 나온다.
- 미열이 있다.

원인과 발병 시점

임신 첫 몇 주가 지난 다음에는 몸이 느슨해져서, 방광염이 생길 위험이 증가한다. 방광을 완전히 비우지 못하는 일이 잦아지기 때문이다. 그러다 보니 방광에 약간의 소변이 남는다. 또한 요로가 넓어지다 보니 더 많은 소변이 남을 수 있다.

게다가 임신기간 동안 배가 점점 커질수록 방광이 눌리면서 방광염에 걸릴 위험도 커진다. 방광에 더 이상 공간이 많지 않으므로 요의가 자주 느껴지는데, 번번이 소량의 소변을 보고 방광을 완전히 비우지 못하면 남은 소변에 박테리아가 증식될 가능성이 높아진다.

증상 완화 방법

- 물을 충분히 마셔라(하루에 최소 2리터).
- 요의가 느껴지면 곧장 화장실에 가라.
- 시간적 여유를 가지고 배뇨를 해야 방광을 완전히 비울 수 있다.
- 잠자기 직전에 한 번 더 화장실에 가라.

- 면으로 된 속옷을 입어라(합성섬유로 만든 것은 피해라).
- 비타민 C 섭취를 충분히 해라.
- 조산사나 산부인과 의사와 상의를 거친 후 디-만노스^{D-Mannose}를 복용해라. 건강보조식품 D-만노스는 당의 일종으로 방광점막 건강을 촉진하고 염증을 예방해준다.
- 성관계를 한 뒤 즉시 화장실에 가라.
- 질 성교 전후에 물로 외음부를 씻어라.
- 변을 본 뒤에는 앞에서 뒤로 닦아야지, 반대 방향으로 닦아서는 안 된다. 방광염이 생기는 여러 이유 중 하나가 장의 세균이 방광으로 유입됐기 때문이다.
- 외음부를 씻을 때는 비누를 사용하지 마라.

조산사 잉에 티멀먼스의 조언

방광이 다 비워지지 않은 듯한 느낌이 들면 변기에 앉은 상태로 골반을 앞에서 뒤로 몇 번 기울여보세요. 즉 등을 구부렸다 폈다 해주는 거죠. 이런 행동은 종종 마지막 소변까지 떨구어 버리는 데 도움이 될 거예요.

몸의 중심을 지탱하는 골반 건강을 사수하라!

디워체 슈힝카는 임산부, 아기, 어린이 대상의 척추지압을 전문으로 한다. 동료와 함께 척추지압요법센터를 운영하면서 골반에 문제가 있는 많은 여성들을 치료하고 있다.

"골반의 구조에 대해 쉽게 설명해주시겠어요?"

골반은 세 개의 뼈로 구성됩니다. 천골(엉치뼈)와 좌우 장골(엉덩뼈)이 그것이지요. 이 세 골반뼈가 골반링 또는 골반대라고도 불리는 원을 이루며 서로 관절로 이어져 있습니다. 좌우로 천장 관절에서 장골과 천골이 만나고, 앞쪽으로는 치골결합(두덩결합, 치골이 결합해서 만드는 관절)이 위치하지요. 관절 주위에서는 탄력 있는 인대와 근육이 뼈를 결합시켜 줍니다.

"골반이 아픈 것을 골반 불안정성 또는 인대 통증이라고 하나요?"

'골반 불안정성'이라는 용어가 등장한 지 오래됐지만, 우리는 아직 그것을 해결하지 못하고 있어요. 골반 불안정성은 대부분 운동성 제한이나 근육 긴장의 불균형 때문에 생긴 골반의 불균형으로 인한 것이지요. 골반이 불균형하게 되면 골반대 통증이 생기거나 요통이 생겨요. 골반이 불균형한 경우 인대가 굉장히 약해져서 골반의 구성 요소들이 제기능을 못하거나 주변 근육 및 인대에 과부화가 걸리며 통증을 느끼게 됩니다.

"허리와 서혜부 통증이 있을 때는 어떻게 해야 할까요?"

골반대는 복합적인 구조로 되어 있어, 여러 부위에 통증이 발생할 수 있어요. 골반통이 있다고 늘 골반이 문제인 것은 아니고, 엉덩이나 허리 때문에 통증이 생길 수도 있습니다. 개인적으로 가늠해볼 때 임산부 셋 중 둘은 골반이나 허리에 문제를 겪는 것 같아요. 통증이 너무 심하거나 만성적이라면 정확한 진찰을 통해 통증이 어디에서 오는지 알고 치료를 해야 합니다. 서혜부나 치골 쪽에 지속적으로 통증이 느껴지는 경우도 마찬가지에요. 통증을 무의식적으로 견디다 보면 다른 근육이나 관절에 부담을 줄 수 있습니다.

"어떨 때 전문가의 도움을 구해야 할까요?"

과로한 뒤 요통이나 골반통이 발생하는 건 아주 평범한 일입니다. 잘 쉬어주고, 푹 자면 24시간 이내에 통증이 사라지는 경우가 보통이지요. 하지만 통증이 계속되거나 너무 심한 나머지 일상 생활을 영위하기 힘들다면 도움을 구해야 할 것입니다.

골반 건강을 지키는 실용적인 조언

· 운동, 산책, 자전가 타기 등 부지런히 몸을 움직여라. 임산부를 위한 특별 운동 프로그램에 참여하면 가장 좋을 것이다.

· 다리를 꼬고 앉지 말 것.

· 무거운 물건을 들어 올리는 일도 피해라.

· 물건을 들어 올릴 때는 무릎을 사용해라. 무릎을 굽혀 몸을 아래쪽으로 하강시킨 뒤, 짐을 최대한 몸에 가깝게 들어 올려라. 몸과 거리를 둔 채 들어 올리면 몸에 바짝 붙이고 들어 올릴 때보다 훨씬 하중이 커진다.

· 일과 중에 장시간 앉아 있는 편이라면 곧잘 '미니 휴식 시간'을 넣어줘야 한다. 30초간

스트레칭을 해주기만 해도 도움이 된다.

- 하이힐 착용은 금물.

- 옆으로 누워서 수면을 취해라. 무릎과 발목 사이에 수유 쿠션을 끼고 자라. 그러면 골반이 올바른 위치에 있게 된다. 옆으로 누워서 자는 사람들을 위해 출시된 길쭉한 쿠션을 활용해 아랫배를 지지해주면 더 좋을 것이다.

- 규칙적으로 책상다리로 앉는 버릇을 들이고, 자주 고양이 자세를 훈련해주어라. 고양이 자세는 손과 무릎을 바닥에 대고 엎드린 자세에서 등을 움푹하게 했다가 둥글게 했다가 하는 요가 동작이다.

- 충분한 휴식을 취해라. 몸이 쉬라고 신호하면 쉬는 게 좋다.

출산 후 아프지 않으려면 꾸준한 운동이 필수

세실 호스트는 물리치료사이자 정형 도수치료사다. MoVes라는 치료실을 운영하며 골반과 자세에 문제 있는 여성과 아이들을 주로 치료하고 있다.

골반통은 어떤 면에서 근육통의 한 형태라 볼 수 있어요. 임신하면 골반의 일부 근육이 평소보다 더 많이 움직이는 상태가 되고, 이 근육들이 지속적으로 강한 긴장 가운데 있으면 심한 통증이 생길 수 있지요. 이런 경우 치료사는 다른 근육을 활성화하도록 도와주고, 출산 뒤에도 골반통이 생기지 않도록 조언을 해줄 수 있습니다.

"운동을 하는 것이 골반에 좋을까요?"
임신 중에도 운동을 하는 등 몸을 부지런히 움직여주면 좋지요. 하지만 골반에 무리가 가는 힘든 운동은 추천하지 않습니다. 뜀뛰기, 달리기, 무거운 걸 들어 올리는 운동은 피해야 합니다. 물론 다른 운동도 과도하게 해서는 안 되고요. 3개월 정도 전혀 운동하지 않았다면 갑작스레 집중적으로 운동을 하는 것은 좋지 않습니다. 통증이 생길 위험이 있으니까요.

"직업 활동이 골반통을 유발하는 경우는 어떻게 해야 할까요?"
요즘에는 임신 말기까지 직장생활을 계속하는 임산부들이 많지요. 일반적으로 이런 추세는 긍정적이라 할 것입니다. 일이 힘들게 느껴진다고 해서 무턱대고 그만

둘 수는 없지요. 불편한 증상이 생길 때, 우선은 그것을 질병이라기보다는 변화가 필요하다는 신호로 의식하는 것이 중요합니다. 치료사는 단기적인 치료를 통해 자세나 운동을 교정해 줌으로써 통증을 줄여주고, 일상적 활동에 대해 조언을 해 줄 수 있어요.

증상 완화에 도움이 되는 기구들은 대부분 비싸지 않으며 중고로도 구할 수 있는 것들입니다. 때로는 아기 방을 예쁘게 꾸미는 것보다 이런 좋은 기구들을 마련하는 것이 더 중요할 수도 있습니다. 직업 활동을 계속하는 것은 임산부 자신을 위해서도 중요하고 좋은 일이니까요.

"운동 방식을 바꿔주는 것이 도움이 될까요?"

치료사들이 당신의 행동 패턴에서 잘못된 부분들을 찾아줄 거예요. 몇 가지 간단한 질의응답을 통해 이미 어떤 부분을 교정해줘야 하는지 알게 되는 경우가 많거든요. 예를 들면 장을 보는 중에 등을 쫙 펴고 성큼성큼 걷는 대신 등을 구부정하게 하고 걷고 있을지도 몰라요. 일단 걷는 자세를 교정하면 훨씬 개선되고 컨디션이 좋아지는 경우가 많답니다.

무료 앱으로 관리하기

임신기간과 출산 후 평상시에도 올바로 움직이는 법을 알고자 한다면 세실의 무료 앱을 다운받아라. 세실은 앱에 각각의 운동을 어떻게 실행할 것인지 사진으로 보여준다. '로스트 무브스 마마스^{Rost Moves Mamas}'는 유용한 무료 앱이다.

빈혈

적혈구가 부족하거나 적혈구 속 산소를 운반하는 단백질인 헤모글로빈^{Hb}이 결핍되어 있는 것을 '빈혈'이라고 한다. 빈혈은 거의 모든 여성들에게서 흔히 나타나지만 주의할 필요가 있다. 아래 증상들은 혈액 속 철 함량이 매우 낮은 상태여야만 나타나는 수가 많다. 빈혈이 심각해지기 전에는 모호한 증상만 나타나는 것이다. 또한 빈혈 증상은 다른 질환의 증상들과 겹치기에, 빈혈을 조기에 발견하기가 힘들다.

증상

• 쇠약감, 심장 두근거림, 피로감, 숨 가쁨 또는 호흡 곤란, 창백한 피부, 두통, 메스꺼움, 이명, 식욕 저하, 하지불안, 어지러움, 집중력 저하, 수족냉증

원인과 발병 시점

헤모글로빈 부족은 임신 초기부터 발생할 수 있지만, 대개 30주 경에 가장 많이 부족해지며 그 뒤 수치가 다시 조금 회복된다. 평균적으로 헤모글로빈 수치는 임신 1분기보다, 2~3분기에 더 낮아진다.

헤모글로빈이 형성되려면 철분이 필요하며, 엽산이나 비타민 B$_{12}$ 결핍도 헤모글로빈 부족을 일으킬 수 있다. 임신하면 혈액 속 헤모글로빈 수치가 전보다 떨어진다. 몸에 더 많은 혈액이 흐르기에 헤모글로빈이 추가된 혈액(당신과 아기의 혈액)에 두루 분산되기 때문이다. 헤모글로빈 수치 검사는 보통 임신 12주와 30주, 이렇게 두 번 이뤄진다. 헤모글로빈 수치가 너무 낮은 것으로 확인되고 건강한 식사로도 쉽사리 높아지지 않으면 철분 보충제를 처방받게 될 것이다.

증상 완화 방법

- 임신 초기부터 통곡물, 육류, 생선, 견과류, 채소, 콩, 과일, 사과잼 등 철분 함유 식품을 골고루 섭취하라.
- 식사를 할 때 비타민 C가 풍부한 음식을 곁들이면 철분 흡수가 더 향상된다. 키위, 오렌지, 블루베리, 딸기, 신선한 과일 주스, 브로콜리, 렌즈콩, 파프리카, 치커리 같은 채소를 식사에 곁들여라.
- 파슬리, 바질, 로즈마리, 마요라나와 같은 말린 허브에는 철분이 풍부하므로 조미료로 활용하라.
- 매일 30분 정도 운동을 해주면 헤모글로빈 함량이 높아진다.

예전에 빈혈을 앓은 적이 있다면 임신 중에 다시 빈혈에 걸릴 위험이 높다. 헤모글로빈이 부족하지 않아야 임산부의 건강도, 아기의 발달에도 지장이 없다. 헤모글로빈이 부족하면 임산부 스스로 질병이나 감염에 취약해지며, 연구에 따르면 아기의 성장 지연(낮은 출생체중)과 유산 위험도 증가하는 것으로 나타났다. 하지만 이런 연관은 아직 완전히 입증되지 않았다.

고혈압, 임신중독, 자간증, HELLP 증후군

심장이 몸 전체에 혈액을 펌프질 할 때 혈관벽에 압력이 작용하는데, 이것이 바로 당신의 혈압이다. 심장이 수축하면서 빠르게 뛸 때 압력이 가장 높으며(이를 '수축기 혈압'이라 한다), 심장이 이완하면서 박동이 다시 느려질 때 압력이 가장 낮다('이완기 혈압'이라 한다). 여러 번 측정하여 매번 혈압이 정상 수치를 웃도는 경우를 '고혈압'이라고 한다. 이런 경우 단백뇨 검사를 받게 될 것이다.

고혈압에는 다섯 종류가 있는데, 다음 중 처음 두 경우는 임산부에게 그다지 해롭지 않다. 물론 이 두 가지 경우라도 면밀히 관찰할 필요는 있다. 그 외 세 종류의 고혈압은 임신 중에 더 위험하다.

- 고혈압: 임신 전에 고혈압이 있었고 단백뇨가 있었다.
- 임신성 고혈압: 임신을 하고 고혈압이 생겼는데, 단백뇨는 관찰되지 않는다.
- 자간전증(또는 전자간증): 임신 중에 고혈압이 생겼고, 단백뇨가 검출됐다.
- 자간증: 고혈압이 있고 간질에서 연유하는 것이 아닌 경련, 발작이 일어난다. 자간증의 경우는 뇌 속, 정확히는 대뇌피질의 혈압이 너무 올라가는 것으로 보이며, 임신중독증 중 가장 위험하여 사망에 이를 수도 있는 합병증이므로 즉각 치료가 필요하다. 자간증과 HELLP 증후군이 함께 나타나는 경우가 많다.
- HELLP 증후군: HELLP 증후군은 임신기간에 용혈^{hemolysis}, 간기능장애^{Elevated Liver Enzymes}, 혈소판 감소^{Low Platelets}로 나타난다. 각 증상의 머리글자를 따서 'HELLP 증후군'이라고 한다. 적혈구가 분해되고, 간기능장애가 나타나고, 혈소판이 부족해져 혈액이 더 이상 잘 응고되지 않는다. HELLP 증후군은 출산 후에도 발생할 수 있으나(출산 후 8일 지난 시점까지), 그런 경우는 매우 드물다.

자간전증, 자간증, HELLP 증후군은 임산부와 아기에게 위험할 수 있으므로 고혈압과 더불어 불편 증상이 나타나거나 미심쩍은 경우는 즉각 조산사에게 연락을 취해야 한다. 상황에 따라 산모의 생명이 우려되는 경우는 유도분만이 이뤄지거나 제왕절개를 하게 된다. 이때 아기가 목숨을 건질 수 있는지는 부차적인 문제다. 의료적으로는 언제나 산모의 생명이 우선되기 때문이다. 즉각 분만을 하여 아기가 이미 생존할 수 있는 개월 수인 경우는 출산 예정일이 얼마나 남았느냐에 따라, 아기의 생존을 최대한 보장하기 위해 신생아 전문 병원에서 출산을 하게 될 것이다.

증상

- 약간의 혈압상승, 두통, 흐릿한 시야(별이나 번개가 보인다), 손가락 저림, 상복부 또는 가슴 아래 통증(배 위까지 올라오는 바지가 꽉 조이는 것 같은 느낌), 메스꺼움, 부종, 단백뇨, 머리나 가슴에 띠를 두른 느낌, 어깨뼈 사이 통증 또는 상부 등통증, 집중력 저하

원인과 발병 시점

고혈압을 유발하는 것이 무엇인지 아직 완전히 연구가 이뤄지지 않았다. 태반 발달이 영향을 미치는 것이 아닌지 의심이 되고, 유전적인 요인, 특정 영양소 결핍, 과체중 또는 당뇨, 심혈관 질환, 자가 면역질환 등 기저 질환도 영향을 미치는 것으로 보인다. 그밖에 다태아 임신이나 40세 이상의 고령 임신인 경우에도 임신기에 고혈압이 생길 위험이 더 높다. 당신의 어머니나 자매들이 고혈압인 경우에도 위험성이 더 높다.

임신 초기에는 평소 혈압과 같다가 임신 5~6개월을 지나면서 태반호르몬의 영향으로 혈압이 약간 떨어지게 된다.

증상 완화 방법

- 운동은 혈압을 조절해준다.
- 너무 짜게 먹지 말고, 감초를 먹지 마라.
- 자거나 쉴 때는 왼쪽으로 눕는 것이 좋다. 그래야 혈액 순환이 더 잘된다.
- 위험한 형태의 고혈압이 있는 경우 철저한 감시와 더불어 입원 치료를 받을 수도 있다. 혈압이 임산부와 아기에게 부정적인 후유증을 남길 정도로 높은 경우에는 주변의 보호자에게 연락을 취해야 할 것이다. 고혈압에 대한 지식과 경험, 팁은 매우 도움이 될 것이다.
- HELLP 증후군의 경우 계속적으로 정신적, 신체적 돌봄을 받아야 한다.

특히 첫 임신의 경우 임산부 열 중 하나는 고혈압을 앓게 된다. 혈압이 정상에서 약간 높아지는 것 자체는 위험하지 않지만, 그럼에도 모니터링을 해야 한다. 조산사나 산부인과 의사가 진료 때마다 혈압을 잴 것이다. 수축기 혈압이 140mmHg 이상, 이완기 혈압이 90~95mmHg 사이가 나오면 고혈압 진단을 받게 된다. 주의할 점 하나. 지금은 직접 혈압을 재지 말고 조산사에게 부탁해라.

출혈

갑자기 질에서 피가 나오는 것. 때로는 팬티에 묻어날 때에야 하혈이 있었음을 알게 될 것이다. 출혈은 생각보다 자주 일어난다. 임산부의 약 3분의 1이 출혈을 경험한다. 그러나 월경 때보다 많은 양의 출혈이 있으면 조산사나 산부인과 의사에게 즉시 연락해야 한다. 소량인 경우는 일단 기다려보라. 배에 경련이나 다른 불편이 나타나지 않는다면 무해한 정상적 출혈일 가능성이 높다.

증상
- 혈액의 색깔은 분홍색(이것은 갓 출혈된 혈액이 다른 분비물과 합쳐진 것), 빨간 색(갓 출혈된 혈액), 갈색(오래된 피)을 띨 수 있다.
- 하혈과 함께 통증이 나타나는 경우 그 즉시 조산사나 산부인과 의사에게 연락해라.
- 가벼운 하혈에서는 종종 아무것도 느끼지 못할 수도 있다.

원인과 발병시점
소량의 출혈은 보통 다음과 같은 원인에서 비롯된다. 출혈은 임신 초기에 나타나는 경우가 많지만 임신 후기에도 나타날 수 있다. 대부분의 경우는 무해한 이유에서 발생하지만, 그래도 가볍게 넘기지 말고 신중하게 살펴야 한다.

- 착상혈: 생리 예정일 며칠 전에 몇 방울의 피가 나온다. 임산부 다섯 중 하나에서 착상혈이 관찰된다.
- 성관계 후 출혈: 임신하면 자궁에 특히나 혈류량이 많아지며, 자궁경부의 얇은 피부는 더 얇아진다. 그리하여 성관계 시 삽입과 자궁경부 쪽으로 가해지는 피스톤 운동으로 말미암아 소량의 무해한 출혈이 나타날 수 있다. 성관계 후 출혈은 관계 뒤 하루 반 동안 지속될 수 있다.
- 치질: 이 경우는 피가 질이 아니라 항문에서 나온다.
- 위월경pseudomenstruation: 어떤 임산부들은 평소 생리예정일이 되면 약간의 출혈을 하기도 한다. 거짓 월경을 하는 것이다. 이것은 hCG 호르몬 때문이다. hCG 호르몬이 너무 적게 분비되는 경우, 마치 배란이 되어 월경을 하는 것처럼 약간의 하혈을 할 수 있다. 두세 달 그런 일이 있을 수 있지만, 그 다음에는 대부분 멈춘다.
- 출산이 가까워지면서 막달에 점액 마개가 떨어진 경우에도 피가 난다.
- 태반이 자궁경부 바로 위에 놓여 있는 완전 전치태반이거나 하위 태반인 경우에도 피가 난다.
- 그 외에 방광염, 자궁경부 염증, 질검사 또는 질 초음파, 유산 또는 유산의 위험이 있을 때 출혈이 있을 수 있다.

증상 완화 방법

- 임신 2분기나 3분기에 출혈이 나타나면 조산사나 산부인과 의사에게 반드시 알려야 한다.
- 방광염이 의심되면 단골 병원이나 산부인과에 방문하여 소변검사를 받아라.
- 출혈이 심할 때, 심한 복통이나, 배를 찌르는 듯한 증상이 있을 때, 체온이 38도

이상일 때, 통증, 복부 경련, 진통, 오한을 동반한 출혈일 때, 미심쩍을 때는 늘 일단 병원에 연락을 해야 한다.

좌골신경통

. . . .

좌골은 골반을 이루는 좌우 한 쌍의 뼈를 말한다. 그리고 좌골신경은 인체에서 가장 긴 신경으로 척수에서 시작해 엉덩이를 지나 허벅지 뒷부분을 거쳐 발까지 이어진다. 임신 중에 이 신경이 눌리면 좌골신경통이 나타난다. 임신 중에 나타나는 좌골신경통과 골반 불안정성은 서로 유사한 불편을 초래할 수 있어서 스스로 진단을 하기는 어렵다. 전문가와 이야기해보라. 의사는 때로 진통제를 처방해주겠지만, 꼭 필요한 경우에만 그렇게 할 것이다. 우선은 운동으로 통증이 경감되는지 살펴보는 편이 좋다.

증상

- 아래쪽 등이 아프고, 엉덩이와 때로는 다리에도 방사통이 나타난다.
- 다리가 쑤시거나 무감각한 느낌이 나타나고, 때로는 발에까지 그런 느낌이 나타난다.
- 등, 엉덩이, 다리가 화끈거린다.
- 근력이 약화된다. 무엇보다 허리와 다리 근육이 약해진다.
- 다리가 저리다.

원인과 발병 시점

무엇보다 임신 2분기와 3분기에는 프로게스테론 농도가 최고조에 달하므로 신경이 눌리기 쉽다. 한 번 눌린 신경이 계속 눌려 있으라는 법은 없기에, 통증이 갑작스럽게 시작된 것처럼 어느 순간 빠르게 사라질 수도 있다.

프로게스테론은 근육, 인대, 관절을 느슨하게 만들어 몸을 출산하게 좋게끔 한다. 하지만 그러다 보니 신경뿌리(신경근)에 압력이 가해져, 허리 신경이 눌릴 수 있으며, 그로 인해 통증이 생기고, 다리에까지 방사통이 나타나 다리가 저리고 쑤신다. 좌골신경은 아주 길다. 그래서 허리 부분이 눌리면 좌골 신경이 지나가는 모든 부위에 통증이 발생할 수 있다.

증상 완화 방법

- 통증이 심하고 지속적으로 나타나거나 일상생활에 지장이 생긴다면 조산사나 의사와 상의하라.
- 허리 운동을 하면 통증이 좀 경감될 수 있다. 어떤 운동이 좋은지는 증상에 따라 다르다. 물리치료사가 적절한 운동을 가르쳐 줄 것이다.
- 테니스 공으로 통증이 있는 부위를 마사지해 주면 좋다. 누워서 아픈 부위 아래에 테니스 공을 놓고 체중을 활용해 천천히 공을 굴리며 통증 부위를 마사지하라.
- 아픈 부위를 시원하게 해주거나 따뜻하게 해주는 것도 좋다.

지나친 감정 기복

임신 중에는 이해할 수 없는 이유로 기분이 극과 극을 달릴 수도 있다. 기분이 이 끝과 저 끝을 오가는데, 스스로 잘 통제가 안 되고, 말 그대로 감정에 압도될 것이다. 감정이 너무 강해서 주체할 수 없을 것이다. 이를 '감정 기복'이라 부른다.

감정 기복과 우울증을 혼동하지 마라. 감정 기복이 있으면 기분이 좋아졌다 나빠졌다 한다. 오로지 부정적인 감정이 주를 이루고, 2주 이상 그런 감정과 씨름해야 한다면 주치의나 조산사에게 조언을 구하라. 그런 경우는 감정 기복이 아니라 산전우울증이 생긴 것일 수 있다.

증상

- 이유 없이 울다가, 곧바로 웃음을 터뜨린다.
- 스트레스를 다 풀고 나면 기진맥진해서 소파에 쓰러진다

원인과 발병 시점

임신 1분기와 3분기에 특히 감정 기복을 겪는 임산부들이 많다. 감정 기복이 나타나는 것은 한편으로는 임신한 몸에 원인이 있다. 에스트로겐과 프로게스테론 호르몬이 감정 기복을 유발하는 것이다. 하지만 종종은 사회심리적 요소도 작용한다. 임신하면 삶에 많은 변화가 초래되는데, 그것은 한편 좋기도 하지만, 한편으로는 많은 긴장을 불러일으킨다. '아기가 순조롭게 태어날 수 있을까?', '어떤 것을 언제 조율해야 할까?' 등등의 많은 질문이 스트레스를 자아낸다.

증상 완화 방법

- 곧잘 좋은 일, 즉 기분이 좋아지는 일을 해라.
- 식사를 규칙적으로 해라. 배가 고프면 감정 기복이 더 심해질 수 있다.
- 비타민과 미네랄 섭취에 유의해라. 비타민 B_{12}가 결핍되면 정서가 불안해질 수 있다. 비타민 수치를 검사해보아라.
- 주변 사람들과 터놓고 이야기해라. 무엇보다 파트너와 자녀들은 당신의 기분을 예민하게 알아차린다. 자신의 현재 상태를 설명하면 충분히 이해할 것이다.
- 어떤 상황이 부정적인 감정을 유발하는지를 깨닫고, 그런 상황을 피하거나 다르게 대처하도록 노력해라. 경우에 따라 파트너와 더불어 해결책을 모색해도 좋다.

- 필요한 경우 망설이지 말고 도움을 구해라. 이미 유산한 경험이 있어 또다시 그런 일이 일어날까봐 걱정되고 스트레스를 받는가? 산부인과 의사, 조산사, 파트너, 가족, 친구와 터놓고 이야기하거나 심리치료사를 찾아가라.
- 감정 불안정이 일시적으로 나타난다는 것을 의식하고, 너무 과도하게 걱정하지 마라. 감정 기복도 임신 증상 중 하나다.
- 친밀한 파트너 관계는 감정을 안정시키는 데 좋은 역할을 한다. 꼭 성관계를 가질 필요는 없다. 소파에서 서로 몸을 맞댄 채 영화를 보는 것만으로도 정서를 안정시키고 감정의 균형을 잡는 데 도움이 된다.

민감해진 유방

작은 자극에도 유방에 통증이 느껴질 수 있다. 추울 때나 뭔가에 스칠 때는 특히나 그렇다.

증상
- 손만 스쳐도 굉장히 아프다.
- 브래지어나 옷도 거칠게 느껴진다.
- 가슴을 만지면 임신 전보다 자극이 더 심하다.

원인과 발병 시점
임신 중에는 유방이 커지고 혈류량이 늘어 자극에 더 강한 반응을 보인다. 전체적으로 더 민감해지는 것이다. 임신테스트를 하기 전부터 유방이 아프고 민감해질 수 있다. 경우에 따라서는 화끈거리는 동시에 가려울 수도 있다. 유선이 이미 수유를 준비하고 있기 때문이다. 다행히 통증은 오래가지 않는다. 임신 중에는 유방의 혈류량이 증가해 피부가 더 민감해지는 수가 많으며, 그로 인해 임신기간 중 여러 시기에 불편을 초래할 수 있다.

증상 완화 방법

- 가슴을 편안하게 지지해주는 출산용 브래지어를 구입하라.
- 카페인 섭취를 줄이거나 아예 먹지 마라.
- 따뜻한 수건으로 온찜질을 해주면 통증이 경감될 수 있다.
- 유쾌할 정도의 따뜻한 물로 샤워를 해주어라.
- 비타민 B_6을 추가로 섭취해 주면 민감한 유방에 도움이 될 수 있다. 하지만 조심하라. 비타민 B_6을 너무 과도하게 섭취하면 안 좋을 수도 있다. 그러므로 먼저 조산사에게 조언을 구해라.
- 유방을 차갑게 하지 마라.

자궁외임신

· ·

수정란이 자궁 안이 아니라, 자궁 바깥 어딘가에 착상되는 것을 말한다.

증상

- 많은 경우는 보통 나타나는 임신 초기 증상 외에 별다른 증상이 없다.
- 첫 불편 증상은 종종 임신 5주에서 12주 사이에 나타난다.
- 복통이 나타나는데 대부분은 한쪽 배가 아프거나 쑤신다.
- 어깨뼈 사이가 아프다.
- 속이 메스껍다.

급성의 경우 세포 분열이 많이 진행되어 임산부의 몸에 해를 끼칠 수 있다. 난관 임신의 경우 난관이 파열될 수도 있는데, 이런 상황에서는 다음과 같은 증상이 나타난다.

- 심한 복통, 실신, 창백함, 정신 혼미, 출혈, 저혈압

식욕 폭발(폭식)

임신을 하면 흔한 증상으로 자꾸 식욕이 당겨서 주변에 먹을 만한 것을 찾아다니고, 허겁지겁 많은 양을 먹게 된다.

증상

- 이제 무조건 파프리카 칩이나 크림을 곁들인 신 과일이 당길지도 모른다. 제어되지 않는 식욕은 마치 급히 담배를 한 대 피워야 하는 흡연자를 연상시킨다. 밤이나 새벽에도 아랑곳하지 않고 옷을 입고 초콜릿을 사러 나가기도 한다. 특정 음식이 생각나자마자 입안에 침이 고이거나 음식 외에 다른 생각을 할 수 없고 특이한 음식이 먹고 싶어질 수 있다.

원인과 발병 시점

(평소 잘 먹지도 않는) 이상한 것들이 미치도록 먹고 싶은 것은 왜일까? 아무도 모른다. 다시금 호르몬 때문일 수도 있지만, 감정도 작용하여 미친 듯이 감자튀김을 먹거나 초코바를 세 개씩 한꺼번에 먹게 만들 수 있다. 어떤 여성들은 임신 전보다 후각과 미각이 훨씬 섬세해진다. 그러나 일반적으로 이런 식욕 폭발은 임신 초기 4개월 동안 자주 나타나고 그 뒤 잠잠해진다.

증상 완화 방법

- 아침 식사를 거르지 마라. 아침을 먹으면 빠르게 다시 배고픔이 몰려오지 않는다.
- 식욕이 마구 당기면 물 한 잔을 마셔라. 갈증뿐 아니라 배고픔도 달래줄 것이다.
- 건강에 좋은 간식(방울토마토, 오이 등)을 마련하고, 달콤한 것이나 과자 같은 것은 피해라.
- 더 건강한 먹거리로 대처해라. 예를 들면 딸기 초콜릿이 너무나 먹고 싶다면 대신 진짜 딸기를 먹어라.
- 설탕, 소금, 지방을 많이 소비하는 경우 임신성 당뇨나 고혈압이 생길 위험이 커지니 주의할 것.
- 식욕 폭발이 느껴질 때는 다른 데로 주의를 돌려라.
- 필요한 모든 영양소를 제대로 섭취하도록 유의하라. 달콤한 간식 같은 것으로 배만 채워서는 안 된다. 채소와 과일도 충분히 먹어줘야 한다.
- 배 속이 텅 빈 상태가 되게 하지 마라. 배고픔을 느끼면 건강하지 않은 음식을 허겁지겁 집어넣고 싶은 유혹에 빠지기 쉽다.

아주 가끔 모래, 석회, 머리카락처럼 몸이 소화할 수 없는 것을 먹고 싶어 하는 임산부들도 있다. 이것은 철이나 칼슘 결핍 또는 과도한 스트레스와 관계가 있을 수 있다. 먹을 수 없는 것에 대한 설명하기 힘든 식욕을 '피카증후군'이라고 한다. 음식이 아닌 것들을 먹고 싶은 강렬한 욕구가 느껴진다면 조산사나 주치의의 도움을 구하라. 물론 진짜로 이런 것들을 먹는 것은 건강에 좋지 않으며 위험할 수도 있다.

커지는 발 사이즈

첫 임신이라면 신발을 한 사이즈 크게 신어야 할 정도로 발이 커질 수 있다. 예외적인 경우 그보다 더 커질 수도 있다! 전에는 임신 중에 발이 커졌다고 하면 말도 안 되는 소리라고 치부했지만 학술 연구에 따르면 실제로 임신 중에 발이 커지는 것으로 나타났다. 여성의 반 이상이 임신 중에 발이 커지며, 일부 여성은 출산 뒤에도 이렇듯 커진 상태로 남는다. 당신이 이런 케이스에 해당할지는 발 상태와 호르몬 변화에 신체가 어떻게 반응할지에 좌우된다.

증상

• 임산하면 발이 평평해지면서 2~10밀리미터 정도 커질 수 있다.

원인과 발병 시점

발 사이즈는 보통 임신 초반기에 늘어날 수 있다. 체중이 늘고, 인대의 유연성이 증가하고, 뼈 사이의 연결이 호르몬의 영향으로 부드러워지면서 아치 모양을 이루었던 발바닥이 평평해진다. 간단히 말해 발이 납작하고 길고, 넓어진다. 여성의 발은 첫 임신에서 커질 수 있지만, 두 번째 임신부터는 더 이상 커지지 않거나 아주 조금만 커지는 걸 볼 수 있다.

증상 완화 방법

• 오래된 신발이 발에 꼭 끼면 새 신발을 구입하라. 지지력이 좋고, 굽이 없거나 낮은 신발이 좋다.
• 신발을 구입할 때는 발 양옆으로 여유 공간이 있는지를 살펴라. 그래야 발볼이 커져도 불편하지 않다.
• 합성 소재로 만든 신발은 되도록 신지 않는 것이 좋다. 몸 전체와 마찬가지로

발도 숨이 통해야 한다.

- 너무 많이, 너무 오래 서 있지 마라.
- 수분이 정체되면 발도 부을 수 있다.

치핵(치질)
. . . .

직장에는 작은 쿠션 같은 것이 있어, 대변이 새어나오지 않게끔 막아준다. 그런데 치질의 경우 이런 쿠션이 너무 아래쪽으로 밀려나거나 심지어 바깥으로 삐져나온다. 그리하여 때로는 항문 내부나 외부에 혈관조직이 늘어나 부풀어 오른 덩어리가 생긴다. 치핵은 일종의 정맥류 질환이다. 치핵은 누구에게나 새길 수 있으며, 임산부의 절반 이상이 치핵으로 적잖이 불편을 겪는다. 부풀어 오른 조직은 중요한 항문 마개 역할을 수행한다. 하지만 너무 많이 부풀어 오르면 문제가 생길 수 있다.

증상

- 항문 주변이 가렵거나 화끈거린다.
- 출혈이 생긴다(특히 배변 시).
- 배변 시에 아프다.
- 때로는 치핵이 보인다. 붉고 미끈미끈한 덩어리다.
- 외치핵일 경우는 종종 변이 묽고, 장점막액이 나온다.
- 때로 항문 안과 항문 주변에서 덩어리가 만져진다.

원인과 발병 시점

임신 여부와 무관하게 누구나 치핵에 걸릴 수 있다. 변기 위에서 힘을 주는 등 항문 안과 주변에 가해지는 압력 때문에 치핵이 생길 수도 있다. 치핵은 임신 9개월 동안 언제든지 나타날 수 있지만, 보통은 배가 불러올 때에야 비로소 나타나는 수가 많고, 출산 뒤에도 치핵이 생기곤 한다. 다음과 같은 이유 때문이다.

- 임신 중에는 장운동이 느려져 변비가 생기기 쉽고, 변비가 생기면 화장실에서 더 힘을 세게 주게 되어 치핵이 생길 수 있다. 그러므로 변비가 생기지 않도록 조심해야 한다. 그렇지 않으면 치핵을 달고 사는 형편이 될 수 있다.
- 자궁은 커질수록 하복부의 장기와 혈관에 압력을 행사하게 된다. 그러면 이를 통해 혈액이 다시 몸으로 되돌아가기가 힘들어져 치핵이 생길 위험이 증가한다.
- 출산 중에 힘주기를 하는 것도 치핵을 유발할 수 있다.
- 프로게스테론 호르몬이 혈관벽을 느슨하게 하여 치핵이 생길 위험을 높인다. 게다가 혈류량이 증가하면 혈관에 더 부담이 가해져 치질이 생기기가 더 쉬워진다.

증상 완화 방법

- 물을 많이 마셔라.
- 섬유소가 풍부한 식사를 해라. 섬유질은 대변을 무르게 하므로 배변 시 힘을 세게 줄 필요가 없다.
- 변기에 앉아서는 힘을 주지 않도록 해볼 것.
- 충분한 운동을 해라.
- 대변을 참지 말고, 변의가 느껴지면 즉시 화장실에 가라.
- 변기 위에서 바른 자세를 취해라. 작은 발판에 발을 올려놓으면 도움이 될 것이다.
- 특수 연고나 크림을 사용해라(단 임산부가 써도 되는 것인지에 확인해라). 아연 연고와 아연 오일도 종종 도움이 될 것이다.

- 가려움과 통증이 있을 때는 얼음찜질을 해라. 하지만 얼음을 직접 대서는 안 되고, 늘 천으로 싸서 대야 한다.
- 불편이 심하면 주치의를 찾아가라.

배 뭉침

배 뭉침(브랙스톤-힉스 수축)은 당신과 아기가 출산을 준비하게끔 하는 자궁의 강한 수축을 말한다. 자궁은 여러 번 수축과 이완을 연습한다. 일종의 진통 연습인 것이다. 그래서 배 뭉침을 '연습 진통'이라고도 부른다. 첫 임신의 경우에는 두 번째나 세 번째 임신보다 배 뭉침이 그리 심하지 않다. 배 뭉침은 아기에게는 힘들지 않지만, 임산부에게는 꽤 힘들다. 37주 이전에, 예를 들면 규칙적으로 5분에서 10분 간격의 배 뭉침이 생기거나 배 뭉침이 몹시 아프게 느껴진다면 산부인과 의사와 상의할 것.

증상
- 배가 갑자기 딱딱한 공처럼 느껴진다.
- 배가 당기는데, 이런 증상이 1분 이상 지속되지는 않는다. 임신 후반기에는 배 뭉침이 더 오래 지속될 수도 있다.
- 보통 배 뭉침은 윗배에서 시작하여 아래로 내려온 뒤 잦아든다.

원인과 발병 시점
배 뭉침은 임신 2분기, 약 5, 6개월 경에 종종 나타나며, 출산을 할 때까지 빈도가 더 잦아진다. 경산부의 경우는 배가 뭉치는 증상이 더 일찌감치 시작된다. 배 뭉침이 일어나는 원인은 다음과 같다.

- 자궁이 수축을 훈련한다.
- 스트레스가 너무 많다. 배가 뭉치는 현상은 좀 더 고요하고 안정된 일상을 보내야 한다는 신호다.
- 오르가슴을 느낄 때의 수축 운동이 자궁에 전달되어 자연스럽게 자궁 수축이 일어날 수도 있다.
- 아기가 발로 차는 등 격하게 움직인다.
- 변비, 가득 찬 방광 또는 방광염, 빠르거나 갑작스러운 움직임(구부리기, 일어서기, 뛰기, 무거운 물건 들기 등)도 영향을 미친다.
- 자궁이 빠르게 커진다.

증상 완화 방법
- 너무 분주하게 지내는 와중에 배 뭉침이 생긴다면 조금 활동을 줄이고 편안하게 지내야 한다.
- 따뜻한 목욕이나 따뜻한 샤워를 하라. 그리고 탕파(핫보틀)를 활용하라. 따뜻하게 해주면 이완에 도움이 된다.
- 호흡 연습도 도움이 될 수 있다.
- 자궁을 잘 지지해주는 임부를 위한 특수 바지도 출시되어 있다.

잦은 요의

이는 자꾸 요의가 느껴져서 일상에 지장을 초래하는 현상이다.

원인과 발병 시점

임신 첫 분기에 신체는 많은 양의 hCG 호르몬을 방출하고, 이로 말미암아 신장에 혈류량이 매우 증가한다. 그리하여 신장은 더 효율적으로 일하게 되어 소변을 특히나 많이 생성한다. 2분기에는 hCG의 양이 감소하지만, 이 시기 신체는 이미 추가적인 체액과 혈액을 만들어낸 터다. 신장이 혈액을 많이 거를수록 소변이 더 많이 만들어진다. 추가로 만들어진 소변은 방광으로 가는데, 임신으로 말미암아 자궁이 커지면서 방광을 압박하므로 소변을 저장할 곳이 더 적어진 형편이다. 그러므로 소변을 더 자주 볼 수밖에 없다.

특히 요의가 자주 느껴지는 것은 첫 임신 증상 중 하나다. 임신 사실을 알기 전부터도 소변을 자주 보러 가야 할지도 모른다. 이것은 임신 9개월간 지속될 수도 있는 불편 중 하나다. 임신 말기가 되면 이런 증상이 더 심해질 수도 있다. 아기의 머리가 골반에 놓이면 방광을 눌러서 요의가 더 자주 느껴질 것이다. 출산 뒤에는 다행히 정상 상태로 돌아온다.

증상 완화 방법

- 변기에 앉아 몸을 앞으로 기울이면 방광을 더 잘 비울 수 있다.
- 저녁이 아닌 낮 동안에 물을 더 많이 마셔라. 그러면 밤에 자다가 자주 깨어 소변을 보러 가지 않아도 된다.
- 계속 충분한 수분을 섭취해라. 당신의 몸은 임신 중에 최소 하루 2리터의 물을 필요로 한다.

소변을 자주 보는 것은 아주 정상적인 현상이므로 아무 조치도 취할 필요가 없다. 하지만 방광염으로 말미암아 잦은 요의가 나타날 수도 있으며 임신 중에는 때로 이 둘을 혼동할 수 있다. 그러므로 미심쩍다면 소변검사를 해서 명확히 확인을 하는 편이 좋다.

요실금

요실금은 자신의 의지와 무관하게 소변이 흘러나오는 증상이다. 초기에는 아주 소량만 나올 수도 있지만, 어느 순간 유출량이 더 많아질 수도 있다. 요실금에는 두 가지 유형이 있다. 요의가 느껴져서 급하게 화장실을 가야 할 때 찔끔 새어나올 수 있고, 재채기를 하거나 웃을 때도 소변이 새어나올 수 있다. 물건을 들거나 급하게 일어서거나 몸을 굽힐 때 등 특정한 움직임을 하느라 힘을 쓸 때 새어나오기도 한다.

증상

- 소량에서 제법 많은 양에 이르기까지 소변이 유출된다.
- 특히 재채기나 기침을 할 때, 물건을 들거나 웃을 때 그런 일이 일어난다.

원인과 발병 시점

다양한 원인에 의해 임신하자마자 요실금이 나타날 수 있다. 호르몬의 영향으로 골반 바닥이 더 이완되기 때문이다. 골반 바닥은 근육과 결합 조직으로 이뤄져 있어 소변을 내보내지 않고 잘 참을 수 있게 되어 있다. 하지만 근육과 결합조직이 느슨해져 있으면 소변을 붙잡고 있기가 힘들어진다. 그밖에 자궁과 아기, 다른 복부 내용물(추가된 혈액과 체액)이 골반바닥을 눌러 원치 않게 소변이 흘러나올 수도 있다.

증상 완화 방법

- 변기에 앉아 소변을 볼 때 방광을 완전히 비워라.
- 아직 참을 만하더라도 자주 소변을 보아라.
- 괄약근과 골반 바닥을 강화시키기 위해 소변을 참을 때처럼 질 근육을 조였다

풀기를 반복하는 케겔운동을 하라. 이런 운동은 앉아 있을 때든, 서있을 때는 언제든지 할 수 있다. 운동을 통해 출산 후에 요실금을 더 빠르게 물리칠 수 있다.

- 여러 임산부 프로그램을 통해 골반 바닥과 골반 근육을 튼튼하게 하기 위해 특별한 노력을 할 수도 있다.
- 생리대를 착용하라.
- 흘러나오는 것이 소변인지 양수인지 확신이 가지 않는가? 양수는 달큰한 냄새가 나며 소변만큼 냄새가 진하지 않다. 조산사가 양수인지 소변인지 확실히 말해줄 수 있을 것이다.

출산하는 동안 근육이 더 늘어나기에 출산 뒤에도 요실금 증상을 겪을 수 있으며, 출산 후에 비로소 요실금이 발생할 수도 있다. 임신성 요실금은 출산 후 3개월이 흐르면서 슬슬 없어진다. 하지만 없어지지 않고 계속 남을 수도 있다. 그런 경우에는 괄약근과 골반 근육 운동을 계속 실시해줘야 한다. 출산 후 4개월 이상 불편이 계속되면 주치의를 찾아가거나 골반 전문 물리치료를 받아라. BMI가 높으면 요실금에 걸릴 위험도 높아진다.

외음부 소양증

외음부는 가렵다고 누가 보는데서 긁을 수도 없는 부분이지만, 임신기에 이 부분에서 강한 불편을 느낄 수 있다. 임신기에 외음부의 가려움증은 보통 특정 원인에서 비롯된다.

원인
질 곰팡이, 생리대로 인한 자극, 질 정맥류, 임신포진 등이 있다.

외음부의 피부도 다른 곳의 피부와 마찬가지로 임신 중에 가려울 수 있다. 임신 중에는 온갖 군데가 더 가려우니 말이다. 가려움증의 원인이 무엇인지 알기 위해서는 조산사나 의사와 상의하라. 때때로 무엇 때문에 이런 증상이 나타나는 것인지 알 수 없으니 말이다. 곰팡이 균이 원인이라면 불쾌하더라도 출산하기 전에, 가급적 빨리 곰팡이균을 치료해야 한다. 치료할 만한 원인이 없어 보인다면 걱정하지 말고 신경을 끄는 것이 좋다. 면 속옷을 입으면 한결 증상이 완화된다. 통풍이 잘 되어 가려운 증상을 줄여주는 것이다.

손목터널증후군

손목터널증후군(CTS 또는 KTS)은 손목 안쪽의 신경이 눌려서 나타나는 증상을 말한다. 이런 신경과 힘줄과혈관은 수근관이라는 좁은 터널을 통과하는데, 수분이 많이 정체되면 이 터널이 더 좁아진다.

증상

- 손바닥과 손가락에서 통증이 느껴진다.
- 손가락이나 손이 저리거나 타는 듯한 통증이 나타나고, 감각이 저하된다.
- 손에 이상감각이 나타나고, 손으로 쥐는 힘이 약해진다.
- 부은 느낌이 난다.
- 엄지손가락을 움직이는 것이 점점 불편하다.
- 저녁이나 밤이면 증상이 악화되는 수가 많다.
- 특히 아침에 손이 뻣뻣하다.

원인과 발병 시점

일반적으로 임신 후반기에 부종이 심해질 때 이런 일이 일어난다. 수분이 정체됨으로써 압력이 높아져 수근관이 좁아진다. 손을 자주 사용하고, 양손을 동시에 사용하며, 손을 반복적으로 움직일 때(피아노 치기, 타자 치기, 스마트폰과 태블릿의 잦은 사용, 가위질 등) 증상이 악화될 수 있다. 이런 증상은 보통 임신기간이 끝나면 다시 사라지므로 치료가 거의 필요하지 않다. 하지만 통증이 심하다면 진료를 봐야 할 것이다.

증상 완화 방법

- 손가락이 저리면 머리 위로 팔을 뻗어 손가락을 움직이거나 손을 털어라.
- 목욕이나 샤워 후에는 찬물로 손을 헹궈라.
- 팔과 손목을 스트레칭 해주되, 너무 무리해서 하지는 마라.
- 자전거를 탈 때나 차 운전을 할 때, 채소 껍질을 벗기거나 빨래를 짤 때 등과 손목에 동시에 무리하게 힘을 가하지 마라.
- 장시간 통화를 할 때는 헤드셋을 착용하라.
- 컴퓨터 작업을 할 때는 간간이 휴식을 취하고 자판을 칠 때는 손목이 너무 낮거나 높지 않게 수평 상태로 작업하라. 또 평소 손을 약간 높은 데 둘 것. 손목받침대가 있는 마우스를 사용하고 인체공학적으로 만들어져 손목을 보호해주는 키보드를 사용하라. 컴퓨터 손목밴드를 착용해도 좋다.
- 스케이팅 선수들이 사용하는 손목 보호대는 손 위치를 잡아주어 신경에 더 많은 공간적 여유를 허락한다. 때문에 진짜 붕대가 아님에도 좋은 효과를 내며, 붕대보다 더 빠르고 간편하게 착용할 수 있다. 붕대를 감는 데는 시간이 많이 소요되지 않는가.
- (밤에) 부목을 대주거나 붕대로 감아주면 지지 효과가 있다. 의사와 상의해 볼 것.

두통

두통은 말 그대로 두통이다. 갑자기 머리가 쿡쿡 쑤시거나 지끈거리거나 조이는 통증이 있다. 두통이 있다고 하여 곧장 진통제를 복용하지 말고 정말로 더 이상 견딜 수 없을 때만 복용하라. 진통제를 복용할 때는 반드시 코데인 성분이 들어 있지 않은 아세트아미노펜을 복용해야 한다. 아스피린, 나프록센, 이부프로펜과 같은 다른 진통제는 복용해서는 안 된다.

원인과 발병 시점

두통은 호르몬 대사의 변화, 과로, 목 근육을 긴장시키고 신경을 누르는 잘못된 자세, 긴장, 체액 부족, 금단 증상, 고혈압, 안경이나 콘택트렌즈를 자주 착용하는 경우는 시력이 맞지 않을 때 흔하게 일어난다. 임신 사실을 알게 되어 금연을 시작했거나 갑자기 커피를 끊은 바람에 두통이 생기는 건 좋은 일이다. 금단증상을 겪는 것이니 말이다. 그 외 임신과 직접적 관계가 있는 두통으로서는 많은 임산부가 임신 1분기에 호르몬 변화로 두통을 경험한다. 이런 두통은 2분기에는 대부분 감소하지만, 3분기에 다시 발생하는 경우가 많다. 출산 뒤에도 호르몬 대사의 변화로 말미암아 다시 두통이 생길 수 있다.

증상 완화 방법

- 충분히 쉬어줘라.
- 물을 충분히 마셔라.
- 이마에 차가운 물수건을 대라.
- 어둑어둑하고 자극이 적은 환경으로 피해라.
- 자세에 주의하라. 배가 처지지 않게 등을 곧게 펴고 어깨를 편안하게 늘어뜨려라.

- 화학물질을 흡입하거나 섭취하지 않도록 조심하라.
- 공간을 환기시키거나 신선한 공기 가운데로 나아가라.

외음부 정맥류

임신하면 자연스럽게 외음부에서 다양한 통증을 느끼게 된다. 특히 외음부 정맥류는 시기와 상관없이 임신기간 동안 언제든지 생길 수 있다. 보통 출산 뒤에 저절로 사라진다. 질 정맥류는 하나의 정맥만이 아니라 정맥 망 전체가 부풀어 오르므로 알아채기가 쉽지 않다. 갑자기 외음부 전체가 시퍼렇게 될 수도 있다. 정맥류나 통증, 가려움증이 없다면 푸른빛이 도는 건 혈액순환이 잘되기 때문일 수도 있다.

증상
- 음순이 아프고 부어오른다.
- 질 안쪽이나 음순에 정맥류가 나타난다.
- 음순이나 외음부 전체에 '묵직한' 느낌이 든다.

원인과 발병 시점
임신하면 몸에 혈류량이 증가하여 질과 외음부에도 더 많은 혈액이 흐른다. 그러다 보면 때로는 그곳에 혈류가 정체해서 정맥류가 생길 수 있다.

증상 완화 방법
- 자주 다리를 높이 올리고 있어라. 밤에 잘 때도 그렇게 할 것.
- 임산부용 전용 속옷을 착용하라. 배와 외음부를 압박하지 않는 신축성이 있는 속옷으로 하라.

- 규칙적으로 냉찜질을 하여 외음부를 식혀 줘라. 그러면 압력과 함께 통증이 줄어든다.
- 매운 음식을 먹지 마라.
- 매일 충분한 수분과 섬유질을 섭취하라.
- 증상이 심한 경우 조산사나 산부인과 전문의가 살펴봐야 할 것이다. 이 부분은 바로 출산 중에 찢어지거나 절개를 해야 할 부위이기 때문이다.

정맥류와 거미정맥

정맥류는 파란색 내지 보라색을 띠는, 두툼하고 종종은 구불구불한 혈관이 갑자기 피부 표면에 등장하는 것을 말한다. 임신 중에는 혈관에 더 많은 혈액이 흐르고 혈관벽이 느슨해지기에 기존에 있던 정맥류가 더 명확히 나타난다. 같은 이유에서 새로운 정맥류도 추가될 수 있는데 때로는 임신 1분기부터 그렇게 될 수 있다. 정맥류 가족력이 있거나 과체중이거나 직업상 주로 서서 일하는 경우 정맥류가 생길 위험이 더 크다.

또한 정맥류 외에 하반신에 더 얇고 불그레한 혈관도 보일지 모른다. 나뭇가지나 거미줄 모양을 띠고 있어 '거미정맥(거미양정맥류)'이라고 불리는 혈관인데, 대부분 발목 안쪽에 나타나며, 통증도 없고 무해하다.

증상

- 다리가 무겁고 피곤하다.
- 다리가 아리고 아프다.
- 가려움증이 나타난다.
- 다리에 긴장이 느껴진다.

- 몸이 떨린다.

증상 완화 방법

- 산책과 운동을 많이 하라.
- 곧잘 발을 위아래로 움직여라.
- 압박 스타킹을 신어라.
- 너무 오래 가만히 서 있지 마라.
- 잠잘 때, 그리고 일과 중간중간에 다리를 올려놓아라.
- 다리를 꼬지 마라.
- 다리에 추가적으로 열을 가하지 않도록 조심하라(온욕, 탕파, 이불 여러 개 추가하지 않기).
- 꽉 끼는 바지나 치마, 부츠를 착용하지 말라.

호흡 곤란

이는 몸이 스스로 산소를 충분히 공급받을 수 없는 상태를 말한다. 숨 가쁨은 과호흡과 자매지간이라 할 수 있다. 아직 과호흡 정도까지는 아니지만, 가쁜 숨을 몰아쉬며 과호흡과 비슷한 양상을 띠어간다. 가쁜 숨과 피로가 동시에 나타나는 것은 빈혈 때문일 수도 있다. 숨을 내쉴 때 피가 나온다면 주치의에게 알려야 한다. 호흡 곤란은 때로 심계항진이나 두통과 함께 나타난다. 숨 가쁨과 함께 메스꺼움, 현기증, 가슴 압박감, 시력 저하 등의 증상이 나타나면 주치의나 산부인과 의사, 조산사에게 문의하라. 이런 복합적인 증상은 고혈압 때문에 나타날 수도 있다.

증상

- 빠르고 얕은 호흡으로 숨이 가쁘다.
- 공기가 충분하지 않은 느낌을 받는다.
- 조금만 움직여도 빠르게 피로를 느낀다.
- 에너지가 달리는 느낌이 든다.
- 조금만 활동을 해도 숨이 차다.

원인과 발병 시점

임신하면 프로게스테론의 영향으로 뇌가 더 많은 산소를 원하며, 신체는 더 빠른 호흡으로 이에 반응한다. 첫 증상은 임신 1분기나 2분기에 나타나는 경우가 많고, 불편은 서서히 증가하여 임신 3분기에 가장 심해진다. 하지만 유감스럽게도 그렇게 한다고 더 많은 산소가 혈액 속에 유입되는 것은 아니다.

자연스럽게 전형적인 호흡 곤란 증상을 느끼게 되는데, 몸에 혈액양이 늘어난 것도 이런 증상에 한 몫 한다. 추가적으로 생산된 혈액은 기존의 혈액과 약간 다르게 구성되기 때문이다. 즉 새로운 혈액은 상대적으로 체액이 더 많고, 산소를 운반하는 적혈구는 더 적다. 그리하여 당신의 몸은 적혈구가 충분하지 않다고 생각하고 비상 공급 모드로 들어가 산소를 더 많이 받아들이려 한다. 그 외 임신 후반기가 되면 자궁이 늑골궁 있는 데까지 커져서 폐가 있을 자리를 앗아버리는 탓에 숨가쁜 증상이 일어날 수 있다. 아기가 골반으로 내려가면 폐가 다시 더 많은 자리를 확보하게 된다.

증상 완화 방법

- 폐가 자유롭게 숨 쉴 수 있도록 자리를 줘라. 똑바로 앉거나 서라.
- 계속 컨디션을 관리하고, 지속적으로 운동을 해라.
- 자궁이 폐와 다른 장기들에 가능한 한 적은 압력을 가하도록 취침 시에는 (원

쪽) 옆으로 누워라.

- 어딘가에 기댈 때는 두 팔을 팔짱 낀 상태에서 어깨를 높이 들어라. 그러면 폐는 자동적으로 다른 자세를 취하게 되어 그것만으로도 꽤 도움이 될 것이다.

혀 반점

혀에 반점이 생기는 지도상설Lingua geographica은 혀 표면의 무해한 변화다. 지도상설은 아주 불편하지만 해롭지 않다. 임신기간이 종료되면 불편이 줄어들거나 완전히 사라진다.

증상

- 혀에 붉고 불규칙한 반점이 나타난다.
- 반점 주변에 희끄무레한 가장자리가 생겨서, 꼭 지도 같은 인상을 준다.
- 자리, 모양, 크기 등 반점은 계속 변화한다.
- 신 음식이나 매운 음식을 먹으면 혀가 아프거나 화끈거린다(모든 사람이 그런 것은 아니다).

원인과 발병 시점

지도상설은 임신기간뿐 아니라 언제든지 나타날 수 있다. 하지만 임신 중에는 더 지도상설에 걸리기 쉽다. 이런 증상은 엽산과 B_{12}를 비롯한 비타민 결핍, 호르몬 대사의 변화와 관계가 있는 것으로 보인다.

증상 완화 방법

- 양치질을 할 때 혀도 닦아라. 구강 위생을 잘 유지할 것. 적어도 하루 두 번 최

소 2분 이상 세심하게 양치질을 해라.

- 엽산, 비타민 B_{12}, Hb 수치를 검사해볼 것.

콧물(비염)

코에서 옅은 분비물이 흘러나오는 것은 임신 중 자연스러운 증상이다. 또한 꽃가루 알레르기가 있으면 임신 중에 콧물이 악화될 수 있다. 그러나 어떤 임산부들은 이 시기에 알레르기 증상이 경감되기도 한다.

원인과 발병 시점

종종 임신 2분기에 콧물이 흐르기 시작한다. 이후 상태가 더 악화되지만, 보통 출산 2~3주 뒤에는 불편이 사라진다. 에스트로겐 수치가 높아지면 코 점막이 부풀어 올라, 더 많은 분비물이 생긴다. 아울러 면역 체계가 약해져서 감기 바이러스에 더 취약해진다.

증상 완화 방법

- 식염수로 코를 세척하라(이것은 일시적으로 증상을 완화시킨다).
- 바다소금 비강 스프레이를 사용하라.
- 일터와 가정에서 건조하지 않게 습도에 신경을 쓰라.
- 숨을 더 잘 쉴 수 있게 수면 시에 머리를 약간 높게 두어라.
- 물을 충분히 마셔라.

서혜부 통증

. . . .

골반과 주변에 나타나는 통증으로 '서혜부 통증'이라 부른다.

증상

- 골반과 그 주변의 경미하거나 심한 통증, 열감 또는 경련, 가만히 앉아 있을 때도 느껴지는 통증, 한쪽 다리 또는 양 다리의 근력 감소

원인과 발병 시점

서혜부 통증은 인대에서 비롯된다. 임신으로 말미암아 인대가 더 늘어나고 불안정해졌기 때문이다. 인대가 압박을 받으면 통증이 생길 수 있다. 아기가 급격히 성장하거나 아기가 골반 쪽으로 내려와 아기의 작은 머리가 가장 아래쪽 인대를 계속 압박할 때 사타구니 통증이 생기는 수가 많다. 무엇보다 이것은 사타구니에서 느껴진다.

그 외 임신의 다른 단계에서도 골반 부위의 변화로 말미암아 사타구니에 통증이 생길 수 있다. 사타구니 통증은 임신과 상관없이 신장 결석이나 서혜부 탈장에서 비롯된 것일 수도 있다. 그러므로 미심쩍다면 병원에 가야 한다.

편두통

. . . .

편두통은 발작적으로 나타나는 심한 두통으로 메스꺼움, 구토, 빛 과민증, 소음 과민증과 같은 흔한 증상들을 동반한다. 그러나 두통이 4시간 이상 계속되고, 통증을 경감시키기 위한 다양한 방법을 시도해도 나아지지 않을 때나 발열, 시야 흐려짐, 기타 눈의 다른 불편사항, 고혈압 등 다른 증상이 나타날 때는 의사에게 상담

하는 것이 바람직하다.

증상

- 욱신욱신하고 쿵쿵 울리는 듯한 심한 두통이 나타난다. 머리 한쪽에만 나타나는 경우가 많다.
- 두통이 발작적으로 온다.
- 메스껍고 토할 수도 있다.
- 밝은 빛, 강한 냄새, 소음과 같은 강한 자극이 증상을 악화시킬 수 있다.
- 증상이 몇 시간에서 며칠 간 지속된다.
- 심한 피로가 나타난다.

원인

에스트로겐 농도가 감소하면서 호르몬 수치가 변하는데, 이것은 두 가지 상반된 효과를 낼 수 있다. 기존에 늘 월경 즈음이면 편두통을 겪었던 여성들은 9개월간 편두통이 없어질 수도 있다. 그러나 반대로 평소 편두통이 전혀 없었는데도 생기게 될 수 있다.

증상 완화 방법

- 어둡고 조용한 방에서 누구의 방해도 없이 쉬는 것이 도움이 된다.

입덧

. . . .

임산부들이 가장 힘들어하는 것이 입덧인데, 대부분 아침에 증상이 더 심하다. 하지만 다른 시간대에도, 밤에도 나타날 수 있다. 입덧이 심하면 구토로 이어지는데,

구토를 해도 아기에게 해가 되지는 않는다. 하지만 피를 토한다면 반드시 의사에게 연락해야 한다.

증상

- 메스꺼움, 식욕감퇴, 구토, 특정한 움직임에서 심해지는 울렁거림, 입맛의 변화, 빠른 구토 반사, 속쓰림, 구토 직전 타액 분비 증가

원인과 발병 시점

입덧은 주로 임신 초기에 흔하게 나타난다. 몸의 변화에 익숙해지고, 호르몬 상태가 다시 변하면 증상이 좀 잦아들기도 하지만 임신 후반기 배에 자리가 좁아지면 다시 속이 안 좋아진다. 자궁이 위의 아래쪽을 누르기 때문이다. 막달에 가까워져 아기가 골반 쪽으로 내려오면 메스꺼움이 사라지는 수가 많지만 꼭 어떤 단계에 속이 울렁거린 증상이 사라진다는 보장은 없다. 9개월 내내 입덧을 하는 여성들도 있다. 임신한 몸은 다량의 hCG 호르몬을 만들어내는데, 이로 말미암아 불편 증상이 생겨난다.

증상 완화 방법

- 구토를 한 뒤에는 한 시간 정도 기다렸다가 양치질을 해라. 위산이 치아 법랑질을 공격할 수 있으므로 토한 후 얼마 안 되어 양치질을 하면 치아가 손상된다. 토한 직후에는 물로 입을 헹구거나 구강청결제를 사용해라.
- 물을 충분히 마셔라. 구토를 자주하면 탈수 현상이 생길 위험이 있다. 특히 여름이라 기온이 높거나 자주 토하는 날에는 충분한 수분을 섭취해라.
- 가능한 한 빈속으로 있지 마라.
- 기상 직후에 가볍게 먹고 마셔라. 쌀과자 같은 것이 놀라운 효과를 낼 수 있다. 침대 옆에 간단히 먹을 수 있는 먹거리를 구비해놓았다가, 밤에 속이 메스꺼우

면 얼른 쌀과자나 크래커 하나를 입에 넣어라.

- 배우자에게 침대로 맛난 아침 식사를 가져다 달라고 해라. 아침을 먹고 나서 20분 동안 편안히 누워 있어라.
- 낮에는 한꺼번에 많은 양을 먹지 말고 2시간마다 조금씩 먹어라.
- 맵거나 아주 기름지거나 시큼한 음식은 피해라.
- 신맛이 나는 음료는 피해라.
- 소화가 안 되는 음식은 먹지 마라. 메스꺼움을 없애고자 한다면 양배추는 먹지 않는 것이 좋다.
- 짧은 시간에 설탕을 많이 먹어서는 안 된다. 간식이 먹고 싶다면 설탕이 적게 들어간 것을 선택해라.
- 당기지 않는 것은 먹지 마라. 예전에 좋아했던 음식인데도 구토가 나오려 할 수도 있다.
- 식전 30분에서 식후 30분까지는 음료를 마시지 마라. 그럼으로써 위가 소화를 시작할 수 있도록 충분한 시간을 줄 수 있다.
- 커피는 끊거나 가능하면 조금만 마셔라.
- 소변을 살펴보아라. 색이 진하거나 냄새가 강하다면 체내에 수분이 부족한 것일 수 있다. 그러면 물을 더 마셔야 한다.
- 생강은 메스꺼움을 느끼는 증상을 완화해준다.
- 호흡 운동도 도움이 될 수 있다.
- 속이 울렁거리는 걸 견딜 수 없다면 주치의에게 말해 약 처방을 받아라.

피로

피로는 임신으로 인한 가장 흔한 불편사항 중 하나다. 임산부의 몸은 아기에게 영양을 공급하고 키우느라 중노동을 한다. 호르몬들이 증가하고, 신진대사가 변한다. 태반이 생성되고 혈압과 혈당이 새롭게 조정되어야 한다. 이 모든 것들로 말미암아 임신 첫 몇 달 간 간혹 또는 자주 피로를 느낄 수 있다.

하지만 피로 증상이 그냥 무리한 탓에서 비롯되는 것일 수도 있다. 당신은 임신했을 뿐 아픈 것은 아니다. 하지만 임신한 몸은 이제 추가적으로 충분한 휴식을 필요로 한다. 세상은 계속 똑같이 돌아가지만 당신은 신체적으로 많은 변화를 겪는다. 그리하여 직업 활동을 계속하고, 집안일을 하고, 손위 아이들을 돌보고, 취미 활동과 인간관계에까지 시간을 쓰다 보면 너무 무리하게 될 수 있다. 당신은 임신 중이며 두루두루 신체적, 정신적 변화를 겪고 있음을 잊지 마라.

증상

- 피곤하다. 정말, 정말 피곤하다. 이것은 완전히 정상적인 일이다. 하지만 다음 증상들도 함께 나타난다면 주치의나 산부인과 의사와 상의해라.
- 숨 가쁨, 어지러움 또는 실신한다.
- 힘이 없고 의기소침해진다. 때때로 임신에 대한 두렵고 걱정스러운 생각들이 소나기구름처럼 엄습할 수 있다.

발병 시점

피로는 임신의 첫 징후 중 하나로, 임신 사실을 깨닫기도 전에 피로를 느낄 수 있다. 심지어는 극심한 피로가 몰려온다. 다행히 임신 2분기에 들어서면 피로감이 줄어들 것이다. 하지만 3분기에는 다시 피곤이 몰려올 수 있음을 염두에 두어라. 그 시기가 되면 몸이 무거워지기 때문이다.

증상 완화 방법

- 충분한 운동을 해라. 컨디션이 좋으면 지구력도 좋아진다.

- 몸의 소리를 들어라. 몸이 알아서 한계를 알려줄 것이다.

- 건강하게 먹고 마셔라.

- 충분한 수면을 취해라.

- 매일 하는 일들을 돌아보고 너무 과하지 않은지 생각해보아라. 임신 중에는 평소와 같은 속도로, 평소만큼의 활동을 계속할 수 없는 경우가 많다. 무엇보다 임신 전에 아주 활동적이었다면 더더욱 그렇다. 무엇을 변화시킬 수 있을지, 어느 때 추가적으로 휴식을 취할 수 있을지 꼭 자문해보기 바란다.

- 앞으로 약간 활동을 줄일 거라는 걸 주변 사람들에게 알려라. 휴식이 더 필요하다는 것을 알리지 않으면 주변 사람들이 배려해줄 수 없다.

- 다른 사람들에게 당신을 대신해 특정 과제를 맡아달라고 부탁해라.

- 임신 2분기에도 여전히 매우 피곤하다면 혈중 비타민 수치를 검사해보라.

기분의 변화: 장밋빛 구름은 없다

사람들은 당신이 임신 후 늘 웃고 있으니 장밋빛 구름 위에 둥실둥실 떠 있을 거라고 생각할지도 모른다. 하지만 당신의 상태는 그렇지 않을 것이다. 중요한 것은 보통의 구름인지, 울적한지, 우울감이 심한지를 구별하는 것이다. 울적하고 우울하다면 도움을 요청해야 한다. 하지만 환호감이 느껴지지 않을 뿐 기분이 그냥 저냥 나쁘지 않다면 평범하고 정상적인 것이다. 사람에 따라 더 이성적인 사람이 있고 더 감정적인 사람이 있다. 당신이 이성적인 편에 속한다면 걱정할 필요가 없다.

네덜란드에서는 기분이 좋고 행복한 상태를 그냥 구름도 아니고 '장밋빛 구름'이라고 표현한다. 사실 말만 무성할 뿐, 구름에 올라탄 기분으로 살아가는 사람들은 별로 없다. 임신해도 지구는 계속 돈다. 곧 아기를 품에 안게 되면 정말로 장밋빛 구름에 올라탄 것 같은 기분이 들지도 모른다. 하지만 이때도 중요한 것은 사람마다 이 시기를 다르게 경험한다는 것이다. 사람마다 경험이 다르고 감정이 다르다. 임신기간 동안 또는 육아를 하면서 종종 기분이 우울하거나 가라앉는 것은 자연스러운 감정이다. '완벽한 행복'에 대한 기대를 내려놓으면 삶이 조금 더 편안해질 것이다.

튀어나온 배꼽

많은 임산부들이 배꼽 주변의 가려움을 호소한다. 피부가 가장 많이 늘어나는 곳이기 때문이다. 배가 커지다 보면 어느 순간 배꼽이 밖으로 돌출될 수 있다. 걱정하지 마라. 임신 후에는 모든 것이 다시 정상으로 돌아온다. 배꼽이 화끈하거나 쑤시거나 부어오르는 등의 증상이 있다면 의사와 상의하라. 배꼽이 무척 아프거나 재채기를 하는 등 배에 힘이 들어갈 때 배꼽 부분이 커지거나 출산 후에도 배꼽이 튀어나와 있고 손으로 눌렀을 때 들어갔다가 다시 나온다면 의사와 상의를 해야할 것이다.

목과 어깨 통증

임신 중에 목과 어깨 통증을 겪을 수도 있다. 목과 어깨 부분의 통증과 더불어 다음과 같은 증상이 나타난다면 주치의에게 상의하는 게 좋다.

- 고열과 부종이 있고, 피부가 벌게진다.
- 아파서 팔을 거의 움직이지 못한다.
- 어깨가 부어오른다.
- 어깨 위 피부가 변색된다.
- 어깨통증이 2주 이상 지속된다.
- 추가적으로 갈비뼈 아래에서 통증이 느껴진다면 산부인과 의사에게 말해라. 아기가 갈비뼈 쪽을 향해 밀거나 발로 차다 보니 갈비뼈 아래가 아픈 것일 수도 있다.
- 아직 임신 초기라서 초음파검사를 받지 않았는데 어깨에 심한 통증이 생긴 다

음부터 가라앉지 않는다면 산부인과 의사에게 알려 자궁외임신이 아닌지 확인해야 한다.

원인과 발병 시점

잘못된 자세로 말미암은 목과 어깨 통증은 대부분 임신 3분기에 나타난다. 아기가 커져서 자리를 많이 차지하고, 몸이 무거워지고, 인대가 느슨해지는 때에 말이다. 몸을 지지해주는 인대가 느슨해지다 보니 목과 어깨 통증이 나타날 수도 있다. 인대가 느슨해지면 관절이 불안정해진다. 이런 면에서 어깨와 목 부분의 통증은 관절 통증과 비슷하다. 하지만 어깨와 목 통증이 꼭 호르몬 때문에만 나타나는 건 아니다. 잘못된 자세로 인한 것일 수도 있다. 임신해서 배가 커지다 보면 평소와 다르게 움직이게 되고, 무게를 상쇄하거나 다른 부위의 통증을 피하기 위해 자세를 달리하게 된다(몸을 사리는 자세). 여기에 혈압까지 변화하다 보면 이 모든 것이 합쳐져 통증이 유발될 수 있다.

증상 완화 방법

- 목과 어깨를 경직시키지 말고 부지런히 움직여라.
- 전문가에게 마사지를 받아라.
- 증상이 심할 경우 물리치료를 받는 게 가장 좋다. 물리치료사는 올바른 자세를 취하고 이동성과 안정성을 향상시키게 도와주고, 경우에 따라 불편한 부위를 탄력 있고 잘 달라붙는 근육 테이프로 테이핑을 해줄 것이다.

코피

때때로 코에서 저절로 피가 난다(출혈이 발생한다).

원인과 발병 시점

코피는 전 임신기간 언제든지 나타날 수 있다. 주로 2분기 이후 그럴 확률이 높다. 임산부의 혈관은 호르몬의 영향으로 점점 더 민감해지고 느슨해진다. 게다가 이제 체내의 혈액량이 증가하여 점막에도 혈류 공급이 늘어나다 보면 더 얇아지고 느슨해진 혈관에 더 많은 압력이 행사되어 코피가 날 수 있다. 감기가 들거나 알레르기성 비염이 있을 때는 코피가 더 쉽게 난다.

코피를 예방하는 방법

- 비타민 C를 충분히 섭취하라. 비타민 C는 혈관을 튼튼하게 해준다.
- 코를 세게 풀지 말고 약간 조심해서 풀어라.
- 물을 많이 마셔라. 점막이 촉촉하게 유지된다.
- 코를 후비지 마라.
- 침실을 비롯한 집이나 일터의 공기가 건조하지 않도록 유의하라.

코피가 났을 때 대처하는 방법

- 똑바로 앉아서 머리를 약간 앞으로 구부려라.
- 입으로 숨을 쉬면서 코(코에서 연한 부분이 시작되는 지점)를 지그시 눌러라. 혈액이 응고되어야 하므로 최소 10분 정도 눌러주는 것이 중요하다.
- 코를 눌렀던 손을 뗀 뒤 코에서 다시 피가 나면 이 과정을 반복하라.
- 그 뒤에도 코피가 멈추지 않으면 주치의의 조치가 필요하다.

저혈압

일반적인 혈압은 보통 수축기 혈압이 110, 이완기 혈압이 70 정도다. 여기서 더 내려가 혈압이 90/50 정도면 저혈압에 속한다.

증상

- 어지럼증, 기운 없음, 실신, 피로, 집중력 저하, 갑자기 일어날 때 어지러움

원인과 발병 시점

저혈압으로 인한 불편 증상은 2분기, 늦어도 임신 중반기부터 종종 나타난다. 임신하면 혈압이 떨어진다. 호르몬으로 인해 혈관이 느슨해지기 때문이다. 그밖에 더 많은 혈액과 더 많은 혈관(예를 들면 태반)도 만들어진다. 하지만 혈관이 혈액보다 더 빨리 마련되므로, 이제 체내의 혈관들에 혈액이 너무 적게 흘러 혈압이 낮아질 수 있다.

증상 완화 방법

- 현기증이 나면 육수 한 컵을 마시거나 짠 감초를 먹어라.
- 소금은 도움이 되지만 과도하게 섭취하지 마라.
- 더울 때는 무리하지 마라. 더우면 혈액이 더 천천히 흐른다.
- 침대에서 일어날 때는 급하게 일어서지 말고, 일단 똑바로 앉아서 발가락을 움직인 뒤 서서히 일어나라.
- 앉을 때는 발판을 이용한다든지 하여 다리를 약간 높게 두어라.
- 종아리를 몇 번 가볍게 꼬집어라. 이런 자극을 통해 혈액 순환을 촉진할 수 있다.

하지불안증후군

이는 다리를 움직이고 싶은 충동이 너무 강해서 가만히 있는 것이 거의 불가능한

상태를 말한다. 하지불안증후군으로 인해 아기에게 전해지는 위험은 없다. 하지만 이런 증상 때문에 임산부가 심하게 고통받고, 잠도 못자고, 일상생활을 정상적으로 영위할 수 없다면 심신에 부정적인 영향을 미칠 수밖에 없다.

증상

- 다리에 불편한 느낌이나 근질거리거나 저리는 등의 증상이 있으며, 움직여야 비로소 없어지거나 경감된다.
- 움직이지 않으면 다리의 불쾌한 느낌이 더 악화된다.
- 다리가 때로 당신이 영향을 끼칠 수 없게끔 반사적으로 움직인다. 움직임은 경련에서 발로 차는 동작까지 다양하다.
- 보통 하지가 가장 불편하지만 불편감은 허벅지, 발, 나아가 손과 팔에도 나타날 수 있다.

원인과 발병 시점

움직일 때 다리가 불편한 경우는 드물며, 주로 오래 서 있거나 앉아 있거나 침대에 가만히 누워있을 때 불편감이 생겨난다. 대부분의 증상은 임신 3분기에 나타나고, 출산 후 몇 주 안 되어 사라지는 경우가 많다.

하지불안의 정확한 원인은 알려져 있지 않다. 최소한 전문가들 사이에 아직 의견 일치를 보지 못하고 있다. 하지만 호르몬이나 혈액순환 변화와 관계 있는 것은 틀림없고, 혈중 Hb 수치가 낮은 것과도 관련이 있는 것으로 보인다. 유전자의 영향도 무시할 수 없는 듯해서, 하지불안 가족력이 있는 경우 하지불안증후군에 걸릴 위험이 더 높다.

증상 완화 방법

- 규칙적으로 운동을 해라.

- 앉아 있을 때도 약간 움직여 줘라. 예를 들면 발을 돌려주어라.
- 장시간 운전을 피하고, 운전할 때는 중간중간 휴식을 취하며 두 발을 땅에 디뎌라.
- 혈중 철분 농도를 건강한 수준으로 유지해라.
- 카페인을 피해라.
- 불안한 다리에 식물성 크림을 발라라.
- 복용하는 약의 사용 설명서를 읽어볼 것. 일부 약의 경우 부작용으로 하지불안이 발생할 수 있기 때문이다.
- 다리가 불편해서 잠을 잘 수 없다면 졸음을 참을 수 없을 때가 됐을 때 잠자리에 누워라. 그리고 눕기 직전에 다리를 마사지해라.
- 혈액 순환을 촉진하기 위해 찬물로 다리를 샤워하라.
- 침대에 누워 다리를 들고 자전거를 타듯 다리 운동을 해라.
- 나에게 가장 편안하면서도 끼지 않는 신발을 신어라.
- 마그네슘을 섭취하라.

입안의 붉은 물집

. . . .

입안에 생기는 붉은 물집은 대부분 '화농성 육아종'으로, 조금만 건드리면 피가 난다. 피부의 어느 곳에서나 발생할 수 있지만 대부분 구강에 생긴다. 다른 말로 '임신 종양'이라고도 불리는데, 다행히 무해한 수포다.

증상

- 양치질을 할 때 물집에서 피가 난다.
- 물집이 몇 주 안 되어 부쩍 커진다.

- 육아종 주변으로 피부(또는 잇몸)가 융기하여 가장자리를 이룬다.

원인과 발병 시점

화농성 육아종은 임신기간 언제든지 발생할 수 있다. 정확한 원인은 알려져 있지 않지만, 임신 중에 이런 수포가 자주 생기기에 호르몬 변화가 원인으로 점쳐지고 있다. 예전에는 세균이나 바이러스로 말미암아 화농성 육아종이 나타난다고 생각했지만, 화농성 육아종의 안이나 주변에서는 세균이나 바이러스가 검출되지 않았다.

증상 완화 방법

이 증상은 특별히 할 수 있는 것이 없다. 육아종은 위험하지 않고, 출산 후에 사라지므로 치료받을 필요도 없다. 하지만 방해가 된다면 경우에 따라 제거할 수 있다. 구강 점막에 생긴다면 치과 진료를 받아 보라. 다른 부위에 생겼다면 주치의와 상의하여 피부과를 방문해도 될 것이다.

잇몸 염증과 치주 질환에 대한 궁금증 해소

치위생사로 시작해 지금은 치과의사이자 치주과 전문의로 일하는 엘미라 볼루히는 임산부의 구강 위생에 관심이 높다. '임신할 때마다 치아 한 개를 대가로 지불해야 한다'는 속설에는 불행히도 일말의 진실이 담겨 있다. 임산부는 치은염과 같은 구강 질환에 더 취약하며, 이런 질환은 이후 치주염으로 이어져 조산이나 저체중 출산의 위험을 높일 수 있다.

"임산부가 치아에 더 세심하게 신경을 써야 하는 이유가 무엇인가요?"

입안의 세균 구성이 변하다 보니 치아와 잇몸이 더 민감해집니다. 물리적으로도 더 많은 변화가 있고요. 잇몸에는 특정 호르몬 수용체가 많이 있어 세균이 증식할 수 있어요. 그래서 '잘못된' 식사로 인해 충치와 잇몸 염증이 발생할 수 있습니다.

"임신하기 전에 치아 검진을 받는 것이 좋은 이유는요?"

잇몸 염증이 있는 상태에서 임신을 하면 호르몬 변화로 인해 치주염이 생기기 쉽습니다. 치주염이 생기고 나면 늦어요. 치주염은 임신성 당뇨 발병 위험을 높이거든요. 특정 염증 물질이 인슐린이 제대로 기능하지 못하도록 하기 때문인 듯합니다. 그러므로 미리미리 관리하여 이를 예방하는 것이 좋습니다.

"치은염과 치주염의 차이점은 무엇이지요?"

치은염(잇몸염)은 잇몸에만 영향을 미쳐요. 치주염의 경우 염증이 더 깊이 놓인 이의 뿌리를 넘어서서 치조골까지 확산되어 치아를 지탱해주는 치조골이 녹고, 잇몸도 내려앉고, 이 사이에 틈이 벌어지게 됩니다. 이 부분에 해로운 세균이 모여들면 치아가 흔들리고 결국 빠지게 되지요.

"임산부의 치주 질환이 태아에게 안 좋은 이유가 무엇인가요?"
임신 막달이 되면 임산부의 체내에 염증 촉진 물질이 많이 존재합니다. 이때 치주 질환과 관련있는 세균이 태반에 들어가면 조산이나 저체중 출산의 위험이 높아지지요. 그밖에 세균이 자궁경부 염증이나 세균성 질염을 유발할 수 있고요. 그리고 아기가 태어난 뒤 당신이 아기의 젖병 젖꼭지를 핥거나 하면 아기에게 충치 세균(이것은 치주염 박테리아와는 다르다)을 옮길 수 있어요. 아이들이 이런 연쇄상구균(충치균)에 늦게 접촉할수록, 충치가 생길 위험이 낮아집니다.

치아 관리를 위한 실용적인 조언

- 담배를 절대 피우지 마라.
- 잇몸을 포함해 하루 두 번 이상 세심하게 양치질을 하라.
- 비타민을 충분히 섭취하라. 치아에는 무엇보다 C, D, 섬유질, 항산화물질이 필요하다. 하루에 키위 2개를 먹으면 비타민 C와 항산화물질 일일 필요량을 채우기에 충분하다.
- 매일 치실이나 치간 칫솔로 치아 사이 공간을 깨끗하게 관리해라.
- 임신 전에 치아를 자세히 검진하여 치아와 구강 위생에 문제가 없도록 하라.
- 임신 2분기나 3분기에 한번 더 치과 검진을 받아라.
- 치과에 가면 임신 사실을 즉시 알려라. 그러면 치과의사는 잇몸에 염증이 있는지를 더 세심히 살펴보고, 필요한 경우 즉시 필요한 치료를 해줄 것이다.
- 단 음료나 신맛이 나는 음료 대신 물을 마셔라.
- 치주염은 비교적 느지막이 나타나며, 보통은 임신기간이 끝난 다음에 나타난다. 그러므로 출산 뒤에도 치아를 세심히 관리하라. 아이에게 세균을 옮길 수 있기 때문이다.

트림과 방귀

임신하면 트림과 방귀가 더 잦아진다. 많은 경우 트림이나 방귀가 속이 더부룩하고 배가 빵빵한 느낌을 완화시켜 준다. 트림을 하면 복부에서 공기가 배출된다. 하지만 트림이 잦으면 속쓰림이 나타날 수 있고, 변비나 설사는 종종 복부팽만감을 동반한다.

원인과 발병 시점

트림과 방귀의 증가는 식단 또는 신체의 변화 등 다양한 원인에 따라 달라진다. 첫째, 몸이 프로게스테론을 더 많이 분비하므로 근육이 약해지고 소화가 느려져 배에 가스가 차게 된다. 이것이 트림이나 방귀로 밖으로 배출된다. 둘째로는 자궁이 커져서 장에 공간이 점점 없어지기 때문이다. 셋째는 복근을 제대로 통제하기가 힘들기 때문이다. 넷째는 (임산부뿐 아니라) 공기를 너무 많이 흡입하기 때문이다.

증상 완화 방법

- 탄산음료를 피해라.
- 식사 중에는 물을 마시지 말거나 아주 소량만 마셔라.
- 천천히 먹고 잘 씹어라.
- 껌을 씹지 마라(소르비톨 때문에 복부에 가스가 찰 수 있다).
- 한꺼번에 많이 먹지 말고, 여러 번 나눠 조금씩 먹어라.
- 음식을 먹고 마실 때는 똑바로 앉아 있어야 소화가 잘된다.
- 젖당과 과당도 복부팽만을 유발할 수 있다. 불편이 심하다면 젖당과 과당 섭취를 줄이거나 아예 섭취하지 마라.
- 기름진 음식을 먹지 마라. 설탕도 좋지 않다.
- 흰 콩, 양파, 양배추 류의 채소도 가스를 유발할 수 있다. 토마토, 아보카도, 오

이 등 소화가 잘되는 채소가 더 좋다.

- 계란, 양배추, 콩류, 양파, 곡물, 생선, 유제품 등의 음식을 먹고 나면 냄새가 심한 방귀가 나올 수 있다. 이런 음식에는 황 함유 아미노산이 많이 들어 있어 냄새 나는 방귀가 나온다.
- 카모마일, 민트, 회향씨(아니스 씨) 등은 배에 가스가 차지 않도록 해준다.
- 충분한 운동을 하라. 운동은 소화를 촉진한다.
- 먹은 뒤 곧바로 눕지 마라. 누워 있으면 가스가 배출되기가 어려워, 복부팽만감이 생길 수 있다.
- 작용물질 시메티콘^{Simeticon}과 디메티콘^{Dimeticon}을 함유한 가스 제거제는 임신 중에도 복용할 수 있으며, 복부 가스 제거에 유용하다. 하지만 복용하기 전에 조산사와 상의하고 약 사용설명서를 세심하게 읽어보라.

칸디다질염(칸디다증)

효모균(곰팡이균)이 질에 감염을 일으킬 수 있는데, 칸디다질염은 성을 매개로 전염되는 병이 아니다. 감염은 자신의 몸에서 시작된다. 하지만 배우자에게도 옮길 수 있다. 가장 흔한 곰팡이는 '칸디다 알비칸스$^{Candida\ albicans}$'다.

증상

- 허여스름하고 노르스름한 치즈덩어리 같은 질 분비물이 나오며 불쾌한 냄새가 난다.
- 소양증 또는 아랫배에 찌릿한 느낌이 있다.
- 단 음식이 당긴다.
- 배뇨 시 통증이 있을 수 있다.

- 때로 음순과 그 주변, 사타구니 부분이 붉어진다.
- 성관계 시 통증이 있다.
- 질 분비물이 증가한다.
- 정상 질 분비물과의 차이: 정상 분비물은 액체 형태이고, 흰색을 띠거나 투명하며 특별한 냄새가 없다. 악취가 나지 않으며, 간혹 약간 시큼한 냄새가 날 수는 있다. 임신 중에는 평소보다 질 분비물이 더 많아질 수 있다.
- 증상이 있으면 산부인과 의사와 상의하라. 칸디다질염 자체로는 그리 큰 문제가 아니지만, 감염은 치료해야 한다. 산부인과 전문의는 임산부에게 해롭지 않은 약품을 알고 있다. 이 질염을 치료하지 않으면 출산 시 아기가 감염되어 아구창(입안에 염증이 생겨 혀에 하얀 반점이 생기는 병)을 일으킬 수 있다. 아구창은 위험한 질환은 아니지만, 때로 음식물을 삼키기 어려운 증세를 유발한다. 따라서 칸디다질염은 가능하면 빠르게 치료해야 한다.

원인과 발병 시점

칸디다질염은 언제든 발생할 수 있지만, 임신 중에는 걸리기가 더 쉽다. 대부분 호르몬의 변화, 면역력 약화, 질의 pH 값이 변화해서 생길 수 있으며, 또한 항생제에 따라 진균 감염을 일으키는 것도 있다.

증상 완화 방법

- 면 같은 천연 소재로 만든 속옷을 착용해라.
- 팬티라이너는 공기가 통하는 것으로만 사용해라.
- 곰팡이 균이 안에서 증식하지 않도록 탐폰은 사용하지 말 것.
- 생식기 부위는 비누를 사용하지 말고 물로만 씻어라(경우에 따라 깨끗한 물수건으로 닦아도 된다).
- 생식기 부위는 앞에서 뒤로 닦아라.

- 단 것을 피해라.
- 생식기 부위에는 데오드란트나 기타 냄새를 잡는 제품들을 사용하지 마라. 물로만 썻고, 어떤 항진균제를 사용할 수 있을지 병원이나 약국에 문의하라.
- 성관계 시 (상처가 나지 않도록) 윤활제를 사용하라.
- 항생제와 함께 유산균제제(프로바이오틱스)를 복용하라.
- 몸에 꽉 끼는 바지를 피하고 통풍이 잘되는 편안한 옷을 입어라.

미각장애

때때로 자주 먹던 음식이 평소와 다르게 느껴지거나 불쾌한 금속 맛이 난다. 이를 '미각장애(미각이상)'라고 한다.

증상
- 불쾌한 맛(금속이나 피 맛)이 난다.
- 금속 맛이 때로는 목구멍에서도 느껴진다.
- 이런 맛이 사라지지 않거나 (양치질 후) 잠시만 사라진다.
- 이런 맛이 메스꺼움을 유발할 수도 있다.

원인과 발병 시점
임신 초기에 미각장애가 나타날 수도 있고, 나아가 이런 증상이 임신의 첫 징후일 수도 있다. 대부분 이런 불편은 임신 1분기가 지나면 감소된다. 그러나 무엇 때문에 이렇게 거슬리는 맛이 나는 것인지는 알려져 있지 않다. 임신 외에 잇몸에 염증이 있거나 특정 약을 복용하는 경우에도 이런 불편을 겪을 수 있다. 임신 중에 이런 불편이 나타나는 원인은 호르몬 과정 때문인 듯하며, 더 정확히는 후각과 미각의 변화로부터 유래하는 듯하다. 하지만 미뢰(맛봉오리)의 변화와 관련이 있을 수도 있다.

증상 완화 방법

- 양치질을 할 때 치아뿐 아니라 혀, 볼 안쪽도 닦고, 입안도 거의 구토가 나올 정도로 깊숙이까지 넣어 닦아라.
- 트로키 제제는 잠시라도 나쁜 맛을 몰아내준다.
- 미량의 베이킹소다를 물에 타서 짧게 가글하는 것도 효과가 있다.
- 유제품, 커피, 기름진 음식, 매운 음식 등 자극적인 음식을 많이 먹지 마라.

꼬리뼈 통증

꼬리뼈는 척추에서 가장 밑에 있는 뼈로, 엉덩이 사이에 있다. 꼬리뼈 통증이 있는 경우, 위쪽으로 등 아랫부분과 아래쪽 엉덩이의 좌골결절에 방사통(연결된 신경을 압박해 다른 부위에서도 통증이 느껴지는 것)이 나타난다. 가만히 앉아 있으면 종종 아프다.

이런 불편은 주로 골반이 부드러워지면서 발생하므로 프로게스테론 호르몬이 부드러워지는 효과를 발휘하는 임신 2분기에 나타나는 경우가 많다. 통증은 2분기 말이나 3분기 초에 나타나는 수가 많고, 때로는 출산 후에야 비로소 나타난다. 그때는 꼬리뼈도 함께 움직이기 때문이다. 대부분은 임신기간이 끝나면 자연스럽게 통증이 사라지지만 간혹 산후에도 불편을 겪는 여성들이 있다.

원인과 발병 시점

임신 중에는 관절, 근육 및 인대가 유연해지는 한편 약해지기도 한다. 꼬리뼈가 골반에 위치하고, 골반이 느슨해지고 부드러워지면서 많은 문제를 얻게 되기에, 꼬리뼈에도 통증이 나타난다. 또 다른 원인으로 꼬리뼈가 예전 출산 때 손상을 입었을 가능성도 있다. 또는 더 거슬러 올라가 어렸을 때 넘어져 꼬리뼈를 부딪쳐서 다치거나 한 것이 이제서야 증상으로 나타났을 수도 있다.

증상 완화 방법

- 똑바로 앉고 가능하면 뒤로 기대지 마라. 뒤로 기대면 꼬리뼈 부분이 더 강하게 눌린다.
- 앉아서 일하며 통증이 견딜 수 없다면 꼬리뼈 쿠션을 활용하거나 고용주에게 임산부 전용 의자에 앉아 근무해도 되는지 문의하라. 그런 것들을 활용하면 통증이 좀 완화될 것이다.
- 자주 일어나 스트레칭을 해주는 등 규칙적으로 운동을 해라.
- 이런 방법으로도 불편이 줄어들지 않는다면 골반치료사와 상의해보는 게 좋다.

코골이

임신 중에는 비점막이 부풀어 올라서 갑자기 코를 골게 될 수도 있다. 코 속 통로가 좁아졌기 때문이다. 그리하여 주변 사람들이 코 고는 소리를 듣게 될 수도 있다. 다행히 이런 불편은 출산 후 2주 정도 지나면 다시 사라진다. 그때까지는 다음과 같이 해라.

- 취침 시 머리를 약간 높게 두어라.
- 옆으로 누워 자라. 왼쪽으로 눕는 것이 가장 좋다.

임신성 당뇨

임신 중에 한시적으로 당뇨병이 생긴 상태를 말한다.

증상

• 심한 갈증, 잦은 요의, 가려움증, 피로, 무증상, 신생아 평균 몸무게보다 훨씬 무
거거나 미달되는 아기 출산

원인과 발병 시점

임신성 당뇨는 대부분 임신 후반기에 발생한다. 호르몬 변화로 말미암아 당신의
몸이 혈당치를 조절하는 물질인 인슐린에 저항성이 생겨 제대로 반응하지 못하는
일이 일어날 수 있다. 당신의 몸은 늘 인슐린을 만들지만, 임신 중에는 특히나 많
이 인슐린을 만들어내야 한다. 임신성 당뇨병의 경우는 인슐린이 충분히 분비되
지 못해서, 혈당 수치가 올라간다. 임신성 당뇨병으로 여러 가지 결과가 빚어질 수
있다.

• 임신성 당뇨병이 없는 경우보다 아기가 더 커질 수 있다. 인슐린 부족으로 신체
가 당을 모두 분해할 수 없기에 많은 당분이 혈액에 남아 아기에게도 이를 수
있다. 그러면 아기는 곧장 당을 분해하기 위해 스스로 추가적으로 인슐린을 분
비할 것이다. 이 과정에서 생겨나는 포도당은 아기의 몸에서 곧장 지방으로 전
환되는데, 이로 말미암아 아기가 체중이 증가하여 출산 시에 문제가 발생할 수
있다. 자연분만이 불가능하고 제왕절개가 이뤄질 확률이 높다.
• 신장, 방광, 자궁경부, 자궁에 염증이 생길 위험이 높아진다.
• 혈당 수치가 들쑥날쑥하다 보니 아기 폐의 성숙이 지연될 수 있다.
• 출생할 때 아기의 혈당치가 너무 낮아질 위험이 있다. 이런 경우 아기는 출생한

뒤 며칠 간 병원에 입원해야 한다.

- 당신과 아기가 출산 뒤에 제2형 당뇨병에 걸릴 위험이 높아진다.

증상 완화 방법

임신성 당뇨병 진단을 받으면 영양 상담이 이뤄지고, 혈당치가 세심하게 관찰될 것이다. 식생활에 주의함으로써 임신성 당뇨병을 잘 통제하여 거대아 출산과 같은 후유증을 최소화하거나 배제할 수 있으므로 이제부터라도 건강한 식생활을 하고, 식단을 철저히 관리해야 한다. 더 이상 건강하지 않은 음식을 폭식하거나 해서는 안 된다.

- 하루 세끼를 먹는 대신 같은 양을 조금씩 여러 번 나눠 먹어라. 그렇게 하면 혈당이 급상승할 위험이 없이, 신체가 더 많은 시간을 소화에 쓸 수 있다.
- 어떤 식품에 당이 많이 들어 있는지 알아보라. 설탕을 첨가한 음식뿐 아니라, 탄수화물이 많이 들어 있는 음식도 주의해야 한다. 탄수화물은 체내에서 당으로 전환되니 말이다.
- 통곡물 빵, 통밀국수, 현미처럼 소화가 느리게 되는 탄수화물을 선택하라. 단 잡곡과 통곡물은 다르다!
- 과일주스는 조심해야 한다. 과일 주스는 당폭탄이라 할 수 있다.

임신성 당뇨가 발병할 위험이 높은 경우

- 예전 임신에서 임신성 당뇨가 있었던 경우
- 과체중인 경우(임신 전에 이미 과체중이었던 경우도)
- 이미 (4.5킬로그램 이상의) 과체중아를 출산한 경험이 있는 경우
- 양수가 과다한 경우(양수 과다증)
- 부모나 형제, 자매 중에 당뇨병이 있는 경우

- 아프리카, 동남아시아, 지중해 또는 동양 혈통인 경우
- 예전 임신에서 알 수 없는 이유로 유산한 경우
- 35세 이상의 임산부인 경우
- 콜레스테롤이나 혈당치가 너무 높은 경우
- 다낭성난소증후군이 있는 경우

임신 8주, 첫 검진에서 혈당 수치를 체크하여 위험 그룹에 속하는 임산부들은 일일 혈당 프로필을 작성하게 될 것이며, 예전에 임신성 당뇨를 앓은 경험이 있는 임산부는 25주~28주 사이에 당뇨병 검사를 받게 될 것이다. 경구포도당부하시험 OGTT을 실시하는 경우, 포도당 용액을 마신 다음 혈액 검사를 하게 될 것이다. 오전 내내 여러 번 측정이 이뤄질 것이므로 시간적 여유를 가지고 임해야 한다. 이를 통해 몸이 당분을 충분히 빠르게 분해할 수 있는지 검사가 이뤄진다.

만약 당분을 잘 분해하지 못한다는 결과가 나오면 혈당측정기를 집으로 가져가서 하루에 걸쳐 여러 번 혈당치를 측정하게 될 것이다. 그렇게 하면 신체가 당분을 잘 처리하지 못하는 시점이 언제인지 알 수 있고, 영양사는 이런 당 피크 시점을 고려하여 식단을 짜줄 것이다. 권고받은 식생활을 엄격하게 지키는 것이 중요하다.

식생활만으로 혈당을 조절하기가 쉽지 않은 경우 인슐린 주사가 필요하며 산부인과 의사가 특히나 주의 깊게 당신을 관찰하게 될 것이다. 이미 상당히 큰 아기가 막달에 더 많이 자라고, 태반이 더 빠르게 성숙할 가능성을 막기 위해 38주에 유도분만을 하게 될 수도 있다. 이 시기 아기는 인큐베이터에 들어가지 않고도 이미 생존이 가능하며, 출산을 하면 임신성 당뇨병도 낫게 된다. 그밖에 태어나는 시점에 아기에게 저혈당이 발생할 위험도 배제할 수 있다.

어지럼증(현기증)

공간이 자신을 중심으로 빙글빙글 도는 듯하고, 쓰러질까(또는 기절할까) 두렵다. 머리가 떵한 느낌이 든다. 어지럼증이 심하다면 자전거를 타거나 자동차를 운전하지 마라. 현기증이 지나간 다음에는 금방 운동을 하거나 더위에 밖으로 나가서는 안 된다. 몸이 안정될 때까지 일단 기다려라. 그렇지 않으면 상황이 더 악화될 수 있다.

원인과 발병 시점

현기증은 임신기간 내내 발생할 수 있다. 원인에 따라 임신 첫 분기에만 또는 내내 적잖이 어지럼증을 겪을 수 있다. 현기증이 발생하는 원인은 다음과 같다.

- 피가 부족하다. 당신의 몸은 이제 더 많은 혈액을 필요로 하며, 혈액을 몸에 두루두루 분배해야 한다. 임신 첫 분기에는 아직 충분한 혈액을 만들지 못하여 뇌에 산소가 충분히 공급되지 못하는 일이 일어날 수 있다.
- 그밖에 호르몬의 영향으로 혈관이 확장되어 혈압이 낮아진다.
- 저혈당이다.
- Hb 수치가 떨어진다.
- 체온이 상승한다.
- 자궁이 혈관을 눌러 혈액이 적게 흐른다.

증상 완화 방법

- 계속 어지럽다면 원인을 파악하고 해결방법을 모색해야 할 것이다. 예를 들면 혈당 수치가 낮은 경우는 포도당을, Hb 수치가 낮은 경우는 철분 제제를 복용할 수 있다(의사와 상의하라).

- 숨을 빠르고 깊게 몰아쉬지 말고, 고요하고 고르게 호흡해라.
- 등을 대고 똑바른 자세로 눕지 마라. 문제를 악화시킬 수 있다. 더 많은 혈액이 뇌로 흘러가게끔 왼쪽으로 눕거나 반쯤 누운 자세로 앉아 있을 것.
- 적은 양을 규칙적으로 먹어라. 임신 중에는 저혈당 상태가 되기 쉽다. 규칙적인 식사를 하면(가장 좋게는 천천히 소화되는 탄수화물) 이를 피할 수 있다.
- 물을 충분히, 하루에 8~10잔을 마셔라. 탈수와 어지럼증을 예방할 수 있다. 덥거나 움직임이 많다면 물을 더 마셔줘야 한다. 그러지 않으면 알지 못하는 사이에 빠르게 많은 양의 수분을 잃을 수도 있다.
- 빈혈이 생기지 않도록 유의하라.
- 누운 자세에서 갑자기 일어서지 말고, 일단 앉았다가 천천히 일어나라.
- 체온이 과하게 상승하지 않도록 너무 뜨거운 물로 목욕을 하지 마라.
- 신선한 공기 속에 있도록 환기에 유의하라.
- 몸을 시원하게 해주기.
- 갑자기 어지럽다면 주변 사람들에게 알리고, 당신이 쓰러질 것 같은 경우에는 왼쪽으로 눕도록 도와달라고 부탁해놓아라.

발한 및 열감

발한은 땀을 흘리는 것이고 임신하면 땀을 더 많이 흘린다. 야간 발한이 있으면 침대가 흥건히 젖을 수 있다. 땀 냄새가 나는 걸 스스로도 확연히 느낄 수 있을 것이다. 하지만 이것은 체취 때문이라기보다는 임신해서 후각이 예민해진 탓이다. 열감은 갑자기 전신에 열이 확 오르는 느낌이 엄습하는 것이다. 때로는 얼굴이 벌겋게 되고 심박동이 빨라질 수도 있으며, 몇 분 뒤 열감이 가라앉으면 갑자기 추위가 느껴질 수도 있다.

이는 출산 후 임신 전의 몸 상태로 회복되는 시점에 자연스럽게 사라진다.

원인과 발병 시점

열감은 임신 첫 분기에 자주 나타나지만 발한은 9개월 내내 지속될 수도 있다. 임신 중에 몸은 더 많은 체액을 만들어내는데, 이런 체액을 제거하는 방법이 바로 땀을 흘리는 것이다. 갑자기 표재정맥(손등 핏줄처럼 피부와 가까운 곳에 있는 정맥)에 혈액이 더 많이 흐르게 되면 열감이 생긴다. 혈액이 피부를 데우기 때문이다. 그러면 이제 몸은 피부에 땀을 내어 체온을 식히고자 한다. 이것이 땀의 주요 기능이다. 임신기간 동안 체온은 다소 높아지므로 신체는 몸을 식히려고 땀을 잘 흘리는데, 발한과 열감은 지속성과 강도에서 차이가 난다.

증상 완화 방법

- 면 재질의 통풍이 되는 의복을 착용해라.
- 몸을 씻어주되 비누를 사용하지 마라. 비누를 사용하지 않을 수 없다면 피부에 순한 비누를 사용해라. 센 비누는 피부의 박테리아층을 자극하여 역한 냄새를 유발한다. 사실 땀 자체는 냄새가 나지 않는데, 피부의 박테리아들이 땀 층에 증식하면서 방출하는 기체가 냄새를 풍기는 것이다. 몸은 특정한 피부 박테리아를 필요로 한다. 이런 박테리아가 충분하지 않으면 자연스러운 박테리아 균형이 무너져서 냄새를 풍기게 된다. 전체 메커니즘은 상당히 복잡하므로 자극적인 비누로 너무 자주 씻는 것은 유익하기보다 해가 된다는 것만 기억하라.
- 평소보다 맵게 먹지 마라. 매운 걸 먹으면 땀도 더 난다.
- 물을 많이 마실수록, 체액 대사가 균형이 잡히고, 땀도 덜 흘리게 될 것이다. 땀을 흘리는데 물을 마시라니 약간 의아하겠지만, 사실이 그렇다.
- 일상 중에 겨드랑이를 상쾌하게 하려면 화장 솜에 스킨로션을 묻혀 두드려주어라.

신체적으로 무감각한 느낌

몸에서 감각이 둔한 부분이 느껴질 때가 있다.

증상

- 피부의 특정 부분에서 마비된 듯한 느낌이 난다.
- 피부에 감각이 없거나 다리와 배에 둔한 부분이 있다.
- 따끔거리고 쑤신다(바늘로 찌르는 것 같은 통증).
- 피부가 타는 듯한 느낌이 난다.

원인과 발병 시점

몸에 둔해지는 감각은 대부분 만삭이 다가오는 임신 후반기에 발생한다. 자궁이 커지며 신경이 눌려서 그런 증상이 나타날 수 있다. 대부분은 서서히 또는 출산 후 사라진다.

증상 완화 방법

감각이 둔한 부위를 마사지하여 활력을 불어넣어 보자. 별 효과가 없다고 해도 걱정하지 마라. 둔한 느낌이 나면 기분이 이상하고 겁이 나지만, 이것은 상당히 흔한 증상이다. 치료해야 하는 질환인 탈장(헤르니아) 증상과 헷갈리지 않도록 조심하기만 하면 된다.

미각과 후각의 과민증

갑자기 특정 냄새나 맛에 대해 강한 선호나 혐오를 보인다. 이런 호불호는 대부분 음식과 관련하여 나타나지만, 정말 모든 것에 호불호가 나타나는 수도 있다. 강아지 사료에서 장미향까지 어떤 냄새는 아주 좋아하고, 어떤 냄새는 아주 싫어하는 것이다.

원인

특정 냄새와 맛에 갑작스럽고 격렬한 반응을 보이는 원인은 알려져 있지 않다. 어떤 연구자들은 호르몬 때문이라고 보고, 일부 학자들은 그중에서도 특히 hCG 때문이라고 생각한다. 하지만 한 가지는 확실하다. 임신하면 후각과 미각이 예민해진다는 것이다. 그래서 그것에 더 강하게 반응하는 것이다.

증상 완화 방법

중요한 영양공급원을 기피함으로 말미암아 영양결핍이 생기지 않도록 주의해야 한다. 모든 식품은 기본적으로 같은 영양소를 함유한 다른 식품으로 대체할 수 있으므로 '대체 식품'을 충분히 섭취해준다면 별로 걱정하지 않아도 될 것이다.

과도한 타액 분비

침이 너무 많이 나와서 때로는 입에 고여 자주 꿀꺽 삼켜줘야 한다. 밤에 침이 나와 베개를 적실 수 있다.

원인과 발병 시점

과도한 타액 분비는 9개월 간 지속될 수 있다. 침은 입안의 침샘에서 분비되는데, 침샘은 변화된 호르몬 대사에 굉장히 강하게 반응한다. 그리하여 때로 분비하던 양의 4배에 달하는 타액을 생산한다. 낮 동안에는 이런 추가적으로 분비된 타액을 그냥 삼키면 되지만, 밤에 잘 때는 입에서 흘러나온다. 그러나 다행히 호르몬 대사가 정상화되자마자 침이 많이 나오던 증상이 없어진다.

증상 완화 방법

과도한 타액 분비는 호르몬 대사가 정상화되면 바로 사라진다. 잘 때 침을 많이 흘린다면 베개에 수건을 두르고 늘 청결을 유지해라.

과다 구토(임신오조)

'임신오조(임신 초기에 가슴이 답답하고 불편하며 속이 메스껍고 구토를 하는 증세)'라 불리는 구토 증상은 임신 중에 생활을 매우 힘들게 만드는 극단적인 형태의 입덧이다. 다행히 임산부의 2퍼센트만 임신오조를 보인다. 보통 입덧과 중증 입덧을 구분하는 명확한 경계는 없다. 하지만 입덧으로 일상생활을 하기 힘들거나 계속적인 구토로 말미암아 탈수 증상이나 영양실조가 나타나면 이를 임신오조라고 할 수 있다. 종종 메스꺼움도 사라지지 않고 계속된다.

임신성 과다 구토의 전형적인 증상이 나타나면 조산사와 상의하라. 조산사는 소변검사를 통해 당신이 탈수 증상이 있는지를 살피게 될 것이다. 그밖에도 언제 얼마나 많이 먹는지, 소변 양은 어느 정도인지를 물을 것이다. 수첩에 식습관을 기록하고, 소변 측정 컵을 활용해 소변 양을 점검하라. 그러면 정확한 파악에 도움이 될 것이다. 같은 양의 소변이라도 어떤 사람은 양이 적은 것으로, 어떤 사람은 많은 것으로 느낄 수 있기 때문이다. 어떤 방법도 도움이 되지 않고, 계속 속이 안 좋고, 탈수 증세가 있다면 병원에 가서 비타민 수액 수사를 맞거나 튜브로 영양을 공급받는 것이 좋다.

질 분비물

. . . .

임신 중에는 질 분비물 양이 증가한다. 임산부에 따라 어떤 사람은 많이 증가하고, 어떤 사람은 적게 증가한다. 분비물이 많아지는 것은 유쾌하지는 않지만, 정상적인 일이므로 걱정하지 않아도 된다.

증상

- 평소보다 분비물이 많아진다.
- 더 묽은 분비물이 나올 때가 많으며, 더 진해지지는 않지만 점액성을 띤다. 분비물농도가 진해지면 산부인과 의사와 상의하라.
- 임신기간이 오래될수록 더 많은 분비물이 나온다.
- 갓 임신한 상태인데 분비물에 갈색 혈액이 섞여 있는가? 이것은 오래된 착상혈이므로 걱정할 필요는 없다.

원인

질 주변의 전 영역이 호르몬 영향으로 혈류가 증가해 분비물이 더 많아지고 묽어진다.

증상 완화 방법

- 분비물이 평소와 달라 보이거나 불쾌한 냄새가 나면 산부인과 의사나 조산사와 상의해라.
- 외음부를 비누 없이 그냥 물로만 씻거나 경우에 따라 (깨끗한) 물수건으로 씻어라.
- 면과 같이 천연 소재로 만든 속옷을 착용해라.

분비물인가, 양수인가?

임신 막달이 되면 분비물이 상당히 많아질 것이다. 그리고 이 시기에 양수가 터질 수도 있다. 양수인지 분비물인지 쉽게 구별하는 방법을 여기 소개한다.

- 분비물은 허여스름한 내지 우윳빛을 띠는 반면 양수는 대부분 무색이고 투명하다(또는 흰색 가루들이 들어 있다). 녹색, 노란색 또는 갈색 액체가 나온다면 곧장 산부인과 의사나 조산사와 상의해라. 아기가 양수에 태변을 보았을지도 모르는 일이기 때문이다.
- 분비물은 냄새가 없거나 아니면 특유의 냄새가 나고, 양수는 살짝 달콤한 냄새가 난다. 둘 다 보통은 냄새가 나쁘지 않다. 분비물에서 악취가 나는 경우 질 감염이 된 것일 수도 있으므로 산부인과 의사와 상의해야 한다.
- 질분비물은 약간 점액성을 띠며 양수는 물 같고 끈적이지 않는다.

분비물 색으로 알아보는 이상 징후

- 노란색: 분비물이 마르면서 노르스름하게 되는 것은 아주 정상적인 일이다. 가렵거나 다른 불편이 없는 한 괜찮다.
- 분홍색: 착상이나 섹스로 말미암아 약간의 출혈이 있었을 때 분비물은 종종 분홍색을 띤다. 걱정할 필요는 없다. 하지만 계속해서 분홍색 분비물이 나온다면 의사나 조산사와 상의해야 한다.
- 갈색: 갈색은 오래된 피고, 역시나 착상이나 성관계에서 기인할 수 있다. 오래된 피라서 출혈이 멈췄다는 뜻이다. 며칠간 갈색을 띤 분비물이 이어지거나 암갈색으로 변한다면 의사와 상의해라.
- 녹색: 녹색은 질 분비물로서 좋은 색깔이 아니며, 곰팡이균 감염이나 성병을 의미할 수도 있다. 산부인과 의사에게 연락해라.
- 흰색의 덩어리진 분비물: 곰팡이균 감염을 의미할 수도 있다.

코 막힘(임신성 비염)

임신하면 감기에 걸린 것이 아닌데도 감기 증상이 나타날 수 있다. 비염 증상뿐 아니라 열도 있고 재채기와 기침도 나는가? 그러면 진짜 감기에 걸렸을 가능성이 높다. 임신성 비염이라면 출산 후 2주가 지난 시점에 대부분의 불편이 완전히 사라진다.

증상

- 코가 막힌다.
- 코로 숨 쉬기가 힘들다.
- 공기를 충분히 들이마시지 못해서 숨이 가쁘다.
- 콧물이 난다.
- 때로 가벼운 코피가 난다.
- 잘 때 코를 곤다.

원인과 발병 시점

비염은 시점을 가리지 않고 임신기간에 언제든지 생길 수 있다. 하지만 대부분은 임신 2분기 또는 3분기에 발생한다. 호르몬 대사의 변화로 점막이 활성화되어 점액 분비가 증가하는 것이다. 그밖에도 혈류량이 증가하면서 모근이 부풀어 올라 코가 막히고, 콧물이 흐른다.

증상 완화 방법

- (일터를 포함하여) 머무르는 공간의 실내 습도를 적절히 유지해라.
- 히터 위에 물통을 올려두거나 젖은 수건을 얹어두어라. 그러면 수분이 증발하면서 실내 습도가 조금 더 오른다.

- 가습기를 활용하라. USB로 컴퓨터에 연결하는 미니 가습기도 있다.
- 똑바로 누우면 코 막힘이 심하기 때문에 옆으로 누워서 자는 것이 효과적이다.
- 하루 3회 정도 생리식염수로 코를 세척하는 것도 좋다.
- 증기욕을 할 것. 뜨거운 김이 나는 물이 담긴 통에 몸을 구부리고, 수건으로 머리와 어깨를 덮어 김이 새어나가지 않도록 해라.
- 기도에 좋은 효과를 발휘하는 네블라이저(분무기)도 있다. 마련하면 평생 감기와 호흡기 질환에 유용하게 사용할 수 있을 것이다.

인대통에서 골반통까지

골반 부분의 통증은 앞부분(치골 또는 치골 결합부위), 옆 부분 또는 뒷부분의 통증, 그리고 그 모든 것이 합쳐진 통증을 말한다. 때로 골반통은 서혜부, 등, 엉덩이, 허벅지로도 퍼져 나간다. 정도의 차이가 있을 뿐, 대부분의 여성들은 인대통을 경험한다.

골반은 어떻게 구성되어 있을까?

골반은 3개의 뼈와 3개의 관절로 링 모양으로 구성되어 있다. 이런 링이 상체와 다리를 연결시킨다. 뼈는 관절과 인대로 서로 연결된다. 그런데 임신하면 호르몬 영향으로 관절(연골), 힘줄, 인대가 유연해진다. 아기가 태어날 때 관절을 통해 밖으로 잘 나올 수 있게끔 이런 일이 일어나는 것이다. 근육은 골반뼈, 인대와 더불어 안정성을 높인다.

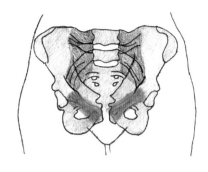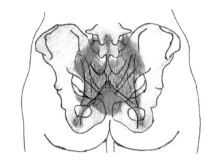

원인과 발병 시점

자궁이 커지려면 공간이 필요하므로 뼈와 장기가 느슨히 위치하고, 결합조직으로 된 인대가 이들을 지지해준다. 인대는 탄력이 있어, 자궁이 충분한 자리를 차지하게끔 늘어날 수 있다. 그런데 자궁이 급속이 커져서 인대가 팽팽해지다 보면 통증이 유발될 수 있다. 그밖에 근육과 관절이 호르몬의 영향으로 느슨해져 있기에 움직임과 자세도 변하는데, 이 모든 것이 인대에 부담을 주어 통증이 생길 수 있다. 통증이 생겨나는 것은 무엇보다 근육의 불균형 때문이다.

한편 감정도 영향을 미친다. 출산이나 출산 시 겪을 고통에 대한 두려움 같은 것이 잘못된 자세나 움직임으로 이어지고, 운동에 대한 두려움을 유발한다. 무리를 하는 것도 인대통으로 이어지기 쉽다. 몸의 소리를 듣지 못하고, 몸을 과도하게 쓰다 보면 종종 골반에 문제가 생긴다. 모순적으로 들리겠지만 골반통은 운동부족 (너무 오래 앉거나 서 있는 것)으로도 운동 과다 또는 굉장히 갑작스러운 움직임(순식간에 몸을 굽히는 것, 오르가슴, 발작적 기침, 재채기, 아기가 갑자기 몸을 돌리는 것 등)으로도 야기될 수 있다.

인대통에서 골반통까지는 대부분 임신 후반기에 시작하여 막달이 가까울수록 증가한다. 출산 경험이 있는 임산부는 통증이 더 일찍 시작될 수도 있다. 출산을 해도 통증이 곧장 사라지지 않는 경우도 잦다. 통증이 얼마나 오래 가고, 언제 마침내 사라질지는 사람에 따라 다르다. 한동안 굉장히 통증에 시달리고 나서 갑작스럽게 통증이 느껴지지 않는 경우도 있다. 때로는 통증이 느지막이 사라지고, 때로는 사라지지 않는다. 어떤 임산부는 콕콕 찌르는 통증을 느끼고, 어떤 임산부는 가볍게 오래가는 통증을 느낀다. 통증의 정도와 양상은 매우 다양하다. 한 가지 확실한 것은 전문가를 찾아가면 통증이 해결되거나 경감되리라는 것이다.

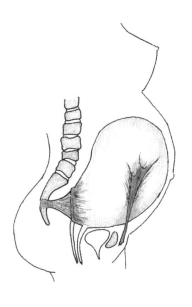

인대통의 흔한 증상

• 오른쪽이나 왼쪽 하복부가 쿡쿡 쑤시고, 찌르는 듯한 통증이 나타난다. 때로 침대에서 돌아눕거나 빠르게 일어나거나 재채기를 할 때 옆구리 쪽에도 이런 통증이 나타난다.

골반통 증상

• 치골, 등, 서혜부, 좌골 결절, 엉덩이 또는 허벅지 주변이 쿡쿡 쑤시고 때로는 찌르는 듯한 느낌이나 통증이 나타난다.

• 통증이 진통할 때처럼 반복되지는 않지만 대신 더 오래간다.

• 허리 같은 곳에 피로감(찌뿌둣한 느낌)이 나타난다.

• (기상한 뒤) 앉거나 서 있다가 걷기 시작할 때처럼 움직이기 시작할 때 통증이 나타난다.

• 때로는 통증을 피하기 위해 갈지자걸음을 한다.

• 힘들게 몸을 쓰고 나면 종종 하루 정도 몸을 쉬어줘야 한다.

증상 완화 방법

• 자세에 유의하라. 무엇보다 허리를 똑바로 펴고 앉으라.

- 쉬고 있을 때 외에는 배를 늘어뜨린 자세를 하지 마라.
- 갑작스러운 움직임을 피하고, 운동할 때나 겨울에는 미끄러지지 않도록 조심하라.
- 허리를 굽히지 말고, 무거운 물건을 들지 마라. 또는 안정된 자세에서만 그렇게 하라.
- 앉을 때는 발을 약간 높은 곳에 올려놓아라(예를 들면 발판 같은 것에 올려라).
- 임신 후에는 격한 운동을 피하고 가벼운 운동은 꾸준히 할 것.
- 재채기를 하거나 발작적으로 기침을 할 때는 손으로 배를 잘 받쳐줘라.
- 통증을 너무 오래 참고만 있지 말고 도움을 구해라. 때로는 골반 불균형이나, 잘못된 운동 방식 때문에 통증이 생길 수도 있다. 골반통 전문 치료사는 통증이 악화되지 않도록 도와주고, 일상생활에서 적용할 수 있는 실용적인 팁을 줄 것이다.
- 임신 초기부터 충분한 운동을 하여 통증을 예방할 수 있다. 수영 같은 운동은 골반통에 상당히 도움이 된다. 수영을 하면 다양한 근육이 훈련되고 유연성을 유지할 수 있다. 수영을 할 때는 물의 부력으로 운동을 할 때 근육 긴장이 적다.
- 임산부 요가나 필라테스처럼 몸을 늘리거나 자신에게 잘 맞는 운동을 선택하여 꾸준히 하라.
- 운동과 이완 사이에 균형을 유지하라. 산책이나 잠시 자전거를 타는 것은 근육을 튼튼히 하는 데 좋지만, 운동을 너무 과도하게 하면 통증이 심해질 수 있다.
- 먼 거리는 뛰어가는 것보다는 자전거를 타는 쪽이 낫다. 단 골반이 가능한 적게 움직이도록 안장을 너무 높지 않게 설정하라.
- 통증을 무시하지 마라. 그냥 참고 지내면서 평소처럼 계속 움직인다면 악화될 따름이다.
- 통증이 언제 발생하는지에 유의하고 원인이 되는 행동을 되도록 하지 마라. 운동 패턴을 조절하거나 행동 자체를 피해라. 한 번에 너무 오래 앉거나 서 있을

때 통증이 나타난다면 앉거나 서 있는 시간을 줄이라.

- 굽이 없거나 낮고, 편안한 신발을 신어라.

- 잘 때는 다리를 모으고, 옆으로 누워라. 무릎과 복사뼈 사이에 수유 쿠션을 끼고 자면 골반 부위에 가해지는 하중을 분산시킬 수 있다.

- 따뜻한 목욕을 하거나 핫보틀에 뜨거운 물을 채워 대고 자라. 통증에 도움이 될 것이다.

- 통증이 심할 때는 긴장을 풀고 옆으로 누워라. 몸을 이완시키는 것이 좋고, 옆으로 눕는 자세는 자궁을 받쳐주기에 통증을 경감시켜 준다.

- 누울 수 없다면 손을 복대처럼 만들어, 배를 들어 올려 받쳐 줘라. 그러면 인대, 근육, 관절에 미치는 하중이 줄어들어 잠시 증상이 나아질 것이다.

- 복식호흡으로 깊은 호흡을 하고, 통증이 오면 몸을 이완하라.

- 자동차를 운전할 때는 조심하라. 갑작스레 브레이크를 잡는 것이 어렵고 통증이 느껴질 수 있다.

- 가능하면 엘리베이터를 이용하고, 계단을 오르는 것은 최소화해라.

종아리 근육 경련

종아리 근육들이 동시에 강하게 수축할 때 경련이 일어난다. 그러나 출산 후에는 경련이 사라진다. 마그네슘이나 칼슘 부족 때문에 근육 경련이 일어난다고 보는 전문가도 있지만, 아직 입증된 것은 아니며 연구 결과는 서로 모순된다. 그럼에도 마그네슘이나 칼슘을 추가로 복용하고 싶다면 의사와 먼저 상의를 해야 할 것이다.

증상

- 종아리에 갑자기 심한 경련이 일어난다(밤에 그러는 경우가 많다).

원인과 발병 시점

대부분 임신 2분기에 첫 경련을 느낄 것이고, 배가 커질수록 더 심해질 것이다. 종아리 경련의 정확한 원인은 알려져 있지 않지만, 다음과 같은 요인이 영향을 미친다.

- 피로는 악순환을 일으킬 수 있다.
- 부종이 있다.
- 임산부의 몸은 혈액을 더 많이 만들어내기에 근육의 정상적인 혈액순환이 지장을 받아 경련이 일어날 수 있다.
- 체액이 부족한 경우에도 근육이 뭉칠 수 있다.
- 잘못된 자세도 영향을 미친다.

증상 완화 방법

- 충분한 수면을 취해라. 때로는 다리를 약간 높이 올리는 것도 도움이 된다.
- 배가 무겁더라도 앉거나 서 있을 때 배에 딸려 가는 자세를 취하지 말고 자세를 똑바로 할 것.
- 수분을 충분히 섭취해라. 그러면 체액 대사에 더 균형이 잡힐 것이다.
- 계속 움직여주고 운동을 해라.
- 압박 스타킹을 신어라. 압박스타킹을 신어도 될지 조산사와 상의하라.
- 마그네슘을 추가로 섭취해주는 것은 근육 경련에 도움이 될 수 있다. 하지만 37주부터는 복용해서는 안 된다.
- 다리가 차갑지 않도록 보온해라. 예를 들면 따뜻하고 조이지 않는 무릎양말을

신을 것.

- 잠들기 전에 발을 약간 돌리는 스트레칭 하기.

> **조산사 아니케 웰머링크 가든브로크의 조언**
> 어떤 여성들은 침대 발치, 이불 아래 비누를 넣어 두는 것이 효과가 있다고 믿습니다. 과학적인 효과를 떠나 심리적으로 편안해질 수 있으니 한번 해보는 것도 괜찮을 거예요.

부종

일명 '수분 정체'로 몸에 수분이 쌓이는 것을 말한다. 어떤 임산부는 임신 중에 2~3리터의 수분이 몸속에 정체되지만, 출산 뒤에는 빠르게 부기가 사라진다.

증상

- 발과 발목, 손, 손가락, 손목이 붓는다.
- 간혹 얼굴도 붓는다.
- 경우에 따라 피부가 당기고 아프다.
- 신발과 옷이 꽉 낀다.
- 아침에는 덜하고 저녁이 가까울수록 더 붓는다.

원인

임신 중에는 수분 대사가 정상적으로 이뤄지지 않을 수 있다. 보통은 혈액이 조직으로부터 수분을 조금씩 가져가는데, 이런 과정이 마비될 수 있다. 그래서 이제 임신으로 느슨하고 느려진 몸으로 더 많은 체액을 운반해야 한다. 그러다 보면 체액 운반이 느려지고, 체액이 정체된다. 통상적으로 체액이 아래로 쏠려 발목, 발, 손목, 손, 손가락 부분이 붓는다.

이런 신체 부위에는 더 작은 림프관들이 있어 그곳에 체액이 정체되는데, 밤에 누워서 잘 때에는 팔다리가 수평으로 있게 되므로 아침에는 저녁보다 수분정체가 덜하다. 더운 날에는 몸이 체액을 운반하는 것이 더 힘들어서 부종을 겪을 확률이 더 높다.

증상 완화 방법

- 운동을 충분히 해주어 혈액순환이 잘 되게끔 하라.
- 너무 오랜 시간 앉아 있거나 서 있지 마라.
- 물을 충분히 마셔줘라. 물을 많이 섭취할수록, 체액 순환이 더 잘된다.
- 앉아 있을 때 다리를 높이 올리고 있으라. 잘 때도 다리와 발을 쿠션 위에 올리고 자는 등 다리와 발을 약간 높이 돼야 한다.
- 손가락, 손, 손목이 부었다면 잠시 높이 쳐들고 있어도 좋다.
- 반지를 빼라.
- 고인 체액을 몸통 방향으로 밀어주는 식으로 부어오른 부위를 마사지해줘라.
- 짜게 먹지 않도록 하라. 소금은 체내에서 수분을 끌어당긴다.
- 부종이 있는 부위에 따뜻한 물과 찬 물을 번갈아 흘려줘라.
- 압박 스타킹을 착용하라.
- 날씨가 더워도 몸을 시원하게 해줘라.
- 혈압에 유의하라. 부종과 고혈압이 동시에 나타나면 조산사나 산부인과 의사에게 연락하라. 이런 증상이 임신 중독 때문에 나타나는 것일 수도 있다.

구역질

구역질은 실제로 토사물이 나오지는 않는 상태에서 토할 것 같은 반응을 보이는 것으로, 일종의 반사처럼 나타나 억누를 수 없다. 보통은 구토 직전에 이런 반응이 나타나며, 이는 토사물이 들어왔을 때 질식을 막기 위한 반응이다. 다행히 출산 후에는 몸이 안정되어 구역 반사가 사라진다.

증상

- 강한 구역 반사가 일어난다.
- 특정 음식이나 다른 냄새를 맡았을 때 나타나는 경우가 많다
- 실제 토사물이 나오지는 않는다.
- 때로는 속쓰림도 나타난다.

원인과 발병 시점

구역질은 입덧할 때뿐 아니라 임신기간에 언제든지 나타나 지속될 수 있다. 임신하면 호르몬의 영향으로 몸이 더 예민해져, 냄새나 불쾌감에 더 빠르게 반응하게 된다. 그밖에 임신은 탄수화물 분해 과정과 혈압을 변화시키는데, 이런 변화가 위 식도 역류, 즉 보통 역류라고 불리는 현상에 영향을 미칠 수 있다. 그리고 역류가 있으면 구역질 반사가 일어날 수 있다.

증상 완화 방법

- 매운 음식을 피해라.
- 청량음료와 커피를 피해라.
- 기상해서는 맨 먼저 라임즙을 약간 넣은 미지근한 물을 마셔라.
- 음식에 사과식초를 약간 넣어 먹어라.

- 미음을 묽게 끓여 먹는 것도 도움이 될 것이다.

잇몸 염증(임신성 치은염)

치은염은 잇몸에 염증이 생겨 조금만 자극이 있어도 피가 나는 증상이다.

증상

- 이를 닦을 때 잇몸에서 피가 난다.
- 잇몸이 붉게 변하고 아프거나 부어오른다.

원인과 발병 시점

잇몸 염증은 임신 2~3분기에 자주 생길 수 있다. 프로게스테론의 영향으로 잇몸에 혈류량이 증가하기 때문이다. 그밖에 잇몸이 더 얇아지고 느슨해지며 임신 중에는 입안의 세균 구성도 변하여 잇몸이 치석 속 세균에 더 취약해진다.

증상 완화 방법

- 최소 하루 두 번 양치질을 하고, 그 가운데 안쪽과 바깥쪽 잇몸을 부드럽게 마사지 해주어라.
- 신 것을 먹은 뒤에는 최소 30분이 지난 다음에 양치질을 해라.
- 칫솔은 부드러운 모를 사용해라. 곧잘 구역질 반사를 한다면 칫솔 머리가 작은 칫솔을 쓰는 게 좋을 것이다.
- 이 사이에 음식물이 잘 끼지 않도록 이쑤시개, 치실, 치간 칫솔을 활용해라.
- 잇몸에서 출혈이 있는 경우에도 (부드럽게) 계속 양치질을 하면 염증을 예방할 수 있다.

- 임신기간 중 적어도 한 번은 치아 검진을 받아라.
- 임신 중 한 번은 스케일링을 받아라.
- 비타민 C가 풍부한 음식을 충분히 섭취하면 감염 위험을 줄일 수 있다.

최신 연구에 따르면 일반적으로 임신성 치은염을 별로 심각하게 받아들이지 않는 것으로 나타났다. 하지만 잇몸 염증은 가능하면 빨리 치료해야 한다. 치은염과 임신성 당뇨, 유산 위험 사이에 연관이 있는 것으로 보이기 때문이다. 잇몸 염증을 치료하지 않으면 심각한 질환인 치주염으로 발전할 수 있다. 치주염을 앓게 되면 잇몸뿐 아니라 치조골에까지 염증이 생긴다. 임신성 치은염을 제대로 치료하지 않고 있다가 출산 직후에 치주염을 진단받는 경우가 종종 있다.

03

눈에 띄게 신경 쓰이는
피부 트러블

임신하면 즉각적으로 변화를 느낄 수 있는 대표적인 것이 피부다. 때로는 명확한 이유 없이 피부 불편한 증상이 나타나기도 한다. 피부가 늘어나거나 호르몬 등 여러 원인이 합쳐져서 이상 변화가 나타는 것이다. 흔한 불편 증상으로는 가려움증이나 피부 열감, 색소침착 등이 있다. 이는 임신 호르몬의 영향으로, 모든 장기에 혈류량이 증가하다 보니 피부에도 특이한 증상이 생기는 것이다. 임신 호르몬은 혈관을 더 탄력 있게 만든다. 임산부의 몸은 추가로 혈액을 만들어내고, 심장은 전력을 다해 펌프질을 하여, 넓어진 혈관을 통해 더 많은 혈액이 흐르게 된다. 대표적인 증상으로는 다음과 같다.

- 피부에 혈관이 거미 모양을 띠는 모반이 생긴다.
- 손바닥, 발바닥이 붉어진다.
- 털이 많아지고, 이상한 부위에 털이 난다.
- 피부에서 광채가 난다.
- 정맥류 질환이 발생한다.
- 치질이 생긴다.

피부에 붉은 거미 모양이 나타날 때

임신 중 피부에 '거미모반'이 생길 수 있다. 거미모반은 다리가 많은 붉은 거미나 거미줄처럼 보인다. 붉은 점을 중심으로 모세혈관이 부챗살처럼 뻗은 형태다. 거미 모반은 얼굴, 목, 팔에 나타난다. 임신 중에 나타나는 거미모반은 나중에 다시 사라질 가능성이 크며, 사라지지 않는 경우 피부과에서 제거할 수 있다. 임신 전부터 거미모반이 있었다면 임신한 뒤 더 붉고 커질 것이다.

붉거나 가려워지는 손발바닥

손발바닥에도 혈류량이 증가한 것을 눈으로 확인할 수 있다. 종종 손발바닥이 붉어지는데, 임신 아주 초기에도 그런 현상이 나타난다. 때로는 가렵고 축축한 느낌도 난다. 임신기간이 끝나면 이런 증상은 모두 사라진다. 임신 2, 3분기에 손바닥이나 발바닥이 가렵다면 조산사나 산부인과 의사에게 이야기하라. 임신성 담즙 정체 때문에 가려움증이 나타날 수도 있기 때문이다.

털이 많아질 때

피부 전체에 혈류량이 많아지면 모근에도 혈액순환이 잘되어 머리숱과 털이 많아진다. 머리숱이 풍성해지는 건 반가운 일일 것이다. 그러나 배처럼 원하지 않는 곳에 털이 자라기도 한다. 털 색깔이 진한 여성들은 이런 현상이 싫을 수도 있다. 이런 원치 않는 털들은 출산 후 6개월이 지나면 사라진다. 그때까지는 왁스로 제모를 하거나 핀셋으로 뽑거나 그냥 면도를 해버리거나 할 수 있다. 한 가지, 별로 반갑지 않은 소식은 임신 중에 풍성해졌던 머리숱은 그대로 유지되지는 않는다는 것이다. 출산 후 몇 개월이 흐르면 머리숱은 임신 전 수준으로 다시 돌아온다. 혈액순환이 잘되어 빠지지 않았던 머리카락을 다시 잃게 되는 것이다.

피부에 광채가 생길 때

혈류 공급이 잘되는 피부는 피지 생성 증가와 함께 임신기간 동안 광채를 발산하게 된다. 임신 중에 변화된 호르몬이 이번에는 좋은 효과도 내는 것이다. 이런 광채는 무엇보다 피부가 흰 여성들에게서 눈에 띄게 나타난다.

임신성 여드름

혈류량이 증가하고 피지선 활동이 왕성해지는 것의 단점은 임신성 여드름이 생긴다는 것이다. 그 때문에 등, 팔, 다리, 얼굴에 뾰루지가 나는 경우가 많다. 다행히 출산이 다가올수록 여드름이 줄어들어 출산 후에는 여드름에서 벗어날 수 있다.

증상 완화 방법
- 아침, 저녁으로 물로 세안하라.
- (피부가 건조해지지 않도록) 물을 충분히 마셔라.
- 세수를 하루에 두 번 이상 하지 말고, 마른 상태로 문지르지 마라. 여드름이 악화될 수 있다.
- 피부 크림 대신 (유기농) 코코넛 오일을 사용해라.
- 파운데이션, 파우더 등의 사용을 피해라.

- 베갯잇을 정기적으로 세탁해라.
- 세균이 있을 수 있으니 얼굴을 손으로 만지지 마라.
- 뾰루지를 짜지 마라. 상태가 더 악화될 뿐이다.

여러 여드름 치료제는 임신 중에 굉장히 해로울 수 있다. 그러므로 시판되는 여드름 치료제를 무턱대고 사용하는 일이 없도록 해라. 사용해도 되는 치료제는 어떤 것인지 주치의나 약사와 상의할 것.

붉은 반점

피부에 나타나는 얼룩이 문제다. 피부가 붉은 반점을 가진 달마시안처럼 보이는 것이다. 다행히 이런 반점은 저절로 사라지며, 특별한 것은 아니고, 호르몬 대사와 혈류량 변화로 인한 것이다.

임신성 소양증

임신성 가려움증은 여러 증상을 통합하는 용어이다. 가려움증이 있으면 괴로울 뿐 아니라, 보기보다 위험할 수 있다. 그러므로 가려움증이 나타나는 원인이 무엇인지를 알아야 한다. 공연히 인터넷을 검색해보지 말고 조산사나 산부인과 의사, 피부과 의사에게 문의해라.

증상 완화 방법
- 간지럽겠지만 절대 긁지 마라. 긁으면 더 악화될 따름이다.

- 멘톨분말, 멘톨젤, 애프터선로션이 가려움증을 경감시켜준다.
- 피부가 건조할수록 가려움이 심해지니 오일이 첨가된 크림을 사용하라.
- 하루에 최소 2리터의 물을 마셔라.
- 면 소재의 옷, 침대 시트, 이불, 베갯잇을 활용하라.

호르몬의 영향으로 말미암아 당신 몸에서 가장 큰 기관인 피부도 변화를 겪는다. 피부에 혈류가 증가하고, 색소침착이 일어나기 쉬워지며, 피부가 늘어난다. 피부 트러블이 생길 수도 있지만 위험하지 않으며 후유증이 남지도 않는다. 이런 변화는 곧잘 일어난다.

튼살

임신 중에 피부와 결합 조직은 매우 늘어나는데, 약간 더 단단한 결합조직은 자궁이 급격히 커지는 동안, 발맞추어 함께 늘어날 능력이 없어서 결과적으로 갈라지게 된다. 이를 임신선, 튼살이라고 부른다. 배, 엉덩이, 허벅지, 가슴과 같이 피부가 빠르게 팽창하는 부분에서 튼살이 나타난다.

피부가 흰 경우 튼살은 분홍색 내지 파란색으로 나타나는데, 자국은 계속 남지만 시간이 가면서 옅어지고, 왕왕은 반짝거린다. 어두운 피부에서는 튼살이 적갈색에서 짙은 갈색으로 나타난다. 색깔은 서서히 사라져서, 나중에는 그냥 약간 울퉁불퉁 고르지 않은 느낌만 나는 흰색 튼살이 된다. 어둡고 젊은 피부는 튼살이 생기기 쉽다. 반면 고령 임산부의 경우는 튼살이 훨씬 드물게 생긴다. 튼살은 꽤 가려울 수도 있다. 가려움증은 피부가 많이 팽창하여 갈라짐이 발생하는 임신 초기에 잘 생긴다.

증상 완화 방법

- 물을 충분히 마셔서 결합조직이 부드러워지게 하라.
- 임신기간 중 건강한 식사를 하고, 필요 이상으로 과식하지 마라.
- 체중이 많이 증가할수록 튼살이 생기기도 쉽다.

손발이 뜨거워질 때

임신 중에 발이 따뜻하거나 뜨거워지며, 때로는 손도 그렇게 된다. 속에서부터 뜨거운 기운이 느껴질 뿐 아니라, 겉에서도 느낄 수 있다. 때로는 그것에 그치지 않고 작열감이나 통증도 나타난다. 수분이 정체되면 부을 수도 있다.

원인과 발병 시점

임신기간 내내 이런 증상이 나타날 수 있고, 산욕기 초기에는 더 악화될 수 있다. 하지만 크게 걱정할 필요는 없다. 그 뒤에 사라진다. 이 역시 hCG 호르몬 때문이다. hCG 호르몬은 난자가 착상되는 순간부터 전체 호르몬 대사에 급격한 변화를 초래하므로 체내 온도 조절 장치도 비정상적으로 돌아가 임신 중에는 몸이 추워졌다 더워졌다 할 수 있다.

증상 완화 방법

- 통기성 좋은 신발을 착용해라.
- 100퍼센트 면 양말을 신어라.
- 집에서는 신발과 양말을 벗고 맨발로 다니거나 실내화로 조리를 신어라.
- 쿨링 효과가 있는 크림을 발라라.
- 혈액순환을 위해 물을 충분히 마시고 카페인은 줄이거나 끊을 것.

- 의사나 조산사에게 부탁해서 혈중 엽산 농도를 체크하여 엽산이 결핍되어 있지 않은지 살펴보라.
- 잘 때 이불 밖으로 발을 내밀고 자라.

몸이 추워졌다 더워졌다 하고, 손발이 차갑거나 뜨거워지는 현상은 체내의 온도 조절 장치가 비정상적으로 돌아가기 때문이다. 약간의 가려움증이나 화닥거리는 증상이 나타나기도 한다. 이런 느낌을 정맥류나 하지불안증후군, 신경 눌림, 수근관 증후군, 부종, 철이나 엽산 결핍 또는 임신 담즙 정체에서 나타나는 가렵고 홧홧한 느낌과 혼동하지 않도록 주의하라.

임신포진

임신포진은 보통 복부에 생긴다. 붉고 가려운 수포나 종기가 생길 수 있는데, 보통은 놀랄 필요가 없다. 만약 그것이 진짜 임신포진이라면 보통 수포 같은 것하고는 다르므로 단박에 뭔가 좋지 않은 것이라는 감이 온다. 임신포진은 피부 생검과 혈액 검사로 진단할 수 있는데, 상당히 드물게 나타나는 질병이다.

증상
- 큰 수포, 작은 수포, 종기, 딱지 등 피부발진이 나타난다.
- 급성 가려움증이 나타난다.
- 포진은 보통 아랫배, 배꼽 안, 배꼽 주변에서 시작된다.
- 신체의 다른 부위에도 나타나지만, 얼굴, 손바닥, 발바닥에는 생기지 않는다.

원인과 발병 시점

임신포진은 보통 임신 2분기나 3분기, 평균 21주 차에 나타난다. 특히 임신기에 몸이 무거워질수록 더 흔하게 발생할 수 있다. 임신포진이 왜 생기는지는 아직 알려져 있지 않다. 하지만 면역계가 역할을 한다는 암시는 있다. 임산부는 태반의 특정 단백질에 대한 항체를 형성한다. 이 단백질이 피부 최상층에 있는 단백질과 비슷하기 때문이다. 따라서 피부 단백질에 대한 면역계의 방어 반응이 임신포진을 유발하는 것으로 보인다.

증상 완화 방법

임신포진 증상이 있으면 주치의나 산부인과 의사를 찾아가야 한다. 임신포진은 임산부에게는 별로 해를 끼치지 않지만, 아기의 성장 지연이나 조산을 유발할 수 있다. 경증인 경우는 호르몬 연고가 비교적 잘 듣는다. 중증인 경우는 병원에 입원하여 임산부와 아기의 상태를 세심하게 모니터링 하는 가운데 치료해야 한다.

땀띠와 쓸림 증상

땀띠는 열과 마찰에 대한 피부의 반응이다. 유방 아래, 서혜부 또는 여타 피부가 접힌 부분에서 피부가 쓸릴 수 있다.

증상

- 붉은 반점 또는 체액으로만 채워진 피부 색깔의 수포, 가려움증

원인

땀띠는 연령을 막론하고 누구에게나 생길 수 있지만, 임신 중에는 불어난 몸 때문

에 마찰이 더 많아지므로 땀띠가 더 많이 나타난다. 불어난 신체 부위들이 서로 맞닿거나 옷에 쓸려서 모공이 막히고, 땀 배출이 잘 안 되기 때문이다. 신체의 체온 조절 메커니즘 변화도 한몫한다.

증상 완화 방법

- 땀띠가 난 부분에서 피부가 피부와 맞닿지 않게 하라. 예를 들어 유방 아래에 면 손수건이나 린넨거즈 손수건 같은 것을 대라. 약국에서도 구할 수 있을 것이다.
- 피부에 숨이 잘 통하도록 천연 소재의 옷, 얇은 옷을 입어라.
- 체온 조절을 잘 할 수 있도록 물을 많이 마셔라.
- 단순한 땀띠가 아니라는 생각이 든다면 주치의를 찾아가서 검사를 받아라. 임산부의 경우 땀띠가 잘 생기지만, 다른 질환 때문에 열꽃 같은 것이 나타날 수도 있다.
- 샤워를 한 뒤 환부의 물기를 제거하거나 드라이기 찬바람으로 말려라.

쥐젖

쥐젖 같은 섬유종은 이상 증식한 작은 피부 결절이다. 쥐젖은 영어로 '유경성 사마귀pedunculated wart'라 불리지만, 의학적으로 사마귀는 아니다. 이런 이상증식은 저절로 사라지지는 않지만, 위험하지 않다. 거추장스럽거나 미관상 안 좋다면 피부과에서 제거할 수 있다. 단 출산 뒤에 제거하는 것이 좋다. 그래야 감염의 위험이 적기 때문이다.

증상

- 대부분 목 위주로 피부 결절 또는 용종이 나타난다.
- 쥐젖은 이리저리 쉽게 움직일 수 있다.
- 쥐젖은 약간 거무스름해질 수도 있지만, 모반보다는 더 밝다.
- 크기는 보통 1밀리미터에서 3센티미터다.
- 때로 동시에 여러 개가 생긴다.
- 목, 사타구니, 겨드랑이, 눈꺼풀처럼 마찰이 많은 부위에 생긴다.

원인과 발병 시점

섬유종은 임신기간 언제든지 나타날 수 있는데, 보통은 후반기에 발생한다. 호르몬 영향과 점점 불어나는 몸에 옷을 통한 마찰이 합쳐져 임신 중에는 섬유종이 생기기가 쉽다.

색소침착

임신 중에는 MSH 호르몬(멜라닌 세포 자극 호르몬)의 영향으로 피부에 더 많은 색소가 침착되어, 여러 가지 피부 변화가 일어날 수 있다. 출산이 끝나면 침착됐던 색소가 다시 사라진다. 색소침착으로 인한 변화는 아래와 같다.

증상

- 점이 생긴다.
- 주근깨가 더 많이 생긴다.
- 갈색 반점이 생긴다.
- 기미가 생긴다.

- 임신선이 생긴다.
- 유두 색이 짙어진다.

모반

임신 중 색소침착이 증가하면 기존에 있던 점이 더 커지고, 색깔이 진해질 수 있으며, 새로운 점도 생길 수 있다. 다음과 같은 증상이 나타나면 병원에 가라.

증상

- 점이 훨씬 더 짙어진다.
- 점의 모양이 바뀐다.
- 점이 가렵다.
- 점에서 피가 난다.
- 점 가장 자리가 붉게 변한다.
- 점 주변 피부가 붉어진다.
- 모반에 상처, 궤양 또는 딱지가 생긴다.
- 예전에 악성 피부종이 생겼던 경험이 있다.

주근깨

주근깨는 색소가 작게 침착된 것이므로 모반과 비슷하다. 주근깨도 마찬가지로 임신 중에 기존 주근깨들이 더 진해지고, 새로운 주근깨가 생길 수 있다. 하지만 대부분 일시적으로 있다가 없어지며, 출산 후 몇 달이 지나면 주근깨가 났던 부분이 전처럼 돌아올 것이다. 자외선에 대한 노출을 줄이는 것이 가장 좋은 예방법이다.

갈색 반점

때로는 주근깨보다 훨씬 더 큰 갈색 반점도 눈에 띌 것이다. 이 역시 색소 변화의 결과로 나타나는 것으로 임신기간이 끝나면 사라진다. 색소가 많이 침착된 피부는 햇빛을 받으면 더 갈색으로 변하므로 갈색 반점도 햇빛을 받으면 색이 더 짙어진다. 그러므로 차단 지수가 높은 썬 크림으로 피부를 보호해라.

기미

모반, 주근깨, 갈색 반점 말고도 얼굴에 갈색 색소가 침착될 수 있다. 이를 일명 '임신 마스크'라고 부르며, 기미 형태로 눈 주변에 생겨난다. 이에 대해서는 피부를 햇빛 노출되지 않도록 잘 가려주는 것 외에 별로 할 수 있는 것이 없다. 햇빛을 가려줌으로써 갈색 기미가 더 짙어지는 것을 방지할 수 있다. 피부색이 어두운 여성들은 임신 마스크가 생기기가 더 쉽다.

임신성 기미는 대부분 2분기와 3분기에 생긴다. 첫 임신에서 생긴 적이 있었다면 다음에 임신하면 또 생길 확률이 높다. 임신 전에 피임약 부작용으로 기미가 낀 적이 있었다면 특히나 임신 마스크가 생길 위험이 높다. 임신기간이 끝나면 대부분은 사라지지만, 약간 더디게 사라진다는 점을 감안해라.

흑선(임신 중앙선)

흑선은 임신 중 배 한가운데에 나타나는 수직의 어두운 선이다. 이 선은 보통 1센티미터 너비로 치골에서 배꼽까지 이어진다. 배꼽 주변에도 착색이 되고, 때로는 배꼽 위까지 이어질 수도 있다. 종종은 2분기에 들어서야 흑선이 눈에 띌 것이며, 이 선은 임신기간에 점점 짙어진다.

재미있는 것은 당신은 임신 전에도 이미 이런 선을 가지고 있었다는 것이다. 하지만 그때는 색깔이 밝아 보이지 않았다. 그러다가 임신 뒤 색소침착이 되면서 갑자기 선이 눈에 띄게 된 것이다. 흑선은 무해한 피부 변화로 출산 후 몇 개월 지나지 않아 사라지거나 시간이 흐르면서 색이 더 옅어진다.

증상 완화 방법

- 흑선이 나타나는 것이 싫다면 배 부분을 자외선으로부터 가려주어라.
- 야외에 나갈 경우 높은 차단지수의 선크림을 배에 발라주어라.
- 일부 학자들은 엽산 결핍으로 말미암아 흑선이 나타날 수도 있다고 본다.

유두 색이 짙어질 때

유두와 유륜 부위의 색소침착도 증가한다. 이런 색소침착은 유용한 기능을 한다. 즉 아기는 비슷비슷한 색보다 색의 대비를 더 잘 인지할 수 있어서 태어날 때부터 유두와 피부의 대비를 알아보도록 프로그래밍 되어 있는 것이다. 생명에 필요한 젖을 발견하기 위함이다.

가려움증

. . . .

임신 중에는 기본 신진대사가 증가하여, 심장과 폐가 더 중노동을 해야 한다. 혈액 속의 노폐물을 걸러주기 위해 간도 더 많이 수고해야 한다. 간은 밤에 호르몬을 분해하는 일도 해야 하므로 결국 과로하기 쉬워진다. 간에 과부하가 걸리고 신장과 장도 많은 양의 노폐물을 배설하지 못하면 노폐물의 일부가 피부로 배출이 되어 가려움증이 생기는데, 이런 가려움증은 임신 후기에 나타나는 수가 많다.

증상 완화 방법

- 물을 많이 마셔라. 충분한 수분 섭취가 가려움을 완화한다.
- 매일 20분 정도를 집중적으로 운동해줄 것. 뻔한 말 같지만, 충분한 운동은 이 때도 중요하다. 운동을 하면 혈액순환이 좋아지고, 체내 정화력이 향상된다.
- 간에 부담을 주는 음식을 먹지 마라. 균형 잡힌 식사로 간을 뒷받침하라. 돼지 고기나 트랜스지방, 초콜릿은 간에 부담을 준다. 가려움증에 시달리지 않는 임 산부라 하여도 그런 부담이 되는 식품은 피하는 것이 좋다. 그리고 가급적 커피 나 홍차 대신 물을 마셔라.
- 서혜부에 통증이 있는 경우에는 2~3개월에 한 번씩 아기와 자궁이 자리 잡을 공간이 충분한지 점검하는 것이 좋다. 일부 여성은 자궁 인대가 굉장히 팽팽하 여, 개구기에 문제가 될 수 있다. 골반 공간이 임신 말기에 아기가 분만에 적절 하게 자리 잡는 데 충분한지를 정골의사(또는 접골사)가 촉진해줄 수 있다.
- 두 번째 또는 세 번째 임신이라면 복대를 착용하면 좋을 것이다. 경산부는 아기 와 자궁을 지지해주는 복부 근육이 너무 늘어져 있어, 아기가 복부 근육을 반동 으로 삼아 회전하기가 힘든 경우가 많은데, 이때 복대가 필요한 저항을 제공할 수 있다.

건조한 피부

피부에 수분이 부족한 상태를 말한다.

증상

• 가려움증, 피부가 곧 찢어질 것 같은 느낌

원인과 발병 시점

임신기간에 시기를 막론하고 언제든지 수시로 피부 건조증이 나타날 수 있다. 에스트로겐의 영향으로 임산부의 피부는 변한다. 게다가 임신 중에는 더 많은 체액이 필요한데, 임산부의 몸은 우선 본인 생명에 중요한 장기와 아기의 장기에 먼저 공급이 이뤄지도록 프로그래밍 되어 있다. 장기들에 공급이 이뤄지고 나서 신체에 더 이상 체액이 별로 남지 않으면 피부가 건조해질 수 있다.

증상 완화 방법

• 피부에 수분이 부족하지 않도록 물을 충분히 마셔라. 건조한 피부는 지금까지 당신이 몸에 수분을 충분히 공급해 주지 않았다는 표시다.
• 비누로 피부를 씻지 마라.
• 샤워는 되도록 짧게 하라.
• 피부 관리 제품은 향이 없는 것으로 선택하라.
• 집 안과 사무실의 공기가 건조하지 않게 하라. 가습기를 사용하거나 물을 끓여 습도를 높일 수 있을 것이다.
• 양질의 보습 크림을 사용해라.

포진상농가진

포진상농가진은 임신기간에 최초로 발생하는 일종의 건선을 말한다. 임산부에게 아주 드물게 나타나지만, 이 질환에 걸리면 아기에게도 위험하다. 이 질병은 유산의 위험을 높이고, 태반을 손상시켜 태반이 제대로 기능하지 못하게 한다. 출산 뒤에는 대부분 증상이 빠르게 경감된다. 하지만 다시 임신하는 경우 종종 새롭게 발생하고, 첫 임신 때보다 정도가 더 심해진다.

증상

- 분홍색 반점이 생기고 피부가 벗겨진다.
- 허벅지 안쪽에서 시작되어 다리로, 때로는 전신으로 퍼진다.
- 손바닥, 발바닥, 얼굴에는 나타나지 않는다.
- 때때로 발열, 오한, 설사를 동반한다.

원인과 발병 시점

이는 보통 임신 3분기에 많이 발생한다. 다만 포진상농가진은 보통의 건선과 잘 구별되지 않아서 의사도 원래 몸에 잠복해 있던 건선이 나타나는 것인지 아니면 임신 중에 나타나는 포진상농가진인지 정확히 구분하기 어렵다.

증상 완화 방법

이런 피부 질환이 나타나면 피부과 의사나 주치의와 상의하라. 병원에 가면 피부를 아주 얇게 채취하여 조직검사를 한 뒤 정확한 진단을 내릴 것이다. 검사 자체는 거의 느끼지 못할 정도로 전혀 괴롭지 않다.

아토피 피부염(습진)

피부과 의사는 임신성 소양증을 임신 중 처음 나타난 습진으로 볼 것이다. 이 질환은 임신성 습진, 아토피 습진, 베스니어 프루리고 또는 임신 발진 등 여러 이름으로 불린다. 대부분 습진은 출산 후 몇 주가 지나면 대부분 사라지지만 조금 더 오래갈 수도 있다.

증상

- 많이 가렵다.
- 작은 홍반성 구진들이 작게 무리지어 나타난다.
- 처음에는 피부가 붉고 비늘(각질)로 덮인다.
- 긁으면 쉽게 상처가 난다.
- 특히 초저녁이나 한밤중에 심하게 가렵다.
- 가려워서 긁게 되면 더 심한 가려움이 유발된다.

원인과 발병 시점

아토피 피부염은 보통 임신 6개월에 시작되지만 임신 초기부터 나타날 수도 있다. 이 역시 원인이 정확히 밝혀지지는 않았지만 가능한 원인과 치료법 모두 다른 습진과 비슷하다.

증상 완화 방법

규칙적으로 피부에 크림을 발라 보습을 해줘라. 피부가 건조할수록 더 가렵기 때문이다. 때로는 의료용 연고가 처방될 것이다.

두드러기, 구진, 발진

· ·

임신 후 두드러기, 구진, 발진 등 임신성 가려움증이 나타날 수 있다. 불편 증상과 구진이 임신포진이 아니라 '임신성 소양성 팽진구진반^{PUPPP}'인지 확실히 진단하려면 병원에서 조직검사와 혈액검사를 시행해야 한다. PUPPP는 주로 첫 임신, 그리고 다태임신에서 더 자주 발생한다. 특히 다태아 임신은 복벽이 더 빠르게, 더 많이 늘어나기 때문이다. 이런 불편 증상은 출산 후 3일 정도 지나면 사라진다. 이 소양증은 정말 고통스러울 수 있지만 다행히 엄마와 아이에게 해롭지 않다.

증상

· 굉장히 가렵고 심한 피부 발진이 일어난다.
· 지도상의 섬을 연상시키는 붉은 두드러기가 나타난다.
· 과녁을 연상시키는 두드러기와 반점. 가운데에 진한 붉은색 중심점이 있고, 연한 붉은색 원들이 주변을 두르고 있는 모양이다.
· 때로는 체액으로 채워진 수포들도 나타난다.
· 아랫배와 배꼽 주변(배꼽 안쪽은 제외), 임신선에서 시작된다.
· 배와 허벅지, 팔, 엉덩이로 빠르게 확산된다.
· 반점이 낫고 나면 습진을 연상시킨다.

원인과 발병 시점

대부분의 경우 PUPPP는 임신 3분기, 약 29~30주경에 시작된다. 이것이 PUPPP의 특정적인 시점이다. 소양증이 좀 더 일찍 나타나면 베스니어 프루리고 같은 다른 질병은 아닌지 검사가 필요하다. PUPPP는 최대 6주간 증세가 지속되지만 참기 힘든 증상은 1주 정도면 끝난다.

의학계에서 PUPPP는 임산부와 아기의 빠른 체중 증가와 관련이 있는 것으로 본다. 복벽이 빠르게 커지는 것에 대한 염증반응일 수도 있다. 과민반응의 일환일 수도 있지만, 무엇에 대한 과민반응인지 알지 못한다. 의학은 아직 원인을 밝혀내지 못했지만 다행히 좋은 치료법은 가지고 있다.

증상 완화 방법

PUPPP가 의심되면 의사의 진단을 받아야 한다. PUPPP로 진단되는 경우 코르티코스테로이드 크림을 처방받게 될 것이다. 사용법을 잘 준수하여 코르티코스테로이드를 저농도로 사용하면 아기에게 해롭지 않다. 증상이 심한 경우는 더 강력한 약물이나 광선치료(광선 요법)를 처방받을 것이다. 이런 치료 역시 아기에게 해롭지 않다.

간내 담즙 정체로 인한 가려움증

혈액 내 담즙산과 간 효소 농도의 증가로 임신 중 심한 가려움증이 나타날 수 있다. 이를 '임신성 간내 담즙 정체[ICP]'이라 부른다. 임신성 담즙 정체는 조산이나 저체중 출산의 위험을 높이며, 양수에 태변이 착색되는 등 난산의 위험도 높아진다. 따라서 늦지 않게 치료를 해줘야 한다. 임신성 담즙 정체가 심한 경우, 산부인과 의사는 CTG를 통해 아기를 세심하게 관찰할 것이다. 다시 임신을 하는 경우 이 질환이 재발할 위험이 높다.

증상
- 가려움증이 심하다.
- 가려움증이 발바닥과 손바닥에서 시작되어 다른 부위로 퍼진다.
- 피부가 노랗게 될 수도 있다.

- 붉은 두드러기나 다른 피부 변화는 나타나지 않는다.
- 긁어서 상처가 날 수도 있지만, 담즙 정체 자체로 그렇게 되는 것은 아니다.
- 소변색이 어두워지고, 대변 색이 밝아진다.
- 간 쪽에 불쾌한 느낌이 난다(갈비뼈 오른쪽 아래).

원인과 발병 시점

간내 담즙 정체로 인한 가려움증은 주로 임신 3분기에 나타난다. 간은 지방을 분해하기 위해 담즙산이 들어 있는 '담즙'을 만들어내며, 담즙은 좁은 담도를 통해 배출된다. 담즙 정체는 담즙이 걸쭉해서 배출되지 못하고, 간에 모여 간을 일시적으로 손상시키는 질환이다. 최악의 경우는 담즙이 혈액 속으로 들어간다. 담즙 정체가 일어나는 정확한 원인은 알려져 있지 않지만, 호르몬과 관계있을 거라고 추측된다.

증상 완화 방법

가려움증과 함께 메스꺼움이 나타나거나 식욕이 저하된다면 산부인과 의사를 찾아가라. 임신성 담즙 정체를 진단하기 위해서는 혈중 담즙산염 농도와 간기능 검사가 이뤄지고 필요한 경우 약을 처방받게 될 것이다.

건강과 미용을 위해 부종을 관리하라

네덜란드에서 정골의학 진료실을 운영하는 요안크 분 담당의는 수분정체, 가려움증, 골반 및 서혜부 통증에 대한 유용한 팁을 제공해준다.

부종

대부분의 수분은 팔다리에 정체됩니다. 혈관이 수분을 잘 빼내가지 못하면 중력으로 말미암아 사지, 즉 팔다리에 수분이 모이지요. 임신하면 혈관벽이 얇아져서 수분이 정체되기가 쉽습니다. 아기가 다리의 혈관을 압박할 수도 있고요. 그러다 보니 대부분의 임산부들이 다리, 발목, 발이 부어서 심한 경우는 신발이 겨우 들어가는 수준이 되지요. 수분 정체 자체가 문제가 된다기보다는 수분 정체로 말미암아 팔다리가 저릴 수도 있고, 반복사용 긴장성 손상 증후군(RSI 증후군)과 같은 추가적인 불편이 따를 수도 있습니다. RSI 증후군은 보통 같은 동작을 오랫동안 반복하는 직업을 가진 사람에게 잘 나타나며 손, 팔목, 손가락 등에 통증이 일어나거나 화끈거린다.

부종에 대처하는 법

• 운동을 많이 하라. 운동을 하면 모든 것이 더 잘 돌아간다. 혈액순환이 촉진되면 물이 팔다리에 정체되지 않는다.

- 물을 많이 마셔라. 부종이 있으니 물을 조금만 마셔야 하지 않나 하는 생각이 들지 모르겠지만, 더 많이 마셔야 한다. 물을 충분히 마셔야 신장이 물을 내보내라는 신호를 받는다. 물을 많이 마시면 체내의 펌프 시스템이 작동한다.

- 종아리 근육 운동을 하라. 종아리에는 일종의 펌프시스템이 위치하는데, 종아리 근육 운동으로 이를 활성화시켜 몸이 다리, 발목, 발에서 수분을 내보내도록 뒷받침해 줄 수 있다.

- 손이나 팔에 손목터널증후군이나 RSI 증후군이 있다면 견갑골 사이에 수건을 길이 방향으로 깔고 딱딱한 바닥에 누워라. 그런 다음 팔을 양옆으로 활짝 편 상태에서 손바닥을 90도로 젖힌 채 팔을 위쪽으로 들어 올리며 몇 번 깊게 복식호흡을 해줘라. 그렇게 함으로써 근육을 스트레칭해주고 공간을 넓혀서 혈액과 신경의 흐름을 원활하게 해줄 수 있다.

- 너무 짜게 먹지 마라. 소금은 수분을 붙잡아둔다.

- 압박 스타킹을 신어라. 압박 스타킹이라니 구닥다리처럼 들리지만, 장시간 서 있을 때는 정말 유용하다!

임신 중 당신의 피부에 일어나는 일

마졸랭 리나츠는 베이퍼베이크 적십자병원의 피부과 전문의다. 습진, 건선, 피부암이 주진료 과목이지만, 아기와 임산부의 피부 문제에 대해서도 잘 알고 있다. 피부는 우리 몸에서 가장 큰 기관이다. 임신해도 피부에 별다른 영향을 느끼지 못하는 임산부들도 있지만, 대부분 피부 변화를 느끼는 임산부가 더 많다.

"임산부가 가장 흔하게 경험하는 피부 변화는 무엇입니까?"

우선은 튼살이지요. 이것은 임산부들에게 스트레스가 될 수 있어요. 그 외 정맥류도 자주 나타나고, 유륜색이 짙어지거나 흑선(임신 중앙선) 같은 색소침착도 나타나지요.

"대부분의 피부 변화는 호르몬 때문인 것이지요?"

네, 무엇보다 임신기간에 처음으로 나타나는 증상인 경우는 그렇습니다. 임신 마스크라 불리는 기미도 그렇고요. 하지만 피부 변화가 늘 호르몬 때문인 것만은 아닙니다. 예를 들면 가려움증은 다양한 이유에서 나타날 수 있어요. 배냇점(모반)은 임신 중에 변화하기도 하는데요. 배냇점이 두꺼워지고, 짙어지면 종종 흑색종이 아닐까 걱정을 하지요. 대부분은 근거 없는 불안입니다. 그럼에도 변화를 주시하긴 해야 합니다.

"더 취약한 피부 유형이 있나요?"

네, 예를 들면 피부색이 어두운 임산부는 결합 조직이 좀 더 치밀해서 튼살이 생기기 쉽습니다. 반면 피부가 약간 노화된 산모들은 튼살이 덜 생기지요. 피부가 탄력을 잃었기 때문입니다. 그밖에 유전적으로 꽃가루 알레르기, 천식, 습진 경향이 있는 여성들은 임신성 소양증이나 습진에 걸릴 가능성이 더 높습니다.

"대부분의 불편은 일시적이지 않은가요?"

대부분은 그래요. 하지만 튼살은 그렇지 않습니다. 튼살은 출산하고 약간 시간이 흐른 뒤에도 남아 있어요. 유감스럽게도 튼살을 없애는 기적의 치료제 같은 건 없어요. 하지만 임신성 기미는 출산 뒤에 없어지는 경우가 많습니다. 대부분의 다른 변화들은 출산 뒤 며칠 내지 몇 주 지나면 사라지고요. 얼굴이나 다른 적절하지 못한 부분에 생겨나는 털은 출산 후 비로소 6개월은 지나야 사라지는 경우가 많습니다.

임신 중 피부 관리를 위한 실용적인 조언

- 임신 전과 마찬가지로 태양으로부터 피부를 보호하라. 낮 시간에는 그늘에 머물고, SPF 30 이상의 선크림을 발라라.
- 크림이나 오일을 발라줌으로써 복부 피부를 부드럽게 유지할 수 있다. 향이 첨가되지 않은 크림이나 오일을 활용하면 접촉성 알레르기를 걱정하지 않아도 된다.
- 출산 전이나 후나 마찬가지다. 흡연을 하지 말고, 피부를 자외선으로부터 보호하는 것이 피부에 가장 잘하는 일이다.

04

마음을 콕콕,
기분을 가라앉히는 심리적 그늘

    임신은 당신의 인생에서 가장 엄청난 사건 중 하나다. 무척이나 뜻깊고 행복하며 감사한 일이지만 그것과 별개로 정신적으로는 큰 스트레스가 되기도 한다. 부모가 된다는 부담감, 배 속에서 아기가 자라나며 몸 안밖에 생기는 변화와 통증에 대한 두려움, 출산, 일, 양육 등에 대한 불안 등 다양한 요인이 중첩되어 심리적으로 불안정해지는 것이 당연하다. 그러나 너무 걱정하지 마라. 임신 중 일어나는 심리 변화는 출산과 함께, 그리고 시간이 지나면서 점차 일상에 적응하며 평소처럼 돌아갈 것이다.

임신우울증
· ·

임신하면, 특히 아이를 무척이나 기다려온 사람이라면 늘 즐거운 기분으로 지낼 것 같지만 꼭 그렇지만은 않다. 현실이 되고 보니 의기소침하고 기분이 저하된 채 나날을 보낼지도 모른다. 임신으로 말미암은 호르몬 변화가 신체적·정신적으로 많은 영향을 미치다 보니 우울감이 나타날 수 있다. 임신우울증에 걸리면 힘든 시기가 특히 오래가고 더 힘들게 느껴진다. 때로 잠시 좋은 순간들을 경험하기도 하지만, 장밋빛 구름은 온데간데없고 짙은 먹구름이 드리운다. 이런 우울감이 두세 주 또는 그 이상 계속 될 수 있다.

증상

- 삶이 무가치하고 무의미한 느낌, 의욕 저하, 슬픔, 의기소침, 두려움, 패닉, 임신에 대한 후회, 불면증, 수면장애, 과도한 수면 욕구, 공포, 강박 장애, 과호흡, 흥분, 분노, 심한 기분 변화, 파트너, 가족, 친구에 대한 불만, 메스꺼움(나아가 구토), 태동을 느낄 수 없는 둔한 감각, 자녀를 다치거나 해할 것 같다는 두려움(반복적인 생각), 죄책감, 자살에 대한 생각

원인과 발병 시점

임신 초기부터 불안, 우울감이 엄습할 수 있다. 우울감은 보통 출산 후 사라지지만, 경우에 따라서는 우울감이 지속될 수 있다. 임신 중에는 우울감이 없었는데, 출산하고 나서 우울감이 생기는 여성들도 있다.

임신하면 체내의 화학공장이 개조되고, 호르몬 대사의 변화로 말미암아 신체적, 정신적으로 약간 혼란이 빚어진다. 호르몬 자체의 영향도 있고, 달라진 소화과정도 영향을 미칠 수 있다. 장이 제 기능을 못하거나 비타민 같은 영양소가 결핍되어 계속 구토가 나오다 보니 기분이 더 안 좋아지기도 한다. 지치고 피로한 몸 상태도 정신 건강에 악영향을 미친다.

증상 완화 방법

- 우울감으로 힘들 때는 도움을 구하는 편이 임산부 자신뿐 아니라 아기에게도 좋다. 불안하고 우울하면 신체에서 여러모로 부정적인 영향을 미칠 수 있는 물질이 분비되어 아기의 출생 체중이나 모유수유, 스트레스(출산 후의 스트레스에도 적용)에 대한 아기의 반응에 악영향을 미칠 수 있다.

임신우울증이 있으면 조산, 산후우울증을 앓을 위험도 증가하여 임산부, 아기, 배우자 모두 힘들 수 있다. 적절한 시기에 도움을 구하여 이런 문제들을 피해라. 앞에서도 누누이 이야기했듯이 부끄러워하지 마라.

- 주치의나 조산사가 당신을 전문가에게 의뢰하여 산전 또는 산후우울증을 치료받을 수 있도록 해줄 것이다.
- 가까운 주변사람들에게 당신이 겪는 불편에 대해 이야기하라. 무엇보다 파트너, 친구, 가족과 이야기하라.
- 과거에 비슷한 경험이 있거나 현재 비슷한 경험을 하고 있는 여성들과 이야기를 나누라.
- 자연요법을 통한 우울증 치료로 상태가 개선된 여성들도 종종 있다.
- 충분한 수면과 휴식, 충분한 운동, 건강한 식사 등 삶의 기본 필요는 반드시 충족되어야 한다.
- 혈중 비타민 농도를 측정해보라. 비타민 D나 B_{12} 부족은 정서 상태에 영향을 미칠 수 있다.
- 오메가3 섭취는 임신 중, 특히 임신 2분기부터는 매우 중요하다. 오메가3가 부족하면 산후우울증 위험이 증가한다.
- 음악은 정서에 굉장한 영향을 미친다. 행복하게 해주는 음악을 들어라.

임산부의 약 10퍼센트가 어느 시점에서 우울감을 경험한다. 난임 치료를 받은 임산부들은 우울감을 경험하는 비율이 더 높다.

건망증, 임신성 치매, 굼뜬 행동
· ·

일상생활 중 자꾸 깜박깜박하며 약속이나 해야 할 일을 잊고, 건망증이 심해지고,

갑자기 행동이 굼떠질 수 있다. 최소한 당신 자신은 그렇게 느낀다. 부엌에 갔는데 뭘 가지러 갔는지 기억이 나지 않을 수 있고, 단어가 생각나지 않을 때가 많다. 에를 들면 스파게티면을 사러 가서 빵만 사가지고 집으로 돌아오는 식이다.

증상

• 건망증, 집중력 저하, 반응력 감소, 가구에 자주 부딪치거나 물건을 떨어뜨린다.

원인과 발병 시점

임신 중 건망증이나 굼뜬 행동이 같이 나타난다는 것은 이미 알려진 사실이다. 최신 연구를 통해 몇 년 전부터 우리는 임산부의 뇌가 다르게 기능한다는 걸 알고 있다. 자꾸 건망증이 생기고 어설픈 행동이 나타나는 것은 임신하면 프로게스테론으로 말미암아 뇌가 약해지기 때문이다. 그렇다. 근육과 인대만 느슨해지는 것이 아니라, 어떤 면에서 뇌도 그렇게 된다. 그래서 사고가 더 이상 예리하게 이뤄지지 않는다.

또한 임신 후반기에 들면 양질의 수면을 취하지 못하는 임산부들이 늘어나는데, 수면의 질이 안 좋아지다 보면 피로가 쌓여 건망증과 굼뜬 행동이 나타나기가 쉽다. 세 번째 원인으로 아기가 뇌 발달에 필요한 물질인 아세틸콜린을 더 많이 흡수하여, 엄마의 두뇌 능력에 부담을 초래한다는 사실을 들 수 있다. 신체의 생물학에서는 아기가 가장 우선순위다.

많은 임산부가 전형적인 임신성 치매 증상을 체감하긴 하지만, 연구에 따르면 이런 증상은 별로 나쁘지 않다. 체감 상으로는 두뇌 능력이 퇴보하는 것 같지만 실제로는 그다지 퇴보하지는 않는 것으로 드러났다.

증상 완화 방법

• 기억하고 싶은 것 또는 기억해야 할 것 목록을 적어라.

- 중요한 일이나 약속은 휴대폰에 메모해놓아라.
- 충분한 휴식과 숙면을 취하라.
- 주변 사람들에게 특정 사항을 상기시켜 달라고 부탁해놓아라.
- 상대적으로 콜린 함량이 높은 피스타치오, 퀴노아, 표고버섯, 콜리플라워, 근대, 감귤 류를 섭취하라.

임신성 치매는 객관적 상태보다는 체감되는 불편이 더 심하다. 당신은 예전보다 건망증이 훨씬 심해졌다고 생각하지만 객관적으로는 그리 나쁜 상태는 아니다. 한 번씩 웃음을 자아낼 수 있는 무해한 건망증은 저혈압 때문일 수도 있다. 혈압을 주기적으로 검사해보는 것이 바람직하다.

코쿠닝

출산 예정일을 앞두고 몇 주간 더 이상 일에 잘 집중하지 못하고, 자꾸 자신만의 세계로 침잠하게 되는 경우가 많다. 이를 '코쿠닝Cocooning'이라고 한다. 대자연이 당신으로 하여금 이제 약간 더 조용히 지내도록 만드는 것이다. 외부 자극에 신경을 빼앗기기보다 자신의 몸의 소리에 더 주의를 기울이도록 말이다. 그렇게 당신의 정서는 마치 누에처럼 '고치' 속으로 들어가 버리다시피 한다.

건망증은 임신 후 나타나는 자연스러운 반응이다

심리학자이자 신경학자인 후이도 판 빙엔 교수는 암스테르담 의과대학 뇌 영상학과에서 임신 호르몬이 기억에 미치는 영향을 연구한다.

당신은 문득 냉장고문을 연 채 "어라, 내가 뭘 꺼내려고 했더라?" 하고 묻는다. 임신 중에는 이런 일이 발생할 확률이 큰데, 일반적으로 이런 현상을 '임신성 치매'라 부른다.

"임신 후 물건을 어디에 뒀는지 기억이 안 날 때가 많은데, 심각한 걸까요?"
뭔가를 잊어버린다고 다 임신 때문은 아닙니다. 전에도 한 번씩 깜박거리곤 했지요. 하지만 이제는 '아, 어째, 임신성 치매가 생겼나봐'라고 생각하는 거예요. 하지만 사실 치매라는 말은 맞는 표현은 아니에요. 치매 환자의 기억력은 훨씬 나쁘니까요. 임신 중에는 일시적으로 가벼운 형태의 건망증이 생기는 것뿐입니다.

"이런 증상이 나타나는 게 호르몬 탓일까요?"
사실 여성의 몸은 생각보다 호르몬 변화에 민감하게 반응하지 않아요. 프로게스테론을 전구체로 하여 생겨나는 호르몬들은 수면제와 같은 수용체에 도킹하거든요. 바로 뇌에 신호를 보내는 부위에 말이죠. 그런데 임신 중에는 이런 특별한 수용체들이 프로게스테론에 덜 민감한 상태가 됩니다. 만약 임신하지 않은 사람에게 임산부와 동일한 양의 프로게스테론을 투여하면 주의력에 훨씬 더 문제가 생길 것입니다.

따라서 임신한 상태에서 호르몬으로 인한 인지변화를 알아챌 수 있지만 심한 정도는 아니에요. 출산 뒤에도 깜박거리는 증상이 계속된다면 수면 부족 탓이 클 겁니다. 모유수유 중에 분비되는 다른 호르몬들도 뇌에 영향을 줄 수 있고요.

"출산 때 겪었던 고통을 금방 잊어버린다는데, 정말로 그렇게 될까요?"

흔히들 그렇게 말하지요. 어떤 호르몬이 어떻게 작용하는지는 아직 정확한 연구가 이뤄지지 않았습니다. 분만 시에 분비되는 옥시토신도 뇌에 영향을 미칠 거예요. 대부분 인상적인 경험은 기억에 잘 남지요. 2001년에 일어났던 세계무역센터 테러를 잊어버릴 사람은 별로 없을 것입니다. 하지만 호르몬과 기억에 대한 주제에서는 아직 연구할 거리가 많이 있습니다.

심장 두근거림

임신하면 갑자기 심장 뛰는 것이 상당히 강하게 느껴진다. 심장이 두근두근 거린다. 임신 전에는 굉장히 힘을 써서 뭔가를 할 때나 느꼈지만 임신기에는 가만히 있어도 저절로 이런 증상이 나타날 수 있다.

증상

- 심박동이 강하게 느껴진다.
- 심박동이 빠르고 불규칙하다.
- 심장이 두근거린다.
- 때로는 머리, 목, 흉곽 전체에서 맥박이 뛰는 것이 느껴진다.

원인과 발병 시점

임신 중에는 심장이 더 많은 일을 해야 한다. 아기에게 모든 영양소를 전달하기 위해 당신 몸은 추가적으로 약 1리터의 혈액을 더 만들어 내고, 심장은 모든 피를 펌프질하기 위해 특히나 애를 써야 한다. 당신의 몸은 이런 체내의 변화에 우선 익숙해져야 하므로 아주 조금만 움직여도 심장이 더 빨리 뛰는 것이 느껴질 것이다. 심장이 미친 듯이 뛰지 않는 한 걱정할 필요는 없다.

스트레스, 과도한 카페인 섭취, 특정 약물도 심계항진을 유발할 수 있고, 빈혈 등 다른 임신 증상이나 임신과 무관한 다른 질병이 심계항진을 초래할 수도 있다. 심장 두근거림 외에 가슴에 압박감이 나타난다든지, 쫓기는 느낌이 든다든지 하면 주치의를 찾아가라.

증상 완화 방법

- 고요한 상태 유지하기. 앉거나 누워서 호흡에 집중할 것.

- 생각 전환하기. TV를 보거나 음악을 듣거나 무언가를 읽어본다.
- 커피, 콜라, 기타 카페인 음료를 피할 것. 초콜릿도 증상을 악화시킬 수 있다.
- 복용하는 약물이 부작용으로 심계항진을 유발할 수 있는지 확인해볼 것.

과호흡

빠르고 얕은 호흡을 '과호흡'이라 부른다. 임신과 무관하게 종종은 긴장, 스트레스, 공포로 말미암아 과호흡이 생길 수도 있다.

증상

- 빠르고 얕은 호흡, 공기가 모자라는 느낌, 숨 가쁨, 두근거림, 손이 축축함, 현기증, 머리가 무거운 느낌, 가슴 압박감, 목과 어깨 부위의 통증(아프고 쿡쿡 쑤심), 손가락이나 발가락이 따끔거리거나 무감각한 느낌, 시력 저하, 집중력 장애, 정신이 멍하고 텅 빈 느낌

원인과 발병 시점

과호흡은 원인에 따라 임신 중 여러 시기에 증상이 발생할 수 있다. 산소를 과하게 들이마시는 것을 막으려면 더 길고 깊게 호흡을 해야 한다. 하지만 공포에 질려서 과호흡을 할 때는 정확히 이와 반대로, 더 빠르게 숨을 들이마시게 되고, 그로 말미암아 더 많은 산소가 혈액 속에 들어온다. 과호흡을 할 때는 혈관이 좁아져서, 숨을 더 많이 들이마시는데도 장기와 결합조직에 산소가 부족해진다.

임신 중에는 아기, 태반, 자궁을 위해 더 많은 산소가 필요하며, 당신은 이런 추가적인 필요에 부응하여 자동적으로 호흡을 조절한다. 하지만 때로 너무 많은 산소가 유입되면 신체는 이에 대한 반응으로 과호흡을 일으킨다. 커지는 배가 폐를 압

박해 호흡에 지장이 생길 수 있으며, 게다가 이 시기에는 모든 근육과 마찬가지로 호흡 근육도 느슨해지는데, 이 역시 이런 현상에 한 몫 한다. 이외 횡격막이 자리할 공간이 점점 줄어 호흡이 더 힘들어지는 등 다른 신체 변화들도 과호흡을 유발하거나 강화시킬 수 있다.

증상 완화 방법

• 눕거나 (똑바로) 앉아라. 5초간 들이 마시고, 10초간 내쉬며 심호흡하라.
• 코로 숨을 쉬라.
• 과호흡이 다시 나타나면 물리치료사를 찾아가라. 여러 호흡법을 설명해줄 것이다. 출산 준비 프로그램에서도 호흡법을 배울 수 있다.

둥지 짓기 본능

당신은 출산을 준비하며 그에 맞추어 집 안을 적절하게 꾸미고 싶은 강한 충동에 붙들릴 수 있다. '둥지 짓기 본능'이라는 말은 새들이 알을 낳기에 적합하도록 몇 주에 걸쳐 둥지를 짓는 데서 따온 말이다. 후손에 대해 열심인 정도로 말할 것 같으면 우리 인간들도 만만치 않다. 그리하여 이제 당신은 집 전체를 손보고자 할 것이다. 정원도 좀 바꾸고, 아이 방도 만들고, 매일 청소하고, 아기용품도 한두 번이 아니라 한 다섯 번쯤은 빨고, 닦고, 욕실 타일의 틈새 부분을 청소하고 타일을 반짝반짝하게 닦을 것이다.

둥지 짓기 본능이 임산부에게만 나타난다고 생각하는 사람들에게 말해두자면 임산부 당사자뿐 아니라 배우자들 중에도 임신한 아내의 영향을 받아 청소와 정리 의욕이 솟구치는 사람들이 많다.

05

유산,
아이를 만나지 못하고 떠나보냈을 때

안타깝지만 임신했다고 모든 사람이 아기를 품에 안을 수 있는 것은 아니다. 때로는 생각대로 잘 안 될 수도 있다. 이런 상황은 생각보다 더 자주 벌어진다. 임신의 약 10~15퍼센트가 새 생명을 품에 안지 못한 채 종결된다. 정상적으로 임신을 했지만 유산이 될 수도 있고, 자궁외임신, 무배아임신을 할 수도 있다. 임신 24주를 넘긴 뒤에 생명을 유지하지 못하는 경우도 있다. 이를 '자궁 내 태아 사망'이라고 하며, 이런 경우 사산을 해야 한다.

임신이 잘 끝나지 않았는가?

마음으로 당신과 함께하는 바이다. 당신이 새 생명을 품에 안는 것을 보았다면 얼마나 좋았을까. 하지만 유감스럽게 결과는 그렇게 되지 못했다. 이번 장에서는 잘못되는 경우 일어나는 일들에 대해 다루려고 한다. 그러나 지금 당신이 느끼는 감정을 어떻게 말로 형언할 수 있을까. 인생에서 이런 상실을 잘 받아들일 수 있기를, 다음 번에는 건강한 아기가 태어날 때까지 9개월 동안 이 책이 당신을 동반할 수 있기를 바란다. 힘과 사랑이 함께하기를!

유산은 결코 당신의 잘못이 아니다

유산은 두 가지로 나눌 수 있는데, 배아가 없는 유산과 배아가 보이는 유산이 그것이다. 배아가 없다는 것은 배아의 발달이 아주 초기에 중단되어, 배아라고 할 만한 것이 없다는 뜻이다. 하지만 난막과 그 안에 들어 있는 태반은 계속 성장하고 체액이 고여 작은 낭포들이 생겨난다. 이런 경우 태반이 임신 호르몬을 분비하므로 입덧을 할 수도 있다. 그래서 정말 임신한 것처럼 느껴지지만, 배 속에는 생존할 수 있는 진짜 배아가 들어 있지 않다. 배출되는 것은 임신낭과 태반이고, 배아는 볼 수 없다.

한편 배아가 생겨났지만 정상적으로 발달하지 못하는 경우도 있다. 이를 '계류유산'이라 한다. 이 경우 초음파에서 심박동을 분간할 수 없게 된다. 배아가 7주 이상인데 심박동이 없으면 계류유산이라는 확실한 신호다. 6주가 되지 않은 어린 배아는 계류유산인지 확인하기가 더 어렵다. 태아의 심장은 6주 경에야 비로소 뛰기 시작하기 때문이다. 그래서 배아가 발달을 멈추었는지 확인하기 위해 며칠 뒤 다시 초음파검사를 시행하게 된다. 검사에서 배아가 더 이상 자라지 않고, 심장도 뛰지 않는 것으로 확인되면 너무나 마음이 아프지만 임신 종결이 기정사실이 된다.

유산을 깨닫는 순간

때로 배 속에 자라고 있는 아기가 더 이상 생존이 불가능하다는 걸 알지 못하고 지내다가, 갑자기 출혈을 하게 된다. 출혈을 경험하고 당신은 지금 강력히 뇌리를 스치는 이 생각이 사실일까 의심한다. 혹시 '유산일까' 하고 말이다. 많은 사람들의 생각과는 달리 자연 유산은 그리 쉽게 분간되지 않는다.

출혈이 발생하지만, 처음에는 심하지 않다. 심하지 않은 출혈이라면 유산과 관계없는 무해한 것일 수도 있지 않은가. 임신 초기에 착상혈이라 부르는 소량의 출혈을 겪는 여성들도 많다. 그밖에 유산은 종종 생리통과 비슷한 복통을 동반하지만, 이런 복통 역시 그냥 정상적으로 나타나는 것일 수도 있다. 출혈이 심해지고 복통이 단순한 복부 경련이 아니라 진통을 연상시킬 때에야 비로소 정말로 유산임을 깨닫게 된다.

배 속에 더 이상 생명이 자라지 않고 있음을 알게 되면 이제 임신 종결 사실이 분명해진다. 대부분의 경우 이것은 자연적으로 일어나고, 의료적 개입이 필요하지 않다. 하지만 자연적으로 배출이 되지 않으면 약물로 배출을 유도하거나 '소파수술'이라 불리는 긁어내는 수술을 하게 된다. 소파수술은 자궁내막을 긁어내는 것이다. 자신의 몸이므로 어떤 방법으로 할 것인지 스스로 선택할 수 있다. 충분히 상담을 받고 결정을 내려라. 때로는 의사가 이 세 방법 중 당신에게 더 안전해 보이는 방법을 추천할 테지만 모두 장단점이 있다.

담배를 피우거나 술을 굉장히 많이 마시지 않은 한 스스로를 탓할 필요는 전혀 없다. 유산은 보통 수정란이 충분히 강하지 못해서 일어난다. 거의는 유전적 결함이 원인이다. 스스로 뭔가 잘못한 기분이라 해도, 당신 잘못이 아니며, 당신 몸의 잘못도 아니다. 그러므로 시간적 여유를 가지고 이 일을 받아들인 뒤, 나중에 다시 시도해야 할 것이다. 주위에 평범하게 자녀를 키우는 엄마들 중에서도 유산을 경험한 사람들이 제법 많다. 유산을 경험하는 비율은 생각보다 높다. 유산은 당신의 잘못이 아니다. 분명히 말하지만, 임신해서 성관계를 가졌거나 매운 음식을 먹었거나 스트레스를 받았기 때문에 유산을 한 것이 아니다.

자연 배출

자연적으로 배출되는 경우 자연이 알아서 그 일을 한다. 그러므로 당신은 언제 출혈이 시작될지 알지 못한다. 출혈에서 배아도 함께 나오고, 때로는 배아를 알아볼 수도 있다. 저절로 알아서 배출되는지 6주 정도 기다려볼 수 있다. 자연적으로 배출되는 경우 대부분 의료개입이 필요하지 않다. 매우 아플 수도 있지만, 그렇지 않을 수도 있다. 통증이 심하면 그냥 일반적인 진통제를 복용하면 된다. 소파술과 비교하여 자연 배출은 커다란 의학적 이점을 갖는데, 자연 배출은 자궁내막에 유착이 생길 염려가 없기 때문이다. 유착이 생기면 다음 번 임신이 어려워지거나 조산 위험이 증가한다.

자연 배출에서 때로는 출혈이 상당히 오래 갈 수 있다. 2주 넘게 출혈이 계속되면 산부인과 의사와 상의해야 한다. 임신조직의 일부가 자궁에 남아 계속 자랄 수도 있어서 초음파검사를 통해 확인해야 한다. 임신 산물이 자궁 안에 남아 있는 경우, 약물 복용이나 소파술을 권유받게 될 것이다.

유산을 했을 때 어떤 사람들은 배아를 보고 싶어 하는 반면 어떤 사람들은 보기를 원치 않는다. 어쨌든 마음의 준비를 해야 할 것이다. 상당히 일찍부터 배아에서 인간의 모습을 알아볼 수 있다. 자연 배출이 됐다면 핏덩이와 배아를 반드시 병원에 가져갈 필요는 없고, 보통의 장례처럼 땅에 묻거나 강에 흘려보내는 등 각자가 좋게 생각되는 대로 하면 된다.

다음과 같은 경우 즉시 산부인과 의사에게 연락하라.

- 출혈량이 많거나 2주 이상 출혈이 계속되는 경우
- 어지럽거나 의식을 잃는 경우
- 유산을 하는 동안 또는 유산 직후에 열이 날 때(38도 이상)
- 자신에게 무슨 일이 일어나고 있는지 잘 모르겠거나 두려울 때

약물을 활용한 배출

약물의 도움을 받는 유산은 자연적인 배출과 비슷하다. 가장 큰 차이점은 산부인과 의사가 처방해준 약으로 배출시점을 스스로 정할 수 있다는 것이다. 원하는

시간에 집에서 약을 복용하면 48시간 이내에 임신 산물이 배출된다. 그런데 이 약물은 25퍼센트의 여성에게서 일주일 이내에 효과를 보이지 않으므로 그런 경우 소파술이 시도된다. 자연 배출과 마찬가지로 약물 유도 배출 역시 통증을 유발할 수 있다. 장단점 면에서 약물로 유도한 배출은 자연 배출과 비슷하다. 단 한국에서는 허가되지 않은 시술이다.

소파수술

소파수술은 마취제 투여 하에 실시하는 간단한 수술이다. 산부인과 의사가 얇은 석션으로 자궁을 흡입하고, 배아가 생겨난 경우 이 과정에서 배아도 제거된다. 자궁경부로 석션을 들여보내기에 수술 자국은 남지 않으며, 통증은 자연 배출이나 약물 유도 배출보다 더 적다. 커다란 단점은 이 역시 수술이며, 모든 수술은 위험을 동반한다는 것이다. 그밖에 이 수술로 나중에 임신을 했을 때 조산할 위험이 더 높아진다.

함께하라

물론 자신의 몸에 대한 문제이므로 유산에 어떻게 대처할 것인지 스스로 결정할 수 있다. 하지만 배우자를 결정에서 배제시키는 것은 공평하지 않다. 아기를 잃은 사람은 당신 혼자가 아닌 것이다. 그러므로 함께 이야기를 하라. 당신은 무엇을 원하는가? 배아를 보고 싶은가? 매장하고자 하는가? 둘의 의견이 일치하지 않는가? 때로는 의견이 달라도 상관이 없다. 당신은 배아를 보고 싶어 하는데, 배우자는 보고 싶어하지 않는다 해도 괜찮다. 모든 사람은 상실을 다르게 받아들인다. 하지만 중요한 것은 함께 결정을 내리고, 상대의 감정을 존중하며, 이런 경험을 자신의 삶의 일부로 받아들일 수 있을 때까지 서로 허심탄회하게 이야기하는 것이다.

자궁외임신, 그 밖의 유산 원인

때로는 수정란이 자궁이 아닌 난관에 착상하기도 한다. 하지만 나팔관에서는 아기가 계속 자랄 수가 없다. 유감스럽게도 수정란을 수술적 방법으로 자궁으로 이식하는 것은 불가능하다. 그리하여 자궁외임신 소견이 나오면 곧장 병원에 입원하여 약물이나 수술로 임신 조직을 제거하게 될 것이다. 그렇게 하여 난관이 파열되는 등의 생명이 위험해지는 상황을 막을 수 있다. 그런 다음에는 생리가 시작되기를 기다렸다가 다시 임신을 시도할 수 있다. 새로운 수정란이 자궁에 착상되고 나면 원칙적으로 당신과 아기는 더 이상 위험하지 않다.

하지만 자궁외임신 경험자는 또다시 자궁외임신을 할 위험이 15퍼센트가량 높다. 때로는 다시 임신하기가 약간 더 어려울 수도 있다. 자궁외임신으로 인해 난관의 일부를 절제했거나 긁어내는 수술로 말미암아 유착이 생겼을 수도 있기 때문이다. 하지만 자연 임신이 불가능할 정도로 난관이 손상되는 경우는 별로 없다. 그러므로 이후 아이를 가지려면 어떻게 해야 할지에 대해 산부인과 의사와 상담을 하게 될 것이다. 다행히 자궁외임신의 트라우마를 겪은 대부분의 여성들은 쉽게 다시 임신을 하여 9개월 뒤 고대하던 아기를 품에 안는다.

아급성 형태

이것은 급성과 만성의 중간 형태로, 나팔관이 파열되지 않은 상태의 자궁외임신이다. 하지만 그럼에도 다음과 같은 증상이 있을 것이다.

- 복부 한쪽에 통증이 있다.
- 통증이 등, 어깨, 허벅지로 퍼져나간다. 특히 어깨에 눈에 띄는 통증이 나타난다.
- 출혈이 생긴다.
- 어지럽거나 실신할 수 있다.

- 메스꺼움 또는 구토가 나온다.
- 변의가 느껴지는데 변은 나오지 않는다.
- 설사를 한다.

급성 형태

급성 자궁외임신은 수정란이 자라 나팔관이 파열된 경우다. 이런 경우는 한시가 급하게 응급 수술을 해야 한다. 급성 자궁외임신의 증상은 다음과 같다.

- 심한 급성 복통이 있다.
- 혈압이 급격히 떨어진다.
- 실신할 것처럼 기운이 빠진다.
- 얼굴이 창백해진다.
- 맥박이 빠르고 약해진다.
- 한기가 들면서 땀이 난다.

무배아임신

때로는 수정이 이뤄졌지만 배아가 생겨나지 않는 수도 있다. 그럼에도 태반세포는 계속 발달하고, 계속 분열해서 소위 '포상기태(낭포들이 포도송이 모양으로 결집해 있는 형태)'를 이루게 된다. 이런 낭포들을 완전히 제거하는 것이 중요하다. 일부가 남아 있으면 계속 분열하여 증식함으로써 당신 몸에 심각한 후유증이 생길 수 있다.

산부인과 전문의가 당신에게 소파수술이 어떻게 이뤄질지, 모든 과정과 유의사항을 설명해줄 것이다. 무배아임신이었다가 종결된 뒤에는 아주 정상적으로 다시 임신할 수 있다. 하지만 hCG 호르몬이 체내에서 모두 사라지기까지 3~4개월 기다리는 것이 좋다. 무배아임신으로 실망했겠지만 그래도 다시 이런 경험을 반복할 위험은 1퍼센트밖에 안 된다는 것으로 위안을 삼으라.

Rh 인자

Rh- 혈액형이고, 임신 10주가 넘은 경우에는 로감주사, 또는 원로주사(항-Rho(D) 면역 글로불린 주사)를 맞게 된다. 이 주사는 엉덩이나 다리로 투여된다. 이런 주사는 당신이 Rh 양성 인자에 대한 항체를 형성하는 것을 억제한다. 그리하여 다음에 Rh 양성 아기를 임신하더라도 당신의 몸은 아기의 혈액을 밀쳐내지 않는다. 로감주사를 맞으면 더 이상 위험이 없다.

사산

임신 16주가 넘은 상태에서 배 속에서 사망한 태아를 분만하는 것을 사산이라고 한다. 물론 이것은 유산보다 훨씬 안 좋다. 임신 초기에는 혹시 유산을 할지도 모른다는 점을 감안이라도 하지만, 임신 3개월이 지나면 아기가 잘못되리라는 생각을 거의 하지 않기 때문이다. 그러기에 사망한 태아를 분만해야 하는 경우는 정말 마음이 힘들다. 게다가 그동안 태아는 상당히 자라서, 유산 때처럼 혈액과 함께 자연적으로 배출되는 건 불가능하다.

사산을 했다면 사망한 태아를 마음에서 잘 떠나보내는 것이 중요하다. 태아가 몇 개월이 됐던 간에, 작별 의식을 할 것인지, 화장을 할 것인지, 매장을 할 것인지 선택할 수 있다. 죽어서 나온 아기가 당신 부부에게 미치는 영향을 과소평가해서는 안 된다. 같은 일을 겪은 사람들과 경험을 나누고, 마음을 터놓을 수 있는 사람들에게 허심탄회하게 감정을 토로하라.

유산 뒤에 다시 임신할 수 있을까?

안심하라. 유산한 뒤에도 임신할 수 있으며, 다시 유산을 할 위험이 더 높거나한 것은 아니다. 첫 유산이었다면 다시 건강한 임신을 할 확률이 유산을 하지 않은 여성과 거의 동일하다. 하지만 신체적 가능성과는 달리, 심리 상태는 좋지 않을 것이다. 유산의 충격을 받아들이는 데 시간이 걸릴 것이고, 그런 다음에야 다시 임신을 기뻐할 수 있는 상태가 될 것이다.

한 번의 실패로 모든 희망을 버리지 마라. 때로 임신은 호락호락 진행되지 않는다. 일찌감치 유산을 하게 될 수도 있고, 태아가 생존 불가능해서 수술을 시행해야 할 수도 있다. 예비 엄마 아빠가 겪을 수 있는 최악의 일은 아마 생존이 불가능한 아기를 낳거나 배 속에서 이미 사망한 아기를 분만하는 일일 것이다. 이런 일은 인생에서 결코 잊지 못할 사건이다. 안 좋은 경험을 차츰차츰 수용해나가는 것이 중요하며, 그 과정에서 도움이 필요하다면 누누이 말했듯이 부끄러워하지 말고 도움을 구해라.

예전의 임신이 앞으로의 임신에 영향을 미치는 것은 당연하다. 이번 임신은 이전과 다르다는 이야기를 곧잘 들어왔겠지만, 의료적인 면에서는 몰라도, 감정적인 면에서는 서로 연결되어 있을 수밖에 없다. 산부인과 의사와 함께 의학적으로 따르는 위험에 대해 상의해보라. 그들은 당신을 안심시켜 주고, 팩트를 근거로 당신이 두려워할 필요가 없는 이유를 설명해줄 것이다. 담담하고 전문적인 대화는 사실과 감정을 분리하는 데 많은 도움이 될 것이다. 감정을 쉽게 몰아낼 수는 없으며, 억누르는 것 또한 좋지는 않으니 말이다.

이번 임신은 예전의 상실을 더 잘 극복하도록 하는 기회가 될 수도 있다. 예전의 '미완성' 임신이 생각날 때마다 그것과 이번 임신을 분리해서 보고자 노력하라. 슬그머니 두 임신이 비교되거나 두려움이 올라올 때 자신을 위해 '팩트'를 반복적으로 열거해보는 것도 이성적인 사람들에겐 도움이 될 것이다. 조산사나 산부인과 의사에게 한 번 유산이나 사산을 경험한 뒤에 임신이 성공할 구체적인 확률이나 결과를 알려달라고 부탁하라.

매일 잠시 가버린 아기를 기억하는 의식을 갖고, 나머지 시간은 그런 감정을 털어버리고 자유롭게 생활하는 것은 어떨까. 어떤 식으로 극복할 것인지 생각해보라. 맞고, 틀린 건 없다. 나름의 애도 방식을 찾으면 된다. 자신에게 도움이 되는 것이 바로 좋은 답이다.

과거에 아기를 잃은 경험이 있는 산모들은 그렇지 않은 산모들보다 출산하는 동안 그리고 힘주는 시기에 더 소극적인 태도를 취하는 것을 흔히 본다. 십분 이해가 가는 일이다. 무섭고, 감정이 북받치고, 의심이 들고, 때로는 (정말 불필요한) 죄책감까지 들어 자꾸 주눅이 든다. 마음을 열고, 출산을 동반하는 사람들에게 당신의 마음을 토로하라. 그리고 배우자와 조산사의 뒷받침과 격려를 신뢰하라. 잘될 것이다. 곧 사랑스러운 아기를 품에 안게 될 것이다.

아빠가 되었을 사람들에게

배 속에서 아기를 키우고 출산하는 것은 여성이 감당해야 하는 몫이다. 하지만 지금 이야기하는 감정은 여성만의 것이 아니라, 배우자도 동일하게 느끼는 것이다. 소중한 존재를 상실했다는 사실 앞에서는 엄마 아빠 사이에 차이가 없다. 그러므로 상투적인 말처럼 들리지만, 서로 허심탄회하게 대화를 하는 것이 도움이 될 것이다. 그러나 때로 배우자의 입장에서는 그런 주제를 도마 위에 올리는 것이 참으로 어렵다. 공연히 자신의 감정을 이야기해서 아내에게 부담을 주는 것인가 싶어서 딜레마가 느껴진다.

이런 이야기를 하는 것이 아기를 잃은 또는 아기를 잃고 다시 임신한 아내에게 도움이 될까? 아니면 공연히 혼란스런 감정과 의심만 부추기게 되는 것일까? 이런 복잡한 생각을 하다 보니 당신은 지레 겁을 먹는다. 종종은 단도직입적으로 말을 꺼내는 것이 가장 도움이 될 것이다. 아내에게 때때로 그런 이야기를 해도 괜찮은지 물어보

라. 별로 이야기하고 싶어 하지 않는다면 다른 신뢰할 만한 사람에게 자신의 심정을 털어놓아라.

임신한 여성만 감정을 느끼는 건 아니다. 임산부가 그 모든 감정을 지니고 엄마가 되는 것처럼 배우자 역시 그 모든 감정을 지니고 아빠가 된다. 배우자도 동일하게 기쁨을 느끼기도 하고 슬픔을 감내해야 하기도 한다. 이런 감정들을 존중하고, 마음속에만 꽁꽁 감추어두지 마라.

수십 년간 수많은 부모, 아기와 함께해왔는데도, 출산 소식을 들으면 여전히 눈물이 나곤 합니다. 생명이 탄생한다는 건 얼마나 기적 같은 일인지요. 부모인 독자 여러분이 만들어낸 기적이 아닐 수 없습니다.

이제 여러분은 부모로서 세상에 하나뿐인 생명과 멋진 미래를 함께 해나가게 될 것입니다. 여러분이 부모로서 느끼는 사랑은 그 어떤 사랑도 범접할 수 없는 사랑, 모든 사랑을 뛰어넘는 사랑이겠지요. 자녀를 키우면서 여러분은 새로운 자신을 발견하게 될 것입니다. 지금까지와 다른 배우자의 새로운 모습도 발견하게 되며, 또한 아이의 눈으로 세상을 바라보게 될 것입니다. 이러한 감정을 어떤 말로 형언할 수 있을까요.

여러분이 임신을 준비하면서, 또는 배 속에서 9개월 동안 아이를 키우면서 이 책이 많은 도움이 됐기를 진심으로 바랍니다. 이제 아기가 태어났으니 이 책을 책꽂이에 꽂아둘 수 있게 됐네요. 다시 임신을 하게 된다면 이 책이 또 한 번 9개월 간 당신의 동반자가 되겠지요.

아이가 태어났다면 전작인 《엄마, 나는 자라고 있어요》를 읽어보시기를 추천합니다. 출생 후부터 20개월까지 아기의 정신적 발달과 행동 변화를 다룬 책이거든요. 나의 부모님이자 공동 저자이자인 헤티 판 더 레이트, 프란스 X. 프로에이 박사는 오랫동안 아기들의 발달을 연구했고, 여러 번의 도약을 거쳐 건강하게 성장한다는 사실을 알아냈습니다. 그 원칙을 짧게 소개하면 이렇습니다.

아기를 키우다 보면 어느 날 갑자기 아기가 평소와 달리 굉장히 칭얼대고, 더 많이 울고, 더 달라붙어서 '아니, 도대체 왜 이러는 거야?' 하며 분출할 수 없는 감정들을 삭여야 하는 경우가 생깁니다. 그런데 이것은 아주 좋은 징후예요! 바로 아기의 정신이 발달을 위해 도약을 시작했다는 뜻이거든요. 부모에게는 힘든 이런 시기가 지나면 아기는 지금까지 할 수 없었던 새로운 것들을 할 수 있게 됩니다.

《엄마, 나는 자라고 있어요》는 이 모든 도약 과정에서 여러분과 함께하며, 아기를 잘 뒷받침해줄 수 있도록 여러 유용한 정보들을 제공합니다. 특히 부모가 처음인 사람들에게 이런 사실은 아이의 세계를 잘 이해하고 모든 과정을 함께 나누는 특별한 시간을 전할 것입니다. 유럽을 넘어 미국, 일본, 한국에 이르기까지 전 세계적인 베스트셀러가 된 것은 전혀 놀라운 일이 아니랍니다.

친애하는 새내기 엄마, 아빠 여러분. 당신에게 사랑과 행운을 더 많이 깃들길 기원합니다. 사랑스러운 아가야, 세상에 태어난 걸 환영한다! 네가 있어 세상은 보다 더 아름다워질 거야. 태어나줘서 고마워.

자비에라

감사의 말

이 책에 방대하고도 정확한 최신 정보를 담을 수 있었던 것은 수많은 전문가들의 도움이 있었기 때문입니다. 그분들 덕분에 이 책을 독자의 손에 들려줄 수 있게 되어 기쁩니다.

우선 원고를 읽고 많은 조언과 제안, 의견을 준 모든 조산사에게 감사드립니다. 여러분들 덕분에 이 책이 임산부들을 위한 독보적이고 환상적인 참고서가 될 수 있었습니다. 다음 조산사들께 감사의 마음을 전합니다. 여러분은 매일 같이 새 생명이 무사히 부모의 품에 안길 수 있도록 도울 뿐 아니라 이 책의 탄생에도 도움을 줬습니다!

Nikki van Herk, Peggy Leijten-Machielsen, Heleen van Buren, Sjoukje Heerema-Sok, Lena van Bunderen, Nikita van Leeuwen, Terry de Leur, Myriam Wolters, Eline Jansink, Jorien Wapperom-Oude Avenhuis, Marlies Kasperink, Vivianne Castermans, Rietta van Zuidland, Annemieke Stellingwerf, Marije Droogendijk, Anique Welmerink-Gardenbroek, Nikie van Maanen Winters,

Esther van Delft, Dafne Devliegere, Ariane Franken, Kim van der Werf, Tahne Koppen, Margit de Puyt-Heemstra, Anne Deseyn, Lucia Simons, Meredith Bonneu, Lianne van der Heiden-van de Pol, Simone Michielsen-van Herk, Ilse van Klaveren, Meyke Bouman-van Veen, Inge Timmermans, Simone Stevens, Jonneke Weusten, Angeliek Visser, Desiree van Strien-de Ruiter, Kim Zandbergen-Jansen, Janneke Mathijssen, Renate Collee, Linda van Eijck, Ellen Tiel Groenestege, Carlijn van Esch, Danielle de Louw, Steffani Pietermans, Jacoline Bergman, Hilke Hermans, Imara Warmenhoven-Wilsens, Fleur Rutzerveld. Janine Voordendag.

특히 모든 내용을 점검해주고, 임신과 출산에 대한 최신 자료를 제공해준 카롤리네 푸터만에게 진심 어린 감사를 전합니다. 그 밖에도 귀중한 시간을 내서 임신, 출산과 관련한 새롭고 중요한 정보를 제공해준 수많은 의사, 영양학자, 둘라, 수유 전문가, 지압사, 수면과학자 등 다음의 전문가들에게 감사드립니다.

Adrian Honig, Bea Van den Bergh, Annelies Mulder, Elmira Boloori, Cecile Rost, David Borman, Dieuwertje Schuringa, Guido van Wingen, Koen Deurloo, Marjolein Leenarts, Ruth Damme, Sara Pauwels, Sara Coster, Yvonne Baars, Linda Offereins, Mirjam de Keijzer, Thea van Tuijl, Winni Hofman, Liesbeth de Winter, Minke Siesling, Joanke Boon, Alexandra Bouman.

엄마, 나는 자라고 있어요
: 임신·출산 가이드북

초판 1쇄 인쇄 2022년 3월 30일 | 초판 1쇄 발행 2022년 4월 15일

지은이 자비에라 프로에이 | 옮긴이 유영미 | 감수자 유정현 | 표지 일러스트 유보라

펴낸이 신광수
CS본부장 강윤구 | 출판개발실장 위귀영 | 출판영업실장 백주현 | 디자인실장 손현지 | 디지털기획실장 김효정
단행본개발파트 권병규, 조문채, 정혜리
출판디자인팀 최진아, 당승근 | 저작권 김마이, 이아람
채널영업팀 이용복, 이강원, 김선영, 우광일, 강신구, 이유리, 정재욱, 박세화, 김종민, 이태영, 전지현
출판영업팀 박충열, 민현기, 정슬기, 허성배, 정유, 설유상
개발지원파트 홍주희, 이기준, 정은정, 이용준
CS지원팀 강승훈, 봉대중, 이주연, 이형배, 이은비, 전효정, 이우성

펴낸곳 (주)미래엔 | 등록 1950년 11월 1일(제16-67호)
주소 06532 서울시 서초구 신반포로 321
미래엔 고객센터 1800-8890
팩스 (02)541-8249 | 이메일 bookfolio@mirae-n.com
홈페이지 www.mirae-n.com

ISBN 979-11-6841-141-8 (03590)